高等学校计算机专业系列教材

数据库原理与应用

（MySQL 版）

何玉洁 岳清 张良 梁琦 编著

机械工业出版社
CHINA MACHINE PRESS

数据库是典型的理论与实践相结合的课程，本书从数据库基础理论、数据库实践、数据库设计、国产数据库等方面全面阐述了数据库技术的应用体系。本书理论阐述求精、求易，理论与实践环环相扣，使读者能够以行验知，以行证知。本书选用 MySQL 作为实践平台，附录中的上机实验可作为数据库课程的实验内容，便于读者学以致用。

本书可作为普通高等院校计算机科学与技术及相关专业本科生数据库课程的教材，也可作为数据库初学者的入门读物。

图书在版编目（CIP）数据

数据库原理与应用：MySQL 版 / 何玉洁等编著 .
北京：机械工业出版社，2024. 10. --（高等学校计算机专业系列教材）. -- ISBN 978-7-111-76893-7

Ⅰ. TP311.132.3

中国国家版本馆 CIP 数据核字第 20249C1T19 号

机械工业出版社（北京市百万庄大街 22 号　邮政编码 100037）
策划编辑：姚　蕾　　　　责任编辑：姚　蕾　章承林
责任校对：杨　霞　王小童　景　飞　　责任印制：郜　敏
三河市国英印务有限公司印刷
2025 年 1 月第 1 版第 1 次印刷
185mm × 260mm · 18.75 印张 · 470 千字
标准书号：ISBN 978-7-111-76893-7
定价：59.00 元

电话服务
客服电话：010-88361066
010-88379833
010-68326294

网络服务
机　工　官　网：www.cmpbook.com
机　工　官　博：weibo.com/cmp1952
金　　书　　网：www.golden-book.com
机工教育服务网：www.cmpedu.com

前　言

数据库技术是信息技术领域的核心组成部分，其重要性在于提供了高效、安全、可靠的数据存储、访问和管理机制。它不仅支撑了现代企业的运营决策，也促进了大数据、云计算、人工智能等前沿技术的发展。数据库技术通过确保数据的完整性、一致性和安全性，为各种应用提供了稳定、快速的数据服务，成为信息化社会不可或缺的基础设施。数据库技术的教学成为计算机专业教学的重中之重，数据库课程也成为很多高校计算机类专业的核心课程。

本书可作为本科生数据库基础课程的教科书。在选择实验平台时，本书充分考虑了软件的流行性和易获得性，因此选择 MySQL 数据库管理系统作为实验平台。

本书具有如下特点：

1）理论阐述求精、求易。数据库基础理论较为抽象，但又是实践的基础。没有扎实的基本功是无法灵活运用理论并付诸实践的，因而基础理论的教学历来是重点和难点。本书在理论阐释方面力求深入浅出，突出概念和技术的直观意义，用大量图表和示例帮助读者理解并启发思维，使读者不仅能深刻理解相关理论的来源、思路、适用范围和条件，更能灵活运用，举一反三。

2）理论与实践环环相扣。以行而求知，因知以进行。本书每部分内容都根据相关理论和应用需求进行了精选，例如，以例题的形式细致描述了实践步骤和执行结果，使读者能够以行验知，以行证知；通过对现实场景进行需求分析、设计和建模，完整地说明数据库设计的全过程。本书还配有大量的习题供读者了解自己对知识的掌握程度，附录中的上机实验可以作为数据库课程的实验内容。

3）顺应时代潮流，介绍国产数据库。数据库作为具有较高技术壁垒的基础软件，是信创工程中需要突破的关键一环。关键核心产业使用国产数据库，可以保障国家政治、经济发展的信息安全。本书介绍了国产数据库研发的必要性以及国产数据库的起步、发展和未来展望，让读者体会到自主创新的使命感。

本书是多位老师在多年数据库教学和实践工作中的总结。何玉洁老师负责策划、组织编写工作，并完成了第 1、2、3、5、10 章和附录的编写，岳清老师负责编写第 8、9、13 章，张良老师负责编写第 7、11、12 章，梁琦老师负责编写第 4、6 章。何玉洁老师负责对全书进行统稿和审校。课程组的谷葆春老师、段瑞雪老师在本书的编写过程中也给予了帮助，提出了宝贵建议，在此对他们表示感谢。最后也是最重要的，由衷地感谢我们的学生，他们对知识的渴求、对教师的尊重，让我们感受到了自己的责任和价值，他们的勤奋努力为我们的工作精进提供了取之不竭的源泉。师者之尊，在于“用心”。

真诚地希望读者和同行对本书提出宝贵的意见，因为我们知道教学探索的道路是没有止境的。

目 录

第 1 章　数据库概述

数据库是管理数据的一种技术，现在数据库技术已经被广泛应用到我们日常生活中的方方面面。本章首先介绍数据管理技术的发展过程，然后介绍使用数据库技术管理数据的特点和好处。

1.1　概述

随着应用范围的日益扩大和管理水平的不断提高，信息已成为企业的重要财富和资源，同时，管理信息的数据库技术也得到了很大的发展，其应用领域也越来越广泛。人们在不知不觉中扩展着对数据库的使用，比如网上购物系统、飞机和火车订票系统、商场的进销存管理系统、图书借阅管理系统等，无一不使用了数据库技术。从小型事务处理到大型信息系统，从联机事务处理到联机分析处理，从一般企业管理到人们日常生活中进入规定场所的手机扫码等，数据库技术已经渗透到我们的日常生活中，数据库中信息量的大小以及利用程度已经成为衡量企业乃至国家信息化程度的重要标志。

数据库是数据管理的技术，其主要研究内容是如何对数据进行科学的管理，以提供可共享、安全、可靠的数据。数据库技术一般包含数据管理和数据处理两部分。

数据库系统本质上是一个用计算机存储数据的系统，数据库本身可以看作一个电子文件柜，但它的功能不仅仅是保存数据，它还提供了对数据进行各种管理和处理的功能，比如安全管理、并发控制、数据查询处理等。

本章将介绍数据库的基本概念，包括数据管理技术的发展过程、数据库系统的组成等。读者可从本章了解为什么要学习数据库技术，并为后续章节的学习做好准备。

1.2　一些基本概念

在系统地介绍数据库技术之前，首先介绍数据库中最常用的一些术语和基本概念。

1.2.1　数据

数据（data）是数据库中存储的基本对象。早期的计算机系统主要应用于科学计算领域，处理的数据基本是数值型数据，因此数据在人们头脑中的直觉反应就是数字，但数字只是数据的一种最简单的形式，是对数据的传统和狭义的理解。目前计算机的应用范围已十分广泛，因此数据种类也更加丰富，比如文本、图形、图像、音频、视频、商品销售情况等都是数据。

可以将数据定义为：数据是描述事物的符号记录。描述事物的符号可以是数字，也可以是文字、图形、图像、声音、语言等，数据有多种表现形式，它们都可以经过数字化处理后保存在计算机中。

数据的表现形式并不一定能完全表达其内容，有些还需要经过解释才能明确其表达的含义，比如 20，当解释其代表人的年龄时就是 20 岁，当解释其代表商品价格时，就是 20 元。因此，数据和数据的解释是不可分的。数据的解释是对数据含义的说明，数据的含义称为数据的语义。因此数据和数据的语义是不可分的。

在日常生活中，人们一般直接用自然语言来描述事物，例如描述一本书的信息，《Spring Boot 从入门到实战》这本书的 ISBN（国际标准书号）是 978-7-111-69402-1，机械工业出版社 2021 年 8 月 11 日出版。但在计算机中经常按如下形式描述：

（9787111694021，Spring Boot 从入门到实战，机械工业出版社，2021-8-11）

即把图书的 ISBN、书名、出版社、出版日期这些信息组织在一起，形成一个记录，这个记录就是描述图书的数据，这样的数据是有结构的。记录是计算机表示和存储数据的一种格式或方法。

1.2.2　数据库

数据库（Database，DB），顾名思义，就是存放数据的仓库，只是这个仓库是存储在计算机存储设备上，而且是按一定格式存储的。

人们在收集并抽取出一个应用所需要的大量数据之后，就希望将这些数据保存起来，以供进一步从中得到有价值的信息，并进行相应的加工和处理。在科学技术飞速发展的今天，人们对数据的需求越来越多，数据量也越来越大。最早人们把数据存放在文件柜里，现在人们可以借助计算机和数据库技术来科学地保存和管理大量的复杂数据，以便能方便而充分地利用宝贵的数据资源。

严格地讲，数据库是长期存储在计算机中的有组织的、可共享的大量数据的集合。数据库中的数据按一定的数据模型组织、描述和存储，具有较小的数据冗余、较高的数据独立性和易扩展性，并可为多种用户共享。

概括起来，数据库数据具有永久存储、有组织和可共享三个基本特点。

1.2.3　数据库管理系统

在了解了数据和数据库的基本概念之后，下一个需要了解的就是如何科学有效地组织和存储数据，如何从大量的数据中快速获得所需的数据以及如何对数据进行维护，这些都是数据库管理系统（Database Management System，DBMS）要完成的任务。数据库管理系统是一个专门用于对数据进行管理和维护的系统软件。

数据库管理系统一般是与操作系统紧密相关的，不同的数据库管理系统能够运行的操作系统也不同。图 1-1 所示为数据库管理系统在计算机系统中的位置。

应用程序开发工具
数据库管理系统
操作系统

图 1-1　数据库管理系统在计算机系统中的位置

数据库管理系统与操作系统一样都是计算机的系统软件，其主要功能包括以下几个方面。

1. 数据库的建立与维护

包括创建数据库及对数据库空间的维护、数据库的转储与恢复功能、数据库的重组功能、数据库的性能监测与调整功能等。这些功能一般是通过数据库管理系统中提供的一些实用工具实现的。

2. 数据定义

包括定义数据库中的对象，比如表、视图、存储过程等。这些功能一般是通过数据库管理系统提供的数据定义语言（Data Definition Language，DDL）实现的。

3. 数据的组织、存储和管理

为提高数据的存取效率，数据库管理系统需要对数据进行分类存储和管理。数据库中的数据包括数据字典、用户数据和存取路径数据等。数据库管理系统要确定这些数据的存储结构、存取方式和存储位置，以及如何实现数据之间的关联。确定数据的组织和存储的主要目的是提高存储空间利用率和存取效率。一般的数据库管理系统都会根据数据的具体组织和存储方式提供多种数据存取方法，比如索引查找、Hash 查找、顺序查找等。

4. 数据操作

包括对数据库数据的查询、插入、删除和更改操作，这些操作一般是通过数据库管理系统提供的数据操纵语言（Data Manipulation Language，DML）实现的。

5. 事务的管理和运行

数据库中的数据是可供多个用户同时使用的共享数据，为保证数据能够安全、可靠地运行，数据库管理系统提供了事务管理功能，这些功能保证数据能够并发使用并且不会产生相互干扰的情况，而且在数据库发生故障时能够将数据库恢复到正确状态。

6. 其他

包括与其他软件的网络通信功能、不同数据库管理系统间的数据传输以及互访问功能等。

1.2.4　数据库系统

数据库系统（Database System，DBS）是指在计算机中引入数据库后的系统，一般由数据库、数据库管理系统（及相关的实用工具）、应用程序、数据库管理员等组成。为保证数据库中的数据能够正常、高效地运行，除了数据库管理系统软件之外，还需要一个（或一些）专门人员来对数据库进行维护，这个专门人员就称为数据库管理员（Database Administrator，DBA）。我们将在 1.5 节详细介绍数据库系统的组成。

一般在不引起混淆的情况下，常常把数据库系统简称为数据库。

1.3　数据管理技术的发展

数据库技术是应数据管理任务的需要而产生和发展的。数据管理是指对数据进行分类、组织、编码、存储、检索和维护，它是数据处理的核心，而数据处理则是指对各种数据的收集、存储、加工和传播等一系列活动的总和。

自计算机产生之后，人们就希望用它来帮助我们对数据进行存储和管理。最初对数据的管理是以文件方式进行的，即数据文件存储在磁盘上，用户通过编写直接操作数据文件的应用程序来实现对数据的存储和管理。后来，随着数据量越来越大，人们对数据的要求越来越多，希望达到的目的也越来越复杂，文件管理方式已经很难满足人们对数据的需求，由此产生了数据库技术，也就是用数据库来存储和管理数据。数据管理技术的发展因此也就经历了文件管理和数据库管理两个阶段。

本节将介绍文件管理和数据库管理在管理数据上的主要差别。

1.3.1　文件管理

理解今日数据库特征的最好办法是了解在数据库技术产生之前，人们是如何通过文件的方式对数据进行管理的。

20 世纪 50 年代后期到 20 世纪 60 年代中期，计算机在硬件方面已经有了磁盘等直接存取的存储设备，软件方面，操作系统中已经有了专门的数据管理软件，一般称为文件管理系统。文件管理系统把数据组织成相互独立的数据文件，利用"按文件名访问，按记录进行存取"的管理技术，可以对文件中的数据进行修改、插入和删除等操作。

在出现程序设计语言之后，开发人员不但可以创建自己的文件并将数据保存在自己定义的文件中，而且可以编写应用程序来处理文件中的数据，即编写应用程序来定义文件的结构，实现对文件内容的插入、删除、修改和查询操作。当然，真正实现磁盘文件的物理存取操作的还是操作系统中的文件管理系统，应用程序只是告诉文件管理系统对哪个文件的哪些数据进行哪些操作。我们将由开发人员定义存储数据的文件及文件结构，并借助文件管理系统的功能编写访问这些文件的应用程序，以实现对用户数据的处理的方式称为**文件管理**。在本章后面的讨论中，为描述简单我们将忽略操作系统中的文件管理系统，假定应用程序是直接对磁盘文件进行操作的。

用户通过编写应用程序来管理存储在自定义文件中的数据的操作模式如图 1-2 所示。

假设某学校要用文件的方式保存学生及其图书借阅的数据，并针对这些数据文件构建对学生及图书借阅情况进行管理的系统。此系统主要实现两部分功能：学生基本信息管理和学生图书借阅情况管理。假设图书管理部门管理学生图书借阅情况，各系管理学生的基本信息。学生信息管理只涉及学生的基本信息数据，假设这些数据保存在文件 F1 中；图书借阅管理涉及学生的部分基本信息、图书基本信息和图书借阅信息，假设文件 F2 和 F3 分别保存图书基本信息和图书借阅信息的数据。

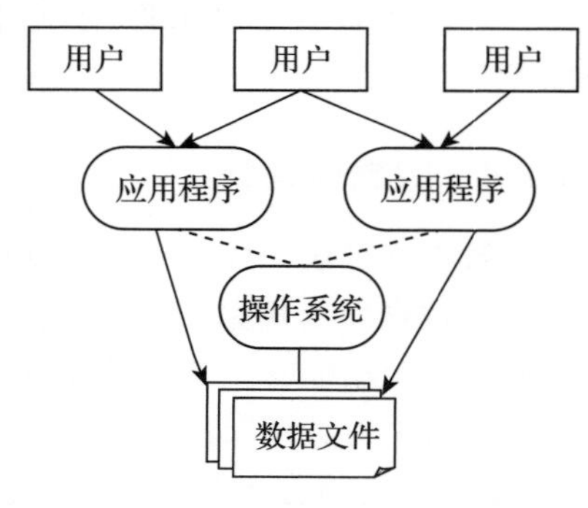

图 1-2　用文件存储数据的操作模式

设"学生管理系统"是实现"学生信息管理"功能的应用程序，"图书借阅管理系统"是实现"图书借阅管理"功能的应用程序。图 1-3 所示为用文件存储并管理数据的两个系统的实现示例（图中省略了操作系统部分）。

假设文件 F1、F2 和 F3 分别包含如下信息。

学生基本信息文件 F1：学号、姓名、性别、联系电话、所在学院、专业、班号。

图书基本信息文件 F2：图书 ISBN、书名、图书类别、出版日期、价格。

图书借阅信息文件 F3：学号、姓名、所在学院、班号、图书 ISBN、书名、借书日期、还书日期。

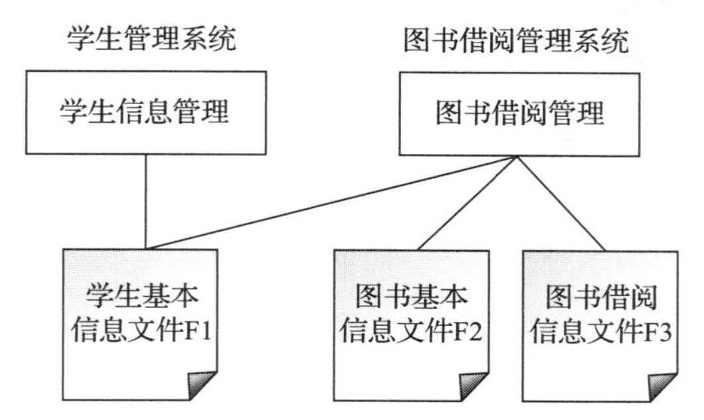

图 1-3　用文件存储并管理数据的两个系统的实现示例

我们将文件中所包含的每一个子项称为文件结构中的“字段”或“列”，将每一行数据称为一条“记录”。

“图书借阅管理”的处理过程大致为：若有学生借书，则先查文件 F1，判断有无此学生；若有则再访问文件 F2，判断所借图书是否存在；若一切符合规则，就将图书借阅信息写到文件 F3 中。

这看似很好，但仔细分析一下，就会发现用文件方式管理数据有以下缺点。

1）编写应用程序不方便。应用程序编写者必须清楚地了解所用文件的逻辑及物理结构，如文件中包含多少个字段，每个字段的数据类型，采用何种逻辑结构和物理存储结构。操作系统只提供打开、关闭、读、写等几个底层的文件操作命令，而对文件的查询、修改等操作都必须在应用程序中编程实现。这样就容易造成各应用程序在功能上的重复，比如图 1-3 中的“学生信息管理”和“图书借阅管理”都要对文件 F1 进行操作，而共享这两个功能相同的操作却很难。

2）数据冗余不可避免。由于“图书借阅管理”应用程序需要在图书借阅信息文件 F3 中包含学生的一些基本信息，比如学号、姓名、所在学院、班号，而这些信息同样包含在学生基本信息文件 F1 中，因此文件 F3 和文件 F1 中存在重复数据，从而造成数据冗余。

数据冗余所带来的问题不仅仅是存储空间的浪费（其实，随着计算机硬件技术的飞速发展，存储容量不断扩大，空间问题已经不是我们关注的主要问题），更为严重的是造成了数据的不一致（inconsistency）。例如，某个学生由于转专业而造成其所在的学院发生了变化，我们一般只会想到在文件 F1 中进行修改，而往往忘记了在文件 F3 中应做同样的修改。由此就造成了同一名学生在文件 F1 和文件 F3 中的“所在学院”不一样，也就是数据不一致。当发生数据不一致时，人们不能判定哪个数据是正确的，尤其是当系统中存在多处数据冗余时，更是如此。这样数据就失去了它的可信性。

文件本身并不具备维护数据一致性的功能，这些功能完全要由用户（应用程序开发者）负责编程维护。这在简单的系统中还可以勉强应对，但在复杂的系统中，若让应用程序开发者来保证数据的一致性，几乎是不可能的。

3）应用程序依赖性。就文件管理而言，应用程序对数据的操作依赖于存储数据的文件的结构。定义文件和记录的结构通常是应用程序代码的一部分，如 C 程序的 struct。文件结构的每一次修改，比如添加字段、删除字段，甚至修改字段的长度（如电话号码从 7 位扩到 8 位），都可能导致应用程序的修改，因为在打开文件进行数据读取时，必须将文件记录中不同字段的值对应到应用程序的变量中。随着应用环境和需求的变化，修改文件的结构不可避免，这些都需要在应用程序中做相应的修改，而（频繁）修改应用程序是很麻烦的。人们首先要熟悉原有程序，修改后还需要对程序进行测试、安装等；甚至修改了文件的存储位置或文件名，也需要对应用程序进行修改，这显然给程序的维护带来很多麻烦。

所有这些都是由于应用程序对文件的结构以及文件的物理特性过分依赖造成的，换句话说，用文件管理数据时，其数据独立性（data independence）很差。

4）不支持对文件的并发访问。在现代计算机系统中，为了有效利用计算机资源，一般都允许同时运行多个应用程序（尤其是在现在的多任务操作系统环境中）。文件最初是作为程序的附属数据出现的，它一般不支持多个应用程序同时对同一个文件进行访问。回忆一下，某个用户打开了一个 WPS 文本文件，当第二个用户在第一个用户未关闭此文件前打开此文件时，会得到什么信息呢？他只能以只读方式打开此文件，而不能在第一个用户打开的同时对此文件进行修改。再回忆一下，如果用某种程序设计语言编写一个对某文件中内容进行修改的程序，其过程是先以写的方式打开文件，然后修改其内容，最后再关闭文件。在关闭文件之前，不管是在其他的程序中，还是在同一个程序中都不允许再次打开此文件，这就是文件管理方式不支持并发访问的含义。

对于以数据为中心的系统来说，必须支持多个用户对数据的并发访问，否则就不会有这么多的银行网点。

5）数据间联系弱。当用文件管理数据时，文件与文件之间是彼此独立、毫不相干的，文件之间的联系必须通过程序来实现。比如对上述的文件 F1 和文件 F3，文件 F3 中的学号、姓名等学生的基本信息必须是文件 F1 中已经存在的（即借书的学生必须是已经存在的学生）；同样，文件 F3 中的图书 ISBN 与图书有关的信息也必须存在于文件 F2 中（即学生借的图书也必须是图书馆里已经有的图书）。这些数据之间的联系是实际应用当中所要求的很自然的联系，但文件本身不具备自动实现这些联系的功能，使用者必须通过编写应用程序，即通过编码的方式建立这些联系。这不但增加了编写代码的工作量和复杂度，而且当联系很复杂时，也难以保证其正确性。因此，用文件管理数据时很难反映现实世界事物间客观存在的联系。

6）难以满足不同用户对数据的需求。不同的用户（数据使用者）关注的数据往往不同。例如，对于学生基本信息，负责分配学生宿舍的部门可能只关心学生的学号、姓名、性别和班号，而教务部门可能关心的是学号、姓名、所在学院、专业和班号。

若多个不同用户希望看到的是学生的不同基本信息，则需要为每个用户建立一个文件，这势必造成很多的数据冗余。我们希望的是，用户关心哪些信息就为他生成哪些信息，对用户不关心的数据将其屏蔽，使用户感觉不到其他信息的存在。

可能还会有一些用户，其所需要的信息来自多个不同的文件，例如，假设负责图书采购的部门想更详细地了解各图书的被借阅情况，他们关心的是图书的 ISBN、书名、图书类别，借阅图书的学生的学号、姓名、所在学院、专业、借书日期等。这些信息就涉及三个文件：从学生基本信息文件 F1 中得到“专业”，从图书基本信息文件 F2 中得到“图书类别”，从图书借阅信息文件 F3 中得到“借书日期”，而学号、姓名、所在学院可以从文件 F1 中获得，也可以从文件 F3 中获得，图书 ISBN 和书名可以从文件 F2 中获得，也可以从文件 F3 中获得。在生成结果数据时，必须将从三个文件中读取的数据进行比较，然后组合成一行有意义的数据。比如，将从文件 F1 中读取的学号与从文件 F3 中读取的学号进行比较，学号相同时，才可以将文件 F1 中的“专业”与文件 F3 中的当前记录所对应的学号、姓名、所在学院组合起来，之后，还需要将组合结果与文件 F2 中的内容进行比较，找出图书 ISBN 相同的图书类别，再与已有的结果组合起来，然后再从组合后的数据中提取出用户需要的信息。当数据量很大，涉及的文件比较多时，我们可以想象这个过程有多复杂。因此，这种复杂信息的查询，在按文件管理数据的方式中是很难处理的。

7）无安全控制功能。在文件管理方式中，很难控制某个人对文件能够进行的操作，比如只允许某个人查询和修改数据，但不能删除数据，或者对文件中的某个或某些字段不能修改等。而在实际应用中，数据的安全性是非常重要且不可忽视的。比如，在学生借阅管理中，不允许学生修改其借书日期，但允许他们查询自己的借书情况；在银行系统中，更是不允许一般用户修改其存款数额。

随着人们对数据需求的增加，迫切需要对数据进行有效、科学、正确、方便的管理。针对文件管理方式的这些缺陷，人们逐步开发出了以统一管理和共享数据为主要特征的数据库管理系统。

1.3.2 数据库管理

20 世纪 60 年代后期以来，计算机管理数据的规模越来越大，应用范围越来越广泛，数据量急剧增加，同时多种应用同时共享数据集合的要求也越来越强烈。

随着大容量磁盘的出现，硬件价格的不断下降，软件价格的不断上升，编写和维护系统软件和应用程序的成本也在不断增加。在数据处理方式上，对联机实时处理的需求越来越多，同时开始提出和考虑分布式处理技术。在这种背景下，以文件方式管理数据已经不能满足应用的需求，于是出现了新的管理数据的技术——数据库技术，同时出现了统一管理数据的专门软件——数据库管理系统。

从 1.3.1 小节的介绍我们可以发现，在数据库管理系统出现之前，人们对数据的操作是通过直接针对数据文件编写应用程序实现的，这种模式会产生很多问题。在有了数据库技术之后，人们对数据的操作全部是通过数据库管理系统实现的，而且应用程序的编写也不再直接针对存放数据的文件。有了数据库技术和数据库管理系统之后，人们对数据的操作模式发生了根本的变化，如图 1-4 所示。

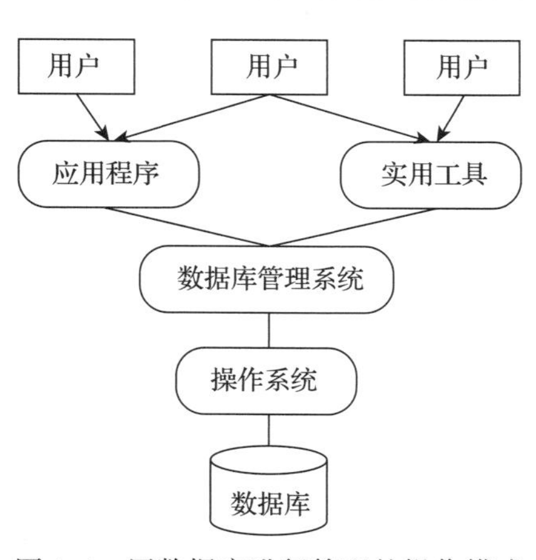

图 1-4　用数据库进行管理的操作模式

比较图 1-2 和图 1-4，可以看到主要区别有两个：第一个是在操作系统和用户应用程序之间增加了一个系统软件——数据库管理系统，使得用户对数据的操作都是通过数据库管理系统实现的；第二个是有了数据库管理系统之后，用户不再需要知道数据文件的逻辑和物理结构及物理存储位置，而只需要知道存放数据的场所——数据库即可。

从本质上讲，即使在有了数据库技术之后，数据最终还是以文件的形式存储在磁盘中，只是这时对物理数据文件的存取和管理是由数据库管理系统统一实现的，而不再是每个用户通过编写应用程序实现。数据库和数据文件既有区别又有联系，它们之间的关系类似于单位名称和单位地址之间的关系。单位名称（类似于数据库）是单位的逻辑表达，单位地址（类似于数据文件）代表了单位的实际存在位置。一个数据库可以包含多个文件，就像一个单位可以有多个不同地址一样（比如现在我国的很多大学，就是一个学校有多个校址），每个数据文件存储数据库的部分数据。不管一个数据库包含多少个文件，对用户来说他只针对数据库进行操作，而无须对数据文件进行操作。这种模式极大简化和方便了用户对数据的访问。

在有了数据库技术之后，用户只需要知道存放所需数据的数据库名，就可以对数据库对应的数据文件中的数据进行操作。将对数据库的操作转换为对物理数据文件的操作是由数据库管理系统自动实现的，用户不需要知道，也不需要干预。

对于 1.3.1 小节中列举的学生信息管理和图书借阅管理两个子系统，如果使用数据库技术来实现，其实现方式如图 1-5 所示（此图忽略了数据库管理系统与数据库之间的操作系统）。

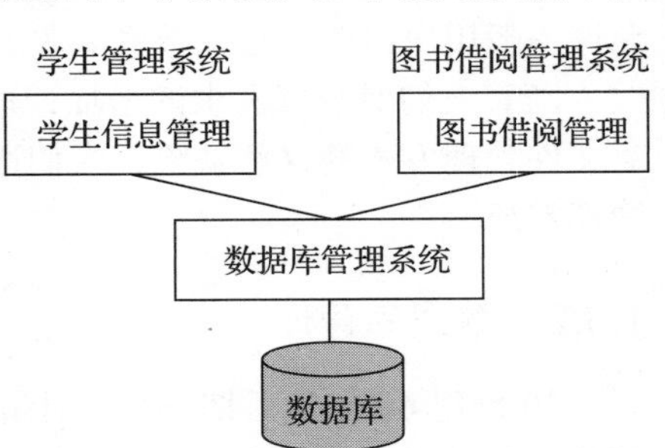

图 1-5　用数据库存储数据的实现示例

与用文件方式管理数据相比，用数据库技术管理数据具有以下特点。

1）相互关联的数据集合。在用数据库技术管理数据时，所有相关的数据都被存储在一个数据库中，它们作为一个整体定义，因此可以很方便地表达数据之间的关联关系。比如学生基本信息中的“学号”与图书借阅信息中的“学号”，这两个学号之间是有关联关系的，即图书借阅信息中的“学号”的取值范围在学生基本信息中的“学号”取值范围内。在关系数据库中，数据之间的关联关系是通过参照完整性实现的。

2）较少的数据冗余。由于数据是被统一管理的，因此可以从全局着眼，对数据进行最合理的组织。例如，去掉 1.3.1 小节中文件 F1、F2 和 F3 的重复数据，进行合理的管理，这样就可以形成如下所示的几部分信息。

学生基本信息：学号、姓名、性别、联系电话、所在学院、专业、班号。

图书基本信息：图书 ISBN、书名、图书类别、出版日期、价格。

图书借阅信息：学号、图书 ISBN、借书日期、还书日期。

在关系数据库中，可以将每一类信息存储在一个表中（关系数据库的概念将在后边介绍），重复的信息只存储一份，当在图书借阅信息中需要学生的姓名等其他信息时，根据图书借阅信息中的学号，可以很容易地在学生基本信息中找到此学号对应的姓名等信息。因此，消除数据的重复存储不影响对信息的提取，同时还可以避免由于数据重复存储而造成的数据不一致问题。比如，当某个学生所学的专业发生变化时，只需在“学生基本信息”一个地方进行修改即可。

同 1.3.1 小节中的问题一样，当所需的信息来自不同地方，比如班号、学号、姓名、书名、借书日期等信息，这些信息需要从 3 个地方（关系数据库为 3 张表）得到，这种情况下，也需要对信息进行适当的组合，即图书借阅信息中的学号只能与学生基本信息中学号相同的信息组合在一起，同样，图书借阅信息中的图书 ISBN 也必须与图书基本信息中图书 ISBN 相同的信息组合在一起。过去在文件管理方式中，这个工作是由开发者编程实现的，而现在有了数据库管理系统，这些烦琐的工作完全交给了数据库管理系统来完成。

因此，在用数据库技术管理数据的系统中，避免数据冗余将减轻开发者的负担。在关系数据库中，避免数据冗余是通过关系规范化理论实现的。

3）程序与数据相互独立。在数据库中，组成数据的数据项以及数据的存储格式等信息都与数据存储在一起，它们通过数据库管理系统而不是应用程序来操作和管理，应用程序不再需要处理文件和记录的格式。

程序与数据相互独立有两方面的含义。一方面是当数据的存储方式发生变化时（这里包括逻辑存储方式和物理存储方式），比如从链表结构改为散列结构，或者是顺序存储和非顺序存储之间的转换，应用程序不必做任何修改。另一方面是当数据所包含的数据项发生变化时，比如增加或减少了一些数据项，如果应用程序与这些修改的数据项无关，则不用修改应用程序。这些变化都将由数据库管理系统负责维护。大多数情况下，应用程序并不知道也不需要知道数据存储方式或数据项已经发生了变化。

在关系数据库中，数据库管理系统通过将数据划分为三个层次来自动保证程序与数据相互独立。我们将在第 2 章详细介绍数据的三个层次，也称为三级模式结构。

4）保证数据的安全和可靠。数据库技术能够保证数据库中的数据是安全的和可靠的。它的安全控制机制可以有效地防止数据库中的数据被非法使用和非法修改；其完整的备份和恢复机制可以保证当数据遭到破坏（由软件或硬件故障引起的）时能够很快地将数据库恢复到正确的状态，并使数据不丢失或只有很少的丢失，从而保证系统能够连续、可靠地运行。保证数据的安全是通过数据库管理系统的安全控制机制实现的，保证数据的可靠是通过数据库管理系统的备份和恢复机制实现的。

5）最大限度地保证数据的正确性。数据的正确性也称为数据的完整性，它是指存储到数据库中的数据必须符合现实世界的实际情况，比如人的性别是“男”和“女”，人的年龄一般在 0～150 之间（假设没有年龄超过 150 岁的人）。如果在性别中输入了其他值，或者将一个负数输入到年龄中，在现实世界中显然是不对的。数据的正确性是通过在数据库中建立完整性约束来实现的。当建立好保证数据正确的约束之后，如果有不符合约束的数据要存储到数据库中，数据库管理系统能主动拒绝这些数据。

6）数据可以共享并能保证数据的一致性。数据库中的数据可以被多个用户共享，即允许多个用户同时操作相同的数据。当然，这个特点是针对支持多用户的大型数据库管理系统而言的，对于只支持单用户的小型数据库管理系统（比如 Access），在任何时候最多只允许一个用户访问数据库，因此不存在共享的问题。

多用户共享问题是数据库管理系统内部解决的问题，它对用户是不可见的。这就要求数据库管理系统能够对多个用户进行协调，保证多个用户对相同数据的操作不会产生矛盾和冲突，即在多个用户同时操作相同数据时，能够保证数据的一致性和正确性。设想一下火车订票系统，如果多个订票点同时对某一天的同一车次火车进行订票，那么必须保证不同订票点订出票的座位不能重复。

数据可以共享并能保证数据的一致性是由数据库管理系统的并发控制机制实现的。

到今天，数据库技术已经发展成为一项成熟的技术，通过上述讨论，我们可以概括出数据库具备以下特征：

数据库是相互关联的数据的集合，它用综合的方法组织数据，具有较小的数据冗余，可供多个用户共享，具有较高的数据独立性，具有安全控制机制，能够保证数据的安全、可靠，允许并发地使用数据库，能有效、及时地处理数据，并能保证数据的一致性和正确性。

需要强调的是，所有这些特征并不是数据库中的数据固有的，而是靠数据库管理系统提供和保证的。

1.4 数据独立性

数据独立性是指应用程序不会因数据的物理表示方式和访问技术的改变而改变，即应用程序不依赖于任何特定的物理表示方式和访问技术，它包含两个方面：物理独立性和逻辑独立性。物理独立性是指当数据的存储位置或存储结构发生变化时，不影响应用程序的特性；逻辑独立性是指当表达现实世界的信息内容发生变化时，比如增加一些列、删除无用列等，也不会影响应用程序的特性。要准确理解数据独立性的含义，可以先了解什么是非数据独立性。在数据库技术出现之前，也就是在使用文件管理数据的时期，实现的应用程序常常是数据依赖的，也就是说数据的物理存储方式和有关的存取技术都要在应用程序中考虑，而且，有关物理存储的知识和访问技术直接体现在应用程序的代码中。例如，如果数据文件使用了索引，那么应用程序必须知道有索引存在，也要知道数据是按索引排序的，这样应用程序的内部结构就是基于这些知识而设计的。一旦数据的物理存储方式发生改变，应用程序将会受到很大的影响。例如，如果改变了数据的排序方式，则应用程序不得不做很大的修改。而且在这种情况下，应用程序修改的部分恰恰是与数据管理密切联系的部分，而与应用程序最初要解决的问题毫不相干。

在用数据库技术管理数据的方式中，可以尽量避免应用程序对数据的依赖，有以下两种情况。

1）不同的用户关心的数据并不完全相同，即使对同样的数据不同用户的需求也不尽相同。比如学生基本信息数据包括学号、姓名、性别、联系电话、所在学院、专业、班号，分配宿舍的部门可能只需要学号、姓名、班号、性别，教务部门可能只需要学号、姓名、所在学院、专业和班号。好的实现方法应根据全体用户对数据的需求存储一套完整的数据，而且只编写一个针对全体用户的公共数据的应用程序，但能够按每个用户的具体要求只展示其需要的数据，而且当公共数据发生变化（比如增加新数据）时，可以不修改应用程序，每个不需要这些变化数据的用户也不需要知道有这些变化。这种独立性（逻辑独立性）在文件管理方式下是很难实现的。

2）随着科学技术的进步以及应用业务的变化，有时必须改变数据的物理存储方式和存取方法以适应技术发展及需求变化。比如改变数据的存储位置或存储结构（就像一个单位可能会搬到新的地址，或者是调整单位各科室的布局）以提高数据的访问效率。理想情况下，这些变化不应该影响应用程序（物理独立性）。这在文件管理方式下也是很难实现的。

因此，数据独立性的提出是一种客观应用的要求。数据库技术的出现正好解决了应用程序对数据的物理表示和访问技术的依赖问题。

1.5 数据库系统的组成

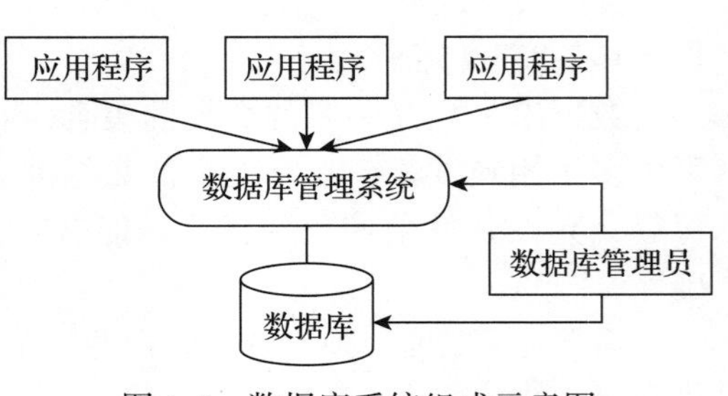

图 1-6　数据库系统组成示意图

我们在 1.2 节简单介绍了数据库系统的组成，数据库系统是基于数据库的计算机应用系统，一般包括数据库、数据库管理系统（及相应的实用工具）、应用程序和数据库管理员四个部分，如图 1-6 所示。数据库是数据的汇集场所，它以一定的组织形式保存在存储介质上；数据库管理系统是管理数据库的系统软件，它可以实现数据库系统的各种功能；应用程序专指访问数据库数据的程序；数据库管理员负责整个数据库系统的正常运行。

任何程序的运行和存储都需要占用硬件资源，下面就从硬件、软件和人员几个方面简要介绍数据库系统包含的主要内容。

1. 硬件

由于数据库中的数据量一般都比较大，而且数据库管理系统因其丰富的功能使得自身的规模也很大，因此整个数据库系统对硬件资源的要求很高。必须有足够大的内存来运行操作系统、数据库管理系统和应用程序，而且还要有足够大的硬盘空间来存放数据库数据以及相应的系统软件和应用程序。

2. 软件

数据库系统的软件主要包括以下内容。

1）数据库管理系统。它是整个数据库系统的核心，是建立、使用和维护数据库的系统软件。

2）支持数据库管理系统运行的操作系统。数据库管理系统中的很多底层操作是靠操作系统完成的，数据库中的安全控制等功能通常也是与操作系统共同实现的。因此，数据库管理系统要和操作系统协同工作来完成很多功能。不同的数据库管理系统需要的操作系统平台不尽相同，比如 MySQL 有支持 Windows 平台和 Linux 平台的不同版本，而早期的 SQL Server 版本只支持在 Windows 平台上运行。

3）以数据库管理系统为核心的实用工具。这些实用工具一般是数据库厂商提供的随数据库管理系统软件一起发行的。

3. 人员

数据库系统中包含的人员主要有数据库管理员、系统分析人员、数据库设计人员、应用程序编程人员和最终用户。

1）数据库管理员负责维护整个系统的正常运行，保证数据库的安全和可靠。

2）系统分析人员主要负责应用系统的需求分析和规范说明，这些人员要和最终用户以及数据库管理员配合，以确定系统的软、硬件配置，并参与数据库应用系统的概要设计。

3）数据库设计人员主要负责确定数据库数据、设计数据库结构等。数据库设计人员也必须参与用户需求调查和系统分析。在很多情况下，数据库设计人员就由数据库管理员担任。

4）应用程序编程人员负责设计和编写访问数据库的应用系统的程序，并对程序进行调试和安装。

5）最终用户是数据库应用程序的使用者，他们是通过应用程序提供的人机交互界面来操作数据库中数据的人员。

本章小结

本章首先介绍了数据管理技术的发展，重点介绍了文件管理方式和数据库管理方式的本质差别。文件管理方式不能提供数据的共享、缺少安全性、不利于数据的一致性维护、不能避免数据冗余，更为重要的是，应用程序与文件结构是紧耦合的，文件结构的任何修改都将导致应用程序的修改，而且对数据的一致性、安全性等管理都要在应用程序中编程实现，对复杂数据的检索也要由应用程序来完成，这就使得编写使用数据的应用程序非常复杂和烦琐，而且当数据量很大，数据操作比较复杂时，应用程序几乎不能胜任。而数据库管理技术的产生就是为了解决文件管理的诸多不便，它将以前在应用程序中实现的复杂功能转由数据库管理系统统一实现，这不但减轻了开发者的负担，而且更重要的是带来了数据的共享、安全、一致性等诸多好处，并将应用程序与数据的结构和存储方式彻底分开，使应用程序的编写不再受数据的结构和存储方式的影响。

随后本章介绍了数据库系统的组成。数据库系统主要由数据库、硬件、软件和人员组成，其中软件中的数据库管理系统是数据库系统的核心，在人员中数据库管理员是最重要的，他们负责维护整个系统的正常运行。

本章知识的思维导图如图 1-7 所示。

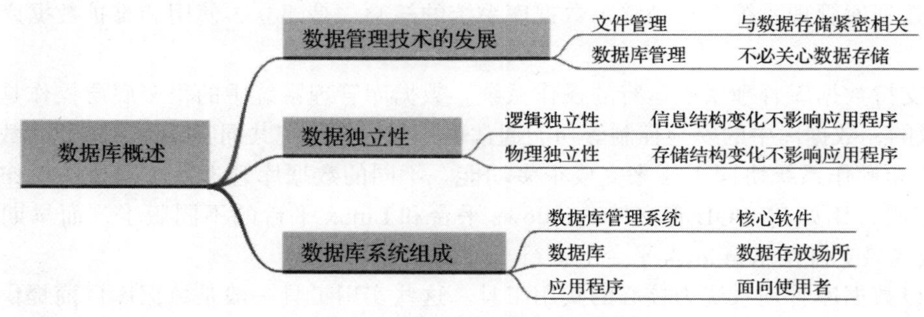

图 1-7 本章知识的思维导图

习题

一、选择题

1. 下列关于用文件管理数据的说法，错误的是（ ）。
   A. 用文件管理数据，难以提供应用程序与数据的独立性
   B. 当存储数据的文件名发生变化时，必须修改访问数据文件的应用程序
   C. 用文件管理数据的方式难以实现数据的安全控制
   D. 用文件管理数据能更方便实现数据共享
2. 下列说法中，不属于数据库管理系统特征的是（ ）。
   A. 提供了应用程序和数据的独立性
   B. 数据库中的数据是相互关联的数据的集合
   C. 用户访问数据时，需要知道存储数据的文件的文件名
   D. 能保证数据库数据的可靠性，以防止数据丢失
3. 数据库管理系统是数据库系统的核心，它属于（ ）。
   A. 系统软件　B. 工具软件　C. 应用软件　D. 数据软件
4. 下列不属于数据库系统组成部分的是（ ）。
   A. 数据库　B. 操作系统　C. 应用程序　D. 数据库管理系统
5. 下列关于数据库技术的描述，错误的是（ ）。
   A. 数据库中不但保存数据，还保存了数据之间的关联关系

B. 数据库中的数据具有较小的数据冗余

C. 数据库中数据存储结构的变化不会影响到应用程序

D. 由于数据库是存储在磁盘上的，因此用户在访问数据库时需要知道数据库的存储位置

二、简答题

1. 数据管理技术的发展主要经历了哪两个阶段？

2. 文件管理方式在管理数据方面有哪些不足？

3. 与文件管理数据相比，用数据库管理数据有哪些优点？

4. 数据库系统由哪几部分组成，每一部分在数据库系统中的作用大致是什么？

第 2 章　数据模型与数据库结构

本章将介绍数据库技术实现应用程序和数据相互独立的基本原理，即数据库体系结构。在介绍数据库体系结构之前，先介绍数据模型的一些基本概念。本章的内容是理解数据库技术特色的基础。

2.1　数据和数据模型

现实世界的数据是散乱无章的，散乱的数据不利于人们对其进行有效的管理和处理，特别是海量数据。因此，必须把现实世界的数据按照一定的格式组织起来，以方便对其进行操作和使用，数据库技术也不例外，在用数据库技术管理数据时，数据被按照一定的格式组织起来，比如二维表结构或者是层次结构，以使数据能够被更高效地管理和处理。本节就对数据和数据模型进行简单介绍。

2.1.1　数据与信息

在介绍数据模型之前，我们先来了解数据与信息的关系。在 1.2 节已经介绍了数据的概念，说明数据是数据库中存储的基本对象。为了了解世界、研究世界和交流信息，人们需要描述各种事物。用自然语言来描述虽然很直接，但过于烦琐，不便于形式化，而且也不利于用计算机来表达。为此，人们常常只抽取那些感兴趣的事物特征或属性来描述事物。例如，一名学生可以用信息（张三，202012101，男，河北，计 2001，软件工程）描述，这样的一行数据称为一条记录。单看这行数据我们不一定能准确知道其含义，但对其进行解释：张三的学号是 202012101，他是计 2001 班的男生，河北生源，软件工程专业，其内容就是确定的。我们将描述事物的符号记录称为数据，将从数据中获得的有意义的内容称为信息。数据有一定的格式，例如，姓名是由若干个汉字组成的字符串，性别是一个汉字的字符。这些格式的规定是数据的语法，而数据的含义是数据的语义。因此，数据是信息存在的一种形式，只有通过解释或处理才能成为有用的信息。

一般来说，数据库中的数据具有静态特征和动态特征两个方面。

1. 静态特征

数据的静态特征包括数据的基本结构、数据间的联系以及对数据取值范围的约束。比如 1.3.1 小节中给出的图书借阅的例子。学生基本信息包含学号、姓名、性别、联系电话、所在学院、专业、班号，这些都是学生所具有的基本性质，是学生数据的基本结构。图书借阅信息包括学号、图书 ISBN、借书日期、还书日期等，这些是图书借阅的基本性质。但图书借阅信息中的学号与学生基本信息中的学号是有一定关联的，即图书借阅信息中的“学号”所能取的值应在学生基本信息中的“学号”取值范围之内，因为只有这样，图书借阅信息中所描述的图书借阅情况才是有意义的（我们不会记录不存在的学生的借书情况），这就是数据之间的联系。最后看数据取值范围的约束。我们知道人的性别一项的取值一般是“男”或“女”、图书价格是大于 0 的数值、还书日期晚于借书日期等，这些都是对列的数据取值范围进行的限制，目的是在数据库中存储正确的、有意义的数据。这就是对数据取值范围的约束。

2. 动态特征

数据的动态特征是指对数据可以进行的操作以及操作规则。对数据库数据的操作主要有查询和更改，更改操作又包括插入、删除和更新数据。

一般将对数据的静态特征和动态特征的描述称为**数据模型三要素**，即在描述数据时要包括数据的基本结构、数据的约束条件（这两个属于静态特征）和定义在数据上的操作（属于动态特征）三个方面。

2.1.2 数据模型

对于模型，特别是具体的模型，人们并不陌生。一张地图、一组建筑设计沙盘、一架飞机模型等都是具体的模型。人们可以从模型联想到现实生活中的事物。计算机中的模型是对事物、对象、过程等客观系统中感兴趣的内容的模拟和抽象表达，是理解系统的思维工具。数据模型（data model）也是一种模型，它是对现实世界数据特征的抽象。

数据库是企业或部门相关数据的集合，数据库不仅要反映数据本身的内容，而且要反映数据之间的联系。由于计算机不可能直接处理现实世界中的具体事物，因此，必须要把现实世界中的具体事物转换成计算机能够处理的对象。在数据库中用数据模型这个工具来抽象、表示和处理现实世界中的数据和信息。

数据库管理系统是基于某种数据模型对数据进行组织的，因此，了解数据模型的基本概念是学习数据库知识的基础。

在数据库领域中，数据模型用于表达现实世界中的对象，即将现实世界中杂乱的信息用一种规范的、易于处理的方式表达出来。而且这种数据模型不仅要面向现实世界（表达现实世界信息），同时又要面向机器世界（因为要在机器上实现出来），因此一般要求数据模型满足三个方面的要求。

第一，能够真实地模拟现实世界。因为数据模型是抽象现实世界对象信息，经过整理、加工后，成为一种规范的模型。但构建模型的目的是真实、形象地表达现实世界的情况。

第二，容易被人们理解。由于构建数据模型一般是数据库设计人员完成的工作，而数据库设计人员往往并不是所构建业务领域的专家，因此，数据库设计人员所构建的模型是否正确，是否与现实情况相符，需要由精通业务的人员来评判，而精通业务的人员往往又不是计算机领域的专家。因此要求所构建的数据模型要形象化，要容易被业务人员理解，以便他们对模型进行评判。

第三，能够方便地在计算机上实现。因为对现实世界业务进行设计的最终目的是能够在计算机上实现出来，用计算机来表达和处理现实世界的业务。因此所构建的模型必须能够方便地在计算机上实现，否则就没有任何意义。

用一种模型来同时很好地满足这三方面的要求在目前是比较困难的，因此在数据库领域中是针对不同的使用对象和应用目的，采用不同的数据模型来实现的。

数据模型实际上是模型化数据和信息的工具。根据模型应用的不同目的，可以将模型分为两大类，它们分别属于两个不同的层次。

第一类是概念层数据模型，也称为概念模型或信息模型，它从数据的应用语义视角来抽取现实世界中有价值的数据并按用户的观点来对数据进行建模。这类模型主要用在数据库的设计阶段，它与具体的数据库管理系统无关，也与具体的实现方式无关。第二类是组织层数据模型，也称为组织模型（有时也直接简称为数据模型，本书后边凡是称数据模型的都指的是组织层数据模型），它根据数据的组织方式来描述数据。所谓组织层就是指用什么样的逻辑结构来组织数据。数据库发展到现在主要采用的组织方式（组织模型）有：层次模型（用树形结构组织数据）、网状模型（用图形结构组织数据）、关系模型（用简单二维表结构组织数据）以及对象–关系模型（用复杂的表格以及其他结构组织数据）。组织层数据模型主要是从计算机系统的角度对数据进行建模，它与所使用的数据库管理系统的种类有关，因为不同的数据库管理系统支持的数据模型可以不同。

为了把现实世界中的具体事物抽象、组织为某一具体数据库管理系统支持的数据模型，人们通常首先将现实世界抽象为信息世界，然后将信息世界转换为机器世界。即，首先把现实世界中的客观对象抽象为某一种描述信息的模型，这种模型并不依赖于具体的计算机系统，而且也不与具体的数据库管理系统有关，而是概念意义上的模型，也就是我们前边所说的概念层数据模型；然后把概念层数据模型转换为具体的数据库管理系统支持的数据模型，也就是组织层数据模型（比如关系数据库的二维表）。注意从现实世界到概念层数据模型使用的是“抽象”技术，从概念层数据模型到组织层数据模型使用的是“转换”技术，也就是说先有概念模型，然后才有组织模型。从概念模型到组织模型的转换是比较直接和简单的，我们将在第 9 章中详细介绍转换方法。这个过程如图 2-1 所示。

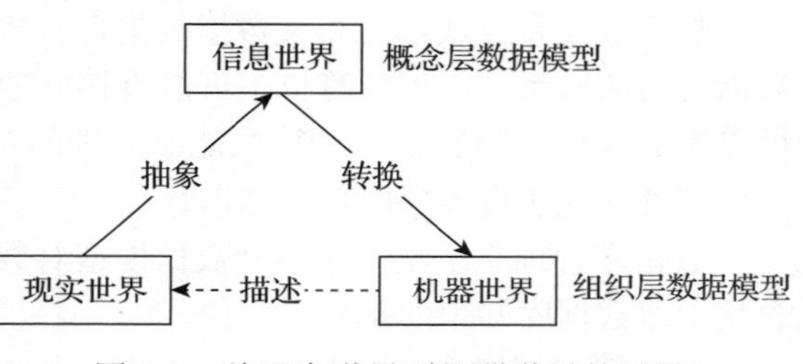

图 2-1　从现实世界到机器世界的过程

2.2　概念层数据模型

从图 2-1 可以看出，概念层数据模型是现实世界到机器世界的一个中间层，机器世界实现的最终目的是反映和描述现实世界。本节介绍概念层数据模型的基本概念及基本构建方法。

2.2.1　基本概念

概念层数据模型是指抽象现实系统中有应用价值的元素及其关联关系，反映现实系统中有应用价值的信息结构，并且不依赖于数据的组织层数据模型。

概念层数据模型用于对信息世界进行建模，是现实世界到信息世界的第一层抽象，是数据库设计人员进行数据库设计的工具，也是数据库设计人员和业务领域的用户之间进行交流的工具，因此，概念层数据模型一方面应该具有较强的语义表达能力，能够方便、直接地表达应用中的各种语义知识；另一方面它还应该简单、清晰和易于被用户理解。因为概念模型设计的正确与否，即所设计的概念模型是否合理、是否正确地表达了现实世界的业务情况，是由业务人员来判定的。

概念层数据模型是面向用户、面向现实世界的数据模型，它与具体的数据库管理系统无关。采用概念层数据模型，设计人员可以在数据库设计的初期把主要精力放在了解现实世界上，而把涉及数据库管理系统的一些技术性问题推迟到后面去考虑。

常用的概念层数据模型有实体－联系（Entity-Relationship，ER）模型、语义对象模型。本节只介绍最基本的实体－联系模型，这也是最常使用的一种概念模型。

2.2.2 实体－联系模型

如果直接将现实世界数据按某种具体的组织模型进行组织，必须同时考虑很多因素，设计工作也比较复杂，而且效果不一定理想，因此需要一种方法能够对现实世界的信息结构进行描述。事实上这方面已经有了一些方法，我们要介绍的是 P. P. S. Chen 于 1976 年提出的实体－联系方法，即通常所说的 ER 方法。这种方法由于简单、实用，因此得到了广泛的应用，也是目前描述信息结构常用的方法。

ER 方法使用的工具称为 ER 图，它所描述的现实世界的信息结构称为企业模式（enterprise schema），也把这种描述结果称为 ER 模型。

在 ER 模型中主要涉及三方面内容：实体、属性和联系。

1）实体。实体是具有公共性质并且可以相互区分的现实世界对象的集合，或者说是具有相同结构的对象的集合。实体是具体的，例如职工、学生、图书、商品都是实体。

在 ER 图中用矩形框表示具体的实体，把实体名写在框内，如图 2-2a 中的“经理”和“部门”实体。

实体中每个具体的记录值（一行数据）称为实体的一个实例，比如学生实体中的每个具体的学生就是学生实体中的一个实例。（注意，有些书也将实体称为实体集或实体类型，而将每行具体的记录称为实体。）

2）属性。属性是描述实体或联系的性质或特征的数据项，同一个实体的所有实例都具有相同的属性。比如学生的学号、姓名、性别等都是学生实体具有的特征，这些特征就是学生实体的属性。实体应具有多少个属性是由用户对信息的需求决定的。例如，假设用户还需要学生的出生日期信息，则在学生实体中再加一个“出生日期”属性。

在实体的属性中，将能够唯一标识实体的一个属性或最小的一组属性（称为属性集或属性组）称为实体的标识属性，这个属性或属性组也称为实体的码。例如，“学号”就是学生实体的码。

属性在 ER 图中用椭圆形框或圆角矩形框表示，在框内写上属性的名字，并用连线将属性框与它所描述的实体联系起来，如图 2-2c 所示。标识属性通常是通过在属性名上加下划线标识。

3）联系。在现实世界中，事物内部以及事物之间是有联系的，这些联系在信息世界反映为实体内部的联系和实体之间的联系。实体内部的联系通常是指一个实体内部属性之间的联系，实体之间的联系通常是指不同实体属性之间的联系。比如在“职工”实体中，假设有职工号、姓名、所在部门和部门经理号等属性，其中“部门经理号”描述的是这个职工所在部门的经理的职工号。一般来说，部门经理也属于单位的职工，而且通常与职工采用的是一套职工编码方式，因此“部门经理号”与“职工号”之间有一种关联的关系，即“部门经理号”的取值在“职工号”的取值范围内。这就是实体内部的联系。而“学生”和“学院”之间就是实体之间的联系，“学生”是一个实体，假设该实体中有学号、姓名、所在学院等属性，“学院”也是一个实体，假设该实体中包含学院名、办公地点、联系电话等属性，则“学生”实体中的“所在学院”与“学院”实体中的“学院名”之间存在一种关联关系，即“学生”实体中“所在学院”属性的取值范围必须在“学院”实体中“学院名”属性的取值范围内。因此“学院”和“学生”间的联系就是实体之间的联系。通常情况下现实世界中的联系大多都是实体之间的联系。

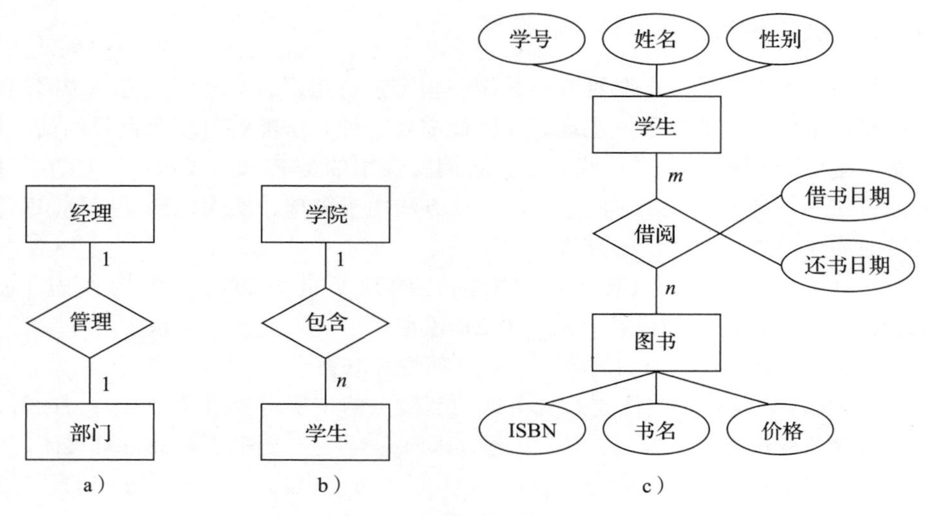

图 2-2　实体及联系的示例

联系是数据之间的关联关系，是客观存在的应用语义链。在 ER 图中联系用菱形框表示，框内写上联系名，并用连线将联系框与它所关联的实体连接起来，例如图 2-2a 中的“管理”联系。

联系也可以有自己的属性，比如图 2-2c 所示的“借阅”联系中有“借书日期”和“还书日期”属性。

两个实体之间的联系通常有以下三类。

1）一对一联系（1 ∶ 1）。如果实体 A 中的每个实例在实体 B 中至多有一个（也可以没有）实例与其关联，反之亦然，则称实体 A 与实体 B 之间是一对一联系，记作 1 ∶ 1。

例如，部门和经理（假设一个部门只允许有一个经理，一个人只允许担任一个部门的经理）、系和正系主任（假设一个系只允许有一个正主任，一个人只允许担任一个系的主任）都是一对一的联系。一对一联系示例如图 2-2a 所示。

2）一对多联系（$1 : n$）。如果实体 A 中的每个实例在实体 B 中有 n 个实例（$n \geqslant 0$）与其关联，而实体 B 中的每个实例在实体 A 中最多只有一个实例与其关联，则称实体 A 与实体 B 之间是一对多联系，记作 $1 : n$。

例如，一个学院有若干学生，而一个学生只属于一个学院，则学院和学生之间就是一对多联系。一对多联系示例如图 2-2b 所示。

3）多对多联系（$m : n$）。如果实体 A 中的每个实例在实体 B 中有 n 个实例（$n \geqslant 0$）与其关联，而实体 B 中的每个实例在实体 A 中也有 m 个实例（$m \geqslant 0$）与其关联，则称实体 A 与实体 B 是多对多联系，记作 $m : n$。

比如学生和图书，一个学生可以同时借阅多本图书，一本图书也可以在不同时间被多个学生借阅，因此学生和图书之间的联系是多对多的。多对多联系示例如图 2-2c 所示。

实际上，一对一联系是一对多联系的特例，而一对多联系又是多对多联系的特例。

注意：实体之间联系的种类是与语义直接相关的，也就是由客观实际情况决定的。例如，部门和经理，如果客观情况是一个部门只有一个经理，一个人只担任一个部门的经理，则部门和经理之间是一对一联系。但如果客观情况是一个部门可以有多个经理，而一个人只担任一个部门的经理，则部门和经理之间就是一对多联系。如果客观情况是一个部门可以有多个经理，而且一个人也可以担任多个部门的经理，则部门和经理之间就是多对多联系。

ER 图不仅能描述两个实体之间的联系，而且还能描述两个以上实体之间的联系。比如有顾客、商品、售货员三个实体，并且有语义：每个顾客可以从多个售货员那里购买商品，并且可以购买多种商品；每个售货员可以向多名顾客销售商品，并且可以销售多种商品；每个商品可由多个售货员销售，并且可以销售给多名顾客。描述顾客、商品和售货员之间的关联关系的 ER 图如图 2-3 所示，这里将联系命名为“销售”。

ER 图广泛用于数据库设计的概念结构设计阶段。用 ER 模型表示的数据库概念结构设计结果非常直观，易于用户理解，而且所设计的 ER 图与数据具体的组织方式无关，并可以被直观地转换为组织层数据模型。

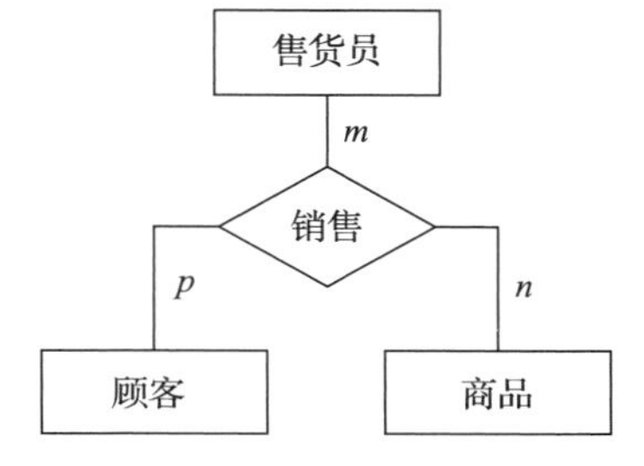

图 2-3 多个实体之间的联系示例

2.3 组织层数据模型

组织层数据模型是从数据的组织形式的角度来描述信息的，目前，在数据库技术发展过程中用到的组织层数据模型主要有：层次模型（hierarchical model）、网状模型（network model）、关系模型（relational model）、面向对象模型（object oriented model）和对象关系模型（object relational model）。组织层数据模型是按组织数据的逻辑结构来命名的，比如层次模型采用树形结构。各数据库管理系统是按其所采用的组织层数据模型来分类的，比如层次数据库管理系统就是用层次模型来组织数据，而网状数据库管理系统就是用网状模型来组织数据。

1970 年美国 IBM（国际商业机器）公司研究员 E.F.Codd 首次提出了数据库组织层数据模型的关系模型，开创了关系数据库和关系数据理论的研究，为关系数据库技术奠定了理论基础。关系模型从 20 世纪 70—80 年代开始到现在已经发展得非常成熟，本书的重点也是介绍关系模型。20 世纪 80 年代以来，计算机厂商推出的数据库管理系统几乎都支持关系模型。

一般将层次模型和网状模型统称为非关系模型。非关系模型的数据库管理系统在 20 世纪 70 年代至 20 世纪 80 年代初非常流行，在数据库管理系统的产品中占主导地位，但现在已逐步被采用关系模型的数据库管理系统所取代。20 世纪 80 年代以来，面向对象的方法和技术在计算机各个领域，包括程序设计语言、软件工程、信息系统设计、计算机硬件设计等方面都产生了深远的影响，也促进了数据库中面向对象模型的研究和发展。

2.3.1 层次模型

层次模型（也称为层次数据模型）是数据库管理系统中最早出现的数据模型。层次数据库管理系统采用层次模型作为数据的组织方式。层次数据库管理系统的典型代表是 IBM 公司的 IMS（Information Management System），这是 IBM 公司 1968 年推出的第一个大型的商用数据库管理系统。

层次模型用树形结构表示实体和实体之间的联系。现实世界中许多实体之间的联系本身就呈现出一种自然的层次关系，如行政机构、家族关系等。

构成层次模型的树由结点和连线组成，结点表示实体，结点中的项表示实体的属性，连线表示相连的两个实体间的联系，这种联系是一对多的。通常把表示“一”的实体放在上方，称为父结点；把表示“多”的实体放在下方，称为子结点。将不包含任何子结点的结点称为叶结点，如图 2-4 所示。

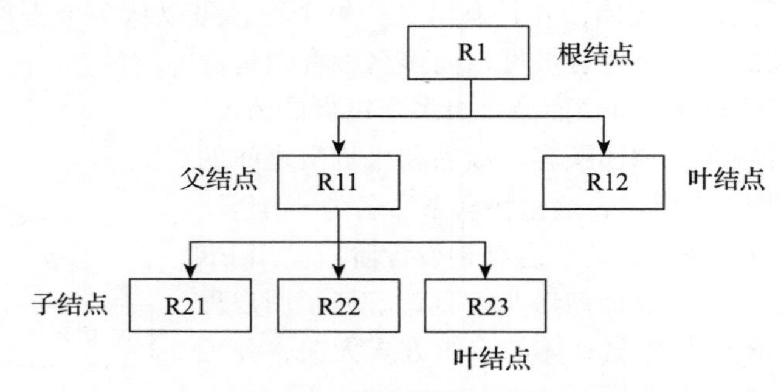

图 2-4　层次模型示意图

层次模型可以直接、方便地表示一对多的联系。但在层次模型中有以下两点限制：

1）有且仅有一个结点无父结点，这个结点即为树的根。

2）其他结点有且仅有一个父结点。

层次模型的一个基本特点是，任何一个给定的记录值只有从层次模型的根部开始按路径查看时，才能明确其含义，任何子结点都不能脱离父结点而存在。

图 2-5 所示为一个用层次结构组织的学院数据模型，该模型有 4 个结点，“学院”是根结点，由学院编号、学院名称和办公地点三项组成。“学院”结点下有两个子结点，分别为“教研室”和“学生”。“教研室”结点由教研室名、室主任和室人数三项组成，“学生”结点由学号、姓名、性别和年龄四项组成。“教研室”结点下又有一个子结点“教师”，因此，“教研室”是“教师”的父结点，“教师”是“教研室”的子结点。“教师”结点由教师号、教师名和职称三项组成。

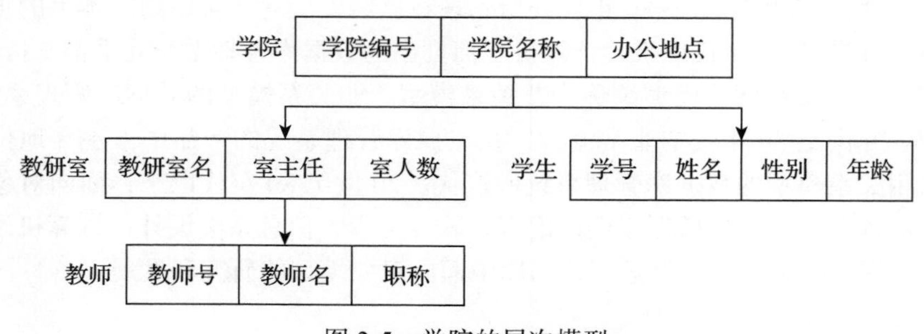

图 2-5　学院的层次模型

图 2-6 所示为学院的层次模型对应的一些值。

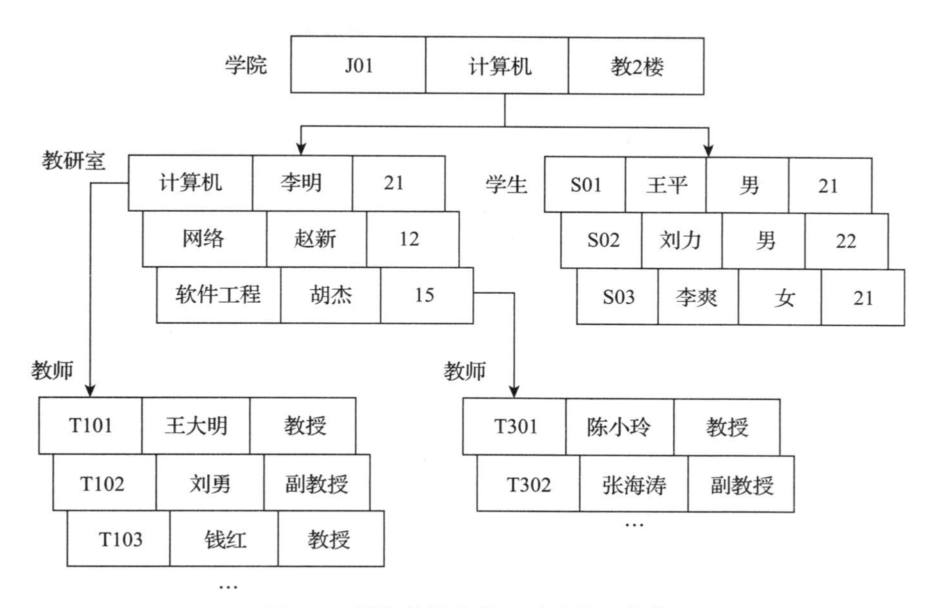

图 2-6　学院的层次模型对应的一些值

层次模型只能表示一对多的联系，不能直接表示多对多的联系。但如果把多对多联系转换为一对多联系，又会出现一个子结点有多个父结点的情况（如图 2-7 所示，学生和图书原本是一个多对多联系，在这里将其转换为两个一对多联系），这显然不符合层次模型的要求。一般常用的解决办法是把一个层次模型分解为两个层次模型，如图 2-8 所示。

层次数据库是由若干个层次模型构成的，或者说它是一个层次模型的集合。

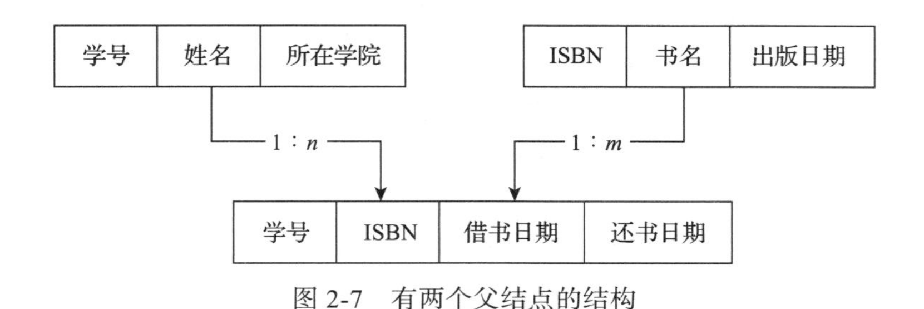

图 2-7　有两个父结点的结构

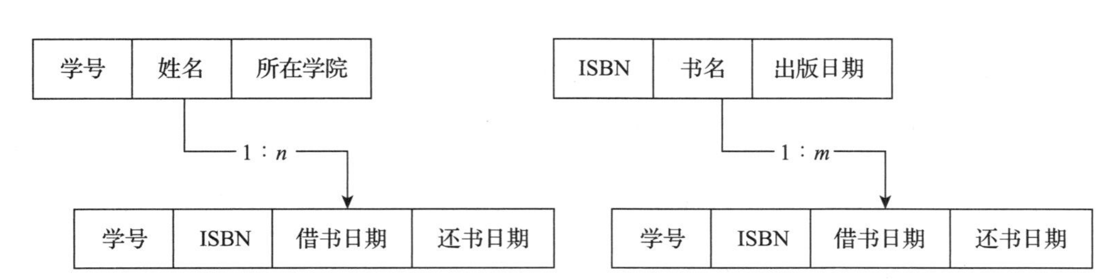

图 2-8　将图 2-7 分解成两个层次模型

2.3.2　网状模型

在现实世界中事物之间的联系更多的是非层次的，用层次模型表达现实世界中存在的联系有很多限制。如果去掉层次模型中的两点限制，即允许一个以上的结点无父结点，并且每个结点可以有多个父结点，便构成了网状模型。

用图的结构表示实体和实体之间的联系的数据模型就称为网状模型，也称为网状数据模型。在网状模型中，同样使用父结点和子结点这样的术语，并且同样一般把父结点放置在子结点的上方。图 2-9 所示为几种不同形式的网状模型形式。

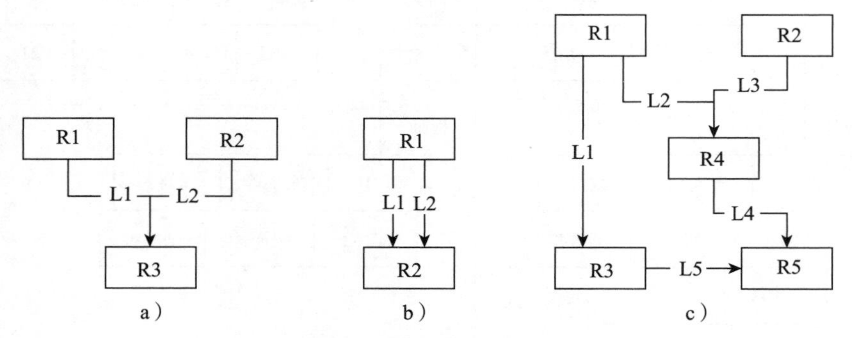

图 2-9　网状模型示意图

从图 2-9 可以看出，网状模型父结点与子结点之间的联系可以有多个，因此，就需要为每个联系命名。在图 2-9a 中，结点 R3 有两个父结点 R1 和 R2，可将 R1 与 R3 之间的联系命名为 L1，将 R2 与 R3 之间的联系命名为 L2。图 2-9b、c 与此类似。

由于网状模型没有层次模型的两点限制，因此可以直接表示多对多联系。但在网状模型中多对多联系实现起来太复杂，因此一些支持网状模型的数据库管理系统对多对多联系还是进行了限制。例如，网状模型的典型代表 CODASYL（Conference On Data System Language）就只支持一对多联系。

网状模型和层次模型在本质上是一样的，从逻辑上看，它们都是用连线表示实体之间的联系，用结点表示实体；从物理上看，层次模型和网状模型都是用指针来实现文件以及记录之间的联系，其差别仅在于网状模型中的连线或指针更复杂、更纵横交错，从而使数据结构更复杂。

网状模型的典型代表是 CODASYL，它是 CODASYL 组织的标准建议的具体实现。层次模型是按层次组织数据，而 CODASYL 是按系（set）组织数据。所谓“系”可以理解为已命名的联系，它由一个父记录型和一个或若干个子记录型组成。图 2-10 所示为网状模型的一个示例，该示例中包含四个系，S-B 系由学生和借阅记录构成，B-B 系由图书和借阅记录构成，B-W 系由图书和图书编写记录构成，W-B 系由作者和图书编写记录构成。实际上，图 2-7 所示的具有两个父结点的结构也属于网状模型。

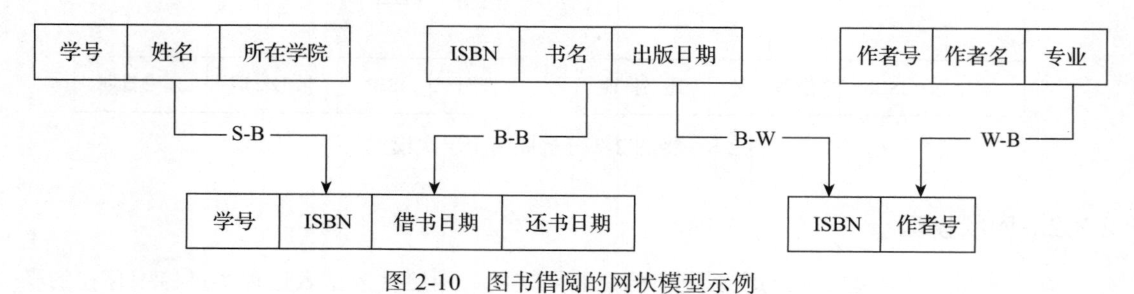

图 2-10　图书借阅的网状模型示例

2.3.3 关系模型

关系模型（也称为关系数据模型）是目前最重要的一种数据模型，关系数据库就是采用关系模型作为数据的组织方式。关系模型源于数学，它把数据看成二维表中的元素，而这个二维表在关系数据库中称为关系。关于关系的详细讨论将在第 3 章进行。

用关系（表格数据）表示实体和实体之间的联系的模型称为关系模型。在关系模型中，实体本身以及实体和实体之间的联系都用关系来表示，实体之间的联系不再通过指针来实现。

表 2-1 和表 2-2 所示分别为“学生”和“借阅”关系模型的数据结构，其中“学生”和“借阅”间的联系是通过“学号”列实现的。

表 2-1　学生

学号	姓名	性别	所在学院
202101001	李勇	男	计算机
202101002	刘晨	男	计算机
202101003	王敏	女	计算机
202101004	张小红	女	计算机
202102001	张海	男	经济管理
202102002	刘琳	女	经济管理

表 2-2　借阅

ISBN	学号	借书时间	还书时间
9787302505945	202101001	2021-10-11 8:45:00	2021-11-6 14:40:00
9787302505945	202101001	2022-1-4 9:10:00	2022-1-18 15:22:00
9787302505945	202101002	2021-10-15 9:45:00	2021-10-29 13:42:00
9787302505945	202101004	2021-10-11 8:45:00	2021-11-2 14:00:00
9787304103415	202102001	2021-9-21 10:05:00	2021-10-12 14:00:00

在关系数据库中，记录值仅仅构成关系，关系之间的联系是靠语义相同的字段（称为连接字段）值表达的。理解关系和连接字段（即列）的思想在关系数据库中是非常重要的。例如，要查询“李勇”的借阅情况，则首先要在“学生”关系中得到“李勇”的学号值，然后根据这个学号值再在“借阅”关系中找出该学生的所有借阅情况。

对于用户来说，关系的操作应该是简单的，但关系数据库管理系统本身是很复杂的。关系操作之所以对用户很简单，是因为它把大量的工作交给了数据库管理系统来实现。尽管在层次数据库和网状数据库诞生之时，就有了关系型数据库的设想，但研制和开发关系数据库管理系统却花费了比人们想象的要长得多的时间。关系数据库管理系统真正成为商品并投入使用要比层次数据库和网状数据库晚十几年。但关系数据库管理系统一经投入使用，便显示出了强大的活力和生命力，并逐步取代了层次数据库和网状数据库。现在耳熟能详的数据库管理系统，几乎都是关系数据库管理系统，比如 Microsoft SQL Server、Oracle、MySQL、Access 等都是关系型的数据库管理系统。

关系模型易于设计、实现、维护和使用，它与层次模型和网状模型的最根本区别是，关系模型采用非导航式的数据访问方式，数据结构的变化不会影响对数据的访问。

2.4 面向对象模型

面向对象模型是捕获在面向对象程序设计中所支持的对象语义的逻辑数据模型，它是持久的和共享的对象集合，具有模拟整个解决方案的能力。面向对象模型把实体表示为类，一个类描述了对象属性和实体行为。例如，一个“学生”类不仅仅有学生的属性，比如学号、姓名和性别等，还包含模仿学生行为（如借阅图书）的方法。类 - 对象的实例对应于学生个体。在对象内部，类的属性用特殊值来区分每个学生（对象），但所有对象都属于类，共享类的行为模式。面向对象数据库通过逻辑包含（logical containment）来维护联系。

面向对象数据库把数据和与对象相关的代码封装成单一组件，外面不能看到其里面的内容。因此，面向对象模型强调对象（由数据和代码组成）而不是单独的数据。这主要是从面向对象程序设计语言继承过来的。在面向对象程序设计语言里，程序员可以定义包含它们自己的内部结构、特征和行为的新类型或对象类。这样，不能认为数据是独立存在的，而是与代码（成员函数的方法）相关，代码（code）定义了对象能做什么（它们的行为或有用的服务）。面向对象模型的结构是非常容易变化的。与传统的数据库（如层次、网状或关系）不同，对象模型没有单一固定的数据库结构。编程人员可以给类或对象类型定义任何有用的结构，例如，链接列表、集合、数组等。此外，对象可以包含可变的复杂度，利用多重类型和多重结构。

面向对象数据库管理系统（OODBMS）是数据库管理中比较新的方法，适用于多媒体应用以及复杂的很难在关系数据库管理系统中模拟和处理的关系。

2.5 数据库体系结构

美国国家标准学会 (American National Standards Institute，ANSI) 的数据库管理系统研究小组于 1978 年提出了标准化的建议，将数据库结构分为三级：面向用户或应用程序员的用户级（外模式）、面向建立和维护数据库人员的概念级（模式）以及面向系统程序员的物理级（内模式）。三级模式的数据库体系结构提高了数据库的逻辑独立性和物理独立性。

2.5.1 模式的基本概念

数据模型（准确说是组织层数据模型）描述数据的组织形式，模式是用给定的数据模型对具体数据的描述，类似于用某一种编程语言编写具体应用程序一样。

模式是数据库中全体数据的逻辑结构和特征的描述，它仅仅涉及“型”的描述，不涉及具体的值。关系模式是关系的“型”或元组的结构共性的描述，它实际上对应的是关系表的表头。

模式的一个具体值称为模式的一个实例，比如表 2-1 中的每一行数据就是其表头结构（模式）的一个具体实例。一个模式可以有多个实例。模式是相对稳定的（结构不会经常变动），而实例是相对变动的（具体的数据值可以经常变化）。数据模式描述一类事物的结构、属性、类型和约束，实质上是用数据模型对一类事物进行模拟，而实例是反映某类事物在某一时刻的状态。

虽然实际的数据库管理系统产品种类很多，支持的数据模型和数据库语言也不尽相同，数据的存储结构也各不相同，但它们在体系结构上通常都具有相同的特征，即采用三级模式结构并提供两级映像功能。

2.5.2 三级模式结构

数据库的三级模式结构是指数据库的外模式、模式和内模式，如图 2-11 所示。

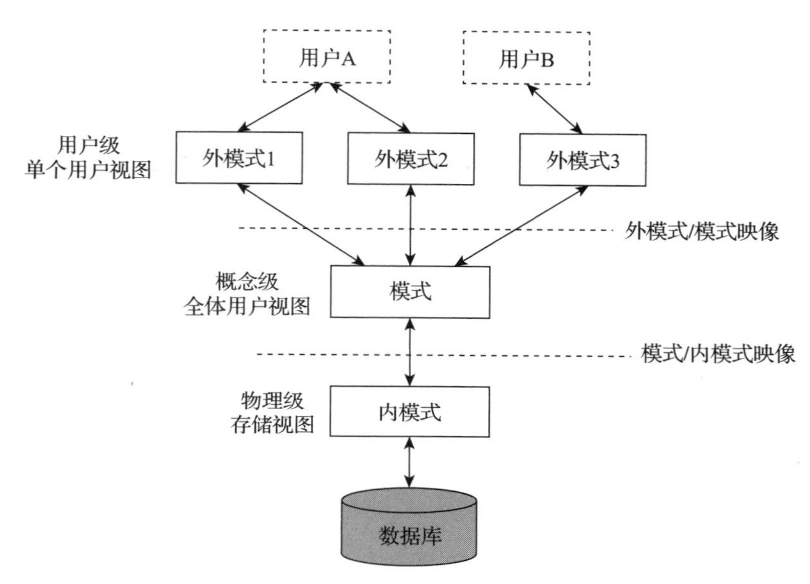

图 2-11 数据库的三级模式结构

外模式是面向每类用户的数据需求的视图，而模式描述的是一个部门或公司的全体数据。换句话说，外模式可以有许多，每一个都或多或少地抽象表示整个数据库的某一部分数据；而模式只有一个，它是对现实世界业务中的全体数据的抽象表示，注意这里的抽象指的是记录和字段这些更加面向用户的概念，而不是位和字节那些面向机器的概念。内模式也只有一个，它表示数据库的物理存储。

1. 外模式

外模式也称为用户模式或子模式，它的内容来自模式。外模式是对现实系统中用户感兴趣的整体数据的局部描述，用于满足数据库不同用户对数据的需求。外模式是对数据库用户能够看见和使用的局部数据的逻辑结构和特征的描述，是数据库整体数据结构（即模式）的子集或局部重构。

外模式通常是模式的子集。一个数据库可以有多个外模式。由于它是各个用户的数据视图，如果不同的用户在应用需求、看待数据的方式、对数据保密要求等方面存在差异，则其外模式的描述就是不同的。即使对模式中同样的数据，在外模式中的结构、类型、长度等都可以不同。

例如定义外模式：学生性别信息（学号，姓名，性别），该外模式就是表 2-1 所示关系的子集，它是宿舍分配部门所关心的学生信息，是学生基本信息的子集。又例如，图书借阅（姓名，所在学院，ISBN，借书时间）外模式是图书馆人员关心的信息，这个外模式的数据就是表 2-1 的“学生”关系（模式）和表 2-2 的“借阅”关系（模式）所含信息的组合（或称为重构）。

外模式同时也是保证数据库安全的一个措施。每个用户只能看到和访问其所对应的外模式中的数据，并屏蔽其不需要的数据，因此保证不会出现由于用户的误操作和有意破坏而造成数据损失。例如，假设有职工信息表，结构如下：

职工（职工号，姓名，所在部门，基本工资，职务工资，奖励工资）

如果不希望一般职工看到其他职工的奖励工资，则可生成一个只包含一般职工可以查看的信息的外模式，结构如下：

职工信息（职工号，姓名，所在部门，基本工资，职务工资）

这样就可以保证一般用户不会看到“奖励工资”项。

外模式对应到关系数据库中是“外部视图”或简称为“视图”。视图的概念我们将在第 6 章介绍。关系数据库管理系统提供了数据定义语言（DDL）来定义数据库的外模式。

2. 模式

模式也称为逻辑模式或概念模式，是对数据库中全体数据的逻辑结构和特征的描述，是所有用户的公共数据视图。模式表示数据库中的全部信息，其形式要比数据的物理存储方式抽象。它是数据库结构的中间层，既不涉及数据的物理存储细节和硬件环境，也与具体的应用程序、所使用的应用开发工具和环境无关。

模式实际上是数据库数据在逻辑级上的视图。一个数据库只有一种模式。数据库模式以某种数据模型为基础，综合地考虑了所有用户的需求，并将这些需求有机地结合成一个逻辑整体。定义数据库模式时不仅要定义数据的逻辑结构，比如数据记录由哪些数据项组成，数据项的名字、类型、取值范围等，而且还要定义数据之间的联系，定义与数据有关的安全性、完整性要求。

关系数据库中的模式一定是关系的，关系数据库管理系统提供了 DDL 来定义数据库的模式。

3. 内模式

内模式又称为存储模式，对应于物理级。它是数据库中全体数据的内部表示或底层描述，是数据库最低一级的逻辑描述，它描述了数据在存储介质上的存储方式和存储结构，对应着实际存储在存储介质上的数据库。内模式由 DDL 来定义。内模式反映了数据库系统的存储观。

在一个数据库系统中，每个数据库是唯一的，因而作为定义、描述数据库存储结构的内模式和定义、描述数据库逻辑结构的模式，也是唯一的，但建立在数据库系统之上的应用则是非常广泛、多样的，因此对应的外模式不是唯一的。

2.5.3　模式映像与数据独立性

数据库的三级模式是对数据的三个抽象级别，它把数据的具体组织留给数据库管理系统，使用户能逻辑、抽象地处理数据，而不必关心数据在计算机中的具体表示方式与存储方式。为了能够在内部实现这三个抽象层的联系和转换，数据库管理系统在三级模式之间提供了两级映像（见图 2-11）：外模式 / 模式映像和模式 / 内模式映像。正是这两级映像功能保证了数据库中的数据能够具有较高的逻辑独立性和物理独立性，使数据库应用程序不随数据库数据的逻辑或存储结构的变动而变动。

1. 外模式 / 模式映像

模式描述的是数据的全局逻辑结构，外模式描述的是数据的局部逻辑结构。对应于同一个模式可以有多个外模式。对于每个外模式，数据库管理系统都有一个外模式到模式的映像，它定义了该外模式与模式之间的对应关系，即如何从外模式找到其对应的模式。这些映像定义通常包含在各自的外模式描述中。

当模式改变（比如增加新的关系或新的属性、改变属性的数据类型等）时，可由数据库管理员用外模式定义语句，调整外模式到模式的映像，从而保持外模式不变。由于应用程序一般是依据数据的外模式编写的，因此也不必修改应用程序，从而保证了程序与数据的逻辑独立性。

2. 模式 / 内模式映像

模式 / 内模式映像定义了数据库的逻辑结构与物理存储之间的对应关系，该映像关系通常被保存在数据库的系统表（由数据库管理系统自动创建和维护，用于存放维护系统正常运行的表）中。当数据库的物理存储改变了，比如选择了另一个存储位置，只需要对模式 / 内模式映像做相应的调整，就可以保持模式不变，从而不必改变应用程序。因此，保证了数据与程序的物理独立性。

在数据库的三级模式结构中，模式（即全局逻辑结构）是数据库的中心与关键，它独立于数据库的其他层。设计数据库时也是首先设计数据库的逻辑模式。

数据库的内模式依赖于数据库的全局逻辑结构，但它独立于数据库的用户视图（也就是外模式），也独立于具体的存储设备。内模式将全局逻辑结构中所定义的数据结构及其联系按照一定的物理存储策略进行组织，以达到较好的时间与空间效率。

数据库的外模式面向具体的用户需求，它定义在模式之上，但独立于内模式和存储设备。当应用需求发生变化，相应的外模式不能满足用户的要求时，就需要对外模式做相应的修改以适应这些变化。因此设计外模式时应充分考虑到应用的可扩充性。

原则上，应用程序都是在外模式描述的数据结构上编写的，而且它应该只依赖于数据库的外模式，并与数据库的模式和存储结构独立（但目前很多应用程序是直接针对模式进行编写的）。不同的应用程序有时可以共用同一个外模式。数据库管理系统提供的两级映像功能保证了数据库外模式的稳定性，从而从底层保证了应用程序的稳定性，除非应用需求本身发生变化，否则应用程序一般不需要修改。

数据与程序之间的独立性，使得数据的定义和描述可以从应用程序中分离出来。另外，由于数据的存取由数据库管理系统负责管理和实施，因此，用户不必考虑存取路径等细节，从而简化了应用程序的编写，减少了对应用程序的维护和修改工作。

本章小结

本章首先介绍了数据库中数据模型的概念。数据模型分为两个层次：概念层数据模型和组织层数据模型。概念层数据模型是对现实世界信息的第一次抽象，它与具体的数据库管理系统无关，是用户与数据库设计人员的交流工具。因此概念层数据模型一般采用比较直观的模型表达，本章主要介绍的是应用范围很广泛的 ER 模型。

组织层数据模型是对现实世界信息的第二次抽象，它与具体的数据库管理系统有关，也就是与数据库管理系统采用的数据的组织方式有关。从概念层数据模型到组织层数据模型的转换一般是比较直接的。本章主要介绍的是关系模型。

最后本章从数据库系统体系结构角度分析了数据库系统，介绍了三级模式和两级映像。三级模式分别为：外模式、模式和内模式。外模式最接近用户，它主要考虑单个用户看待数据的方式；模式介于内模式和外模式之间，它提供数据的公共视图；内模式最接近物理存储，它考虑数据的物理存储方式。两级映像分别是外模式 / 模式映像和模式 / 内模式映像，这两个映像是提供数据的逻辑独立性和物理独立性的关键。

本章知识的思维导图如图 2-12 所示。

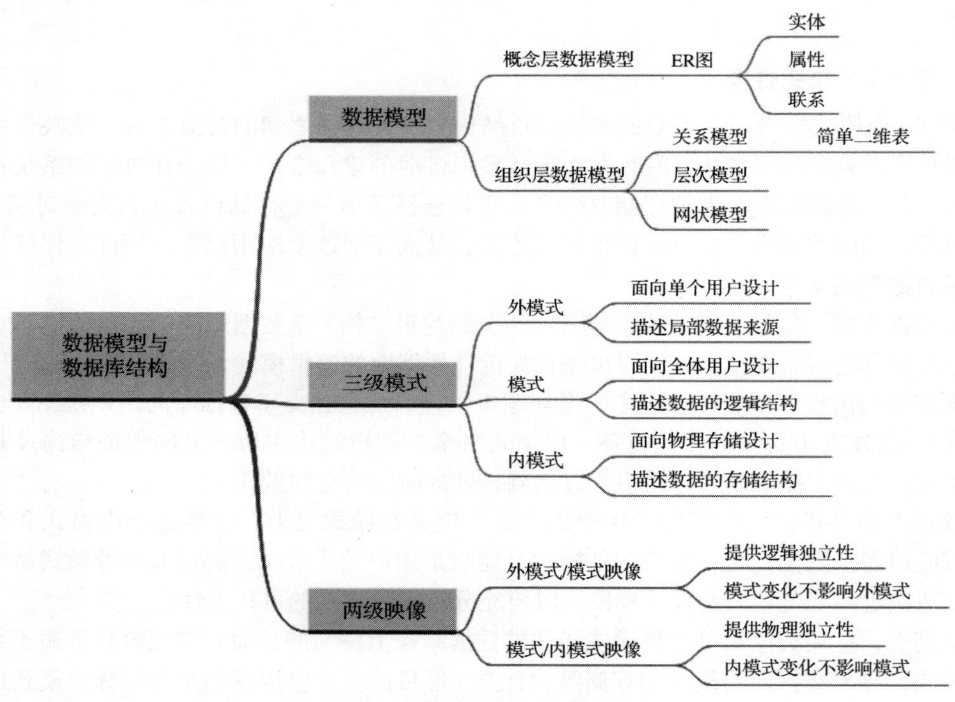

图 2-12　本章知识的思维导图

习题

一、选择题

1. 数据库三级模式结构的划分，有利于（　　）。

A. 数据的独立性　　B. 用户管理数据库文件

C. 用户建立数据库　　D. 操作系统管理数据库

2. 在数据库的三级模式中，描述数据库中全体数据的逻辑结构和特征的是（　　）。

A. 内模式　　B. 模式

C. 外模式　　D. 用户模式

3. 下列关于数据库中逻辑独立性的说法，正确的是（　　）。

A. 当内模式发生变化时，模式可以不变

B. 当内模式发生变化时，外模式可以不变

C. 当模式发生变化时，外模式可以不变

D. 当模式发生变化时，内模式可以不变

4. 下列模式中，用于描述单个用户数据视图的是（　　）。

A. 内模式　　B. 模式　　C. 外模式　　D. 存储模式

5. 数据库中的数据模型三要素是指（　　）。

A. 数据结构、数据对象和数据共享

B. 数据结构、数据操作和数据完整性约束

C. 数据结构、数据操作和数据的安全控制

D. 数据结构、数据操作和数据的可靠性

6. 下列关于 ER 模型中联系的说法，错误的是（　　）。

A. 一个联系最多只能关联两个实体

B. 联系可以是一对一的

C. 一个联系可以关联两个或两个以上的实体

D. 联系的种类是由客观世界业务决定的

7. 数据库中的三级模式以及模式间的映像提供了数据的独立性。下列关于两级映像的说法，正确的是（　　）。

A. 外模式到模式的映像是由应用程序实现的，模式到内模式的映像是由数据库管理系统实现的

B. 外模式到模式的映像是由数据库管理系统实现的，模式到内模式的映像是由应用程序实现的

C. 外模式到模式的映像以及模式到内模式的映像都是由数据库管理系统实现的

D. 外模式到模式的映像以及模式到内模式的映像都是由应用程序实现的

8. 下列关于概念层数据模型的说法，错误的是（　　）。

A. 概念层数据模型应该采用易于用户理解的表达方式

B. 概念层数据模型应该比较易于转换成组织层数据模型

C. 在进行概念层数据模型设计时，需要考虑具体的数据库管理系统的特点

D. 在进行概念层数据模型设计时，重点考虑的内容是用户的业务逻辑

二、简答题

1. 解释数据模型的概念，并回答为什么要将数据模型分为概念层数据模型和组织层数据模型两个层次。

2. 组织层数据模型有哪些？关系数据库采用的数据模型是什么？

3. 说明 ER 模型中的实体、属性和联系的概念。

4. 实体之间的联系有几种？请为每种联系举一个例子。

5. 指明下列实体间联系的种类：

（1）教研室和教师（假设一名教师只属于一个教研室，一个教研室可有多名教师）。

（2）商店和顾客。

（3）飞机和乘客。

6. 数据库包含哪三级模式？试分别说明每一级模式的作用。

7. 数据库管理系统提供的两级映像的作用是什么？它带来了哪些功能？

第3章 关系数据库

关系数据库是用数学的方法来处理数据库中的数据，它支持关系模型，现在绝大多数数据库管理系统都是关系型数据库管理系统。本章将介绍关系模型的基本概念和术语、关系的完整性约束以及关系操作，并介绍关系操作的数学基础——关系代数。

3.1 关系模型

关系数据库使用关系模型组织数据，这种思想源于数学，最早提出类似方法的是CODASYL于1962年发表的“信息代数”一文，1968年David Child在计算机上实现了集合论数据结构。而真正系统、严格地提出关系模型的是IBM的研究员Edgar Frank Codd，他于1970年在*Communications of the ACM*上发表了题为“A Relational Model of Data for Large Shared Data Banks”的论文，开创了数据库系统的新纪元。之后，他连续发表了多篇论文，奠定了关系数据库的理论基础。

关系模型由关系模型的数据结构、关系模型的数据操作和关系模型的数据完整性约束三部分组成，这三部分也称为关系模型的三要素。

3.1.1 数据结构

关系模型源于数学，它用二维表来组织数据，而这个二维表在关系数据库中就称为关系。关系数据库就是表或者说是关系的集合。

关系系统要求让用户所感觉的数据就是一张张表。在关系系统中，表是逻辑结构而不是物理结构。实际上，系统在物理层可以使用任何有效的存储结构来存储数据，比如有序文件、索引、哈希表、指针等。因此，表是对物理存储数据的一种抽象表示——对很多存储细节的抽象，如存储记录的位置、记录的顺序、数据值的表示以及记录的访问结构等，对用户来说都是不可见的。

3.1.2 数据操作

关系模型给出了关系操作的能力，关系模型中的数据操作如下。

1）传统的关系运算：并（union）、交（intersection）、差（difference）和广义笛卡儿乘积（extended cartesian product）。

2）专门的关系运算：选择（select）、投影（project）、连接（join）和除（divide）。

3）有关的数据操作：查询（query）、插入（insert）、删除（delete）和更改（update）。

关系模型的操作对象是集合（或关系表），而不是单个的数据行，也就是说，关系模型中操作的数据以及操作的结果（查询操作的结果）都是完整的集合（或关系表），这些集合可以是只包含一行数据的集合，也可以是不包含任何数据的空集合。而在非关系模型数据库中典型的操作是一次一行或一次一个记录。因此，集合处理能力是关系模型数据库区别于非关系模型数据库的一个重要特征。

在非关系模型中，各个数据记录之间是通过指针等方式链接的，当要定位到某条记录时，需要用户自己按指针的链接方向遍历查找，这种查找方式称为用户“导航”。而在关系模型中，由于是按集合进行操作，因此，用户只需要指定数据的定位条件，数据库管理系统就可以自动定位到该数据记录，而不需要用户来导航。这也是关系模型在数据操作上与非关系模型的本质区别。

例如，若采用层次模型，对于图 2-6 所示的层次结构，若要查找计算机学院软件工程教研室的张海涛老师的信息，则首先需要从根结点的“学院”开始，根据“计算机”学院指向的“教研室”结点的指针，找到“教研室”层次，然后在“教研室”层次中逐个查找（这个查找过程也许是通过各结点间的指针实现的），直到找到“软件工程”结点，然后根据“软件工程”结点指向“教师”结点的指针，找到“教师”层次，最后再在“教师”层次中逐个查找教师名为“张海涛”的结点，此时该结点包含的信息即所要查找的信息。这个过程的示意图如图 3-1 所示，其中的虚线表示沿指针的逐层查找过程。

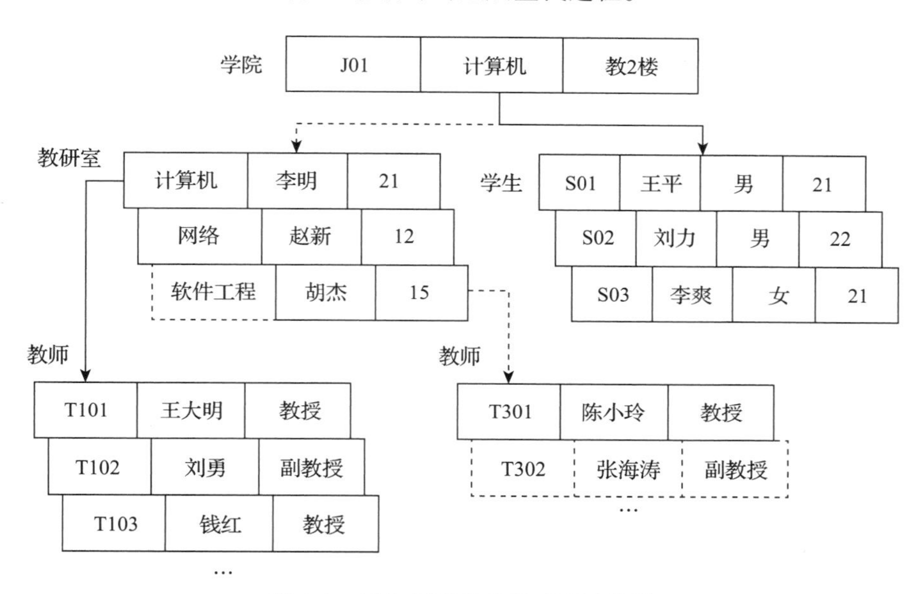

图 3-1　层次模型的查找过程示意图

如果是在关系模型中查找信息，比如在表 3-1 所示的“学生”关系中查找经济管理学院学号为 202102002 的学生的详细信息，用户只需提出这个要求即可，其余的工作就交给关系数据库管理系统来实现。对用户来说，这显然比在层次模型中查找数据要简单得多。

数据库数据的操作主要包括四种：查询、插入、删除和更改数据。关系数据库中的信息只有一种表示方式，就是表中的行列位置有明确的值。关系数据库中没有链接一个表到另一个表的指针。在表 3-1 和表 3-2 所示关系中，表 3-1 的第 1 行数据与表 3-2 中的第 1 行、第 2 行数据有联系，因为学号为“202101001”的学生借了两次图书。但在关系数据库中这种联系不是通过指针来实现的，而是通过表 3-1 中“学号”列的值与表 3-2 中“学号”列的值关联的（学号值相等）。但在非关系数据库中，这些关联关系一般通过指针实现，这种指针对用户来说是可见的。因此，在非关系数据库中，用户需要知道数据之间的指针链接关系。

表 3-1　学生

学号	姓名	性别	所在学院
202101001	李勇	男	计算机
202101002	刘晨	男	计算机
202101003	王敏	女	计算机
202101004	张小红	女	计算机
202102001	张海	男	经济管理
202102002	刘琳	女	经济管理

表 3-2　借阅

ISBN	学号	借书时间	还书时间
9787302505945	202101001	2021-10-11 8:45:00	2021-11-6 14:40:00
9787302505945	202101001	2022-1-4 9:10:00	2022-1-18 15:22:00
9787302505945	202101002	2021-10-15 9:45:00	2021-10-29 13:42:00
9787302505945	202101004	2021-10-11 8:45:00	2021-11-2 14:00:00
9787304103415	202102001	2021-9-21 10:05:00	2021-10-12 14:00:00

需要注意的是，当我们说关系数据库中没有指针时，并不是指在物理层没有指针，实际上，在关系数据库的物理层也使用指针，但所有这些物理层的存储细节对用户来说都是不可见的，用户所看到的物理层就是存放数据的数据库文件，他们能够看到的就是这些文件的文件名、存放位置等上层信息，而没有指针这样的底层信息。

关系操作是通过关系语言实现的，关系语言的特点是高度非过程化的。

3.1.3　数据完整性约束

在数据库中数据的完整性是指保证数据正确性的特征。数据完整性是一种语义概念，它包括以下两个方面：

1）与现实世界中应用需求的数据的相容性和正确性。

2）数据库内数据之间的相容性和正确性。

例如，每个学生的学号必须是唯一的，性别只能是“男”和“女”，学生所借的图书必须是图书馆中已有的图书等。因此，数据库是否具有数据完整性特征关系到数据库系统能否真实地反映现实世界情况，数据完整性是数据库的一个非常重要的内容。

数据完整性由一组完整性规则定义，而关系模型的完整性规则是对关系的某种约束条件。在关系模型中一般将数据完整性分为三类，即实体完整性、参照完整性（也称为引用完整性）和用户定义的完整性。其中实体完整性和参照完整性是关系模型必须满足的完整性约束，是系统级的约束。用户定义的完整性主要是限制属性的取值在有意义的范围内，比如限制性别的取值范围为“男”和“女”。这个完整性约束也称为域的完整性，它属于应用级的约束。数据库管理系统应该提供对这些数据完整性的支持。

3.2　关系模型的基本术语与形式化定义

在关系模型中，将现实世界中的实体、实体与实体之间的联系都用关系来表示，关系模型源于数学，它有自己严格的定义和一些固有的术语。

3.2.1 基本术语

关系模型采用单一的数据结构——关系——来表示实体以及实体之间的联系，用直观的观点来看，关系就是二维表。

下面介绍关系模型中的有关术语。

（1）关系

通俗地讲，**关系**（relation）就是二维表，二维表的名字就是关系的名字，表 3-1 所示的关系名是“学生”。

（2）属性

二维表中的每个列称为一个**属性**（attribute）[或叫字段（field）]，每个属性有一个名字，称为属性名。同一个表中的属性名不能相同。二维表中对应某一列的值称为属性值；二维表中列的个数称为关系的元数。如果一个二维表有 n 个列，则称其为 n 元关系。表 3-1 所示的学生关系有学号、姓名、性别、所在学院四个属性，是一个四元关系。

（3）值域

二维表中属性的取值范围称为**值域**（domain）。例如在表 3-1 所示关系中，“性别”列的取值为“男”和“女”两个值，这些都是列的值域。

（4）元组

二维表中的一行数据称为一个**元组**（tuple）。表 3-1 所示学生关系中的元组有：

（202101001，李勇，男，计算机）
（202101002，刘晨，男，计算机）
（202101003，王敏，女，计算机）
（202101004，张小红，女，计算机）
（202102001，张海，男，经济管理）
（202102002，刘琳，女，经济管理）

（5）分量

元组中的每一个属性值称为元组的一个**分量**（component），n 元关系的每个元组有 n 个分量。例如，对于元组（202101001，李勇，男，计算机），有 4 个分量，对应“学号”属性的分量是“202101001”，对应“姓名”属性的分量是“李勇”，对应“性别”属性的分量是“男”，对应“所在学院”属性的分量是“计算机”。

（6）关系模式

二维表的结构称为**关系模式**（relation schema），或者说，关系模式就是二维表的表头结构。设关系名为 R，属性分别为 A_1，A_2，…，A_n，则关系模式可以表示为

$$R(A_1, A_2, \cdots, A_n)$$

例如，表 3-1 所示关系的关系模式为学生（学号，姓名，性别，所在学院）。

如果将关系模式理解为数据类型，则关系就是该数据类型的一个具体值。

（7）关系数据库

对应于关系模型的所有关系的集合称为关系数据库（relation database）。

（8）候选键

如果一个属性或属性集（或称为属性组）的值能够唯一标识一个关系的元组而又不包含多余的属性，则称该属性或属性集为**候选键**（candidate key）。比如，学生（学号，姓名，性

别，所在学院）的候选键是学号。

候选键又称为候选关键字或候选码。在一个关系上可以有多个候选键。例如，假设为学生关系增加"身份证号"属性，则学生（学号，姓名，性别，所在学院，身份证号）的候选键就有两个：学号、身份证号。

（9）主键

当一个关系中有多个候选键时，可以从中选择一个作为**主键**（primary key）。每个关系只能有一个主键。

主键也称为主码或主关键字，是表中的属性或属性集，用于唯一地确定一个元组。主键可以由一个属性组成，也可以由多个属性共同组成。例如，表 3-1 所示的学生关系，学号是主键，因为学号的每个值都可以唯一地确定一个学生。而表 3-2 所示的借阅关系的主键就由学号、ISBN 和借书时间三个属性共同组成。因为一个学生可以在不同时间多次借阅同一本书，而一本图书也可以在不同时间被多个学生借阅，因此，只有将学号、ISBN 和借书时间三个属性组合起来才能共同确定一行记录。由多个属性共同组成的主键称为复合主键。当某个表由多个属性共同作为主键时，我们就用括号将这些属性括起来，表示共同作为主键。比如，表 3-2 所示的借阅关系的主键是（学号，ISBN，借书时间）。

注意，不能根据关系在某个时刻所存储的内容来决定其主键，关系的主键与实际的应用语义有关。例如，对表 3-2 所示的借阅关系，如果用（学号，ISBN）作为主键在一个学生对一本图书只能借一次的情况下是成立的，如果实际情况是一个学生对一本图书可以在不同时间多次借阅，则用（学号,ISBN）作为主键就不够了，因为一个学生对一本图书借了多少次，其（学号，ISBN）的值就会重复多少遍。因此借阅关系模式用（学号，ISBN，借书时间）作为主键更符合实际业务情况。

（10）主属性和非主属性

包含在任一候选键中的属性称为**主属性**（primary attribute），不包含在任一候选键中的属性称为**非主属性**（nonprimary attribute）。比如借阅（学号，ISBN，借书时间，还书时间），学号、ISBN、借书时间是主属性，还书时间是非主属性。

关系中的很多术语可以与现实生活中的表格术语进行对应，术语对比见表 3-3。

表 3-3　术语对比

关系术语	一般的表格术语
关系名	表名
关系模式	表头（表所含列的描述）
关系	（一张）二维表
元组	记录或行
属性	列
分量	一条记录中某个列的值

3.2.2　形式化定义

在关系模型中，无论是实体还是实体之间的联系均由单一的结构类型表示，即关系。关系模型是建立在集合论的基础上的，本小节我们将从集合论的角度给出关系数据结构的形式化定义。

1. 关系的形式化定义

为了给出关系的形式化定义，首先定义笛卡儿积。

设 D_1, D_2, …, D_n 为任意集合，则 D_1, D_2, …, D_n 的笛卡儿积为

$$D_1 \times D_2 \times \cdots \times D_n = \{(d_1, d_2, \cdots, d_n) \mid d_i \in D_i, \ i = 1, 2, \cdots, n\}$$

其中每一个元素 $(d_1, d_2, \cdots, d_n)$ 即为一个 n 元组（n-tuple），简称元组。元组中每一个 d_i 即为一个分量。

比如假设：

D_1 = { 计算机，经济管理 }

D_2 = { 李勇，王敏，张海 }

D_3 = { 男，女 }

则 D_1, D_2, D_3 的笛卡儿积为

$D_1 \times D_2 \times D_3$ = {（计算机，李勇，男），（计算机，李勇，女），
（计算机，王敏，男），（计算机，王敏，女），
（计算机，张海，男），（计算机，张海，女），
（经济管理，李勇，男），（经济管理，李勇，女），
（经济管理，王敏，男），（经济管理，王敏，女），
（经济管理，张海，男），（经济管理，张海，女）}

其中（计算机，李勇，男）、（计算机，王敏，女）等都是元组。“计算机”“李勇”“男”等都是分量。

笛卡儿积实际上就是一个二维表，上述笛卡儿积的运算如图 3-2 所示。

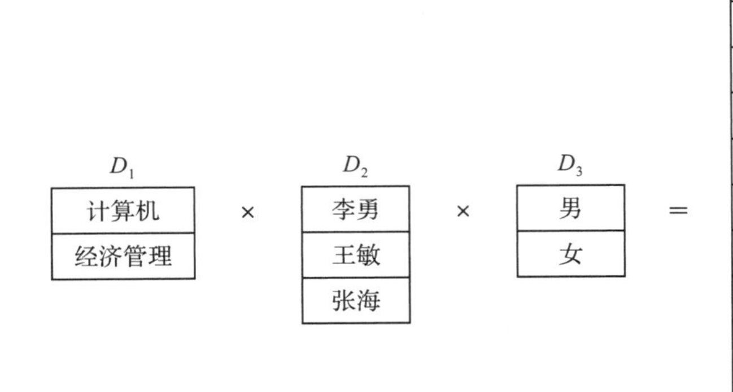

D_1	D_2	D_3
计算机	李勇	男
计算机	李勇	女
计算机	王敏	男
计算机	王敏	女
计算机	张海	男
计算机	张海	女
经济管理	李勇	男
经济管理	李勇	女
经济管理	王敏	男
经济管理	王敏	女
经济管理	张海	男
经济管理	张海	女

图 3-2　笛卡儿积的运算示意图

图 3-2 中，笛卡儿积的任意一行数据就是一个元组，它的第一个分量来自 D_1，第二个分量来自 D_2，第三个分量来自 D_3。笛卡儿积就是所有这样的元组的集合。

根据笛卡儿积的定义可以给出关系的形式化定义：$D_1 \times D_2 \times \cdots \times D_n$ 的任意一个子集称

为 D_1，D_2，…，D_n 上的一个 n 元关系。

形式化的关系定义同样可以把关系看成二维表，给表中的每个列取一个名字，称为属性。n 元关系有 n 个属性，一个关系中的属性的名字必须是唯一的。属性 D_i（$i=1$，2，…，n）的取值范围称为该属性的**值域**。

比如，上述例子中，取子集：

R = {（计算机，李勇，男），（计算机，王敏，女），（经济管理，张海，男）}

这就构成了一个关系，其二维表的形式见表 3-4，把第一个属性命名为“所在学院”，第二个属性命名为“姓名”，第三个属性命名为“性别”。

表 3-4　一个关系

所在学院	姓名	性别
计算机	李勇	男
计算机	王敏	女
经济管理	张海	男

从集合论的观点也可以将关系定义为：关系是一个有 K 个属性的元组的集合。

2. 对关系的限定

关系可以看成二维表，但并不是所有的二维表都是关系。关系数据库对关系有一些限定，归纳起来有以下几个方面。

1）关系中的每个分量必须是不可再分的最小属性。即每个属性都不能再被分解为更小的属性，这是关系数据库对关系的最基本的限定。例如，表 3-5 就不满足这个限定，因为在这个表中，“高级职称人数”不是最小的属性，它是由两个属性组成的一个复合属性。对于这种情况只需要将“高级职称人数”属性分解为“教授人数”和“副教授人数”两个属性即可（见表 3-6），这时这个表就是一个关系。

表 3-5　包含复合属性的表

学院名	人数	高级职称人数	
		教授人数	副教授人数
计算机	51	12	20
经济管理	40	6	18
通信	43	8	22

不是最小属性

表 3-6　不包含复合属性的表

学院名	人 数	教授人数	副教授人数
计算机	51	12	20
经济管理	40	6	18
通信	43	8	22

2）表中列的数据类型是固定的，即列中的每个分量都是同类型的数据，来自相同的值域。

3）不同列的数据可以取自相同的值域，每个列称为一个属性，每个属性有不同的属性名。

4）关系表中列的顺序不重要，即列的次序可以任意交换，不影响其表达的语义。

5）行的顺序也不重要，交换行数据的顺序不影响关系的内容。其实在关系数据库中并没有第 1 行、第 2 行等这样的概念，而且数据的存储顺序也与数据的输入顺序无关，数据的输入顺序不影响对数据库数据的操作过程，也不影响其操作效率。

6）同一个关系中的元组不能重复，即在一个关系中任意两个元组的值不能完全相同。

3.3　完整性约束

数据完整性是指数据库中存储的数据是有意义的或正确的，也就是和现实世界相符。关系模型中的数据完整性规则是对关系的某种约束条件。数据完整性主要包括三大类：实体完整性、参照完整性和用户定义的完整性。

3.3.1　实体完整性

实体完整性是保证关系中的每个元组都是可识别的和唯一的。

实体完整性是指关系数据库中所有的表都必须有主键，而且表中不允许存在以下记录：

1）无主键值的记录。

2）主键值相同的记录。

若某记录没有主键值，则此记录在表中一定是无意义的。因为关系模型中的每一行记录都对应客观存在的一个实例或一个事实。比如，表 3-1 中的第 1 行数据描述的是“李勇”这个学生。如果将表 3-1 中的数据改为表 3-7 所示的数据，可以看到，第 1 行和第 4 行数据中“学号”没有值，即主键没有值，查看其他列的值发现这两行数据的其他各列的值均相同，于是会产生这样的疑问：到底是存在名字、性别完全相同的两个学生，还是重复存储了学生李勇的信息？这就是缺少主键值时造成的情况。如果为其添加主键值为表 3-8 所示的数据，则可以判定在计算机学院有两个姓名、性别完全相同的学生。如果为其添加主键值为表 3-9 所示的数据，则可以判定在这个表中有重复存储的记录，而在数据库中存储重复的数据是没有意义的。

表 3-7　缺少主键值的学生表

学号	姓名	性别	所在学院
	李勇	男	计算机
202101002	刘晨	男	计算机
202101003	王敏	女	计算机
	李勇	男	计算机
202102001	张海	男	经济管理
202102002	刘琳	女	经济管理

表 3-8　主键值均不同的学生表

学号	姓名	性别	所在学院
202101001	李勇	男	计算机
202101002	刘晨	男	计算机

（续）

学号	姓名	性别	所在学院
202101003	王敏	女	计算机
202101004	李勇	男	计算机
202102001	张海	男	经济管理
202102002	刘琳	女	经济管理

表 3-9 主键值有重复的学生表

学号	姓名	性别	所在学院
202101001	李勇	男	计算机
202101002	刘晨	男	计算机
202101003	王敏	女	计算机
202101001	李勇	男	计算机
202102001	张海	男	经济管理
202102002	刘琳	女	经济管理

当为表定义了主键时，数据库管理系统会自动保证数据的实体完整性，即保证不允许存在主键值为空的记录以及主键值重复的记录。

关系数据库中主属性不能取空值。在关系数据库中的空值是特殊的标量常数，它代表未定义的或者有意义但目前还处于未知状态的值。比如当向表 3-2 所示的“借阅”关系中插入一行记录时，在学生还没有还书之前，其还书时间是不确定的，因此，此列的值就为空。空值用“NULL”表示。

3.3.2 参照完整性

参照完整性也称为引用完整性。现实世界中的实体之间往往存在着某种联系，在关系模型中，实体以及实体之间的联系都是用关系来表示的，这样就自然存在着关系与关系之间的引用。参照完整性就是描述实体之间的联系的，这里的实体之间可以是不同的实体，也可以是同一个实体。

例 3-1 “学生”实体和“学院”实体可以用下面的关系模式表示，其中主键用下划线标识：

学生（学号，姓名，性别，所在学院）

学院（学院名，办公地点，办公电话）

这两个关系模式之间存在着属性的引用关系：“学生”关系中的“所在学院”引用或者是参照了“学院”关系的主键“学院名”。即“学生”关系中的“所在学院”的值必须是“学院”关系中确实存在的学院名。这种限制一个关系中某列的取值受另一个关系中某列的取值范围约束的特点就称为参照完整性。

例 3-2 学生、课程以及学生与课程之间的选课关系可以用以下三个关系模式表示，其中主键用下划线标识：

学生（学号，姓名，性别，所在学院）

课程（课程号，课程名，学分，开课学期）

选课（学号，课程号，成绩）

这三个关系模式间也存在着属性的引用。“选课”关系中的“学号”引用了“学生”关系中的主键“学号”，即，“选课”关系中“学号”的值必须是“学生”关系中存在的学生（即有该学号值）。同样，“选课”关系中的“课程号”引用了“课程”关系中的主键“课程号”，即“选课”关系中的“课程号”也必须是“课程”关系中存在的课程号。

与实体间的联系类似，不仅两个或两个以上的关系间可以存在引用关系，同一个关系的内部属性之间也可以存在引用关系。

例 3-3　有关系模式：职工（职工号，姓名，性别，直接领导职工号）

在这个关系模式中，“职工号”是主键，“直接领导职工号”属性表示该职工的直接领导的职工号，这个属性的取值就参照了该关系中“职工号”属性的取值，即“直接领导职工号”必须是确实存在的一个职工。

进一步定义外键：设 *F* 是关系 *R* 的一个或一组属性，如果 *F* 与关系 *S* 的主键相对应，则称 *F* 是关系 *R* 的**外键**（foreign key），并称关系 *R* 为参照关系（referencing relation），关系 *S* 为被参照关系（referenced relation）。关系 *R* 和关系 *S* 不一定是不同的关系。

显然，被参照关系 *S* 的主键 K_s 和参照关系 *R* 的外键 *F* 必须定义在相同的域上。

在例 3-1 中，“学生”关系中的“所在学院”属性与“学院”关系中的主键“学院名”对应，因此，“学生”关系中的“所在学院”是外键，引用了“学院”关系中的“学院名”(主键)。这里，“学院”关系是被参照关系，“学生”关系是参照关系。

可以用图 3-3 所示的图形化的方法形象地表达参照关系和被参照关系。“学生”和“学院”的参照关系与被参照关系的图形化表示如图 3-4a 所示。

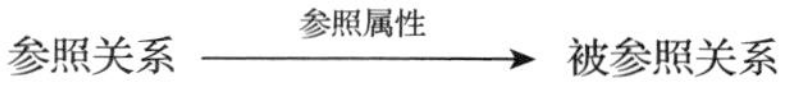

参照关系 —参照属性→ 被参照关系

图 3-3　关系的参照表示

在例 3-2 中，“选课”关系中的“学号”属性与“学生”关系中的主键“学号”对应，“课程号”属性与“课程”关系的主键“课程号”对应，因此，“选课”关系中的“学号”属性和“课程号”属性均是外键。这里“学生”关系和“课程”关系均为被参照关系，“选课”关系为参照关系，其参照关系与被参照关系的图形化表示如图 3-4b 所示。

在例 3-3 中，“职工”关系中的“直接领导职工号”属性与本身所在关系的主键“职工号”属性对应，因此，“直接领导职工号”是外键。这里，“职工”关系既是参照关系也是被参照关系，其参照关系与被参照关系的图形化表示如图 3-4c 所示。

a）学生 —学院名→ 学院

b）学生 ←学号— 选课 —课程号→ 课程

c）职工 ↻ 直接领导职工号

图 3-4　参照关系与被参照关系的图形化表示

需要说明的是，外键并不要求一定要与引用的主键同名（如例 3-1）。但在实际应用中，为了便于识别，当外键与引用的主键属于不同的关系时，通常都给它们取相同的名字。

参照完整性规则就是定义外键与被参照的主键之间的引用规则。

对于外键，一般应符合以下两个要求中的其中一个：

1）外键的值为空。

2）外键的值等于其所参照的关系中的某个元组的主键值。

例如，对于职工与其所在的部门可以用如下两个关系模式表示：

职工（职工号，职工名，部门号，工资级别）

部门（部门号，部门名）

其中，“职工”关系的“部门号”是外键，它参照了“部门”关系的“部门号”。如果某新来职工还没有被分配到具体的部门，则其“部门号”就为空值；如果职工已经被分配到了某个部门，则其“部门号”就有了确定的值（非空值）。

主键要求必须是非空且不重的，但外键无此要求。外键可以有重复值，这点我们从表 3-2 可以看出。

3.3.3　用户定义的完整性

用户定义的完整性也称为域完整性或语义完整性。任何关系数据库管理系统都应该支持实体完整性和参照完整性，除此之外，不同的数据库应用系统根据其应用环境的不同，往往还需要一些特殊的约束条件，用户定义的完整性就是针对某一具体应用领域定义的数据约束条件。它反映某一具体应用所涉及的数据必须满足应用语义的要求。

用户定义的完整性实际上就是指明关系中属性的取值范围，也就是属性的域，这样可以限制关系中属性的取值类型及取值范围，防止属性的值与应用语义矛盾。例如，学生的考试成绩的取值范围为 0～100，或取 { 优，良，中，及格，不及格 }。

3.4　关系代数

关系模型源于数学，关系是由元组构成的集合，可以通过关系的运算来表达查询要求，而关系代数恰恰是关系操作语言的一种传统的表示方式，是一种抽象的查询语言。

关系代数是一种纯理论语言，它定义了一些操作，运用这些操作可以从一个或多个关系中得到另一个关系，而不改变源关系。因此，关系代数的操作数和操作结果都是关系，而且一个操作的输出可以是另一个操作的输入。关系代数同算术运算一样，允许有嵌套的表达式。关系在关系代数下是封闭的，正如数字在算术运算下是封闭的一样。

关系代数是一种单次关系（或者说是集合）语言，即所有元组可能来自多个关系，但是用不带循环的一条语句处理。关系代数命令的语法形式有多种，本书采用的是一套通用的符号表示方法。

关系代数的运算对象是关系，运算结果也是关系。与一般的运算一样，运算对象、运算符和运算结果是关系代数的三大要素。

关系代数的运算可分为以下两大类：

1）传统的集合运算。这类运算完全把关系看成元组的集合。传统的集合运算包括集合的广义笛卡儿积运算、并运算、交运算和差运算。

2）专门的关系运算。这类运算除了把关系看成元组的集合外，还通过运算表达了查询的要求。专门的关系运算包括选择、投影、连接和除运算。

关系代数中的运算符可以分为四类：传统的集合运算符、专门的关系运算符、比较运算符和逻辑运算符。表 3-10 列出了这些运算符，其中比较运算符和逻辑运算符是配合专门的关系运算符来构造表达式的。

表 3-10　关系代数运算符

运算符		含义
传统的集合运算符	∪	并
	∩	交
	−	差
	×	广义笛卡儿积
专门的关系运算符	σ	选择
	Π	投影
	⋈	连接
	÷	除
比较运算符	>	大于
	<	小于
	=	等于
	≠	不等于
	⩽	小于或等于
	⩾	大于或等于
逻辑运算符	¬	非
	∧	与
	∨	或

3.4.1　传统的集合运算

传统的集合运算是二目运算，设关系 R 和 S 均是 n 目关系，且对应的属性值均取自同一个值域，则可以定义三种运算：并运算（∪）、交运算（∩）和差运算（−），但广义笛卡儿积并不要求参与运算的两个关系的对应属性取自相同的域。并、交、差运算示意图如图 3-5 所示。

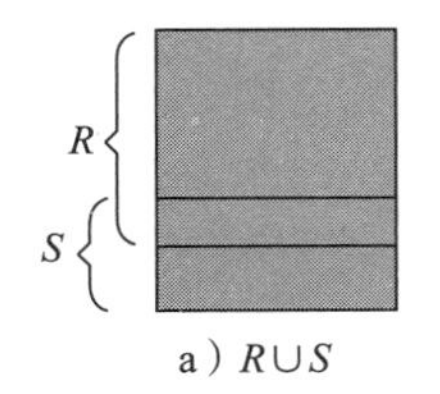

a）$R \cup S$

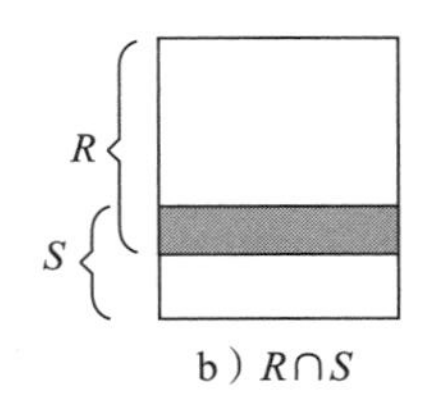

b）$R \cap S$

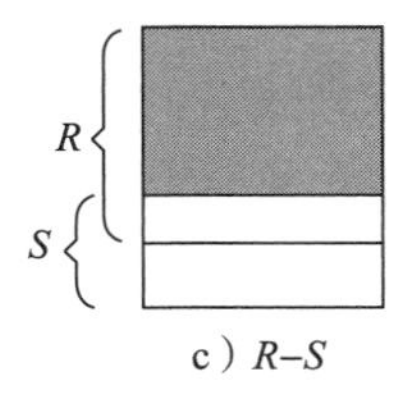

c）$R - S$

图 3-5　并、交、差运算示意图

现在以图 3-6a、b 所示的两个关系为例，说明这三种传统的集合运算。

顾客号	姓名	性别	年龄
S01	张宏	男	45
S02	李丽	女	34
S03	王敏	女	28

a）顾客关系 A

顾客号	姓名	性别	年龄
S02	李丽	女	34
S04	钱景	男	50
S06	王平	女	24

b）顾客关系 B

图 3-6　描述顾客信息的两个关系

1. 并运算

设关系 R 与关系 S 均是 n 目关系，则关系 R 与关系 S 的并运算记为

$$R \cup S = \{t \mid t \in R \vee t \in S\}$$

其结果仍是 n 目关系，由属于 R 或属于 S 的元组组成。

图 3-7a 显示了图 3-6a、b 两个关系的并运算结果。

2. 交运算

设关系 R 与关系 S 均是 n 目关系，则关系 R 与关系 S 的交运算记为

$$R \cap S = \{t \mid t \in R \wedge t \in S\}$$

其结果仍是 n 目关系，由属于 R 并且也属于 S 的元组组成。

图 3-7b 显示了图 3-6a、b 两个关系的交运算结果。

3. 差运算

设关系 R 与关系 S 均是 n 目关系，则关系 R 与关系 S 的差运算记为

$$R - S = \{t \mid t \in R \wedge t \notin S\}$$

其结果仍是 n 目关系，由属于 R 并且不属于 S 的元组组成。

图 3-7c 显示了图 3-6a、b 两个关系的差运算结果。

顾客号	姓名	性别	年龄
S01	张宏	男	45
S02	李丽	女	34
S03	王敏	女	28
S04	钱景	男	50
S06	王平	女	24

a）顾客关系 A ∪顾客关系 B

顾客号	姓名	性别	年龄
S02	李丽	女	34

b）顾客关系 A ∩顾客关系 B

顾客号	姓名	性别	年龄
S01	张宏	男	45
S03	王敏	女	28

c）顾客关系 A- 顾客关系 B

图 3-7　集合的并、交、差运算示意图

4. 广义笛卡儿积

广义笛卡儿积不要求参加运算的两个关系具有相同的目数。

两个分别为 m 目和 n 目的关系 R 和关系 S 的广义笛卡儿积是一个有 $(m+n)$ 目的元组的集合。元组的前 m 个列是关系 R 的一个元组，后 n 个列是关系 S 的一个元组。若 R 有 K_1 个元组，S 有 K_2 个元组，则关系 R 和关系 S 的广义笛卡儿积有 $K_1 \times K_2$ 个元组，记为

$$R \times S = \{t_r \hat{}\ t_s \mid t_r \in R \wedge t_s \in S\}$$

$t_r \hat{}\ t_s$ 表示由两个元组 t_r 和 t_s 前后有序连接而成的一个元组。比如，如果 $t_r=(a_1, a_2)$，$t_s=(b_1, b_2, b_3)$，则 $t_r \hat{}\ t_s=(a_1, a_2, b_1, b_2, b_3)$。

任取元组 t_r 和 t_s，当且仅当 t_r 属于 R 且 t_s 属于 S 时，t_r 和 t_s 的有序连接即为 $R \times S$ 的一个元组。

实际操作时，可从 R 的第一个元组开始，依次与 S 的每一个元组组合，然后，对 R 的下一个元组进行同样的操作，直至 R 的最后一个元组也进行同样的操作为止，即可得到 $R \times S$ 的全部元组。

图 3-8 所示为广义笛卡儿积操作示意图。

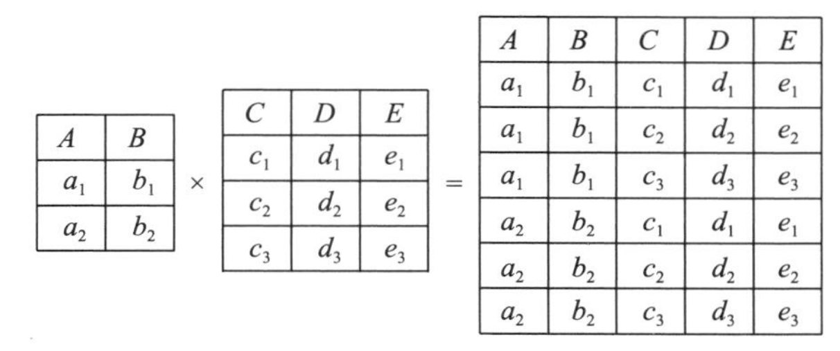

图 3-8　广义笛卡儿积操作示意图

3.4.2　专门的关系运算

专门的关系运算包括：选择、投影、连接、除等操作，其中选择和投影为一元操作，连接和除为二元操作。

设有表 3-11 所示的 students（学生）关系，各属性含义如下：

SID：学号；sname：姓名；gender：性别；college：所在学院。

表 3-11　students

SID	sname	gender	college
202101001	李勇	男	计算机学院
202101002	刘晨	男	计算机学院
202101003	王敏	女	计算机学院
202101004	张小红	女	计算机学院
202101005	王立东	男	计算机学院
202102001	张海	男	经济管理学院
202102002	刘琳	女	经济管理学院
202102003	张珊珊	女	经济管理学院

1. 选择（selection）

选择运算是从指定的关系中选出满足给定条件（用逻辑表达式表达）的元组而组成一个新的关系。选择运算的功能如图 3-9 所示。

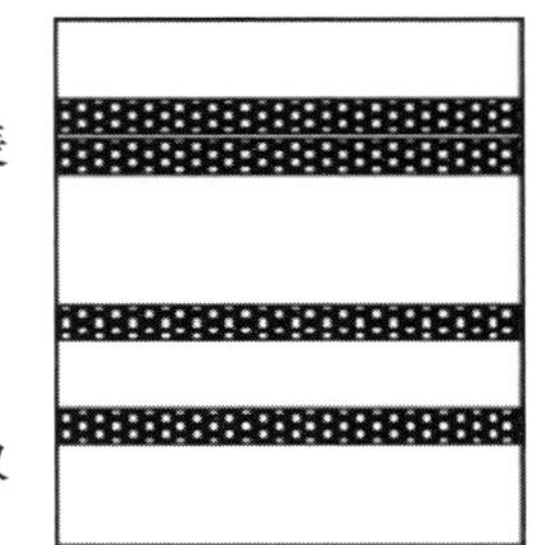

图 3-9　选择运算

选择运算表示为

$$\sigma_F(R) = \{t \mid t \in R \land F(t) = \text{true}\}$$

式中，σ 是选择运算符；R 是关系名；t 是元组；F 是逻辑表达式，取逻辑“真”值或“假”值。

例 3-4　对表 3-11 所示的学生关系，写出从该关系中选择“计算机学院”学生信息的关系代数表达式。

$$\sigma_{\text{college} = \text{‘计算机学院’}}(\text{students})$$

该选择运算产生的关系见表 3-12。

表 3-12　例 3-4 的选择结果

SID	sname	gender	college
202101001	李勇	男	计算机学院
202101002	刘晨	男	计算机学院

（续）

SID	sname	gender	college
202101003	王敏	女	计算机学院
202101004	张小红	女	计算机学院
202101005	王立东	男	计算机学院

2. 投影（projection）

投影运算是从关系 R 中选取若干属性，并用这些属性组成一个新的关系。其运算功能如图 3-10 所示。

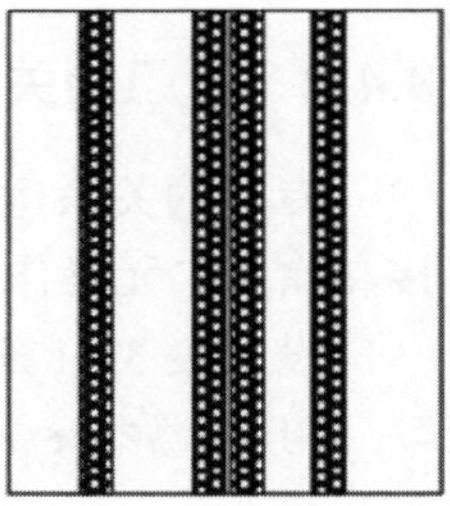

图 3-10 投影运算

投影运算表示为

$$\prod_{A}(R) = \{ t.A \mid t \in R \}$$

式中，$\prod$是投影运算符；R 是关系名；A 是被投影的属性或属性组；$t.A$ 是 t 这个元组中相对于属性（组）A 的分量，也可以表示为 $t[A]$。

投影运算一般由两个步骤完成：

1）选取指定的属性，形成一个可能含有重复行的新关系。

2）删除重复行，形成结果关系。

例 3-5 对表 3-11 所示的关系，在 sname、college 两个列上进行投影运算，可以表示为

$$\prod_{\text{sname,college}}(\text{students})$$

该投影运算产生的关系见表 3-13。

表 3-13 例 3-5 的投影结果

sname	college
李勇	计算机学院
刘晨	计算机学院
王敏	计算机学院
张小红	计算机学院
王立东	计算机学院
张海	经济管理学院
刘琳	经济管理学院
张珊珊	经济管理学院

3. 连接

连接运算用来连接相互之间有联系的两个关系，从而产生一个新的关系。这个过程由连接属性（字段）来实现。一般情况下连接属性是出现在不同关系中的语义相同的属性。连接是由笛卡儿积导出的，相当于把连接谓词看成选择公式。进行连接运算的两个关系通常是具有一对多联系的父子关系。

连接运算主要有以下几种形式：

1）θ 连接，θ 为比较运算符。

2）等值连接（θ 连接的特例）。

3）自然连接。

4）外部连接（简称外连接）。

θ连接运算一般表示为

$$R \underset{A\theta B}{\bowtie} S = \{t_r \hat{} t_s \mid t_r \in R \wedge t_s \in S \wedge t_r[A]\theta t_s[B] = \text{true}\}$$

式中，A 和 B 分别是关系 R 和关系 S 上语义相同的属性或属性组；θ是比较运算符。“$A\ \theta\ B$”连接运算是从 R 和 S 的广义笛卡儿积 $R \times S$ 中，选择关系 R 在属性组 A 上的值与关系 S 在属性组 B 上值满足比较运算符 θ 的元组。

连接运算中最重要也是最常用的连接有两个，一个是等值连接，一个是自然连接。

当θ为“=”时的连接为等值连接，它是从关系 R 与关系 S 的广义笛卡儿积中选取 A、B 属性组值相等的那些元组，即

$$R \underset{A=B}{\bowtie} S = \{t_r \hat{} t_s \mid t_r \in R \wedge t_s \in S \wedge t_r[A] = t_s[B]\}$$

自然连接是一种特殊的等值连接，它要求两个关系中进行比较的分量必须是相同的属性或属性组，并且在连接结果中去掉重复的属性列，使公共属性列只保留一个。即，若关系 R 和 S 具有相同的属性组 B，则自然连接可记作

$$R \bowtie S = \{t_r \hat{} t_s \mid t_r \in R \wedge t_s \in S \wedge t_r[A] = t_s[B]\}$$

一般的连接运算是从行的角度进行运算，但自然连接还需要去掉重复的列，所以是同时从行和列的角度进行运算。

自然连接与等值连接的区别有以下两点：

1）自然连接要求相等的分量必须有共同的属性名，等值连接无此要求。

2）自然连接要求把重复的属性去掉，等值连接无此操作。

例 3-6　设有表 3-14 所示的“商品”关系和表 3-15 所示的“销售”关系，分别进行等值连接和自然连接运算。

表 3-14　商品

商品号	商品名	进货价格
P01	34 平面电视	2400
P02	34 液晶电视	4800
P03	52 液晶电视	9600

表 3-15　销售

商品号	销售日期	销售价格
P01	2019-2-3	2200
P02	2019-2-3	5600
P01	2019-8-10	2800
P02	2019-2-8	5500
P01	2019-2-15	2150

等值连接：

$$商品 \underset{商品.商品号=销售.商品号}{\bowtie} 销售$$

自然连接：

$$商品 \bowtie 销售$$

等值连接结果见表3-16，自然连接结果见表3-17。

表3-16 例3-6等值连接结果

商品号	商品名	进货价格	商品号	销售日期	销售价格
P01	34平面电视	2400	P01	2019-2-3	2200
P01	34平面电视	2400	P01	2019-8-10	2800
P01	34平面电视	2400	P01	2019-2-15	2150
P02	34液晶电视	4800	P02	2019-2-3	5600
P02	34液晶电视	4800	P02	2019-2-8	5500

表3-17 例3-6自然连接结果

商品号	商品名	进货价格	销售日期	销售价格
P01	34平面电视	2400	2019-2-3	2200
P01	34平面电视	2400	2019-8-10	2800
P01	34平面电视	2400	2019-2-15	2150
P02	34液晶电视	4800	2019-2-3	5600
P02	34液晶电视	4800	2019-2-8	5500

从例3-6可以看到，当两个关系进行自然连接时，连接的结果由两个关系中公共属性值相等的元组构成。从连接的结果可以看到，在“商品”关系中，如果某商品（这里是“P03”商品）在“销售”关系中没有出现（即没有被销售过），则关于该商品的信息不会出现在连接结果中。也就是说，在连接结果中会舍弃掉不满足连接条件（这里是两个关系中的“商品号”相等）的元组。这种形式的连接称为内连接。

如果希望不满足连接条件的元组也出现在连接结果中，则可通过外连接（outer join）操作实现。外连接有三种形式：左外连接（left outer join）、右外连接（right outer join）和全外连接（full outer join）。

左外连接的连接形式为

$$R^* \bowtie S$$

右外连接的连接形式为

$$R \bowtie {}^*S$$

全外连接的连接形式为

$$R^* \bowtie {}^*S$$

左外连接的含义是把连接符号左边的关系（这里是R）中不满足连接条件的元组也保留到连接后的结果中，并在连接结果中将该元组所对应的右边关系（这里是S）的各个属性均置成空值（NULL）。

右外连接的含义是把连接符号右边的关系（这里是S）中不满足连接条件的元组也保留到连接后的结果中，并在连接结果中将该元组对应的左边关系（这里是R）的各个属性均置成空值（NULL）。

全外连接的含义是把连接符号两边的关系（R和S）中不满足连接条件的元组均保留到连接后的结果中，并在连接结果中将不满足连接条件的各元组的相关属性均置成空值（NULL）。

“商品”关系和“销售”关系的左外连接表达式为

$$商品 * \bowtie 销售$$

其连接结果见表 3-18。

表 3-18　商品和销售的左外连接结果

商品号	商品名	进货价格	销售日期	销售价格
P01	34 平面电视	2400	2019-2-3	2200
P01	34 平面电视	2400	2019-8-10	2800
P01	34 平面电视	2400	2019-2-15	2150
P02	34 液晶电视	4800	2019-2-3	5600
P02	34 液晶电视	4800	2019-2-8	5500
P03	52 液晶电视	9600	NULL	NULL

设有表 3-19 和表 3-20 所示的两个关系 R 和 S，则这两个关系的全外连接结果见表 3-21。

表 3-19　关系 R

A	B	C
a_1	b_1	c_1
a_2	b_2	c_1
a_3	b_1	c_2
a_4	b_3	c_1
a_5	b_2	c_1

表 3-20　关系 S

E	B	D
e_1	b_1	d_1
e_2	b_3	d_1
e_3	b_1	d_2
e_4	b_4	d_1
e_5	b_3	d_1

表 3-21　关系 R 和 S 的全外连接结果

A	B	C	E	D
a_1	b_1	c_1	e_1	d_1
a_1	b_1	c_1	e_3	d_2
a_2	b_2	c_1	NULL	NULL
a_3	b_1	c_2	e_1	d_1
a_3	b_1	c_2	e_3	d_2
a_4	b_3	c_1	e_2	d_1
a_4	b_3	c_1	e_5	d_1
a_5	b_2	c_1	NULL	NULL
NULL	b_4	NULL	e_4	d_1

4. 除（division）

（1）除的简单描述

设关系 S 的属性是关系 R 的属性的一部分，则 $R \div S$ 为这样一个关系：

1）此关系的属性是由属于 R 但不属于 S 的所有属性组成。

2）$R \div S$ 的任一元组都是 R 中某元组的一部分。但必须符合要求，即任取属于 $R \div S$ 的一个元组 t，则 t 与 S 的任一元组连接后，都是 R 中原有的一个元组。

除运算的示意图如图 3-11 所示。

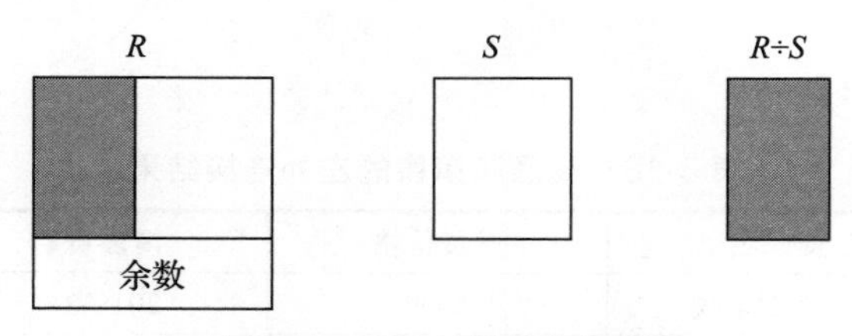

图 3-11　除运算的示意图

（2）除的一般形式

设有关系 $R(X, Y)$ 和 $S(Y, Z)$，其中 X、Y、Z 为关系的属性组，则

$$R(X, Y) \div S(Y, Z) = R(X, Y) \div \prod_Y(S)$$

（3）确定关系 $R \div S$ 元组

关系的除运算是关系运算中最复杂的一种，关系 R 与 S 的除运算的以上叙述解决了 $R \div S$ 关系的属性组成及其元组应满足的条件要求，但怎样确定关系 $R \div S$ 元组，仍然没有说清楚。为了说清楚这个问题，首先引入一个概念。

象集：给定一个关系 $R(X, Y)$，X 和 Y 为属性组。定义当 $t[X] = x$ 时，x 在 R 中的象集（image set）为

$$Y_x = \{ t[Y] \mid t \in R \wedge t[X] = x \}$$

式中，$t[Y]$ 和 $t[X]$ 分别是 R 中的元组 t 在属性组 Y 和 X 上的分量的集合。

例如在表 3-11 所示的 students（SID, sname, gender, college）关系中，有一个元组值为

（202101001，李勇，男，计算机学院）

假设 X = {gender, college}，Y = {SID, sname}，则 $t[X]$ 的一个值为

x =（男，计算机学院）

此时，Y_x 为 $t[X] = x$ =（男，计算机学院）时所有 $t[Y]$ 的值，即

Y_x = {（202101001，李勇），（202101002，刘晨），（202101005，王立东）}

也就是由计算机学院全体男生的学号、姓名所构成的集合。

又例如，对于表 3-22 所示的 borrow 关系：

表 3-22　borrow 关系

ISBN	SID	borrow_time	return_time
9787302505945	202101001	2021-10-11 8:45:00	2021-11-6 14:40:00
9787302505945	202101001	2022-1-4 9:10:00	2022-1-18 15:22:00
9787302505945	202101002	2021-10-15 9:45:00	2021-10-29 13:42:00
9787302505945	202101004	2021-10-11 8:45:00	2021-11-2 14:00:00
9787304103415	202102001	2021-9-21 10:05:00	2021-10-12 14:00:00
9787304103415	202102003	2021-9-24 11:15:00	2021-10-14 14:00:00
9787111641247	202101002	2022-6-15 9:45:00	NULL
9787100158602	202101002	2022-6-15 9:45:00	NULL

如果 X = {SID}，Y = {ISBN，borrow_time，return_time}，则当 X 取“202101001”时，Y 的象集为

$$Y_x=\{(9787302505945，2021\text{-}10\text{-}11\ 8{:}45{:}00，2021\text{-}11\text{-}6\ 14{:}40{:}00),\ (9787302505945，2022\text{-}1\text{-}4\ 9{:}10{:}00，2022\text{-}1\text{-}18\ 15{:}22{:}00)\}$$

其表达的语义为：学号是“202101001”的学生的全部借还书记录。

如果 X = {ISBN}，Y = {SID, borrow_time, return_time}，则当 X 取“9787302505945”时，Y 的象集为

$$Y_x=\{(202101001，2021\text{-}10\text{-}11\ 8{:}45{:}00，2021\text{-}11\text{-}6\ 14{:}40{:}00),\ (202101001，2022\text{-}1\text{-}4\ 9{:}10{:}00，2022\text{-}1\text{-}18\ 15{:}22{:}00),\ (202101002，2021\text{-}10\text{-}15\ 9{:}45{:}00，2021\text{-}10\text{-}29\ 13{:}42{:}00)\ (202101004，2021\text{-}10\text{-}11\ 8{:}45{:}00，2021\text{-}11\text{-}2\ 14{:}00{:}00)\}$$

其表达的语义为：书号是“9787302505945”的图书的全部被借阅情况。

现在，我们再回过头来讨论除的一般形式。

设有关系 $R(X, Y)$ 和 $S(Y, Z)$，其中 X、Y、Z 为关系的属性组，则

$$R \div S=\{t_{\mathrm{r}}[X] \mid t_{\mathrm{r}} \in R \wedge \prod_Y(S) \subseteq Y_x\}$$

图 3-12 给出了一个除运算的例子。

ISBN	SID
9787115546081	202101004
9787115546081	202102001
9787115546081	202102003
9787302505945	202101001
9787302505945	202101002
9787302505945	202101004
9787302563839	202101001
9787302563839	202102003
9787541154256	202102002
9787541154256	202101004

÷

SID	sname
202101001	李勇
202101004	张小红

=

ISBN
9787115546081
9787302505945

图 3-12　除运算示例

图 3-12 所示除运算的语义为被学号为“202101001”和“202101004”的两位同学借过的图书的 ISBN。

3.4.3　关系代数示例

下面以以下三个关系为例，给出一些实现查询要求的关系代数表达式的例子。

students（SID, sname, gender, college），各属性含义为学号、姓名、性别、所在学院。

books（ISBN, bname, category, press, price），各属性含义为图书 ISBN、书名、类别、出版社、价格。

borrow（ISBN, SID, borrow_time, return_time），各属性含义为图书 ISBN、学号、借书时间、还书时间。

例 3-7　查询计算机学院的学生学号和姓名。

$$\prod_{\mathrm{SID,\ sname}}(\sigma_{\mathrm{college}=\text{‘计算机学院’}}(\mathrm{students}))$$

例 3-8 查询借过“数据分析思维”图书的学生学号和借书时间。

由于书名信息在 books 关系中，而学号和借书时间信息在 borrow 关系中，因此这个查询同时涉及 books 和 borrow 两个关系。因此首先应对这两个关系进行自然连接（通过两个关系中的相同属性：ISBN），然后再对连接的结果执行选择（书名 =“数据分析思维”）和投影（要查看的属性：“学号”和“借书时间”）操作。具体如下：

$$\Pi_{\text{SID, borrow\_time}}(\sigma_{\text{bname = '数据分析思维'}}(\text{books} \bowtie \text{borrow}))$$

也可以写成：

$$\Pi_{\text{SID, borrow\_time}}(\sigma_{\text{bname = '数据分析思维'}}(\text{books}) \bowtie \text{borrow})$$

后一种实现形式是首先在 books 关系中筛选出“数据分析思维”图书的信息（books 关系的子集：包含 books 全部属性的子集），然后再用这个子集与 borrow 进行自然连接运算（ISBN 相等），后一种写法的执行效率会比前一种写法高。

例 3-9 查询借过“数据分析思维”图书的学生姓名和所在学院。

这个查询的查询条件和查询列与两个关系有关：books（包含书名）以及 students（包含学生姓名和所在学院）。但由于 books 关系和 students 关系之间没有可以进行连接的属性（语义相同的属性），因此如果要使 books 关系和 students 关系能够进行连接操作，必须要借助关联这两个关系的 borrow 关系，通过 borrow 关系中的 ISBN 可与 books 关系中的 ISBN 进行自然连接，并通过 borrow 关系中的 SID 可与 students 关系中的 SID 进行自然连接，从而实现 books 关系和 students 关系之间的关联关系。

具体的关系代数表达式如下：

$$\Pi_{\text{sname, college}}(\sigma_{\text{bname= '数据分析思维'}}(\text{books} \bowtie \text{borrow} \bowtie \text{students}))$$

也可以写成：

$$\Pi_{\text{sname, college}}(\sigma_{\text{bname= '数据分析思维'}}(\text{books}) \bowtie \text{borrow} \bowtie \text{students})$$

例 3-10 查询借过“TP”类图书且借书时间在 2022 年 3 月 1 日之后的学生姓名、所在学院、图书书名和借书时间。

这个查询涉及 students、books 和 borrow 三个关系，在 books 关系中可以指定查询条件：图书类别（“TP”类），并可以得到书名信息；从 students 关系中可以得到学生姓名、所在学院信息；从 borrow 关系中可以得到借书时间信息。

具体的关系代数表达式如下：

$$\Pi_{\text{sname, college, bname, borrow\_time}}(\sigma_{\text{category = 'TP'} \wedge \text{borrow\_time >= '2022-3-1'}}(\text{books} \bowtie \text{borrow} \bowtie \text{students}))$$

也可以写成：

$$\Pi_{\text{sname, college, bname, borrow\_time}}(\sigma_{\text{category = 'TP'}}(\text{books}) \bowtie \sigma_{\text{borrow\_time >= '2022-3-1'}}(\text{borrow}) \bowtie \text{students})$$

例 3-11 查询没借过价格低于 50 元的图书的学生姓名和性别，包括没借过图书的学生。

实现这个查询的基本思路是：从全体学生中去掉借过价格低于 50 元的图书的学生。因此该查询需要用到传统集合运算中的差运算。

具体的关系代数表达式如下：

$$\Pi_{\text{sname, gender}}(\text{students}) - \Pi_{\text{sname, gender}}(\sigma_{\text{price < 50}}(\text{books} \bowtie \text{borrow} \bowtie \text{students}))$$

也可以写成：

$$\Pi_{\text{sname, gender}}(\text{students}) - \Pi_{\text{sname, gender}}(\sigma_{\text{price < 50}}(\text{books}) \bowtie \text{borrow} \bowtie \text{students})$$

例 3-12 查询借了全部“I”类图书的学生姓名和所在学院。

编写这个查询语句的关系代数表达式的思考过程如下：

1）得到全部“I”类图书的 ISBN，可通过下述关系代数表达式实现：

$$\prod_{\text{ISBN}}(\sigma_{\text{category}='\text{I}'}(\text{books}))$$

2）得到借了全部“I”类图书的学生学号，这个需要用除法运算实现，其关系表达式为

$$\prod_{\text{SID, ISBN}}(\text{borrow}) \div \prod_{\text{ISBN}}(\sigma_{\text{category}='\text{I}'}(\text{books}))$$

3）根据步骤 2）得到的学号，找到对应的学生姓名和所在学院，这可通过将 students 关系与步骤 2）的结果进行自然连接运算，然后再在连接的结果上对学号和所在学院进行投影操作实现。其关系代数表达式为

$$\prod_{\text{SID, college}}(\text{students} \bowtie (\prod_{\text{SID, ISBN}}(\text{borrow}) \div \prod_{\text{ISBN}}(\sigma_{\text{category}='\text{I}'}(\text{books}))))$$

例 3-13　查询出版了全部类型图书的出版社。

编写这个查询语句的关系代数表达式的思考过程与例 3-12 类似，最终的关系代数表达式为

$$\prod_{\text{press, category}}(\text{books}) \div (\prod_{\text{category}}(\text{books}))$$

表 3-23 总结了关系代数的操作。

表 3-23　关系代数操作总结

操作	表示方法	功能
选择	$\sigma_F(R)$	产生一个新关系，其中只包含 R 中满足指定谓词的元组
投影	$\prod_{a_1,a_2,\cdots,a_n}(R)$	产生一个新关系，该关系由指定的 R 中属性组成的一个 R 的垂直子集组成，并且去掉了重复的元组
连接	$R\underset{A\theta B}{\bowtie}S$	产生一个新关系，该关系包含了 R 和 S 的广义笛卡儿积中所有满足 θ 运算的元组
自然连接	$R \bowtie S$	产生一个新关系，由关系 R 和 S 在所有公共属性 x 上的相等连接得到，并且在结果中，每个公共属性只保留一个
（左）外连接	$R^* \bowtie S$	产生一个新关系，将 R 在 S 中无法找到匹配的公共属性的 R 中的元组也保留在新关系中，并将对应关系 S 的各属性值均置为空
并	$R \cup S$	产生一个新关系，它由 R 和 S 中所有不同的元组构成。R 和 S 必须是可进行并运算的
交	$R \cap S$	产生一个新关系，它由既属于 R 又属于 S 的元组构成。R 和 S 必须是可进行交运算的
差	$R-S$	产生一个新关系，它由属于 R 但不属于 S 的元组构成。R 和 S 必须是可进行差运算的
广义笛卡儿积	$R \times S$	产生一个新关系，它是关系 R 中的每个元组与关系 S 中的每个元组的连接的结果
除	$R \div S$	产生一个属性集合 C 上的关系，该关系的元组与 S 中的每个元组组合都能在 R 中找到匹配的元组，这里 C 是属于 R 但不属于 S 的属性集合

关系运算的优先级按从高到低的顺序为：投影、选择、乘积、连接和除（同级）、交、并和差（同级）。

本章小结

关系数据库是目前应用比较广泛的数据库管理系统。本章介绍了关系数据库的重要概念，包括关系模型的结构、关系操作和关系的完整性约束。介绍了关系模型中实体完整性、

参照完整性和用户定义的完整性约束的概念。

最后介绍了关系代数运算，关系代数运算分为传统的集合运算和专门的关系运算两大类。传统的集合运算包括：并、交、差和广义笛卡儿积，对于并、交和差运算要求参与运算的关系必须具有相同的结构。专门的关系运算包括：选择、投影、连接和除。在传统的集合运算基础之上再运用专门的关系运算，可以实现对关系的多条件查询操作。

本章知识的思维导图如图 3-13 所示。

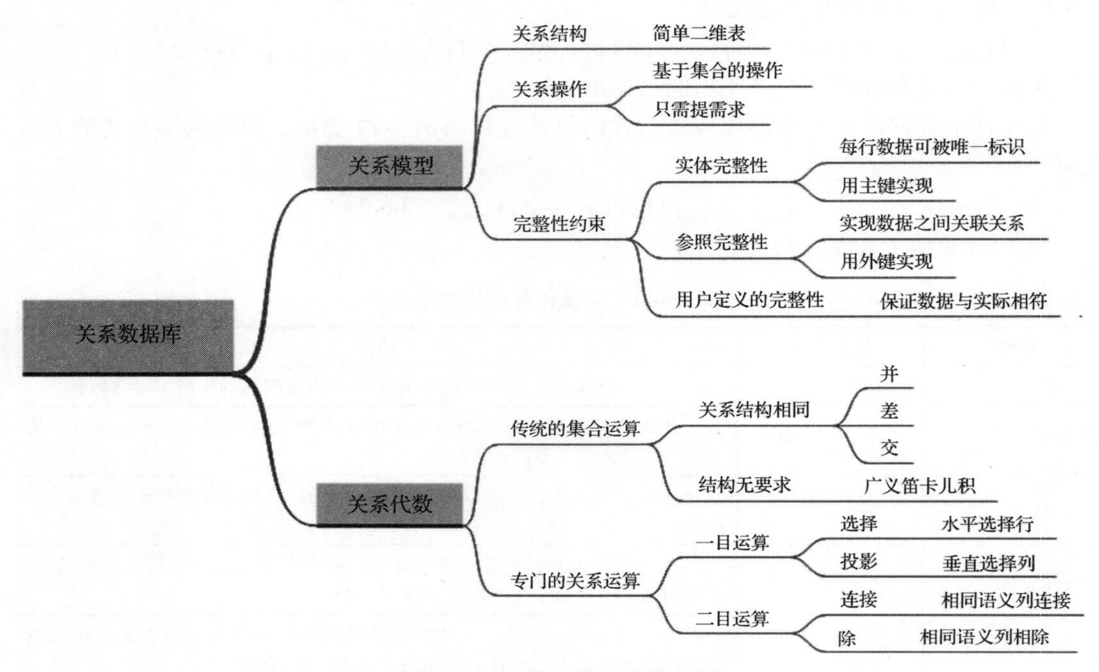

图 3-13　本章知识的思维导图

习题

一、选择题

1. 下列关于关系中主属性的描述，错误的是（　　）。
   A. 主键所包含的属性都是主属性
   B. 外键所引用的属性一定是主属性
   C. 候选键所包含的属性都是主属性
   D. 任何一个主属性都可以唯一地标识表中的一行数据
2. 设有关系模式：销售（顾客号，商品号，销售时间，销售数量），若一个商品可在不同时间多次销售给同一个顾客，同一个顾客在同一时间可购买多种商品，则此关系模式的主键是（　　）。
   A. 顾客号　　B. 产品号
   C.（顾客号，商品号）　　D.（顾客号，商品号，销售时间）
3. 关系数据库用二维表来组织数据。下列关于关系表中记录排列顺序的说法，正确的是（　　）。
   A. 顺序很重要，不能交换　　B. 顺序不重要
   C. 按输入数据的顺序排列　　D. 一定是有序的
4. 下列不属于数据完整性的是（　　）。

A. 实体完整性　　B. 参照完整性
C. 域完整性　　D. 数据操作完整性

5. 下列关于关系操作的说法，正确的是（　　）。
A. 关系操作是基于集合的操作
B. 在进行关系操作时，用户需要知道数据的存储位置
C. 在进行关系操作时，用户需要知道数据的存储结构
D. 用户可以在关系上直接进行行定位操作

6. 下列关于关系的说法，错误的是（　　）。
A. 关系中的每个属性都是不可再分的基本属性
B. 关系中不允许出现值完全相同的元组
C. 关系中不需要考虑元组的先后顺序
D. 关系中属性顺序的不同，关系所表达的语义也不同

7. 下列关于关系代数中选择运算的说法，正确的是（　　）。
A. 选择运算是从行的方向选择集合中的数据，选择运算后的行数有可能减少
B. 选择运算是从行的方向选择集合中的数据，选择运算后的行数不变
C. 选择运算是从列的方向选择集合中的若干列，选择运算后的列数有可能减少
D. 选择运算是从列的方向选择集合中的若干列，选择运算后的列数不变

8. 下列用于表达关系代数中投影运算的运算符是（　　）。
A. σ　　B. $\prod$　　C. $\bowtie$　　D. +

9. 下列关于关系代数中差运算结果的说法，正确的是（　　）。
A. 差运算的结果包含了两个关系中的全部元组，因此有可能有重复的元组
B. 差运算的结果包含了两个关系中的全部元组，但不会有重复的元组
C. 差运算的结果只包含两个关系中相同的元组
D. "$A-B$"差运算的结果由属于 A 但不属于 B 的元组组成

10. 设有三个关系模式，学生（学号，姓名，性别），图书（书号，书名，出版社）和借阅（学号，书号，借书日期）。现要查询赵飞借的图书的书名和出版社，下列关系代数表达式正确的是（　　）。
A. $\prod_{书名，出版社}(\sigma_{姓名='赵飞'}(学生)\bowtie 图书 \bowtie 借阅)$
B. $\prod_{书名，出版社}(\sigma_{姓名='赵飞'}(学生)\bowtie 借阅 \bowtie 图书)$
C. $\prod_{书名，出版社}(\sigma_{姓名='赵飞'}(学生 \bowtie 图书 \bowtie 借阅))$
D. $\prod_{书名，出版社}(\sigma_{姓名='赵飞'}(图书 \bowtie 学生 \bowtie 借阅))$

二、简答题

1. 试述关系模型的三个组成部分。
2. 解释下列术语的含义。
（1）主键
（2）候选键
（3）关系
（4）关系模式
（5）关系数据库
3. 关系数据库的三个完整性约束是什么？各是什么含义？

4. 根据下列给出的三个关系模式（各属性含义见 3.4.3 小节），写出实现如下查询的关系代数表达式。

students（SID, sname, gender, college）

books（ISBN, bname, category, press, price）

borrow（ISBN, SID, borrow_time, return_time）

（1）查询“计算机学院”学生的借阅情况，列出学号、姓名、图书 ISBN 和借书时间。

（2）查询“Java 编程入门”图书的借阅情况，列出学生姓名、所在学院、借书时间、还书时间。

（3）查询“计算机学院”学生借的价格在 50～60 元之间的图书情况，列出学生姓名、图书名和出版社。

（4）查询“计算机学院”学生中没借过“人工智能基础”的学生学号和姓名。

（5）查询至少借过“人间词话”和“围城”两本图书的学生的学号和所在学院。

第 4 章　SQL 语言基础及基本表的定义

用户使用数据库时需要对数据库进行各种各样的操作，如定义、修改数据模式，查询、添加、删除和修改数据等。数据库管理系统必须为用户提供相应的命令或语言，这些命令或语言就构成了用户和数据库之间的接口。

SQL(Structured Query Language，结构化查询语言）是用户操作关系数据库的通用语言。虽然叫结构化查询语言，而且查询操作确实是数据库中的主要操作，但并不是说 SQL 只支持查询操作，它实际上包含数据定义、数据查询、数据操作和数据控制等与数据库有关的全部功能。

SQL 已成为操作关系数据库的标准语言，所以现在主流的关系数据库管理系统都支持 SQL。本章将介绍 SQL 语言支持的主要数据类型以及定义基本表的功能。

数据库所提供的语言一般局限于对数据库的操作，它不是完备的程序设计语言，也不能独立地用来编写应用程序。

4.1　SQL 语言概述

SQL 语言是操作关系数据库的标准语言，本节介绍 SQL 语言的发展过程、特点以及主要功能。

4.1.1　SQL 语言的发展过程

最早的 SQL 原型是 IBM 的研究人员在 20 世纪 70 年代开发的，该原型被命名为 SEQUEL（Structured English Query Language，结构化英语查询语言）。现在许多人仍将在这个原型之后推出的 SQL 语言发音为“sequel”，但根据 ANSI SQL 委员会的规定，其正式发音应该是“ess cue ell”。随着 SQL 语言的颁布，各数据库厂商纷纷在其产品中引入并支持 SQL 语言，尽管绝大多数产品对 SQL 语言的支持大部分是相似的，但它们之间还是存在一定的差异，这些差异不利于初学者的学习。因此，我们在本章介绍 SQL 时主要介绍标准的 SQL 语言，我们将其称为基本 SQL。

从 20 世纪 80 年代以来，SQL 就一直是关系数据库管理系统（RDBMS）的标准语言。最早的 SQL 标准是 1986 年 10 月由 ANSI 颁布的。随后，ISO（International Organization for Standardization，国际标准化组织）于 1987 年 6 月也正式采纳它为国际标准，并在此基础上进行了补充，到 1989 年 4 月，ISO 提出了具有完整性特征的 SQL，并称其为 SQL-89。SQL-89 标准的颁布，对数据库技术的发展和数据库的应用都起了很大的推动作用。尽管如此，SQL-89 仍有许多不足或不能满足应用需求的地方。为此，在 SQL-89 的基础上，经过 3 年多的研究和修改，ISO 和 ANSI 共同于 1992 年 8 月颁布了 SQL 的新标准，即 SQL-92（或称为 SQL2）。SQL-92 标准也不是非常完备的，1999 年又颁布了新的 SQL 标准，称为 SQL-99

或 SQL3。

不同数据库厂商的数据库管理系统提供的 SQL 语言略有差别，本书主要介绍 MySQL 使用的 SQL 语言的功能，其他的数据库管理系统使用的 SQL 语言绝大部分是一样的。

4.1.2 SQL 语言的特点

SQL 语言之所以能够被用户和业界所接受并成为国际标准，是因为它是一个综合的、功能强大且比较简单易学的语言。SQL 语言集数据定义、数据查询、数据更改和数据控制功能于一身，其主要特点如下。

（1）一体化

SQL 语言风格统一，可以完成数据库活动中的全部工作，包括创建数据库、定义模式、更改和查询数据以及安全控制和维护数据库等。这为数据库应用系统的开发提供了良好的环境。用户在数据库应用系统投入使用之后，还可以根据需要随时修改模式结构，并且可以不影响数据库的运行，从而使系统具有良好的可扩展性。

（2）高度非过程化

在使用 SQL 语言访问数据库时，用户不需要告诉计算机“如何”一步步地实现操作，只需要用 SQL 语言描述要“做什么”，然后由数据库管理系统自动完成全部工作。

（3）简洁

虽然 SQL 语言功能很强，但它只有为数不多的几条命令，另外，SQL 的语法也比较简单，接近自然语言（英语），因此容易学习和掌握。

（4）可以多种方式使用

SQL 语言可以直接以命令方式交互使用，也可以嵌入程序设计语言中使用。现在很多数据库应用开发工具（比如 Java、C#、Python 等）都将 SQL 语言直接融入自身的语言当中，使用起来非常方便。这些使用方式为用户提供了更多的选择。而且不管是哪种使用方式，SQL 语言的语法都是一样的。

4.1.3 SQL 语言的主要功能

SQL 语言按其功能可分为 4 大部分：数据定义、数据查询、数据更改和数据控制。表 4-1 列出了实现这 4 部分功能的动词。

表 4-1 SQL 语言的主要功能及其动词

SQL 功能	动词
数据定义	CREATE、DROP、ALTER
数据查询	SELECT
数据更改	INSERT、UPDATE、DELETE
数据控制	GRANT、REVOKE、DENY

数据定义功能用于定义、删除和修改数据库中的对象，本章介绍的关系表、第 6 章介绍的视图、索引等都是数据库对象；数据查询功能用于实现查询数据的功能，数据查询是数据库中使用最多的操作；数据更改功能用于添加、删除和修改数据库数据，该功能在有些书中也被称为数据操纵功能，也可以将数据查询和数据更改统称为数据操作；数据控制功能用于

控制用户对数据的操作权限。

本章介绍数据定义功能中定义关系表的功能，同时介绍定义一些主要的完整性约束的方法。第 5 章介绍实现数据查询和数据更改功能的语句。在介绍这些功能之前，我们先介绍 SQL 语言所支持的数据类型。

4.2　数据类型

关系数据库的表结构由列组成，列指明了要存储的数据的含义，同时指明了要存储的数据的类型，因此，在定义表结构时，必然要指明每个列的数据类型。

每个数据库厂商提供的数据库管理系统所支持的数据类型并不完全相同，而且与标准的 SQL 也有些差异，这里介绍 MySQL 数据库管理系统支持的常用数据类型。

4.2.1　数值类型

1. 整数类型

整数类型是数据库中最基本的数据类型。MySQL 支持的整数类型除了标准 SQL 语言支持的 INTEGER 和 SMALLINT 外，还扩展了 TINYINT、MEDIUMINT 和 BIGINT。表 4-2 列出了 MySQL 支持的整数类型，其中 INT 和 INTEGER 两个整数类型是同名词，可以互换。

表 4-2　MySQL 支持的整数类型

整数类型	说明	存储空间
TINYINT	存储从 -2^7（−128）～2^7-1（127）的整数	1B
SMALLINT	存储从 -2^{15}（−32768）～$2^{15}-1$（32767）范围的整数，无符号整数的范围是 0～65535	2B
MEDIUMINT	存储从 -2^{23}（−8388608）～$2^{23}-1$（8388607）范围的整数，无符号整数的范围是 0～16777215	3B
INT[(*n*)] 或 INTEGER[(*n*)]	存储从 -2^{31}（−2147483648）～$2^{31}-1$（2147483647）范围的整数，无符号的范围是 0～4294967295	4B
BIGINT	存储从 -2^{63}（−9223372036854775808）～$2^{63}-1$（9223372036854775807）范围的整数，无符号整数的范围是 0～$2^{64}-1$	8B

MySQL 支持在 INT 类型中指定整数值的显示位数，其方法是在类型关键字后面添加括号，并在括号内指定整数值的显示位数。例如，INT(5) 表示显示位数为 5。

对 INT(*n*)，有以下两种情况：

1）若整数值的长度超过 *n*，则按实际长度显示。

2）若整数值的长度小于 *n*，则前边补 0。该项功能必须与 ZEROFILL 修饰符一起使用才有效果。

例如，若某表 C1 列的数据类型定义如下：

C1 INT(5) ZEROFILL,

则当给 C1 列插入数值 123 时，C1 列该数值的显示值为 00123；当给 C1 列插入数值 123456 时，C1 列该数值的显示值为 123456。

2. 小数类型

小数类型包括浮点数类型和定点数类型。浮点数类型数据是在计算机中不一定都能精确表示的小数类型。定点数类型数据是在计算机中能够精确存储的小数类型。浮点数类型有两种，单精度浮点类型（FLOAT）和双精度浮点类型（DOUBLE）。定点数类型只有一种：DECIMAL（可以简写为 DEC）。

表 4-3 列出了 MySQL 支持的浮点数类型和定点数类型。

表 4-3　MySQL 支持的浮点数类型和定点数类型

数据类型	说明	存储空间
FLOAT[(*M*, *D*)]	单精度浮点数，存储 –3.402823466E+38～–1.175494351E–38，0，1.175494351E–38～3.402823466E+38 的浮点型数	4B
DOUBLE[(*M*, *D*)]	双精度浮点数，存储 –1.7976931348623157E+308～–2.2250738585072014E–308，0，2.2250738585072014E–308～1.7976931348623157E+308 的浮点型数	8B
DECIMAL[(*M*, *D*)] 或 DEC[(*M*, *D*)]	定点小数。其中，*M* 为精度，指定可以存储的十进制数字的最大位数，包括整数部分和小数部分，范围为 1～65。*D* 为小数位数，指定小数点右边可以存储的十进制数字的最大位数，范围为 0～30。*D*≤*M*。默认 *D* 值为 0，*M* 值为 10	整数部分和小数部分分别存储，每 9 位数字需要 4B。剩下的数字位存储为：1～2 位为 1B，3～4 位为 2B，5～6 位为 3B，7～9 位为 4B

浮点数类型中的 *M* 表示总共的数字位数；*D* 表示小数点后的数字位数。*M* 的取值范围为 1～255，*D* 的取值范围为 1～30。*M* 和 *D* 是可选的，如果省略了 *M* 和 *D*，则 FLOAT 和 DOUBLE 类型将被保存为硬件所支持的最大精度。

4.2.2　字符串类型

1. 文本字符串和二进制字符串

字符串类型用于存储字符串数据，字符串由汉字、英文字母、数字和各种符号等组成。MySQL 支持两类字符串数据：文本字符串和二进制字符串。文本字符串可以进行区分或不区分大小写的串的比较，也可以进行模式匹配查找。二进制字符串类型的字段主要用于存储由“0”和“1”组成的字符串，从某种意义上讲，二进制字符串类型的数据是一种特殊格式的字符串。表 4-4 列出了 MySQL 支持的文本字符串类型，表 4-5 列出了 MySQL 支持的二进制字符串类型。

表 4-4　MySQL 支持的文本字符串类型

类型	说明	存储空间
CHAR[(*M*)]	固定长度的字符串类型，*M* 表示字符串的最大长度，取值范围为 0～255。*M* 可以省略，默认值为 1	*M*B
VARCHAR(*M*)	可变长度的字符串类型，*M* 表示字符串的最大长度，取值范围为 0～65535	字符串的实际长度加上 1B（*M*≤255），字符串的实际长度加上 2B（*M*>255）
TINYTEXT	短文本字符串，最大可存储 2^8–1（255）B	字符串的实际长度加上 1B

（续）

类型	说明	存储空间
TEXT	长文本字符串，最大可存储 $2^{16}-1$（65535）B	字符串的实际长度加上 2B
MEDIUMTEXT	中等长度文本字符串，最大可存储 $2^{24}-1$（16777215）B	字符串的实际长度加上 3B
LONGTEXT	极大文本字符串，最大可存储 $2^{32}-1$（4294967295）B	字符串的实际长度加上 4B

表 4-5　MySQL 支持的二进制字符串类型

类型	说明	存储空间
BINARY[(*M*)]	固定长度的二进制字符串，*M* 表示字符串的最大长度，取值范围为 0～255。*M* 可以省略，默认值为 1	*M*B
VARBINARY(*M*)	可变长度的二进制字符串，*M* 表示字符串的最大长度，取值范围为 0～65535	字符串的实际长度加上 1B（*M*≤255），字符串的实际长度加上 2B（*M*>255）
BIT(*M*)	*M* 位二进制字符串，取值范围为 1～64。为了与文本字符串区分，二进制字符串在字符串前要加“b”。比如：b'111'（代表十进制数字 7），b'10000000'（代表十进制数字 128）	每 8 位一个字节，不足 8 位的按一个字节计算 [(*M*+7)/8]
TINYBLOB	短二进制字符串，最大可存储 $2^{8}-1$（255）B	字符串的实际长度加上 1B
BLOB	长二进制字符串，最大可存储 $2^{16}-1$（65535）B	字符串的实际长度加上 2B
MEDIUMBLOB	中等长度二进制字符串，最大可存储 $2^{24}-1$（16777215）B	字符串的实际长度加上 3B
LONGBLOB	极大二进制字符串，最大可存储 $2^{32}-1$（4294967295）B	字符串的实际长度加上 4B

二进制字符串类型与文本字符串类型的区别在于，文本字符串类型的数据以字符为单位进行存储，因此存在多种字符集、多种字符序；而二进制字符串类型中，除了 BIT 类型的数据是以位为单位进行存储外，其他二进制字符串类型的数据均以字节为单位进行存储，仅存在二进制字符集。

说明：

1）MySQL 中的字符串常量一般用单引号括起来，比如‘计算机学院’。

2）固定长度的字符串类型表示不管实际字符需要多少空间，系统分配固定的字节数。如果空间未被占满，系统将自动用空格填充。可变长度的字符串类型表示按实际字符需要的空间进行分配。

MySQL 还提供了两个特有类型：ENUM 和 SET，下边分别介绍这两个数据类型。

2. ENUM 类型

ENUM 类型是一个字符串对象，由若干子字符串常量的枚举值构成。当创建表时，如果为某列指定了 ENUM 类型，则该列的值必须是 ENUM 列表中指定的某个值。

在创建表时为列指定 ENUM 类型的语法格式为：

字段名 ENUM（' 值 1', ' 值 2', …, ' 值 n'）

ENUM 枚举列表中最多可以有 65535 个成员。ENUM 类型的字段只允许一次从枚举集合中选取一个值，这有点类似于单选按钮的功能。

例如，若有如下定义的字段：

C1 ENUM（'a', 'b', 'c', 'd'）

则 C1 列的值只能是 {'a', 'b', 'c', 'd'} 四个值中的某一个。

ENUM 列表中的枚举值在内部有一个索引值（用整数表示），索引值从 1 开始编号。例如，对上边 C1 列的定义，'a' 的索引值是 1，'b' 的索引值是 2，以此类推。

ENUM 值按照索引顺序排列，并且空字符串排在非空字符串之前，NULL 排在其他所有枚举值之前。ENUM 类型的字段还有一个默认值。如果将 ENUM 列声明为 NULL，则 NULL 为该字段的一个有效值，并且默认值为 NULL。如果 ENUM 列声明为 NOT NULL，其默认值为索引列表的第 1 个元素。

3. SET 类型

与 ENUM 类型类似，SET 类型也是一个字符串对象，可以有零或多个值。

在创建表时为列指定 SET 类型的语法格式为：

SET（' 值 1', ' 值 2', …, ' 值 n'）

SET 对象中最多可以有 64 个值（或称为成员）。SET 与 ENUM 最大的区别是：SET 一次可以选取多个成员，而 ENUM 一次只能选一个。

例如，若有如下定义的字段：

C1 SET（'a', 'b', 'c', 'd'）

则 C1 列的值可以是：'a'、'a, b'、'a, b, d'、'a, b, c, d'、…。

与 ENUM 类型相同，SET 列表中的每一个值都有一个索引编号，索引编号用整数表示。

注意：

1）如果在 SET 类型的字段中插入的值有重复，则 MySQL 会自动删除重复的值。例如对上例，如果为 C1 列插入 'a, d, d' 值，则 C1 列的实际值为 'a, d'。

2）在 SET 类型的字段中插入的值的顺序不重要，MySQL 会在存入数据库的时候，按照定义的顺序显示。例如，对上例，如果为 C1 列插入 'a, d, b'，则查看 C1 列数据时，显示的是 'a, b, d'。

3）如果插入了不正确的值，比如为上例的 C1 列插入 'a, x'，在默认情况下，MySQL 将给出错误信息，并且不插入该数据。

4.2.3　日期时间类型

表 4-6 列出了 MySQL 支持的常用日期时间数据类型。

表 4-6　MySQL 常用的日期时间类型

类型	说明	存储空间
YEAR	年份类型，取值范围为 1901～2155 或者取值为 0，格式：YYYY	1B
DATE	日期类型，范围为‘1000-01-01’～‘9999-12-31’。默认格式为：YYYY-MM-DD。YYYY 表示 4 位年份数字，范围从 1000～9999；MM 表示 2 位月份数字，范围从 01～12；DD 表示 2 位日的数字，范围从 01～31（最高值取决于具体月份）	4B
TIME	时间类型，范围为‘–838:59:59’～‘838:59:59’。默认格式为：HH:MM:SS	3B
DATETIME	日期时间类型，范围为‘1000-01-01 00:00:00.000000’～‘9999-12-31 23:59:59.999999’。默认格式为：YYYY-MM-DD HH:MM:SS	8B
TIMESTAMP	时间戳类型，范围为‘1970-01-01 00:00:01’～‘2038-01-19 03:14:07’。默认格式为：YYYYMMDDHHMMSS	4B

从形式上来看，MySQL 日期类型的表示方法与字符串的表示方法相同（使用单引号括起来），但本质上，MySQL 日期类型的数据是一个数值类型，可以参与简单的加、减运算。每一个类型都有合法的取值范围，当插入不合法的值时，系统会将“0”值插入到字段中。

TIMESTAMP 和 DATETIME 除了存储字节和支持的范围不同之外，还有一个最大的区别：DATETIME 在存储日期数据时，按实际输入的格式存储，和所在的时区无关；而 TIMESTAMP 的存储是以 UTC（协调世界时）格式保存，存储时对当前时区进行转换，检索时再转换回当前时区。在进行查询时，根据使用者所在时区不同，显示的日期时间值是不同的。

4.3　基本表

表是数据库中最重要的对象，它用于存储用户的数据。在学习了数据类型的知识后，我们就可以开始创建表了。关系数据库的表是简单二维表，包含行和列，创建表就是定义表所包含的每个列，包括列名、数据类型、约束等。列名是为列取的名字，一般为便于记忆，最好取有意义的名字，比如“ Sno”，而不要取无意义的名字，比如 a1 ；列的数据类型说明了列的可取值范畴；列的约束更进一步限制了列的取值范围，这些约束包括：列取值是否允许为空、主键约束、外键约束、列取值范围约束等。

本节介绍表（或称为基本表）的创建、删除以及对表结构的修改等。

4.3.1　基本表的定义

表属于数据库对象，在创建数据表之前，在 MySQL 中应使用语句“USE< 数据库名 >”指定操作是在哪个数据库中进行。在同一个数据库中，表名不能有重名。

1. 创建基本表

定义基本表使用 SQL 语言数据定义功能中的 CREATE TABLE 语句实现，其一般格式为：

```
CREATE TABLE [IF NOT EXISTS] < 表名 > (
    { < 列名 > < 数据类型 > [ 列级完整性约束定义 [, … n ] ] }
    [ 表级完整性约束定义 ] [, … n ]
);
```

注意：

1) SQL 语句在 Windows 操作系统中不区分大小写，在 Linux 操作系统中区分大小写。

2) 标点符号必须使用英文半角字符。

参数说明如下：

1) < 表名 > 是所要定义的基本表的名字。

2) < 列名 > 是表中所包含的属性列的名字。

3) IF NOT EXISTS ：如果数据库中已经存在某个表，再来创建一个同名的表，系统会报错。这种情况下就可以在创建表时加上这个选项，只有当前数据库中不存在该同名表时才执行 CREATE TABLE 操作。需要说明的是，标准 SQL 语言的建表语句没有该选项，这是 MySQL 自己的扩展。

4）在定义表的同时还可以定义与表有关的完整性约束。如果完整性约束只涉及表中的一个列，则这些约束可以在“列级完整性约束”处定义，也可以在“表级完整性约束”处定义；但对涉及表中多个属性列的约束，必须在“表级完整性约束”处定义。

上述语法中用到了一些特殊的符号，比如 [ ]，这些符号是语法描述的常用符号，而不是 SQL 语句的部分。我们简单介绍一下这些符号的含义（在后边的语法介绍中也要用到这些符号），有些符号在上述语法中可能没有用到。

1）方括号（[ ]）中的内容表示是可选的（即可出现 0 次或 1 次），比如 [列级完整性约束定义] 代表可以有，也可以没有“列级完整性约束定义”。

2）花括号（{ }）与省略号（…）一起，表示其中的内容可以出现 0 次或多次。

3）竖杠（ | ）表示在多个选项中选择一个，比如 term1 | term2 | term3，表示在三个选项中任选一项。竖杠也能用在方括号中，表示可以选择由竖杠分隔的子句中的一个，但整个子句又是可选的（也就是可以没有子句出现）。

在定义基本表时可以同时定义数据的完整性约束。完整性约束可以作为列定义的一部分，也可以作为表的一个独立项定义。作为列定义的一部分约束称为列级完整性约束，作为表的独立一项定义的完整性约束称为表级完整性约束。在列级完整性约束定义处可以定义以下约束：

1）PRIMARY KEY：主键约束。指定本列为主键。

2）FOREIGN KEY：外键约束。定义本列为引用其他表的外键。

3）NOT NULL：非空约束。限制列取值非空。

4）UNIQUE：唯一值约束。限制列取值不能重复。

5）DEFAULT：默认值约束。指定列的默认值。

6）AUTO_INCREMENT：设置自增属性，只有整数类型才能设置此属性。

7）CHECK：列取值范围约束。限制列的取值范围。

在上述约束中，NOT NULL 和 DEFAULT 只能在“列级完整性约束”处定义，其他约束均可在“列级完整性约束”和“表级完整性约束”处定义。

下面我们先介绍各完整性约束的含义。

2. 完整性约束

（1）主键（PRIMARY KEY）约束

定义主键约束的语法格式为：

[CONSTRAINT < 主键约束名 >] PRIMARY KEY [(< 列名 > [, … n])]

各部分含义如下：

1）CONSTRAINT < 主键约束名 >：可选参数，表示可以为主键约束命名。如果用户省略此部分，则系统将自动为主键约束命名。

2）(< 列名 > [, … n])：主键所包含的列名。如果在列级完整性约束处定义单列主键，则可省略“[(< 列名 > [, … n])]”部分，表示当前列即主键列。

（2）外键（FOREIGN KEY）约束

外键大多数情况下都是单列的，也可以是多列的复合外键。外键可以定义在列级完整性约束处，也可以定义在表级完整性约束处。定义外键的语法格式为：

[CONSTRAINT < 外键约束名 >] [FOREIGN KEY (< 列名 >[, … n])]

REFERENCES < 外表名 >(< 外表列名 >[, … n])
[ON DELETE {CASCADE|RESTRICT|SET NULL|NO ACTION}]
[ON UPDATE {CASCADE|RESTRICT|SET NULL|NO ACTION}]

各部分含义如下：

1）CONSTRAINT < 外键约束名 >：可选参数，表示可以为外键约束命名。如果用户省略此部分，则系统将自动为外键约束命名。

2）FOREIGN KEY (< 列名 >)：指定外键的列名。如果是在列级完整性约束处定义外键，则可省略此部分，表示当前列即外键列。

3）REFERENCES < 外表名 >(< 外表列名 >)：指定外键参照的表名和列名。

4）CASCADE: 父表（被参照的主键所在表）记录的删除（DELETE）或更改（UPDATE）操作，会自动删除或更改子表（外键所在表）中与之对应的记录。

5）SET NULL: 父表记录的删除（DELETE）或更改（UPDATE）操作，会将子表中与其对应记录的外键值自动设置为 NULL。

6）NO ACTION：父表记录的删除（DELETE）或更改（UPDATE）操作，如果子表存在与其对应的记录，则删除或更改操作将失败，即不能删除或更改父表中的记录。

7）RESTRICT: 与“NO ACTION”选项功能相同，且为级联选项的默认值。

如果是在列级完整性约束处定义外键，则可以省略“FOREIGN KEY(< 列名 >)”部分。

（3）非空（NOT NULL）约束

非空约束用于限制一个列的取值不能有 NULL。例如，学生的姓名不能为空值。对于使用了非空约束的字段，如果用户在添加数据时没有指定值，则数据库管理系统会报错并且拒绝添加数据。

定义非空约束的语法格式为：

< 列名 >< 数据类型 >NOT NULL

（4）唯一值（UNIQUE）约束

唯一值约束用于限制一个列的取值不重复，或者是多个列的组合取值不重复。这个约束用在事实上具有唯一性的属性列上，比如每个人的身份证号、驾驶证号等均不能有重复值。

在一个已有主键的表中使用唯一值约束定义非主键列取值不重复是很有用的，比如学生的身份证号码，“身份证号”列不是主键，但它的取值也不能重复，这种情况就需要使用唯一值约束。

定义唯一值约束的语法格式为：

[CONSTRAINT < 约束名 >] UNIQUE [(< 列名 > [, … n])]

如果在列级完整性约束处定义单列的唯一值约束，则可省略“[(< 列名 > [, … n])]”部分。

（5）默认值（DEFAULT）约束

默认值约束用 DEFAULT 约束来实现，它用于提供列的默认值，即向表中插入数据时，如果没有为有 DEFAULT 约束的列提供值，则系统自动使用 DEFAULT 约束指定的默认值。

一个默认值约束只能为一个列提供默认值，且默认值约束必须是列级约束。

默认值约束的定义有两种形式，一种是在定义表时指定默认值约束，另一种是在修改表结构时添加默认值约束。在创建表时定义默认值约束的语法格式为：

< 列名 > < 数据类型 > DEFAULT < 默认值 >

在修改表结构时添加默认值约束的语法格式请参见本章 4.3.3 小节。

（6）自增（AUTO_INCREMENT）约束

在实际应用中，有时希望每次在表中插入新记录时，系统能自动为某字段生成有规律递增的非重复值，比如 1、2、3、…。这可以通过为字段添加 AUTO_INCREMENT 关键字来实现。在 MySQL 中，默认情况下 AUTO_INCREMENT 的起始值为 1，步长也为 1。MySQL 支持设置起始值和步长。设置某个表的自增约束的起始值可以使用 ALTER TABLE 实现。例如，假设要将 T1 表的自增约束的起始值设置为 100，可使用以下语句实现：

ALTER TABLE T1 AUTO_INCREMENT = 100;

设置步长可以使用 SET 语句实现。例如，假设要将步长设置为 3，实现语句为：

SET AUTO_INCREMENT_INCREMENT = 3;

在一个表中，只能为一个字段使用自增约束。自增约束的字段必须是整数类型的。当为字段设置了自增约束后，在每次插入数据时，数据库管理系统都会为该字段生成一个唯一值。

注意，在 MySQL 中，设置自增约束的字段必须是有主键约束或唯一值约束的列。定义自增约束列的语法格式如下：

< 列名 > < 数据类型 > AUTO_INCREMENT

（7）检查（CHECK）约束

检查约束用于限制列的取值在指定范围内，即约束列的取值符合应用语义，例如，人的性别只能是“男”或“女”，工资必须大于或等于 2000（假设最低工资为 2000）。需要注意的是，检查约束所限制的列必须在同一个表中。

定义检查约束的语法格式为：

[CONSTRAINT < 约束名 >] CHECK(逻辑表达式)

注意，如果检查约束是定义多列之间的取值约束，则只能在表级完整性约束处定义。

3. 示例

下面通过几个例子说明建表语句的使用，假设这些表是建立在“ db_borrows”数据库中的（db_borrows 数据库需要提前建好）。

例 4-1　用 SQL 语句创建三张表：students（学生）表、books（图书）表和 borrow（借阅）表，其结构见表 4-7～表 4-9。

表 4-7　students 表的结构

字段名	字段类型	约束	字段含义
SID	CHAR(9)	主键	学号
sname	VARCHAR(20)	非空	姓名
gender	CHAR(2)	非空，取值范围：{ 男，女 }	性别
college	VARCHAR(20)	非空	所在学院
Email	VARCHAR(30)	取值不重复	学生邮箱

表 4-8　books 表的结构

字段名	字段类型	约束	字段含义及说明
ISBN	CHAR(13)	主键	国际标准书号
bname	VARCHAR(32)	非空	图书书名
category	CHAR(2)	取值范围：{TP, I, H, F}	图书分类，TP 表示计算机技术类；I 表示文学类；H 表示语言和文字类；F 表示经济类
press	VARCHAR(32)		出版社
pub_date	DATE		出版日期
price	DECIMAL(6,2)		图书价格
quantity	INT	默认值为 1	在馆数量

表 4-9　borrow 表的结构

字段名	字段类型	约束	字段含义
ISBN	CHAR(13)	主键列，参照 books 表的外键	国际标准书号
SID	CHAR(9)	主键列，参照 students 表的外键	学号
borrow_time	DATETIME		借书时间
return_time	DATETIME	取值约束：晚于借书时间	还书时间

这三张表的创建语句如下：

```
CREATE TABLE students (
    SID CHAR(9) PRIMARY KEY,             # 在列级定义主键
    sname VARCHAR(20) NOT NULL,
    gender CHAR(2) NOT NULL CHECK(gender=' 男 ' OR gender=' 女 '),
    college VARCHAR(20) NOT NULL,
    Email VARCHAR(30) UNIQUE
);
CREATE TABLE books (
    ISBN CHAR(13),
    bname VARCHAR(32)  NOT NULL,
    category ENUM('TP', 'I', 'H', 'F'),
    press VARCHAR(32),
    pub_date DATE,
    price DECIMAL(6,2),
    quantity  INT DEFAULT 1,
    PRIMARY KEY(ISBN)                     # 在表级定义主键
);
CREATE TABLE borrow (
    ISBN CHAR(13),
    SID CHAR(9) ,
    borrow_time DATETIME,
```

```
    return_time DATETIME,
    PRIMARY KEY(ISBN,SID,borrow_time),           # 多列做主键定义在表级
    FOREIGN KEY(ISBN) REFERENCES books(ISBN),
    FOREIGN KEY(SID) REFERENCES students(SID),
    CHECK(borrow_time<return_time)               # 多列的 CHECK 约束必须定义在表级
);
```

说明：“#”为单行注释符。

例 4-2　定义自增约束列的例子。用 SQL 语句创建表 4-10 所示的 TestTable1 表。

表 4-10　TestTable1 表的结构

字段名	字段类型	约束	字段含义
AutoID	INT	自增主键	标号
Content	VARCHAR(20)	非空	内容

```
CREATE TABLE TestTable1 (
   AutoID  INT PRIMARY KEY AUTO_INCREMENT,
   Content VARCHAR(20) NOT NULL
);
```

4.3.2　查看基本表结构

使用 SQL 语句创建好表之后，在 MySQL 中可以查看数据库中的全部表以及各表的结构等，以确认表的定义是否正确。

本小节所有的 SQL 语句均在 MySQL 8.0 Workbench 环境下执行。

1. 显示数据库中全部表

使用 SHOW TABLES 语句可以显示指定数据库中的所有表的表名。语法格式为：

SHOW TABLES;

例 4-3　显示 db_borrows 数据库中的所有表。

SHOW TABLES;

结果如图 4-1 所示。

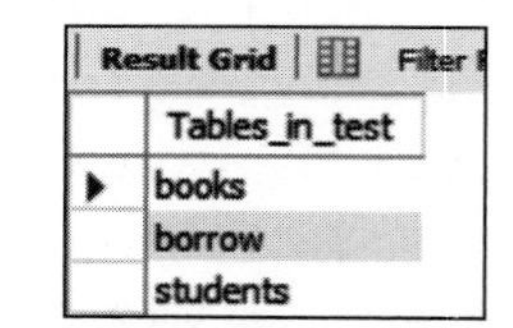

图 4-1　数据库中的所有表名

2. 显示表的结构

使用 DESCRIBE 语句以表格形式显示表的定义，其语法格式为：

DESCRIBE < 表名 >;

使用 SHOW 语句以脚本形式显示表的定义，其语法格式为：

SHOW CREATE TABLE < 表名 >;

例 4-4　用表格方式显示 students 表的结构。

DESCRIBE students;

结果如图 4-2 所示。

Field	Type	Null	Key	Default	Extra
SID	CHAR(9)	NO	PRI	NULL	
sname	VARCHAR(20)	NO		NULL	
gender	CHAR(2)	NO		NULL	
colege	VARCHAR(20)	NO		NULL	
Email	VARCHAR(30)	YES	UNI	NULL	

图 4-2　以表格形式显示表的定义

例 4-5　显示 students 表的定义语句。

SHOW CREATE TABLE students;

部分结果如图 4-3 所示。

Table	Create Table
students	CREATE TABLE \`students\` (\`SID\`CHAR(9)NOT NULL, \`sname\` VARCHAR(20)NOT NULL,\`gender\`CHAR(2)NOT NULL,\`college\`VARCHAR(20)NOT NU...

图 4-3　以脚本形式显示表的定义

4.3.3　基本表的维护

在定义基本表之后，如果需求有变化，可以对表的结构进行修改，这称为基本表的维护。修改表结构使用 ALTER TABLE 语句实现。ALTER TABLE 语句可以修改表名及列名、修改列的数据类型、添加及删除列以及添加和删除约束等。

不同数据库产品的 ALTER TABLE 语句的格式略有不同，我们这里给出 MySQL 支持的 ALTER TABLE 语句的语法格式，对于其他的数据库管理系统，可以参见相关产品的语言参考手册。

1. 修改基本表

（1）修改表名

修改表名并不会改变表的结构。修改表名的 ALTER TABLE 语句的语法格式为：

ALTER TABLE < 旧表名 > RENAME [TO] < 新表名 >;

例如，把 TestTable1 表的表名改为 TestTab。

ALTER TABLE TestTable1 RENAME TestTab;

（2）修改列的数据类型和相关约束

在 MySQL 中修改列的数据类型和相关约束的语法为：

ALTER TABLE < 表名 > MODIFY < 列名 > < 数据类型 >
　[DEFAULT < 默认值 > | NOT NULL | UNIQUE];

其中 < 列名 > 指需要修改的字段，< 数据类型 > 指修改后字段的新数据类型。DEFAULT < 默认值 >、NOT NULL 和 UNIQUE 是可选项，分别为该列设置默认值、非空或唯一值约束。重新设置列的数据类型时，会同时删掉该列的默认值约束和非空约束。使用 ALTER TABLE 语句设置唯一值约束时需要注意，要确保该列的数据没有重复值，否则设置唯一值约束将失败。删除唯一值约束需要额外的 SQL 语句，会在后文说明。

例 4-6　只更改列的数据类型。将 students 表的 sname 的数据类型从 VARCHAR(20) 改为 VARCHAR(50)。

ALTER TABLE students MODIFY sname VARCHAR(50);

修改数据类型后可以查看修改的结果。执行下列语句：

DESCRIBE students;

结果如图 4-4 所示。

	Field	Type	Null	Key	Default	Extra
▶	SID	CHAR(9)	NO	PRI	NULL	
	sname	VARCHAR(50)	YES		NULL	
	gender	CHAR(2)	NO		NULL	
	colege	VARCHAR(20)	NO		NULL	
	Email	VARCHAR(30)	YES	UNI	NULL	

图 4-4　修改 sname 列的数据类型后的 students 表结构

例 4-7　添加非空约束，数据类型不变。为 students 表的 sname 列添加非空约束。

ALTER TABLE students MODIFY sname VARCHAR(50) NOT NULL;

例 4-8　添加默认值约束，数据类型不变。为 students 表的 gender 列添加默认值：' 男 '。

ALTER TABLE students MODIFY sname VARCHAR(50) DEFAULT ' 男 ';

例 4-9　为 sname 列同时添加默认值约束和非空约束。

ALTER TABLE students MODIFY sname VARCHAR(50) DEFAULT ' 男 ' NOT NULL;

或

ALTER TABLE students MODIFY sname VARCHAR(50) NOT NULL DEFAULT ' 男 ';

说明：添加多个约束时，约束的前后顺序不重要。

（3）修改列名和相关约束

MySQL 中修改表中列名的语句如下：

ALTER TABLE < 表名 > CHANGE < 旧列名 > < 新列名 > < 新数据类型 >

[DEFAULT < 默认值 > | NOT NULL | UNIQUE];

其中，< 旧列名 > 指修改前的列名；< 新列名 > 指修改后的列名；< 新数据类型 > 指修改后的数据类型，如果不需要修改字段的数据类型，可以将 < 新数据类型 > 设置成与原来一样即可，但数据类型不能为空。[DEFAULT < 默认值 > | NOT NULL | UNIQUE] 为可选项。

CHANGE 也可以只修改数据类型，实现和 MODIFY 同样的效果，方法是将上述语句中的 < 旧列名 > 和 < 新列名 > 设置为相同的名称，只改变数据类型。由于不同类型的数据在计算机中存储的方式及长度并不相同，修改数据类型可能会影响到数据表中已有的数据记录。因此，当数据库中已经有数据时，不要轻易修改数据类型。

注意：

1）当使用 CHANGE 操作修改已有检查约束的列时，若只修改列名而不改变列的数据类型，则该修改操作将失败。

2）当使用 CHANGE 操作成功修改列后，该列的非空、默认值约束将会失效（若有的话）。

例 4-10　将 students 表的 college 列名变为 school，数据类型为 VARCHAR(30)。

ALTER TABLE students CHANGE college school VARCHAR(30);

修改完成后查看 students 表的结构，结果如图 4-5 所示。

如果创建表时没有为 students 表中的 Email 列定义唯一值约束，则在 students 表创建成功后，可以用如下 SQL 语句为 Email 列添加唯一值约束。

ALTER TABLE students CHANGE Email Email VARCHAR(30) UNIQUE;

Result Grid　Filter Rows:　Export:

Field	Type	Null	Key	Default	Extra
SID	CHAR(9)	NO	PRI	NULL	
sname	VARCHAR(50)	YES		NULL	
gender	CHAR(2)	NO		NULL	
school	VARCHAR(30)	YES		NULL	
Email	VARCHAR(30)	YES	UNI	NULL	

图 4-5　修改 college 列后的 students 表结构

（4）添加列

添加列的语句的语法如下：

ALTER TABLE < 表名 >

　ADD < 新列名 > < 数据类型 > [约束条件] [FIRST | AFTER < 已经存在的列名 >];

其中，

1）FIRST：可选参数，其作用是将新添加的列设置为表中的第一个字段。

2）AFTER < 已经存在的列名 >：可选参数，其作用是将新添加的列添加到 < 已经存在的列名 > 的后面。

如果省略这两个参数，则默认将新添加的列作为表的最后列。

例 4-11　在 students 表中增加一个电话列，列名：phone，类型：CHAR(11)，非空。

ALTER TABLE students ADD phone CHAR(11) NOT NULL;

修改完成后查看 students 表的结构，结果如图 4-6 所示。

Field	Type	Null	Key	Default	Extra
SID	CHAR(9)	NO	PRI	NULL	
sname	VARCHAR(20)	NO		NULL	
gender	CHAR(2)	NO		NULL	
colege	VARCHAR(20)	NO		NULL	
Email	VARCHAR(30)	YES	UNI	NULL	
phone	CHAR(11)	NO		NULL	

图 4-6　添加 phone 列后的 students 表

例 4-12　在 students 表中增加一个新列，列名：TestID，类型：CHAR(11)。此列将作为 students 表的第一个列。

ALTER TABLE students ADD TestID CHAR(11) FIRST;

修改完成后查看 students 表的结构，结果如图 4-7 所示。

Field	Type	Null	Key	Default	Extra
TestID	CHAR(11)	YES		NULL	
SID	CHAR(9)	NO	PRI	NULL	
sname	VARCHAR(20)	NO		NULL	
gender	CHAR(2)	NO		NULL	
college	VARCHAR(20)	NO		NULL	
Email	VARCHAR(30)	YES	UNI	NULL	
phone	CHAR(11)	NO		NULL	

图 4-7　在第 1 列添加新列后的 students 表

（5）删除列

删除列的语句的语法如下：

ALTER TABLE < 表名 > DROP < 列名 >;

例 4-13 删除 students 表中的 TestID 列。

ALTER TABLE students DROP TestID;

（6）改变表中列的排列顺序

表中列的排列顺序就是创建表时指定的顺序，但这个顺序是可以改变的，通过 ALTER TABLE 可以改变表中列的相对位置。该语句的语法如下：

ALTER TALBE < 表名 > MODIFY < 列 1> < 数据类型 > [FIRST | AFTER < 列 2>];

其中，

1）< 列 1>：要修改位置的字段名。

2）< 数据类型 >：指 < 列 1> 的数据类型。

3）FIRST：将 < 列 1> 修改为表的第一个字段。

4）AFTER < 列 2>：将 < 列 1> 放置到 < 列 2> 后面。

例 4-14 将 students 表中的 phone 列放置到 Email 列的前面。

ALTER TABLE students MODIFY Email VARCHAR(30) AFTER phone;

修改完成后查看 students 表的结构，结果如图 4-8 所示。

Field	Type	Null	Key	Default	Extra
SID	CHAR(9)	NO	PRI	NULL	
sname	VARCHAR(20)	NO		NULL	
gender	CHAR(2)	NO		NULL	
college	VARCHAR(20)	NO		NULL	
phone	CHAR(11)	NO		NULL	
Email	VARCHAR(30)	YES	UNI	NULL	

图 4-8 修改列的排列顺序

（7）修改表的主键约束

修改表的主键约束的语句的语法如下：

ALTER TABLE < 表名 > DROP PRIMARY KEY,
  ADD PRIMARY KEY (新主键列名);

例 4-15 修改 borrow 表的主键，删除原来的主键，并将（ISBN，SID）设置为新的主键。修改主键后，borrow 表的主键从原来的（ISBN，SID，borrow_time）变为图 4-9 所示的（ISBN，SID）。

ALTER TABLE borrow DROP PRIMARY KEY,ADD PRIMARY KEY(ISBN,SID);

Result Grid | Filter Rows: | Export:

Field	Type	Null	Key	Default	Extra
ISBN	CHAR(13)	NO	PRI	NULL	
SID	CHAR(9)	NO	PRI	NULL	
borrow_time	datetime	NO		NULL	
return_time	datetime	YES		NULL	

图 4-9 修改主键后的 borrow 表

（8）添加和删除表的外键约束

MySQL 中添加外键约束的语句的语法为：

ALTER TABLE < 表名 > ADD [CONSTRAINT < 约束名 >]

FOREIGN KEY (< 列名 >) REFERENCES < 外表名 >(< 外表列名 >)

[ON DELETE {CASCADE|RESTRICT|SET NULL|NO ACTION}]
[ON UPDATE {CASCADE|RESTRICT|SET NULL|NO ACTION}];

例 4-16　为 borrow 表的 SID 列添加外键约束，约束名：fksid，参照 students 表的 SID 列。

ALTER TABLE borrow ADD CONSTRAINT fksid
FOREIGN KEY(SID) REFERENCES students(SID);

在 MySQL Workbench 左边的"SCHEMAS"窗格中，展开"borrow"表中的"Foreign Keys"项，可看到外键约束 fksid 添加成功，如图 4-10 所示。

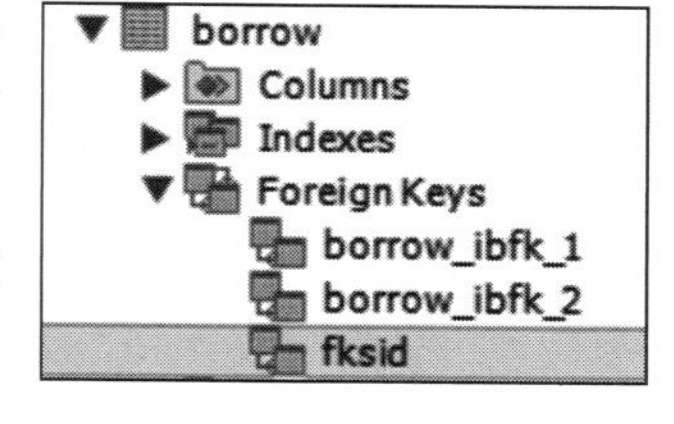

图 4-10　添加外键约束

对于已定义的外键，如果不再需要，可以将其删除。外键一旦删除，主表和从表间的关联关系也就随之解除。MySQL 中删除外键的语句的语法为：

ALTER TABLE < 表名 > DROP FOREIGN KEY < 外键约束名 >;

例 4-17　删除 borrow 表的外键约束 fksid。

ALTER TABLE borrow DROP FOREIGN KEY fksid;

（9）添加和删除唯一值约束

修改表结构时，为列添加唯一值约束的语法为：

ALTER TABLE < 表名 > ADD UNIQUE(< 列名 >);

或

ALTER TABLE < 表名 > ADD UNIQUE INDEX < 约束名 >(< 列名 >);

例 4-18　为 students 表的 Email 列添加唯一值约束。

ALTER TABLE students ADD UNIQUE(Email);

或

ALTER TABLE students ADD UNIQUE INDEX Email(Email);

删除唯一值约束的语法为：

ALTER TABLE < 表名 > DROP INDEX < 约束名 >;

如果要删除 students 表中 Email 列上的唯一值约束，如果不知道或忘记了约束名，可以在 MySQL Workbench 左边的"SCHEMAS"窗格中，展开"db_borrows"数据库下的"students"表，并展开"students"表下的"Indexes"节点，可找到该约束的约束名。从图 4-11 左边可看到 Email 列的唯一值约束名为"Email"。

Indexes
PRIMARY
Email
sname
Foreign Keys
Triggers

Field	Type	Null	Key	Default	Extra
SID	CHAR(9)	NO	PRI	NULL	
sname	VARCHAR(50)	YES		NULL	
gender	CHAR(2)	NO		NULL	
school	VARCHAR(30)	YES		NULL	
Email	VARCHAR(30)	YES	UNI	NULL	

图 4-11　Email 列的唯一值约束名为 Email

执行语句：

Describe students;

可显示表中 Email 列的 Key 类型，这里为"UNI"（如图 4-11 右边最下一行所示），也就是唯一值约束，在创建约束时默认情况下约束名就是列名，也就是图 4-11 左边窗格中"Indexes"中列出的"Email"。

例 4-19　删除 students 表中 Email 列上的唯一值约束。

ALTER TABLE students DROP INDEX Email;

（10）添加和删除检查约束

MySQL 中为列添加检查约束的语法为：

ALTER TABLE < 表名 > ADD CONSTRAINT < 约束名 > CHECK (逻辑表达式);

删除检查约束的语法为：

ALTER TABLE < 表名 > DROP CONSTRAINT < 约束名 >;

或

ALTER TABLE < 表名 > DROP CHECK < 约束名 >;

如果不知道约束名，可以用 SHOW CREATE TABLE < 表名 > 语句查看检查约束名。

例 4-20　为 students 表的 gender 列添加取值只能是“男”或“女”的检查约束。

```
ALTER TABLE students ADD CONSTRAINT chk_gender
    CHECK (gender = ' 男 ' OR gender = ' 女 ');
```

例 4-21　删除 gender 列上的 chk_gender 检查约束。

ALTER TABLE students DROP CONSTRAINT chk_gender;

或

ALTER TABLE students DROP CHECK chk_gender;

2. 删除基本表

删除表就是将数据库中已经存在的表从数据库中删除。注意，在删除表的同时，表的定义和表中所有的数据均会被删除。因此，进行删除表的操作时一定要慎重。

可以使用 DROP TABLE 语句删除表，其语法格式为：

DROP　TABLE [IF EXISTS]　< 表名 1> {, < 表名 2>, …, < 表名 n>};

可选参数 IF EXISTS 用于在删除前判断被删除的表是否存在，如果表不存在，SQL 语句可以顺利执行，但是会发出警告。如果是同时删除多个表，则各表名间用逗号分隔。

例 4-22　删除 borrow 表。

DROP TABLE borrow;

注意，删除表时必须先删除外键所在表，然后删除被参照的主键所在表。创建表时必须先建立被参照的主键所在表，然后建立外键所在表。

本章小结

本章首先介绍了 SQL 语言的发展过程、特点以及所支持的数据类型。SQL 语言支持的数据类型主要有数值类型、字符串类型和日期时间类型。然后介绍了基本表的定义与维护方法，包括数据完整性约束的含义和实现方法。在基本表的定义部分介绍了实现实体完整性的主键约束、实现参照完整性的外键约束、限制列取值范围的检查约束、提供列的默认值的默认值约束，以及限制列取值不重复的唯一值约束的实现方法。在基本表的维护部分介绍了添加或删除列、添加或删除完整性约束以及修改列的数据类型、列的排列顺序等的实现方法。

本章知识的思维导图如图 4-12 和图 4-13 所示。

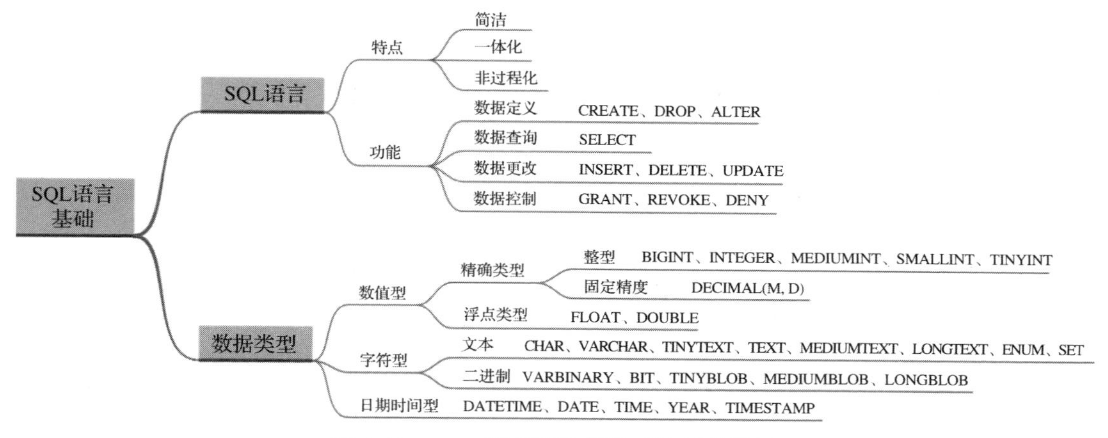

图 4-12　SQL 语言及数据类型的思维导图

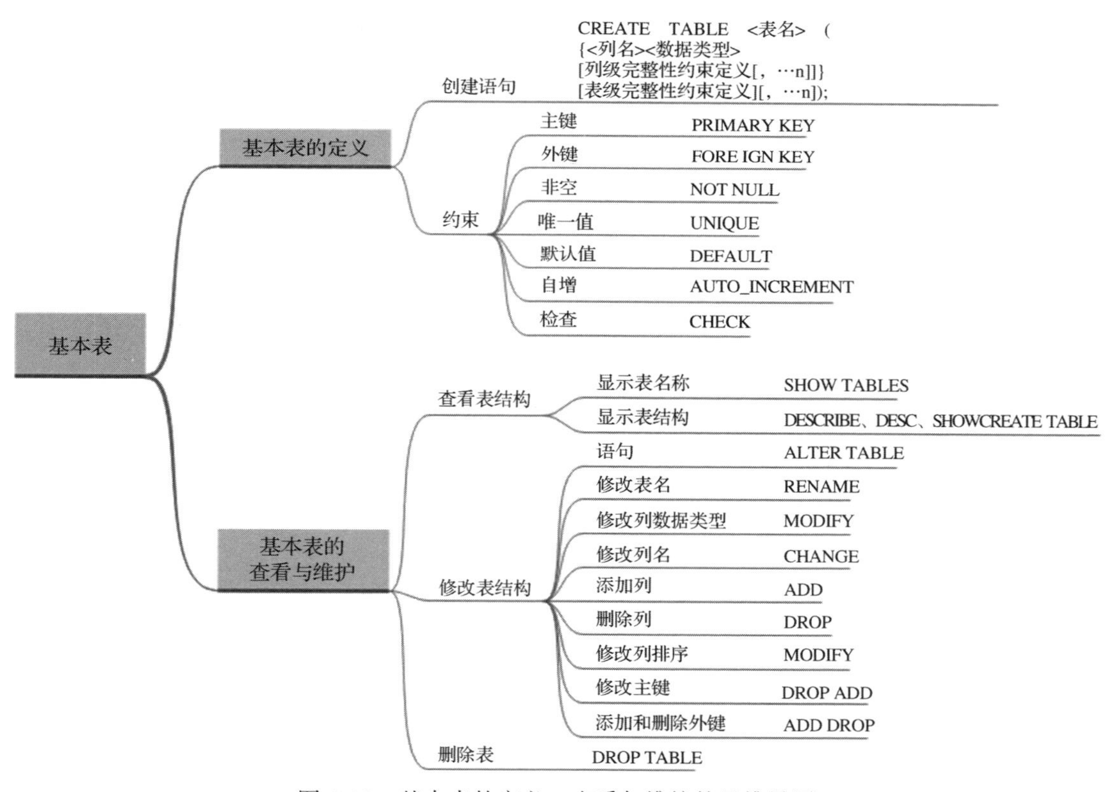

图 4-13　基本表的定义、查看与维护的思维导图

习题

一、选择题

1. 下列关于 SQL 语言特点的叙述，错误的是（　　）。

　A. 使用 SQL 语言访问数据库，用户只需提出做什么，而无须描述如何实现

　B. SQL 语言比较复杂，因此在使用上比较难

C. SQL 是非过程化语言

D. 使用 SQL 语言可以完成任何数据库操作

2. 下列所述功能中，不属于 SQL 语言功能的是（　　）。

A. 数据库和表的定义功能　　B. 数据查询功能

C. 数据增、删、改功能　　D. 提供方便的用户操作界面功能

3. 设某职工表中有用于存放年龄（整数）的列，下列类型中最合适年龄列的是（　　）。

A. TINYINT　　B. SMALLINT　　C. MEDIUMINT　　D. INTEGER

4. 设某列的类型是 CHAR(10)，存放“abc”，占用空间的字节数是（　　）。

A.3　　B.4　　C.5　　D.10

5. 设某列的类型是 VARCHAR(10)，存放“abc”，占用空间的字节数是（　　）。

A.3　　B.4　　C.5　　D.10

6. 下列约束中用于限制列的取值范围的是（　　）。

A. PRIMARY KEY　　B. CHECK　　C. DEFAULT　　D. UNIQUE

7. 下列约束中用于限制列取值不重的是（　　）。

A. PRIMARY KEY　　B. CHECK　　C. DEFAULT　　D. UNIQUE

8. 下列关于 DEFAULT 约束的说法，正确的是（　　）。

A. 一个 DEFAULT 约束可用于一个表的多个列上

B. DEFAULT 约束只能作为表级完整性约束

C. DEFAULT 约束只能作为列级完整性约束

D. DEFAULT 约束既可作为表级完整性约束也可作为列级完整性约束

二、简答题

1. SQL 语言的特点是什么？具有哪些功能？

2. MySQL 提供了哪些数据类型？

3. SMALLINT 类型定义的数据的取值范围是多少？

4. 定点小数类型 DECIMAL(*M*, *D*) 中的 *M* 和 *D* 的含义分别是什么？

5. CHAR(*M*)、TINYTEXT、TEXT、MEDIUMTEXT 和 LONGTEXT 的取值范围分别是多少？

6. ENUM 类型和 SET 类型的区别是什么？

7. 常见的完整性约束有哪些？各约束的作用是什么？

第 5 章　数据操作语句

数据存储到数据库后，最终用户对数据库中数据进行的操作大多是查询和修改，修改操作包括增加新数据（插入）、删除无用数据（删除）和更改已有的数据（更改）。SQL 语言提供了功能强大的数据查询和修改的功能。

本章将详细介绍实现查询、插入、删除以及更改数据的操作语句。

5.1　数据查询语句的基本结构

查询功能是 SQL 语言的核心功能，是操作数据库数据使用最多的操作，查询语句也是 SQL 语句中比较复杂的一个语句。

如果没有特别说明，本章所有的查询均在表 5-1～表 5-3 所示的描述学生图书借阅情况这三个表上进行，即在 students（学生）表、books（图书）表和 borrow（借阅）表上进行。

本章所有的查询结果均按在 MySQL Workbench 8.0 中执行时显示的样式显示。若无特别说明，查询语句的语法均按 ISO 的标准给出。

表 5-1　students 表的结构

字段名	字段类型	字段含义及约束
SID	CHAR(9)	学号，主键
sname	VARCHAR(20)	姓名，非空
gender	CHAR(2)	性别，非空
college	VARCHAR(20)	所在学院，非空
Email	VARCHAR(30)	邮箱

表 5-2　books 表的结构

字段名	字段类型	字段含义及约束
ISBN	CHAR(13)	国际标准书号，主键
bname	VARCHAR(32)	书名，非空
category	CHAR(2)	分类
press	VARCHAR(32)	出版社
pub_date	DATE	出版日期
price	DECIMAL(6,2)	价格
quantity	INT	在馆数量

表 5-3　borrow 表的结构

字段名	字段类型	字段含义及约束
ISBN	CHAR(13)	图书 ISBN，主键列，外键
SID	CHAR(9)	读者编号，主键列，外键
borrow_time	DATETIME	借书时间，主键列
return_time	DATETIME	还书时间

这三个表的数据示例见表 5-4～表 5-6。

表 5-4　students 表数据

SID	sname	gender	college	Email
202101001	李勇	男	计算机学院	liyong@comp.com
202101002	刘晨	男	计算机学院	liuchen@comp.com
202101003	王敏	女	计算机学院	wangmin@comp.com
202101004	张小红	女	计算机学院	zxhong@comp.com
202101005	王立东	男	计算机学院	wldong@comp.com
202102001	张海	男	经济管理学院	zhanghai@econ.com
202102002	刘琳	女	经济管理学院	liulin@econ.com
202102003	张珊珊	女	经济管理学院	zshshan@econ.com
202102004	王大力	男	经济管理学院	wdli@econ.com
202102005	钱小萍	女	经济管理学院	qxping@econ.com

表 5-5　books 表的数据

ISBN	bname	category	press	pub_date	price	quantity
9787111694021	Spring Boot 从入门到实战	TP	机械工业出版社	2021-8-11	76.3	10
9787541154256	人间词话	I	四川文艺出版社	2019-6-1	39.8	5
9787304103415	我的最后一本发音书	H	商务印书馆	2021-2-1	48	6
9787115546081	Python 编程从入门到实践	TP	人民邮电出版社	2020-9-30	69.8	15
9787302563839	数据分析思维	TP	清华大学出版社	2020-11-1	99	8
9787302505945	零基础入门学习 C 语言	TP	清华大学出版社	2019-5-1	79	20
9787111658283	人工智能基础	TP	机械工业出版社	2020-11-1	59	6
9787100119160	古汉语常用字字典	H	商务印书馆	2016-9-1	39.9	5
9787100158602	牛津高阶英汉双解词典	H	商务印书馆	2018-5-1	169	8
9787111641247	深入理解 Java 虚拟机	TP	机械工业出版社	2020-1-1	129	8
9787111650812	金融通识	F	机械工业出版社	2020-1-1	49	2
9787541164019	契诃夫短篇小说选	I	四川文艺出版社	2022-8-1	39.8	4

注：表中图书分类取值说明：TP——计算机技术；I——文学；H——语言、文字；F——经济。

表 5-6　borrow 表的数据

ISBN	SID	borrow_time	return_time
9787302505945	202101001	2021-10-11 8:45:00	2021-11-6 14:40:00
9787302505945	202101001	2022-1-4 9:10:00	2022-1-18 15:22:00
9787302505945	202101002	2021-10-15 9:45:00	2021-10-29 13:42:00
9787302505945	202101004	2021-10-11 8:45:00	2021-11-2 14:00:00
9787304103415	202102001	2021-9-21 10:05:00	2021-10-12 14:00:00
9787304103415	202102003	2021-9-24 11:15:00	2021-10-14 14:00:00
9787111641247	202101002	2022-6-15 9:45:00	NULL
9787100158602	202101002	2022-6-15 9:45:00	NULL
9787111650812	202102004	2022-4-21 11:10:00	2022-5-10 14:10:00
9787111650812	202102002	2022-6-28 10:10:00	NULL
9787111650812	202102003	2022-4-22 11:10:00	2022-5-12 10:00:00
9787302563839	202101001	2022-6-22 11:10:00	NULL
9787111694021	202101002	2021-10-15 9:45:00	2021-10-29 13:42:00
9787541154256	202102003	2021-10-10 9:40:00	2021-10-22 10:40:00
9787541154256	202102002	2021-10-10 9:41:00	2021-10-25 9:42:00
9787115546081	202101004	2022-4-1 8:50:00	2022-5-10 9:10:00
9787115546081	202102003	2022-5-10 8:55:00	NULL
9787115546081	202102001	2022-4-2 9:15:00	2022-4-18 16:00:00

查询（SELECT）语句是数据操作中最重要的语句之一，其功能是从数据库中检索满足条件的数据。查询的数据源可以来自一个表，也可以来自多个表甚至来自视图，查询的结果是由 0 行（没有满足条件的数据）或多行记录组成的一个记录集合，并允许选择一个或多个字段作为输出字段。SELECT 语句还可以对查询的结果进行排序、汇总等。

查询语句的基本结构可描述为：

```
SELECT < 目标列名序列 >                    # 需要哪些列
   FROM < 表名 1>                          # 来自哪些表
   [ [ INNER | RIGHT | LEFT ] JOIN < 表名 2>
   ON < 连接条件 >]
   [WHERE < 行选择条件 >]                  # 根据什么条件
   [GROUP BY < 分组依据列 >]
   [HAVING < 组选择条件 >]
   [ORDER BY < 排序依据列 >]
```

在上述结构中，SELECT 子句用于指定输出的字段；FROM 子句用于指定数据的来源；WHERE 子句用于指定数据的行选择条件；GROUP BY 子句用于对检索到的记录进行分组；HAVING 子句用于指定对分组后结果的选择条件；ORDER BY 子句用于对查询的结果进行排序。在这些子句中，SELECT 子句和 FROM 子句是必需的，其他子句都是可选的。

5.2 单表查询

本节介绍单表查询，即数据源只涉及一个表的查询。

5.2.1 选择表中的若干列

选择表中的若干列的操作类似于关系代数中的投影运算。

（1）查询指定的列

在很多情况下，用户可能只对表中的一部分属性列感兴趣，这时可通过在 SELECT 子句的 < 目标列名序列 > 中指定要查询的列来实现。

例 5-1　查询全体学生的学号与姓名。

```
SELECT SID, sname FROM students;
```

查询结果如图 5-1 所示。

例 5-2　查询全体学生的姓名、学号和所在学院。

```
SELECT sname, SID, college FROM students;
```

查询结果如图 5-2 所示。

SID	sname
202101001	李勇
202101002	刘晨
202101003	王敏
202101004	张小红
202101005	王立东
202102001	张海
202102002	刘琳
202102003	张珊珊
202102004	王大力
202102005	钱小萍

图 5-1　例 5-1 的查询结果

sname	SID	college
李勇	202101001	计算机学院
刘晨	202101002	计算机学院
王敏	202101003	计算机学院
张小红	202101004	计算机学院
王立东	202101005	计算机学院
张海	202102001	经济管理学院
刘琳	202102002	经济管理学院
张珊珊	202102003	经济管理学院
王大力	202102004	经济管理学院
钱小萍	202102005	经济管理学院

图 5-2　例 5-2 的查询结果

说明：在查询结果中，列的显示顺序可以和表中列定义的顺序不一样。

（2）查询全部列

如果要查询表中的全部列，可以使用两种方法：一种是在 < 目标列名序列 > 中列出所有的列名；另一种是如果列的显示顺序与其在表中定义的顺序相同，则可以简单地在 < 目标列名序列 > 中写星号“*”。

例 5-3　查询全体学生的详细记录。

```
SELECT SID, sname, gender, college, Email
   FROM students;
```

等价于：

```
SELECT * FROM students;
```

查询结果如图 5-3 所示。

SID	sname	gender	college	Email
202101001	李勇	男	计算机学院	liyong@comp.com
202101002	刘晨	男	计算机学院	liuchen@comp.com
202101003	王敏	女	计算机学院	wangmin@comp.com
202101004	张小红	女	计算机学院	zxhong@comp.com
202101005	王立东	男	计算机学院	wldong@comp.com
202102001	张海	男	经济管理学院	zhanghai@econ.com
202102002	刘琳	女	经济管理学院	liulin@econ.com
202102003	张珊珊	女	经济管理学院	zshshan@econ.com
202102004	王大力	男	经济管理学院	wdli@econ.com
202102005	钱小萍	女	经济管理学院	qxping@econ.com

图 5-3　例 5-3 的查询结果

（3）查询经过计算的列

SELECT 子句的 <目标列名序列> 中列出的可以是表中存在的列，也可以是表达式、常量或函数。

例 5-4　含表达式的列：查询全部图书的 ISBN、书名、价格和价格上涨 20% 后的价格。

```
SELECT ISBN, bname, price, price*1.2
   FROM books;
```

查询结果如图 5-4 所示。

ISBN	bname	price	price *1.2
9787100119160	古汉语常用字字典	39.90	47.880
9787100158602	牛津高阶英汉双解词典	169.00	202.800
9787111641247	深入理解Java虚拟机	129.00	154.800
9787111650812	金融通识	49.00	58.800
9787111658283	人工智能基础	59.00	70.800
9787111694021	Spring Boot从入门到实战	76.30	91.560
9787115546081	Python编程从入门到实践	69.80	83.760
9787302505945	零基础入门学习C语言	79.00	94.800
9787302563839	数据分析思维	99.00	118.800
9787304103415	我的最后一本发音书	48.00	57.600
9787541154256	人间词话	39.80	47.760
9787541164019	契诃夫短篇小说选	39.80	47.760

图 5-4　例 5-4 的查询结果

例 5-5　含字符常量的列：查询全部图书的 ISBN、书名、价格和价格上涨 20% 后的价格，并在上涨后价格列的前边增加一个新列，此列的每行数据均为“涨价后”常量值。

```
SELECT ISBN,bname, price, '涨价后', price *1.2
   FROM books;
```

查询结果如图 5-5 所示。

ISBN	bname	price	涨价后	price *1.2
9787100119160	古汉语常用字字典	39.90	涨价后	47.880
9787100158602	牛津高阶英汉双解词典	169.00	涨价后	202.800
9787111641247	深入理解Java虚拟机	129.00	涨价后	154.800
9787111650812	金融通识	49.00	涨价后	58.800
9787111658283	人工智能基础	59.00	涨价后	70.800
9787111694021	Spring Boot从入门到实战	76.30	涨价后	91.560
9787115546081	Python编程从入门到实践	69.80	涨价后	83.760
9787302505945	零基础入门学习C语言	79.00	涨价后	94.800
9787302563839	数据分析思维	99.00	涨价后	118.800
9787304103415	我的最后一本发音书	48.00	涨价后	57.600
9787541154256	人间词话	39.80	涨价后	47.760
9787541164019	契诃夫短篇小说选	39.80	涨价后	47.760

图 5-5　例 5-5 的查询结果

从例 5-4 和例 5-5 所显示的查询结果可以看到，经过计算的列的显示结果中，列名是“表达式”本身。可以通过为列起别名的方法指定或改变查询结果显示的列名。这对于含算术表达式、常量、函数运算等的列尤为有用。

指定列别名的语法格式为：

<列名> | 表达式 [AS] <列别名>

例如，例 5-4 的代码可写成：

```
SELECT ISBN, bname, price, price *1.2 AS new_price
   FROM books;
```

查询结果如图 5-6 所示。

ISBN	bname	price	new_price
9787100119160	古汉语常用字字典	39.90	47.880
9787100158602	牛津高阶英汉双解词典	169.00	202.800
9787111641247	深入理解Java虚拟机	129.00	154.800
9787111650812	金融通识	49.00	58.800
9787111658283	人工智能基础	59.00	70.800
9787111694021	Spring Boot从入门到实战	76.30	91.560
9787115546081	Python编程从入门到实践	69.80	83.760
9787302505945	零基础入门学习C语言	79.00	94.800
9787302563839	数据分析思维	99.00	118.800
9787304103415	我的最后一本发音书	48.00	57.600
9787541154256	人间词话	39.80	47.760
9787541164019	契诃夫短篇小说选	39.80	47.760

图 5-6　取列别名的查询结果

5.2.2　选择表中的若干元组

前面介绍的例子都是选择表中的全部记录，而没有对表中的记录进行任何有条件的筛选。实际上，在查询过程中，除了可以选择列之外，还可以对行进行选择，使查询的结果更满足用户的要求。

1. 消除取值相同的行

在数据库的关系表中并不存在取值全部相同的元组，但在进行了对列的选择后，就有可能在查询结果中出现取值完全相同的行。取值相同的行在结果中是没有意义的，因此应删除这些行。

例 5-6　在 borrow 表中查询借过图书的学生的学号。

```
SELECT SID from borrow;
```

部分查询结果如图 5-7a 所示。

在这个结果集中有许多重复的行（一个学生借过多少次图书，其学号就在结果集中重复多少次），这说明数据库管理系统在对列数据选择后，并不检查产生的结果是否有重复的行，它只是简单地进行列选择操作。这与关系代数中的选择运算不同，在关系代数中，选择运算会自动将结果集中的重复记录去掉。

SQL 语句提供了去掉结果中的重复行的选项，即在 SELECT 语句中通过使用 DISTINCT 关键字可以去掉查询结果中的重复行。DISTINCT 关键字放在 SELECT 词的后面、目标列名序列的前面。

去掉上述查询结果中重复行的语句如下：

```
SELECT DISTINCT SID from borrow;
```

其查询结果如图 5-7b 所示。

2. 查询满足条件的元组

查询满足条件的元组的操作类似于关系代数中的选择运算，在 SQL 语句中是通过 WHERE 子句实现的。WHERE 子句常用的查询条件见表 5-7。

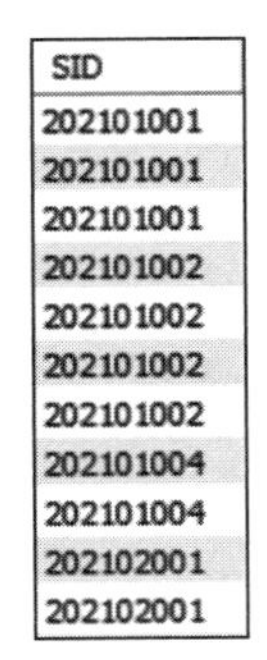

SID
202101001
202101001
202101001
202101002
202101002
202101002
202101002
202101004
202101004
202102001
202102001

a）去掉重复值前的结果

SID
202101001
202101002
202101004
202102001
202102002
202102003
202102004

b）用 DISTINCT 去掉重复值后的结果

图 5-7　例 5-6 的查询结果

表 5-7　WHERE 子句常用的查询条件

查询条件	谓词
比较（比较运算符）	=、>、>=、<=、<、<>、!=
确定范围	BETWEEN … AND、NOT BETWEEN … AND
确定集合	IN、NOT IN
字符匹配	LIKE、NOT LIKE
空值	IS NULL、IS NOT NULL
多重条件（逻辑谓词）	AND、OR

（1）比较大小

比较大小的运算符有：=（等于）、>（大于）、>=（大于或等于）、<=（小于或等于）、<（小于）、<>（不等于）、!=（不等于）。

例 5-7　查询计算机学院全体学生的姓名。

```
SELECT sname FROM students
   WHERE college = ' 计算机学院 ' ;
```

查询结果如图 5-8 所示。

例 5-8　查询所有价格低于 50 元的图书的书名和价格。

```
SELECT bname, price  FROM books
   WHERE price < 50 ;
```

查询结果如图 5-9 所示。

sname
李勇
刘晨
王敏
张小红
王立东

图 5-8　例 5-7 的查询结果

bname	price
古汉语常用字字典	39.90
金融通识	49.00
我的最后一本发音书	48.00
人间词话	39.80
契诃夫短篇小说选	39.80

图 5-9　例 5-8 的查询结果

例 5-9　查询借过 ISBN 为“9787302505945”图书的学生学号。

```
SELECT DISTINCT SID FROM borrow
   WHERE ISBN = '9787302505945' ;
```

查询结果如图 5-10 所示。

关于本查询的一些说明：当一个学生多次借阅同一本书时，只需列出一次该学生，而不需要借过几次就重复列出该学生学号几次，因此这里需要加 DISTINCT 关键字去掉重复的学号。

SID
202101001
202101002
202101004

图 5-10　例 5-9 的查询结果

例 5-10　查询还书日期早于 2022 年 1 月 1 日的学生的借书情况。

```
SELECT * FROM borrow WHERE return_time < '2022/1/1';
```

查询结果如图 5-11 所示。

ISBN	SID	borrow_time	return_time
9787111694021	202101002	2021-10-15 09:45:00	2021-10-29 13:42:00
9787302505945	202101001	2021-10-11 08:45:00	2021-11-06 14:40:00
9787302505945	202101002	2021-10-15 09:45:00	2021-10-29 13:42:00
9787302505945	202101004	2021-10-11 08:45:00	2021-11-02 14:00:00
9787304103415	202102001	2021-09-21 10:05:00	2021-10-12 14:00:00
9787304103415	202102003	2021-09-24 11:15:00	2021-10-14 14:00:00
9787541154256	202102002	2021-10-10 09:41:00	2021-10-25 09:42:00
9787541154256	202102003	2021-10-10 09:40:00	2021-10-22 10:40:00

图 5-11　例 5-10 的查询结果

关于本查询的一些说明：还书日期为 NULL（即还未还书）的记录，并不满足条件：

return_time < '2022/1/1'

因为 NULL 不能与确定的值进行比较运算。在后面“涉及空值的查询”部分将详细介绍关于空值的判断。

例 5-11　查询借书天数超过 25 天的借阅记录，列出图书 ISBN、学号、借书时间、还书时间以及还书日期与借书日期相差的天数。

```
SELECT *,TIMESTAMPDIFF(day,borrow_time,return_time) AS diffdays
  FROM borrow
  WHERE TIMESTAMPDIFF(day,borrow_time,return_time) > 25;
```

查询结果如图 5-12 所示。

ISBN	SID	borrow_time	return_time	diffdays
9787115546081	202101004	2022-04-01 08:50:00	2022-05-10 09:10:00	39
9787302505945	202101001	2021-10-11 08:45:00	2021-11-06 14:40:00	26

图 5-12　例 5-11 的查询结果

说明：TIMESTAMPDIFF 是 MySQL 的一个函数，用于计算两个日期时间之间相差的月数、周数、天数、小时数、分钟数、秒数等。其语法格式为：

```
TIMESTAMPDIFF(unit,datetime_expr1,datetime_expr2)
```

其功能为：计算 datetime_expr1 和 datetime_expr2 之间的差值。

unit 的常用取值及含义见表 5-8。

表 5-8　TIMESTAMPDIFF 函数中 unit 的常用取值及含义

取值	含义	取值	含义
second	秒	week	周
minute	分钟	month	月
hour	小时	quarter	季度
day	天	year	年

（2）范围查找

BETWEEN … AND 和 NOT BETWEEN … AND 运算符可用于查找属性值在或不在指定范围内的元组，其中 BETWEEN 后边指定范围的下限，AND 后边指定范围的上限。

BETWEEN … AND 的语法格式为：

< 列名 > | 表达式 [NOT] BETWEEN 下限值 AND 上限值

BETWEEN … AND 中的列名或表达式的数据类型要与下限值或上限值的数据类型兼容。

1）“BETWEEN 下限值 AND 上限值”的含义是：如果列或表达式的值在下限值和上限值范围内（包括边界值），则结果为 True，表明此记录符合查询条件。

2）“NOT BETWEEN 下限值 AND 上限值”的含义是：如果列或表达式的值不在下限值和上限值范围内（不包括边界值），则结果为 True，表明此记录符合查询条件。

例 5-12　查询价格在 40～80 元之间的图书的书名、出版日期、出版社和价格。

```
SELECT bname,pub_date,press,price FROM books
   WHERE price BETWEEN 40 AND 80 ;
```

此句等价于：

```
SELECT bname,pub_date,press,price FROM books
   WHERE price >= 40 AND price <= 80 ;
```

查询结果如图 5-13 所示。

bname	pub_date	press	price
金融通识	2020-01-01	机械工业出版社	49.00
人工智能基础	2020-11-01	机械工业出版社	59.00
Spring Boot从入门到实战	2021-08-11	机械工业出版社	76.30
Python编程从入门到实践	2020-09-30	人民邮电出版社	69.80
零基础入门学习C语言	2019-05-01	清华大学出版社	79.00
我的最后一本发音书	2021-02-01	商务印书馆	48.00

图 5-13　例 5-12 查询结果

例 5-13　查询价格不在 40～80 元之间的图书的书名、出版日期、出版社和价格。

```
SELECT bname,pub_date,press,price FROM books
   WHERE price NOT BETWEEN 40 AND 80 ;
```

此句等价于：

```
SELECT bname,pub_date,press,price FROM books
   WHERE price < 40 OR price > 80 ;
```

查询结果如图 5-14 所示。

bname	pub_date	press	price
古汉语常用字字典	2016-09-01	商务印书馆	39.90
牛津高阶英汉双解词典	2018-05-01	商务印书馆	169.00
深入理解Java虚拟机	2020-01-01	机械工业出版社	129.00
数据分析思维	2020-11-01	清华大学出版社	99.00
人间词话	2019-06-01	四川文艺出版社	39.80
契诃夫短篇小说选	2022-08-01	四川文艺出版社	39.80

图 5-14　例 5-13 查询结果

例 5-14　查询 2020 年下半年出版的图书的书名、出版日期和价格。

```
SELECT bname,pub_date,price FROM books
  WHERE pub_date BETWEEN '2020-7-1' AND '2020-12-31' ;
```

查询结果如图 5-15 所示。

bname	pub_date	price
人工智能基础	2020-11-01	59.00
Python编程从入门到实践	2020-09-30	69.80
数据分析思维	2020-11-01	99.00

图 5-15　例 5-14 查询结果

（3）集合查找

IN 运算符可用于查找属性值在指定集合范围内的元组。IN 的语法格式为：

< 列名 > [NOT] IN（常量 1, 常量 2, … , 常量 n）

1）IN 运算符的含义为：当列中的值与集合中的某个常量值相等时，结果为 True，表明此记录为符合查询条件的记录。

2）NOT IN 运算符的含义正好相反：当列中的值与集合中的某个常量值相等时，结果为 False，表明此记录为不符合查询条件的记录。

例 5-15　查询“商务印书馆”“清华大学出版社”和“人民邮电出版社”三个出版社出版的图书的书名、类别、出版社名和价格。

```
SELECT bname, category, press, price
  FROM books
  WHERE press IN（' 商务印书馆 ', ' 清华大学出版社 ', ' 人民邮电出版社 '）;
```

此句等价于：

```
SELECT bname, category, press, price
  FROM books
  WHERE press = ' 商务印书馆 '
    OR press = ' 清华大学出版社 '
    OR press =  ' 人民邮电出版社 ';
```

查询结果如图 5-16 所示。

bname	category	press	price
古汉语常用字字典	H	商务印书馆	39.90
牛津高阶英汉双解词典	H	商务印书馆	169.00
Python编程从入门到实践	TP	人民邮电出版社	69.80
零基础入门学习C语言	TP	清华大学出版社	79.00
数据分析思维	TP	清华大学出版社	99.00
我的最后一本发音书	H	商务印书馆	48.00

图 5-16　例 5-15 的查询结果

例 5-16　查询不是“商务印书馆”“清华大学出版社”和“人民邮电出版社”三个出版社出版的图书的书名、类别、出版社名和价格。

```
SELECT bname, category, press, price
   FROM books
   WHERE press NOT IN ('商务印书馆','清华大学出版社','人民邮电出版社');
```

此句等价于：

```
SELECT bname, category, press, price
   FROM books
   WHERE press != '商务印书馆'
      AND press != '清华大学出版社'
      AND press != '人民邮电出版社';
```

查询结果如图 5-17 所示。

bname	category	press	price
深入理解Java虚拟机	TP	机械工业出版社	129.00
金融通识	F	机械工业出版社	49.00
人工智能基础	TP	机械工业出版社	59.00
Spring Boot从入门到实战	TP	机械工业出版社	76.30
人间词话	I	四川文艺出版社	39.80
契诃夫短篇小说选	I	四川文艺出版社	39.80

图 5-17　例 5-16 的查询结果

（4）字符串匹配

LIKE 运算符用于查找指定列中与匹配串常量匹配的元组。匹配串是一种特殊的字符串，其特殊之处在于它不仅可以包含普通字符，还可以包含通配符。通配符用于表示任意的字符或字符串。在实际应用中，如果需要从数据库中检索数据，但又不能给出准确的字符查询条件时，就可以使用 LIKE 运算符和通配符来实现模糊查询。在 LIKE 运算符前边也可以使用 NOT，表示对结果取反。

LIKE 运算符的一般语法格式为：

< 列名 > [NOT] LIKE < 匹配串 >

在 ISO 标准中，匹配串中可以包含以下 4 种通配符：

1）_（下划线）：匹配任意一个字符。

2）%（百分号）：匹配 0 到多个字符。

3）[ ]：匹配 [ ] 中的任意一个字符。如 [acdg] 表示匹配 a、c、d 和 g 中的任何一个。若要比较的字符是连续的，则可以用连字符“-”表达，例如，若要匹配 b、c、d、e 中的任何一个字符，则可以表示为：[b-e]。

4）[^]：不匹配 [ ] 中的任意一个字符。如 [^acdg] 表示不匹配 a、c、d 和 g。同样，若要比较的字符是连续的，也可以用连字符“-”表示，例如，若不匹配 b、c、d、e 中的全部字符，则可以表示为：[^b-e]。

说明：MySQL 目前版本只支持“_”和“%”这两个通配符，不支持“[]”和“[^]”通配符。

例 5-17　查询姓“张”的学生的详细信息。

```
SELECT * FROM students WHERE sname LIKE '张%';
```

查询结果如图 5-18 所示。

SID	sname	gender	college	Email
202101004	张小红	女	计算机学院	zxhong@comp.com
202102001	张海	男	经济管理学院	zhanghai@econ.com
202102003	张珊珊	女	经济管理学院	zshshan@econ.com

图 5-18　例 5-17 的查询结果

例 5-18　查询姓“张”、姓“李”和姓“刘”的学生姓名和所在学院。

按 ISO 支持的通配符，可以写为：

```
SELECT sname, college FROM students
  WHERE sname LIKE '[ 张李刘 ]%' ;
```

按 MySQL 支持的通配符，需要写为：

```
SELECT sname, college FROM students
  WHERE sname LIKE ' 张 %'
    OR sname LIKE ' 李 %'
    OR sname LIKE ' 刘 %' ;
```

查询结果如图 5-19 所示。

例 5-19　查询名字的第 2 个字为“小”的学生姓名和学号。

```
SELECT sname, SID FROM students
  WHERE sname LIKE '_ 小 %' ;
```

查询结果如图 5-20 所示。

sname	college
李勇	计算机学院
刘晨	计算机学院
张小红	计算机学院
张海	经济管理学院
刘琳	经济管理学院
张珊珊	经济管理学院

图 5-19　例 5-18 的查询结果

sname	SID
张小红	202101004
钱小萍	202102005

图 5-20　例 5-19 的查询结果

例 5-20　查询所有不姓“刘”的学生姓名。

```
SELECT sname FROM students
  WHERE sname NOT LIKE ' 刘 %';
```

例 5-21　在 students 表中查询学号的最后一位不是 2、3、5 的学生详细信息。

按 ISO 支持的通配符，可以写为：

```
SELECT * FROM students
  WHERE SID LIKE '%[^235]' ;
```

按 MySQL 支持的通配符，需要写为：

```
SELECT * FROM students
  WHERE SID NOT LIKE '%2'
    AND SID NOT LIKE '%3'
    AND SID NOT LIKE '%5' ;
```

查询结果如图 5-21 所示。

SID	sname	gender	college	Email
202101001	李勇	男	计算机学院	liyong@comp.com
202101004	张小红	女	计算机学院	zxhong@comp.com
202102001	张海	男	经济管理学院	zhanghai@econ.com
202102004	王大力	男	经济管理学院	wdli@econ.com

图 5-21　例 5-21 查询结果

如果要查找的字符串正好含有通配符，比如下划线或百分号，就需要使用一个特殊子句来告诉数据库管理系统匹配串中的下划线或百分号是一个普通字符，而不是一个通配符，这个特殊子句就是 ESCAPE。

ESCAPE 的语法格式为：

ESCAPE 转义字符

其中"转义字符"可以是任何一个有效的字符，在匹配串中也包含这个字符，表明位于该字符后面的那个字符将被视为普通字符，而不是通配符。

例如，为查找 field1 字段中包含字符串"30%"的记录，可在 WHERE 子句中指定：

WHERE field1 LIKE '%30!%%' ESCAPE '!'

又如，为查找 field1 字段中包含下划线（_）的记录，可在 WHERE 子句中指定：

WHERE field1 LIKE '%!_%' ESCAPE '!'

（5）涉及空值的查询

空值（NULL）在数据库中有特殊的含义，它表示当前不确定或未知的值。例如，学生借书之后，在没有还书之前，这些学生的还书日期就为空值。

由于空值是不确定的值，因此判断值是否为 NULL，不能使用比较运算符，只能使用专门的判断 NULL 的子句来完成。而且，NULL 不能与确定的值进行比较。例如，下述查询条件不会返回没有还书（还书日期为空值）的数据：

WHERE return_time < '2022-1-1'

判断列取值是否为空的表达式：

< 列名 > IS [NOT] NULL

例 5-22　查询还没还书的学生的学号和相应的图书 ISBN。

```
SELECT SID, ISBN FROM borrow
   WHERE return_time IS NULL ;
```

查询结果如图 5-22 所示。

SID	ISBN
202101002	9787100158602
202101002	9787111641247
202102002	9787111650812
202102003	9787115546081
202101001	9787302563839

图 5-22　例 5-22 的查询结果

例 5-23　查询所有已经还书的学生的学号、相应的图书 ISBN 和还书日期。

```
SELECT SID, ISBN, return_time FROM borrow
   WHERE return_time IS NOT NULL ;
```

查询结果如图 5-23 所示。

（6）多重条件查询

当需要多个查询条件时，可以在 WHERE 子句中使用逻辑运算符 AND 和 OR 来组成多条件查询。

例 5-24　查询"机械工业出版社"出版的价格低于 60 元的图书的书名、价格和出版日期。

SID	ISBN	return_time
202102003	9787111650812	2022-05-12 10:00:00
202102004	9787111650812	2022-05-10 14:10:00
202101002	9787111694021	2021-10-29 13:42:00
202101004	9787115546081	2022-05-10 09:10:00
202102001	9787115546081	2022-04-18 16:00:00
202101001	9787302505945	2021-11-06 14:40:00
202101001	9787302505945	2022-01-18 15:22:00
202101002	9787302505945	2021-10-29 13:42:00
202101004	9787302505945	2021-11-02 14:00:00
202102001	9787304103415	2021-10-12 14:00:00

图 5-23　例 5-23 的查询结果

```
SELECT bname, price, pub_date FROM books
   WHERE press = '机械工业出版社' AND price < 60 ;
```

查询结果如图 5-24 所示。

bname	price	pub_date
金融通识	49.00	2020-01-01
人工智能基础	59.00	2020-11-01

图 5-24　例 5-24 的查询结果

例 5-25　查询“机械工业出版社”和“清华大学出版社”出版的价格在 40～80 元的图书的书名、分类、价格和出版社。

```
SELECT bname, category, price,press FROM books
   WHERE (press = '机械工业出版社' OR press = '清华大学出版社')
      AND price BETWEEN 40 AND 80 ;
```

注意：OR 运算符的优先级小于 AND，要改变运算的顺序可以通过加括号的方式实现。

查询结果如图 5-25 所示。

bname	category	price	press
金融通识	F	49.00	机械工业出版社
人工智能基础	TP	59.00	机械工业出版社
Spring Boot从入门到实战	TP	76.30	机械工业出版社
零基础入门学习C语言	TP	79.00	清华大学出版社

图 5-25　例 5-25 的查询结果

例 5-25 的查询也可以写为：

```
SELECT bname, category, price,press FROM books
   WHERE press IN ( '机械工业出版社', '清华大学出版社')
      AND price BETWEEN 40 AND 80 ;
```

5.2.3　对查询结果进行排序

有时，我们希望查询的结果能按一定的顺序显示出来，比如考完试后可以按考试成绩从高到低排列学生考试情况。要对查询结果按希望的属性排序，在 SELECT 语句中是通过 ORDER BY 子句实现的。ORDER BY 子句具有按用户指定的列排序查询结果的功能，而且查询结果可以按一个列排序，也可以按多个列进行排序，排序可以是从小到大（升序），也可以是从大到小（降序）。排序使用 ORDER BY 子句，其语法格式为：

```
ORDER BY <列名> [ASC | DESC ] [ , … n ]
```

其中 <列名> 为排序的依据列，可以是列名或列的别名。ASC 表示按列值进行升序排序，DESC 表示按列值进行降序排序。如果没有指定排序方式，则默认的排序方式为 ASC。

如果在 ORDER BY 子句中使用多个列进行排序，则这些列在该子句中出现的顺序决定了对结果集进行排序的方式。当指定多个排序依据列时，系统首先按排在第一位的列值进行排序，如果排序后存在两个或两个以上列值相同的记录，则对值相同的记录再依据排在第二位的列值进行排序，以此类推。

例 5-26　查询“TP”类图书的详细信息，查询结果按价格升序排序。

```
SELECT * FROM books
  WHERE category = 'TP'
  ORDER BY price ASC ;
```

查询结果如图 5-26 所示。

ISBN	bname	category	press	pub_date	price	quantity
9787111658283	人工智能基础	TP	机械工业出版社	2020-11-01	59.00	6
9787115546081	Python编程从入门到实践	TP	人民邮电出版社	2020-09-30	69.80	15
9787111694021	Spring Boot从入门到实战	TP	机械工业出版社	2021-08-11	76.30	10
9787302505945	零基础入门学习C语言	TP	清华大学出版社	2019-05-01	79.00	20
9787302563839	数据分析思维	TP	清华大学出版社	2020-11-01	99.00	8
9787111641247	深入理解Java虚拟机	TP	机械工业出版社	2020-01-01	129.00	8

图 5-26　例 5-26 的查询结果

例 5-27　查询借了 ISBN 为“9787111650812”图书的学生学号及借书时间，查询结果按借书时间降序排列。

```
SELECT SID, borrow_time FROM borrow
  WHERE ISBN = '9787111650812'
  ORDER BY borrow_time DESC ;
```

查询结果如图 5-27 所示。

例 5-28　查询图书的书名、出版社、分类和价格，结果按分类升序排列，同一分类的图书按价格降序排列。

```
SELECT bname, press, category, price
  FROM books
  ORDER BY category ASC, price DESC ;
```

查询结果如图 5-28 所示。

SID	borrow_time
202102002	2022-06-28 10:10:00
202102003	2022-04-22 11:10:00
202102004	2022-04-21 11:10:00

图 5-27　例 5-27 的查询结果

bname	press	category	price
金融通识	机械工业出版社	F	49.00
牛津高阶英汉双解词典	商务印书馆	H	169.00
我的最后一本发音书	商务印书馆	H	48.00
古汉语常用字字典	商务印书馆	H	39.90
契诃夫短篇小说选	四川文艺出版社	I	39.80
人间词话	四川文艺出版社	I	39.80
深入理解Java虚拟机	机械工业出版社	TP	129.00
数据分析思维	清华大学出版社	TP	99.00
零基础入门学习C语言	清华大学出版社	TP	79.00
Spring Boot从入门到实战	机械工业出版社	TP	76.30

图 5-28　例 5-28 的查询结果

5.2.4　使用聚合函数统计数据

聚合函数也称为统计函数，其作用是对一组值进行计算并返回一个统计结果。常用的统计函数包括：

1）COUNT(*)：统计表中元组的个数。

2）COUNT([DISTINCT] < 列名 >)：统计列值个数，DISTINCT 选项表示去掉列中的重复值后再统计列值个数。

3）SUM(< 列名 >)：计算列值的和值（必须是数值型列）。

4）AVG(< 列名 >)：计算列值的平均值（必须是数值型列）。

5）MAX(< 列名 >)：得到列值的最大值。

6）MIN(< 列名 >)：得到列值的最小值。

上述函数中除 COUNT(*) 外，其他函数在计算过程中均忽略 NULL。

统计函数的计算范围可以是满足 WHERE 子句条件的记录（如果是对整个表进行计算的话），也可以对满足条件的组进行计算（如果进行了分组的话，关于分组我们将在后边介绍）。

例 5-29　统计学生总人数。

```
SELECT COUNT(*) FROM students ;
```

返回结果为 10，因为 students 表中有 10 行数据。

例 5-30　统计借过图书的学生人数。

由于一个学生可借多本图书，因此为避免重复计算这些学生，应用 DISTINCT 去掉重复的学号。

```
SELECT COUNT(DISTINCT SID) FROM borrow ;
```

返回结果为 7。

例 5-31　统计学号为“202101001”的学生的借书次数和还书次数。

```
SELECT COUNT(borrow_time) AS 借书次数 ,
   COUNT(return_time) AS 还书次数
FROM borrow
WHERE SID = '202101001' ;
```

首先看下学号为“202101001”学生的借、还书情况，执行下述语句：

```
SELECT *  FROM borrow
   WHERE SID = '202101001' ;
```

返回结果如图 5-29 所示。

ISBN	SID	borrow_time	return_time
9787302505945	202101001	2021-10-11 08:45:00	2021-11-06 14:40:00
9787302505945	202101001	2022-01-04 09:10:00	2022-01-18 15:22:00
9787302563839	202101001	2022-06-22 11:10:00	NULL

图 5-29　学号为“202101001”学生的借、还书情况

对图 5-29 所示的数据，统计学号为“202101001”学生的借、还书次数的执行结果如图 5-30 所示。

这个例子演示了 COUNT(列名) 不统计 NULL 的情况。

借书次数	还书次数
3	2

图 5-30　学号为“202101001”学生的借、还书次数

例 5-32　统计“H”类图书的价格总和。

```
SELECT SUM(price) FROM books
   WHERE category = 'H' ;
```

返回结果为 256.90。

例 5-33　统计“TP”类图书的平均价格。

```
SELECT AVG(price) FROM books
   WHERE category = 'TP' ;
```

返回结果为 85.35。

例 5-34　查询“TP”类图书的最高价格和最低价格。

```
SELECT MAX(price) AS 最高价格 , MIN(price) AS 最低价格
   FROM books
   WHERE category = 'TP' ;
```

查询结果如图 5-31 所示。

最高价格	最低价格
129.00	59.00

图 5-31　例 5-34 的查询结果

注意：聚合函数不能直接写在 WHERE 子句中作为行筛选条件。例如，查询价格最高的图书的书名，以下写法是错误的：

```
SELECT bname FROM books WHERE price = MAX(price);
```

执行这句命令时，在 MySQL Workbench 8.0 中将返回如下错误信息：

```
Error Code: 1111. Invalid use of group function
```

请大家记住，聚合函数不能作为比较条件直接出现在 WHERE 子句中。

这种类型的查询可以通过子查询或选择表中前若干行数据的方法实现，这些将在后边介绍。

5.2.5　对数据进行分组统计

5.2.4 小节所举聚合函数的例子，均是针对表中满足 WHERE 条件的全体元组进行的，统计的结果是每个函数返回一个单值。在实际应用中，有时需要对数据进行更细致的统计，比如，统计每个学生的借书次数、每本书的被借出次数、每类图书的平均价格等，这时就需要对数据先进行分组，例如在 borrow 表中，每个学生按学号分为一组，然后再对每个组的数据进行统计，比如用 COUNT(*) 函数，就可以统计出每个学生的借书次数。

GROUP BY 子句提供了对数据进行分组的功能，使用 GROUP BY 子句会将统计控制在组这一级。分组的目的是细化聚合函数的作用对象。可以按一个列分组，也可以按多个列分组。GROUP BY 子句的语法格式为：

```
GROUP BY < 分组依据列 > [, … n ]
```

（1）GROUP BY 子句

例 5-35　统计每本图书的被借出次数，列出图书 ISBN 和被借出次数。

```
SELECT ISBN, COUNT(ISBN) AS 被借出次数
   FROM borrow GROUP BY ISBN ;
```

下面以图 5-32 最左侧所示的 borrow 表的部分数据为例，说明该语句的执行步骤。

1）对 borrow 表的数据按分组依据列（ISBN）的值进行排序。

2）将具有相同 ISBN 值的元组归为一组，对每一组使用 COUNT 函数计算，算出每组的行数（即该书的被借出次数）。

3）按 SELECT 列表要求的列名显示统计结果。

整个执行过程如图 5-32 所示。

ISBN	SID
9787304103415	202102003
9787541154256	202102003
9787541154256	202102002
9787302505945	202101001
9787302505945	202101004
9787302505945	202101002
9787302505945	202101001
9787115546081	202101004
9787115546081	202102001
9787111650812	202102004
9787111650812	202102003
9787115546081	202102003
9787111650812	202102002

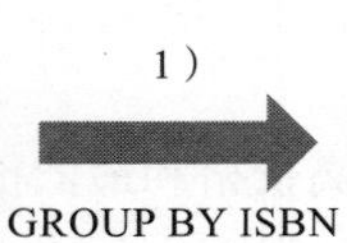

ISBN	SID
9787111650812	202102004
9787111650812	202102003
9787111650812	202102002
9787115546081	202101004
9787115546081	202102001
9787115546081	202102003
9787302505945	202101001
9787302505945	202101004
9787302505945	202101002
9787302505945	202101001
9787304103415	202102003
9787541154256	202102003
9787541154256	202102002

ISBN	COUNT(ISBN)
9787111650812	3
9787115546081	3
9787302505945	4
9787304103415	1
9787541154256	2

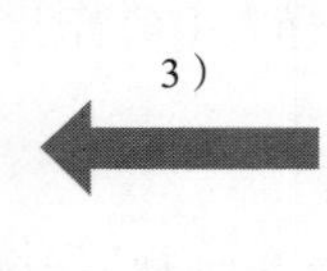

ISBN	被借出次数
9787111650812	3
9787115546081	3
9787302505945	4
9787304103415	1
9787541154256	2

图 5-32　GROUP BY 子句执行示意图

对本书示例的 borrow 表数据，执行例 5-35 所示语句，得到的结果如图 5-33 所示。

例 5-36　统计每类图书的数量和平均价格，结果按平均价格升序排序。

```
SELECT category 类别 , COUNT(*) 数量 , AVG(price) 平均价格
    FROM books
    GROUP BY category
    ORDER BY AVG(price) ASC ;
```

查询结果如图 5-34 所示。

例 5-37　带 WHERE 子句的分组统计。统计“机械工业出版社”出版的每类图书的数量。

```
SELECT category 类别 , COUNT(*) 数量
    FROM books
    WHERE press = '机械工业出版社'
    GROUP BY category ;
```

ISBN	被借出次数
9787100158602	1
9787111641247	1
9787111650812	3
9787111694021	1
9787115546081	3
9787302505945	4
9787302563839	1
9787304103415	2
9787541154256	2

图 5-33 例 5-35 的查询结果

类别	数量	平均价格
I	2	39.800000
F	1	49.000000
TP	6	85.350000
H	3	85.633333

图 5-34 例 5-36 的查询结果

查询结果如图 5-35 所示。

例 5-38 按多个列分组。统计每个学院的男生人数和女生人数。结果按学院名升序排序。

类别	数量
TP	3
F	1

图 5-35 例 5-37 的查询结果

分析：这个查询首先应该按“所在学院”进行分组，然后在每个学院组中再按“性别”分组，从而将每个学院每个性别的学生聚集到一个组中，最后再对最终的分组结果进行统计。

注意：当有多个分组依据列时，统计是以最小组为单位进行的。

实现该查询的语句为：

```
SELECT college 学院 , gender 性别 , COUNT(*) 人数
    FROM students
    GROUP BY college, gender
    ORDER BY college ;
```

查询结果如图 5-36 所示。

学院	性别	人数
经济管理学院	女	3
经济管理学院	男	2
计算机学院	女	2
计算机学院	男	3

图 5-36 例 5-38 的查询结果

（2）HAVING 子句

HAVING 子句用于对分组后的统计结果进行筛选，一般和 GROUP BY 子句一起使用。它的功能类似于 WHERE 子句，但 HAVING 子句一般用于对组的统计结果进行筛选而不是对单个记录的数据进行筛选。在 HAVING 子句中可以使用聚合函数，但在 WHERE 子句中则不能。

HAVING 子句写在 GROUP BY 子句的后边，其语法格式为：

GROUP BY 子句

HAVING < 组筛选条件 >

例 5-39 查询借书次数大于或等于 3 次的学生学号和借书次数。

分析：本查询首先需要统计出每个学生的借书次数（通过 GROUP BY 子句和 COUNT() 函数），然后再从统计结果中筛选出次数大于或等于 3 的数据（通过 HAVING 子句）。实现语句为：

```
SELECT SID, COUNT(*) 借书次数
    FROM borrow
    GROUP BY SID
    HAVING COUNT(*) >= 3 ;
```

查询结果如图 5-37 所示。

SID	借书次数
202101001	3
202101002	4
202102003	4

图 5-37 例 5-39 的查询结果

此语句的处理过程为：先执行 GROUP BY 子句对 borrow

表数据按 SID 进行分组，然后再用聚合函数 COUNT() 分别对每一组进行统计，最后用 HAVING 子句筛选出统计结果大于或等于 3 的组。

正确地理解 WHERE、GROUP BY、HAVING 子句的作用及执行顺序，对编写正确、高效的查询语句很有帮助。

1）WHERE 子句用来筛选 FROM 子句中指定的数据源所产生的行数据。

2）GROUP BY 子句用来对经 WHERE 子句筛选后的结果数据进行分组。

3）HAVING 子句用来对分组后的统计结果进行筛选。

对于可以在分组操作之前应用的筛选条件，在 WHERE 子句中指定它们更有效，这样可以减少参与分组的数据行。应当在 HAVING 子句中指定的筛选条件应该是那些必须在执行分组操作之后应用的筛选条件。

一般的数据库管理系统的查询优化器可以处理这些条件中的大多数。如果查询优化器确定 HAVING 搜索条件可以在分组操作之前应用，那么它就会在分组之前应用。查询优化器可能无法识别所有可以在分组操作之前应用的 HAVING 搜索条件。因此，建议将所有应该在分组之前进行的搜索条件放在 WHERE 子句中而不是 HAVING 子句中。

例 5-40 统计每个学院的男生人数。

```
SELECT college, COUNT(*) FROM students
   WHERE gender = ' 男 '
   GROUP BY college ;
```

注意，该查询语句若写成：

```
SELECT college, COUNT(*)  FROM students
   GROUP BY college
   HAVING gender = ' 男 ';
```

将返回如下错误信息：

```
Error Code: 1054. Unknown column 'gender' in 'having clause'
```

因为 HAVING 子句是在分组统计之后的结果集中进行的操作，而在分组统计之后的结果集中，只包含分组依据列（这里是 college）以及聚合函数的数据（这里的统计数据不局限于在 SELECT 语句中出现的聚合函数），因此当执行到 HAVING 子句时已经没有 gender 列了，因此上述查询会返回“Unknown column 'gender' in 'having clause'”的错误。

5.3 多表连接查询

前面介绍的查询都是针对一个表进行的，但在实际查询中往往需要从多个表中获取信息，这时的查询就会涉及多个表。若一个查询同时涉及两个或两个以上的表，则称为**连接查询**。连接查询是关系数据库中最常用的查询。连接查询主要包括内连接、左外连接、右外连接、全外连接和交叉连接等，本书只介绍内连接、左外连接和右外连接，全外连接和交叉连接在实际应用中很少使用。

5.3.1 内连接

内连接是一种最常用的连接类型。使用内连接时，如果两个表的相关字段满足连接条件，则从这两个表中提取数据并组合成新的记录。

在非 ANSI 标准的实现中，连接操作写在 WHERE 子句中，即在 WHERE 子句中指定连接条件；在 ANSI SQL-92 中，连接操作写在 JOIN 子句中。这两种连接方式分别被称为 theta 连接方式和 ANSI 连接方式。本书使用 ANSI 连接方式。

ANSI 连接方式的内连接语法格式为：

FROM 表 1 [INNER] JOIN 表 2 ON < 连接条件 >

< 连接条件 > 的一般格式为：

[< 表名 1>.] < 列名 1> < 比较运算符 > [< 表名 2>.]< 列名 2>

在 < 连接条件 > 中指明两个表按什么条件进行连接，< 连接条件 > 中的比较运算符称为连接谓词。

注意：< 连接条件 > 中用于进行比较的列必须是可比的，即必须是语义相同的列。

当比较运算符为等号（=）时，称为等值连接，使用其他运算符的连接称为非等值连接，这同关系代数中的等值连接和 θ 连接的含义是一样的。

从概念上讲，数据库管理系统执行连接操作的过程是：首先取“表 1”中的第 1 个元组，然后从头开始扫描“表 2”，逐一查找满足连接条件的元组，找到后就将“表 1”中的第 1 个元组与“表 2”中的该元组拼接起来，形成结果表中的一个元组。“表 2”全部查找完毕后，再取“表 1”中的第 2 个元组，然后再从头开始扫描“表 2”，逐一查找满足连接条件的元组，找到后就将“表 1”中的第 2 个元组与“表 2”中的该元组拼接起来，形成结果表中的另一个元组。重复这个过程，直到“表 1”中的全部元组都处理完毕。

例 5-41　查询每个学生的借书情况。

由于学生基本信息存放在 students 表中，学生借书信息存放在 borrow 表中，因此这个查询涉及两个表，这两个表之间进行连接的条件是两个表中的 SID 相等。

```
SELECT * FROM students INNER JOIN  borrow
ON students.SID = borrow.SID ;      # 将 students 与 borrow 连接起来
```

查询结果部分数据如图 5-38 所示。

SID	sname	gender	college	Email	ISBN	SID	borrow_time	return_time
202101002	刘晨	男	计算机学院	liuchen@comp.com	9787100158602	202101002	2022-06-15 09:45:00	NULL
202101002	刘晨	男	计算机学院	liuchen@comp.com	9787111641247	202101002	2022-06-15 09:45:00	NULL
202102002	刘琳	女	经济管理学院	liulin@econ.com	9787111650812	202102002	2022-06-28 10:10:00	NULL
202102003	张珊珊	女	经济管理学院	zshshan@econ.com	9787111650812	202102003	2022-04-22 11:10:00	2022-05-12 10:00:00
202102004	王大力	男	经济管理学院	wdli@econ.com	9787111650812	202102004	2022-04-21 11:10:00	2022-05-10 14:10:00
202101002	刘晨	男	计算机学院	liuchen@comp.com	9787111694021	202101002	2021-10-15 09:45:00	2021-10-29 13:42:00
202101004	张小红	女	计算机学院	zxhong@comp.com	9787115546081	202101004	2022-04-01 08:50:00	2022-05-10 09:10:00
202102001	张海	男	经济管理学院	zhanghai@econ.com	9787115546081	202102001	2022-04-02 09:15:00	2022-04-18 16:00:00
202102003	张珊珊	女	经济管理学院	zshshan@econ.com	9787115546081	202102003	2022-05-10 08:55:00	NULL

图 5-38　例 5-41 的查询结果部分数据

从图 5-38 中可以看到，两个表的连接结果中包含了两个表的全部列，其中有两个 SID 列：一个来自 students 表，一个来自 borrow 表，这两个列的值是完全相同的（因为这里的连接条件就是 students.SID = borrow.SID）。因此，在使用多表连接查询时一般要将这些重复的列去掉，方法是在 SELECT 子句中直接写所需要的列名，而不是写“ * ”。另外，由于进行多表连接之后，在连接生成的表中可能存在列名相同的列，因此，为了明确需要的是哪个列，可以在列名前添加表名前缀限制，其格式如下：

< 表名 >.< 列名 >

比如在例 5-41 中，在 ON 子句中对 SID 列就加上了表名前缀限制：students.SID 和 borrow.SID。

从例 5-41 结果中还可以看到，当使用多表连接时，在 SELECT 子句部分可以包含来自两个表的全部列，在 WHERE 子句部分也可以使用来自两个表的全部列。因此，根据要查询的列以及数据的选择条件涉及的列可以确定这些列的所在表，从而也就确定了进行连接操作的表。

例 5-42　去掉例 5-41 中的重复列。

```
SELECT students.SID, sname, gender, college,Email,
    ISBN, borrow_time, return_time
FROM students JOIN borrow ON students.SID = borrow.SID ;
```

查询结果部分数据如图 5-39 所示。

SID	sname	gender	college	Email	ISBN	borrow_time	return_time
202101002	刘晨	男	计算机学院	liuchen@comp.com	9787100158602	2022-06-15 09:45:00	NULL
202101002	刘晨	男	计算机学院	liuchen@comp.com	9787111641247	2022-06-15 09:45:00	NULL
202102002	刘琳	女	经济管理学院	liulin@econ.com	9787111650812	2022-06-28 10:10:00	NULL
202102003	张珊珊	女	经济管理学院	zshshan@econ.com	9787111650812	2022-04-22 11:10:00	2022-05-12 10:00:00
202102004	王大力	男	经济管理学院	wdli@econ.com	9787111650812	2022-04-21 11:10:00	2022-05-10 14:10:00
202101002	刘晨	男	计算机学院	liuchen@comp.com	9787111694021	2021-10-15 09:45:00	2021-10-29 13:42:00
202101004	张小红	女	计算机学院	zxhong@comp.com	9787115546081	2022-04-01 08:50:00	2022-05-10 09:10:00
202102001	张海	男	经济管理学院	zhanghai@econ.com	9787115546081	2022-04-02 09:15:00	2022-04-18 16:00:00
202102003	张珊珊	女	经济管理学院	zshshan@econ.com	9787115546081	2022-05-10 08:55:00	NULL

图 5-39　例 5-42 的查询结果部分数据

例 5-43　查询计算机学院学生的借书情况，列出学生名字、所借图书的 ISBN 和借书日期。

```
SELECT sname, ISBN, borrow_time
    FROM students JOIN borrow ON students.SID = borrow.SID
    WHERE college = '计算机学院';
```

查询结果如图 5-40 所示。

sname	ISBN	borrow_time
李勇	9787302505945	2021-10-11 08:45:00
李勇	9787302505945	2022-01-04 09:10:00
李勇	9787302563839	2022-06-22 11:10:00
刘晨	9787100158602	2022-06-15 09:45:00
刘晨	9787111641247	2022-06-15 09:45:00
刘晨	9787111694021	2021-10-15 09:45:00
刘晨	9787302505945	2021-10-15 09:45:00
张小红	9787115546081	2022-04-01 08:50:00
张小红	9787302505945	2021-10-11 08:45:00

图 5-40　例 5-43 的查询结果

可以为表指定别名，为表指定别名是在 FROM 子句中实现的，其格式如下：

FROM <源表名> [AS] <表别名>

为表指定别名可以简化表的书写，而且在自连接查询（后面介绍）中要求必须为表指定别名。

例如，使用表别名时例 5-43 可写为如下形式：

```
SELECT sname, ISBN, borrow_time
    FROM students s JOIN borrow b ON s.SID = b.SID
    WHERE college = '计算机学院';
```

注意：当为表指定了别名后，在查询语句中的其他地方，所有用到该表名的地方都必须使用表别名，而不能再使用原表名。

例 5-44　查询“经济管理学院”借了《人间词话》这本书的信息，列出学生姓名、书名和借书日期。

该查询涉及三个表（“经济管理学院”信息在 students 表中，“人间词话”信息在 books 表中，“借书日期”信息在 borrow 表中）。每连接一个表，就需使用一个 JOIN 子句。

```
SELECT sname, bname, borrow_time
    FROM  students s JOIN  borrow b ON s.SID = b.SID
```

```
    JOIN  books k ON k.ISBN = b.ISBN
    WHERE college = ' 经济管理学院 ' AND bname = ' 人间词话 ' ;
```

查询结果如图 5-41 所示。

例 5-45　查询所有借了《 Python 编程从入门到实践》图书的学生学号、姓名、性别和所在学院。

```
SELECT s.SID, sname, gender, college FROM students s
    JOIN borrow b ON s.SID = b.SID
    JOIN books k ON k.ISBN = b.ISBN
    WHERE bname = 'Python 编程从入门到实践 ' ;
```

查询结果如图 5-42 所示。

sname	bname	borrow_time
刘琳	人间词话	2021-10-10 09:41:00
张珊珊	人间词话	2021-10-10 09:40:00

图 5-41　例 5-44 的查询结果

SID	sname	gender	college
202101004	张小红	女	计算机学院
202102001	张海	男	经济管理学院
202102003	张珊珊	女	经济管理学院

图 5-42　例 5-45 的查询结果

注意：在这个查询语句中，虽然要查询的列以及元组的选择条件均与 borrow 表无关，但这里还是用了三个表进行连接，原因是 students 表和 books 表没有可以进行连接的列（语义相同的列），因此，这两个表的连接必须借助第三个表：borrow 表来实现。

例 5-46　有分组统计的多表连接查询：统计每个学院学生的借书总次数。

```
SELECT college AS 学院 , COUNT(*) AS 借书次数
    FROM students s JOIN borrow b ON s.SID = b.SID
    GROUP BY college ;
```

查询结果如图 5-43 所示。

例 5-47　有分组和行选择条件的多表连接查询：统计“计算机学院”每个学生的借书次数和未还书数量。

```
SELECT s.SID, COUNT(*) AS 借书次数 , COUNT(*)–COUNT(return_time) AS 未还书数量
    FROM students s JOIN borrow b ON s.SID = b.SID
    WHERE college = ' 计算机学院 '
    GROUP BY s.SID ;
```

查询结果如图 5-44 所示。

学院	借书次数
计算机学院	9
经济管理学院	9

图 5-43　例 5-46 的查询结果

SID	借书次数	未还书数量
202101001	3	2
202101002	4	2
202101004	2	2

图 5-44　例 5-47 的查询结果

该语句的逻辑执行顺序可理解为：

1）执行“ FROM students s JOIN borrow b ON s.SID = b.SID”子句，生成一个包含两个表的全部列的数据表。

2）在步骤 1）产生的表中执行“ WHERE college = ‘计算机学院’”子句，生成只包含计算机学院学生的表。

3）对步骤 2）产生的表执行“ GROUP BY s.SID”子句，将学号相同的数据归为一组。

4）对步骤 3）产生的每一组执行全部统计函数“ COUNT(*) AS 借书次数 , COUNT(*)–COUNT(return_time) AS 未还书数量”，每组产生一行数据，每个学号为一组。

5）对步骤 4）产生的结果执行 SELECT 子句，形成最终的查询结果。

5.3.2　自连接

自连接是一种特殊的内连接，它是指相互连接的表在物理上为同一个表，但在逻辑上将其看成两个表。

要让物理上的一个表在逻辑上成为两个表，必须通过为表取别名的方法。例如：

```
FROM 表 1 AS T1                  # 可想象成在内存中生成表名为“T1”的表
JOIN 表 1 AS T2                  # 可想象成在内存中生成表名为“T2”的表
ON T1.< 列名 > = T2.< 列名 >       # 对新命名的 T1 和 T2 表进行连接
```

因此，在使用自连接时一定要为表取别名。

例 5-48　查询与“刘晨”在同一个学院的学生姓名和所在学院。

分析：首先应该找到刘晨在哪个学院学习（在 students 表中查找，可以将这个表称为 s1 表），然后再找出此学院的所有学生（也在 students 表中查找，可以将这个表称为 s2 表），s1 表和 s2 表的连接条件是两个表的学院（college）相同（表明是同一个学院的学生）。因此，实现此查询的 SQL 语句为：

```
SELECT s2.sname, s2.college
   FROM students s1 JOIN students s2
   ON s1.college = s2.college        # 是同一个学院的学生
   WHERE s1.sname = ' 刘晨 '          # s1 表作为查询条件表
      AND s2.sname != ' 刘晨 ';       # s2 表作为查询结果表，并从中去掉“刘晨”本人
```

查询结果如图 5-45 所示。

例 5-49　查询与《深入理解 Java 虚拟机》在同一个出版社出版的图书的书名、出版社和出版日期。

这个例子与例 5-48 类似，只要将 books 表想象成两个表，一个表作为查询条件的表，在此表中找出出版《深入理解 Java 虚拟机》图书的出版社，然后另一个表作为结果表，在结果表中找出此出版社出版的所有图书（两个表的出版社相同）。

```
SELECT b1.bname, b1.press, b1.pub_date          # b1 表作为查询结果表
   FROM books b1 JOIN books b2
   ON b1.press = b2.press                       # 是同一个出版社
   WHERE b2.bname = ' 深入理解 Java 虚拟机 ';     # b2 表作为查询条件表
```

查询结果如图 5-46 所示。

sname	college
李勇	计算机学院
王敏	计算机学院
张小红	计算机学院
王立东	计算机学院

图 5-45　例 5-48 的查询结果

bname	press	pub_date
深入理解Java虚拟机	机械工业出版社	2020-01-01
金融通识	机械工业出版社	2020-01-01
人工智能基础	机械工业出版社	2020-11-01
Spring Boot从入门到实战	机械工业出版社	2021-08-11

图 5-46　例 5-49 的查询结果

观察例 5-48 和例 5-49 可以看到，在自连接查询中，一定要注意区分查询条件表和查询结果表。在例 5-48 中，用 s1 表作为查询条件表（WHERE s1.sname = '刘晨'），s2 表作为查询结果表，因此在查询列表中写的是：SELECT s2.sname, …。在例 5-49 中，用 b2 表作为查询条件表（b2.bname = '深入理解 Java 虚拟机'），因此在查询列表中写的是：SELECT b1.bname, …。

例 5-48 和例 5-49 的另一个区别是，例 5-48 在结果中去掉了与查询条件相同的数据（s2.sname != '刘晨'），而例 5-49 在结果中保留了这个数据。具体是否要保留，由用户的查询要求决定。

5.3.3 外连接

从 5.3.2 小节的例子可以看到，在内连接操作中，只有满足连接条件的元组才能作为结果输出，但有时我们也希望结果集中包含那些不满足连接条件的元组，比如查看全部图书的被借阅情况，包括被借过的图书和从来没有被借过的图书。如果用内连接实现（通过 books 表和 borrow 表的内连接），则只能看到被借过的图书情况，看不到没被借过的图书情况，因为内连接的结果首先是要满足连接条件：books.ISBN = borrow.ISBN。对于在 books 表中有但在 borrow 表中没出现的图书（代表没被借过的图书），就不满足 books.ISBN = borrow.ISBN 条件，因此这些图书就不会出现在内连接结果集中。这种情况就需要通过外连接来实现。

外连接是只限制一个表中的数据必须满足连接条件，而另一个表中的数据不必满足连接条件。外连接分为左外连接和右外连接两种。ANSI 方式的外连接的语法格式为：

FROM 表 1 LEFT | RIGHT [OUTER] JOIN 表 2 ON < 连接条件 >

“LEFT [OUTER] JOIN”称为左外连接，“RIGHT [OUTER] JOIN”称为右外连接。左外连接的含义是限制“表 2”中的数据必须满足连接条件，而“表 1”中的数据可以不满足连接条件，“表 1”中的数据均在外连接结果集中；右外连接的含义是限制“表 1”中的数据必须满足连接条件，而“表 2”中的数据可以不满足连接条件，“表 2”中的数据均在外连接结果集中。

设有如图 5-47 所示的表 A 与表 B 两个数据集。

1）如果表 A 与表 B 进行内连接操作：

FROM 表 A INNER JOIN 表 B ON 表 A.< 列名 > = 表 B.< 列名 >

则结果为两个表中满足连接条件的记录集，即图 5-47 中数据集 C 部分。

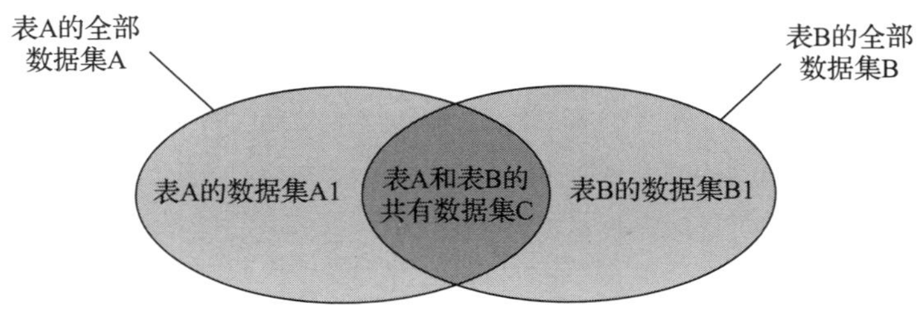

图 5-47 内连接与外连接示意图

2）如果表 A 与表 B 进行左外连接：

FROM 表 A LEFT OUTER JOIN 表 B ON 表 A.< 列名 > = 表 B.< 列名 >
则连接后的结果集为图 5-47 中记录集 A1 + 数据集 C。

3）如果表 A 与表 B 进行右外连接：

FROM 表 A RIGHT OUTER JOIN 表 B ON 表 A.< 列名 > = 表 B.< 列名 >
则连接后的结果集为图 5-47 中记录集 B1 + 数据集 C。

theta 方式的外连接的语法格式为：

左外连接：FROM 表 1, 表 2 WHERE [表 1.] < 列名 >(+) = [表 2.]< 列名 >

右外连接：FROM 表 1, 表 2 WHERE [表 1.] < 列名 > = [表 2.]< 列名 >(+)

首先我们看下左外连接的效果。执行下列查询语句：

SELECT * FROM students s LEFT JOIN borrow b ON s.SID = b.SID ;

图 5-48 显示了该查询语句执行结果的部分数据。

SID	sname	gender	college	Email	ISBN	SID	borrow_time	return_time
202101002	刘晨	男	计算机学院	liuchen@comp.com	9787100158602	202101002	2022-06-15 09:45:00	NULL
202101002	刘晨	男	计算机学院	liuchen@comp.com	9787111641247	202101002	2022-06-15 09:45:00	NULL
202101002	刘晨	男	计算机学院	liuchen@comp.com	9787111694021	202101002	2021-10-15 09:45:00	2021-10-29 13:42:00
202101002	刘晨	男	计算机学院	liuchen@comp.com	9787302505945	202101002	2021-10-15 09:45:00	2021-10-29 13:42:00
202101003	王敏	女	计算机学院	wangmin@comp.com	NULL	NULL	NULL	NULL
202101004	张小红	女	计算机学院	zxhong@comp.com	9787115546081	202101004	2022-04-01 08:50:00	2022-05-10 09:10:00
202101004	张小红	女	计算机学院	zxhong@comp.com	9787302505945	202101004	2021-10-11 08:45:00	2021-11-02 14:00:00
202101005	王立东	男	计算机学院	wldong@comp.com	NULL	NULL	NULL	NULL
202102001	张海	男	经济管理学院	zhanghai@econ.com	9787115546081	202102001	2022-04-02 09:15:00	2022-04-18 16:00:00
202102001	张海	男	经济管理学院	zhanghai@econ.com	9787304103415	202102001	2021-09-21 10:05:00	2021-10-12 14:00:00
202102002	刘琳	女	经济管理学院	liulin@econ.com	9787111650812	202102002	2022-06-28 10:10:00	NULL
202102002	刘琳	女	经济管理学院	liulin@econ.com	9787541154256	202102002	2021-10-10 09:41:00	2021-10-25 09:42:00

图 5-48　students 表和 borrow 表进行左外连接操作的查询结果部分数据

从图 5-48 中可以看到，学号为“202101003”“202101005”的两行数据，对应到 borrow 表中的数据全部是 NULL。说明这两个学生的学号不满足连接条件，即这两个学号在 borrow 表中不存在（没借过书）。但在外连接中，students 表中的数据即使不满足连接条件也会出现在外连接结果集中。这就是外连接的结果。

若将上述左外连接改为如下所示的右外连接，则连接结果的部分数据如图 5-49 所示。

SELECT * FROM borrow b RIGHT JOIN students s ON s.SID = b.SID ;

由图 5-48 和图 5-49 所示结果可以看到，左外连接和右外连接的效果是一样的，只是查询结果列的先后顺序是按连接操作时表的出现顺序排列。

ISBN	SID	borrow_time	return_time	SID	sname	gender	college	Email
9787100158602	202101002	2022-06-15 09:45:00	NULL	202101002	刘晨	男	计算机学院	liuchen@comp.com
9787111641247	202101002	2022-06-15 09:45:00	NULL	202101002	刘晨	男	计算机学院	liuchen@comp.com
9787111694021	202101002	2021-10-15 09:45:00	2021-10-29 13:42:00	202101002	刘晨	男	计算机学院	liuchen@comp.com
9787302505945	202101002	2021-10-15 09:45:00	2021-10-29 13:42:00	202101002	刘晨	男	计算机学院	liuchen@comp.com
NULL	NULL	NULL	NULL	202101003	王敏	女	计算机学院	wangmin@comp.com
9787115546081	202101004	2022-04-01 08:50:00	2022-05-10 09:10:00	202101004	张小红	女	计算机学院	zxhong@comp.com
9787302505945	202101004	2021-10-11 08:45:00	2021-11-02 14:00:00	202101004	张小红	女	计算机学院	zxhong@comp.com
NULL	NULL	NULL	NULL	202101005	王立东	男	计算机学院	wldong@comp.com
9787115546081	202102001	2022-04-02 09:15:00	2022-04-18 16:00:00	202102001	张海	男	经济管理学院	zhanghai@econ.com
9787304103415	202102001	2021-09-21 10:05:00	2021-10-12 14:00:00	202102001	张海	男	经济管理学院	zhanghai@econ.com
9787111650812	202102002	2022-06-28 10:10:00	NULL	202102002	刘琳	女	经济管理学院	liulin@econ.com
9787541154256	202102002	2021-10-10 09:41:00	2021-10-25 09:42:00	202102002	刘琳	女	经济管理学院	liulin@econ.com

图 5-49　borrow 表和 students 表进行右外连接操作的查询结果部分数据

例 5-50　查询没借过图书的学生信息，列出学号、姓名和所在学院。

如果某学生从来没有借过图书，则其学号在 borrow 表中就不存在，也就是 students 表和 borrow 表进行外连接后，borrow 表各列下该学生的值均为 NULL。实现该查询的语句如下：

```
SELECT S.SID, sname, college
   FROM students s LEFT OUTER JOIN borrow b ON s.SID = b.SID
   WHERE b.SID IS NULL ;
```

查询结果的部分数据如图 5-50 所示。

SID	sname	college
202101003	王敏	计算机学院
202101005	王立东	计算机学院
202102005	钱小萍	经济管理学院

图 5-50　例 5-50 的查询结果部分数据

此查询也可以用右外连接实现，执行下列查询语句。

```
SELECT S.SID, sname, college
   FROM borrow b RIGHT OUTER JOIN students s
         ON s.SID = b.SID
   WHERE b.SID IS NULL ;
```

其查询结果同左外连接一样。

思考：本例的条件子句“WHERE b.SID IS NULL”能否写成如下几种形式？

1）WHERE b.ISBN IS NULL

2）WHERE b.borrow_time IS NULL

3）WHERE b.return_time IS NULL

例 5-51　查询没人借过的图书的书名、类别、出版日期和价格。

```
SELECT bname, category, pub_date, price
    FROM books k LEFT JOIN borrow b ON k.ISBN = b.ISBN
    WHERE b.ISBN IS NULL ;
```

查询结果如图 5-51 所示。

bname	category	pub_date	price
古汉语常用字字典	H	2016-09-01	39.90
人工智能基础	TP	2020-11-01	59.00
契诃夫短篇小说选	I	2022-08-01	39.80

图 5-51　例 5-51 的查询结果

在外连接操作中同样可以使用 WHERE 子句、GROUP BY 子句等。

例 5-52　查询计算机学院没借过书的学生姓名和性别。

```
SELECT sname, gender
    FROM students s LEFT OUTER JOIN borrow b ON s.SID = b.SID
    WHERE college = '计算机学院' AND b.SID IS NULL ;
```

查询结果如图 5-52 所示。

例 5-53　统计计算机学院每个学生的借书次数，包括没借过书的学生。

```
SELECT s.SID AS 学号 , COUNT(b.ISBN) AS 借书次数
   FROM students s LEFT JOIN borrow b ON s.SID = b.SID
   WHERE college = '计算机学院'
   GROUP BY s.SID ;
```

查询结果如图 5-53 所示。

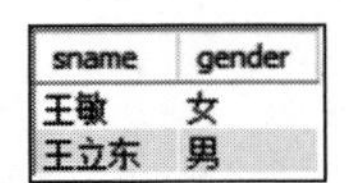

sname	gender
王敏	女
王立东	男

图 5-52　例 5-52 的查询结果

学号	借书次数
202101001	3
202101002	4
202101003	0
202101004	2
202101005	0

图 5-53　例 5-53 的查询结果

注意，在对外连接的结果集进行分组、统计等操作时，一定要注意分组依据列和统计列的选择。例如，对于例 5-53，如果按 borrow 表的 SID 进行分组，则对没借过书的学生，在连接结果中 borrow 表的 SID 是 NULL，因此，若按 borrow 表的 SID 进行分组，就会产生一个 NULL 组。

同样对于聚合函数 COUNT() 也是一样，如果写成 COUNT(students.SID) 或者是 COUNT(*)，则对没借过书的学生都将返回 1，因为在外连接结果中，students.SID 不会是 NULL，而 COUNT(*) 函数本身也不考虑 NULL，它是直接对元组个数进行计数。

例 5-54　查询“经济管理学院”借书次数少于 3 次的学生的学号和借书次数，包括没借过书的学生。查询结果按借书次数递增排序。

```
SELECT s.SID AS 学号 ,COUNT(b.ISBN) AS 借书次数
   FROM students s LEFT JOIN borrow b ON s.SID = b.SID
   WHERE college = ' 经济管理学院 '
   GROUP BY s.SID
   HAVING COUNT(b.ISBN) < 3
   ORDER BY COUNT(b.ISBN) ASC ;
```

查询结果如图 5-54 所示。

学号	借书次数
202102005	0
202102004	1
202102001	2
202102002	2

图 5-54　例 5-54 的查询结果

这个语句的逻辑执行顺序是：

1）执行连接操作（FROM students s LEFT JOIN borrow b ON s.SID = b.SID）。

2）对连接的结果执行 WHERE 子句，筛选出满足条件的数据行。

3）对步骤 2）筛选出的结果执行 GROUP BY 子句，并执行聚合函数。

4）对步骤 3）产生的分组统计结果执行 HAVING 子句，进一步筛选数据。

5）对步骤 4）筛选出的结果执行 ORDER BY 子句，对结果进行排序产生最终的查询结果。

外连接通常是在两个表中进行的，但也支持对多个表进行外连接操作。如果是多个表进行外连接，则数据库管理系统是按连接书写的顺序，从左至右进行连接。

5.4　限制查询结果集行数

在使用 SELECT 语句进行查询时，有时只希望列出结果集中的前几行结果，而不是全部结果。例如，我们可能希望只列出价格最高的前 3 本图书的情况，或者是查看借书次数最多的前 3 名学生的情况。

在 MySQL 中使用 LIMIT 子句来限制查询结果集的行数。LIMIT 是写在整个查询语句的最后，其语法格式为：

```
LIMIT [offset,] rows
```

其中，

1）offset：指定第一个返回记录行的偏移量（即从哪一行开始返回）。注意：初始行的偏移量为 0。

2）rows：指定返回的记录行数。

说明：LIMIT 是在 ORDER BY 子句之后执行的。

例 5-55　查询价格最高的三本图书的书名、类别和价格。

```
SELECT bname, category, price FROM books
    ORDER BY price DESC
    LIMIT 3;
```

查询结果如图 5-55 所示。

bname	category	price
牛津高阶英汉双解词典	H	169.00
深入理解Java虚拟机	TP	129.00
数据分析思维	TP	99.00

图 5-55　例 5-55 的查询结果

例 5-56　查询 TP 类图书中，价格排在第 3～5 位高的图书的书名、出版社和价格。

```
SELECT bname, press, price
    FROM books
    WHERE category = 'TP'
    ORDER BY price DESC
    LIMIT 2, 3;
```

注意：MySQL 的起始行是从 0 开始的，因此取第 3～5 行数据，即从第 3 行开始取 3 行数据，对应到 LIMIT 子句就是“2, 3”。

图 5-56 所示为例 5-54 未执行“ LIMIT 2, 3”子句的查询结果，图 5-57 所示为例 5-56 执行完“LIMIT 2, 3”子句的查询结果。

bname	press	price
深入理解Java虚拟机	机械工业出版社	129.00
数据分析思维	清华大学出版社	99.00
零基础入门学习C语言	清华大学出版社	79.00
Spring Boot从入门到实战	机械工业出版社	76.30
Python编程从入门到实践	人民邮电出版社	69.80
人工智能基础	机械工业出版社	59.00

图 5-56　例 5-56 未执行“LIMIT 2, 3”子句的查询结果

bname	press	price
零基础入门学习C语言	清华大学出版社	79.00
Spring Boot从入门到实战	机械工业出版社	76.30
Python编程从入门到实践	人民邮电出版社	69.80

图 5-57　例 5-56 执行完“LIMIT 2, 3”子句的查询结果

例 5-57　查询被借出次数最多的 3 本图书，列出书号和被借出次数。

```
SELECT ISBN, COUNT(*) 被借出次数
    FROM borrow
    GROUP BY ISBN
    ORDER BY COUNT(*) DESC
    LIMIT 3;
```

查询结果如图 5-58 所示。

例 5-58　统计计算机学院每个学生的借书次数，列出借书次数最多的前 2 名学生的学号、姓名和借书次数。

```
SELECT s.SID, sname, COUNT(*) 借书次数
    FROM students s JOIN borrow b ON s.SID = b.SID
    WHERE college = ' 计算机学院 '
    GROUP BY s.SID
    ORDER BY COUNT(*) DESC
    LIMIT 2;
```

查询结果如图 5-59 所示。

ISBN	被借出次数
9787302505945	4
9787111650812	3
9787115546081	3

图 5-58　例 5-57 的查询结果

SID	sname	借书次数
202101002	刘晨	4
202101001	李勇	3

图 5-59　例 5-58 的查询结果

说明：MySQL 允许查询列表中出现非分组依据列，比如例 5-58，SELECT 列表中的 sname 就不是分组依据列（SID）。

5.5　CASE 表达式

在 MySQL 中，CASE 可以作为一个表达式，也可以作为一条独立的语句执行。本章我们只介绍 CASE 作为表达式的使用方法。

5.5.1　CASE 表达式介绍

CASE 作为表达式使用时可以嵌套在其他语句中，如 SELECT、UPDATE 等。主要功能有两种，一种是实现等值判断，一种是实现区间判断。

1. 实现等值判断

实现等值判断的 CASE 表达式语法为：

```
CASE 测试表达式
    WHEN 简单表达式 1 THEN 结果表达式 1
    WHEN 简单表达式 2 THEN 结果表达式 2
    ⋮
    WHEN 简单表达式 n THEN 结果表达式 n
    [ ELSE 结果表达式 n+1 ]
END ;
```

其中，测试表达式可以是一个变量名、字段名、函数或子查询；简单表达式中不能包含比较运算符，它们给出被比较的表达式或值，其数据类型必须与测试表达式的数据类型相同，或者可以隐式转换为测试表达式的数据类型。

该 CASE 表达式的执行过程为：

1）计算测试表达式，然后按从上到下的书写顺序将测试表达式的值与每个 WHEN 子句的简单表达式的值进行相等的比较。

2）如果某个简单表达式的值与测试表达式的值相等，则返回第一个与其匹配的 WHEN 子句所对应的结果表达式的值。

3）如果所有简单表达式的值与测试表达式的值都不匹配，若指定了 ELSE 子句，则返回 ELSE 子句中指定的结果表达式的值；若没有指定 ELSE 子句，则返回 NULL。

例 5-59　查询图书的书号、书名和分类，并对分类进行如下处理：

当分类为“TP”时，在查询结果中显示“计算机技术”。

当分类为“I”时，在查询结果中显示“文学”。

当分类为“H”时，在查询结果中显示“语言、文字”。

当分类为“F”时，在查询结果中显示“经济”。

分析：这个查询需要对图书分类进行分情况处理，并根据不同的分类值显示不同的值，因此需要用 CASE 表达式对“category”列进行测试。实现语句如下：

```
SELECT ISBN 书号 ,bname 书名 ,category 分类英文 ,
   CASE category
      WHEN 'TP' THEN '计算机技术'
      WHEN 'I' THEN '文学'
      WHEN 'H' THEN '语言、文字'
      WHEN 'F' THEN '经济'
   END AS 分类中文
   FROM books;
```

查询结果如图 5-60 所示。

书号	书名	分类英文	分类中文
9787100119160	古汉语常用字字典	H	语言、文字
9787100158602	牛津高阶英汉双解词典	H	语言、文字
9787111641247	深入理解Java虚拟机	TP	计算机技术
9787111650812	金融通识	F	经济
9787111658283	人工智能基础	TP	计算机技术
9787111694021	Spring Boot从入门到实战	TP	计算机技术
9787115546081	Python编程从入门到实践	TP	计算机技术
9787302505945	零基础入门学习C语言	TP	计算机技术
9787302563839	数据分析思维	TP	计算机技术
9787304103415	我的最后一本发音书	H	语言、文字
9787541154256	人间词话	I	文学
9787541164019	契诃夫短篇小说选	I	文学

图 5-60　例 5-59 的查询结果

2. 实现区间判断

实现等值判断的 CASE 简单表达式只能将测试表达式与一个单值进行相等的比较，如果需要将测试表达式与一个范围内的值进行多条件比较，比如，图书价格在 50～100 元之间，就需要使用实现区间判断的 CASE 表达式。

实现区间判断的 CASE 表达式语法为：

```
CASE
   WHEN 布尔表达式 1 THEN 结果表达式 1
   WHEN 布尔表达式 2 THEN 结果表达式 2
   ⋮
```

```
    WHEN 布尔表达式 n THEN 结果表达式 n
    [ ELSE 结果表达式 n+1 ]
END;
```

实现区间判断的 CASE 表达式中的各个 WHEN 子句的布尔表达式可以是由比较运算符、逻辑运算符组合起来的复杂的布尔表达式。

实现区间判断的 CASE 表达式的执行过程为：

1）按从上到下的书写顺序计算每个 WHEN 子句的布尔表达式。

2）返回第一个取值为 True 的布尔表达式所对应的结果表达式的值。

3）如果没有取值为 True 的布尔表达式，则当指定了 ELSE 子句时，返回 ELSE 子句中指定的结果；如果没有指定 ELSE 子句，则返回 NULL。

使用区间判断的 CASE 表达式，例 5-59 的查询可写为：

```
SELECT ISBN 书号 , bname 书名 , category 分类英文 ,
    CASE
        WHEN category = 'TP' THEN ' 计算机技术 '
        WHEN category = 'I' THEN ' 文学 '
        WHEN category = 'H' THEN ' 语言、文字 '
        WHEN category = 'F' THEN ' 经济 '
    END AS 分类中文
    FROM books;
```

5.5.2　CASE 表达式应用示例

例 5-60　查询“TP”类图书的书名、价格和价格等级，其中价格等级为：

如果价格大于或等于 90 元，则在查询结果中显示“比较贵”。

如果价格在 70～89.99 元之间，则在查询结果中显示“价格适中”。

如果价格在 50～69.99 元之间，则在查询结果中显示“比较便宜”。

如果价格低于 50 元，则在查询结果中显示“非常便宜”。

这个查询需要对成绩进行分情况判断，而且是将价格与一个范围的数值进行比较，因此，需要使用区间判断的 CASE 表达式实现。实现语句如下：

```
SELECT bname, price,
    CASE
        WHEN price >= 90 THEN ' 比较贵 '
        WHEN price BETWEEN 70 AND 89.99 THEN ' 价格适中 '
        WHEN price BETWEEN 50 AND 69.99 THEN ' 比较便宜 '
        WHEN price < 50 THEN ' 非常便宜 '
    END AS 价格情况
    FROM books
    WHERE category = 'TP';
```

该查询也可写为：

```
SELECT bname, price,
    CASE
```

```
            WHEN price >= 90 THEN ' 比较贵 '
            WHEN price >= 70 THEN ' 价格适中 '
            WHEN price >= 50 THEN ' 比较便宜 '
            WHEN price < 50 THEN ' 非常便宜 '
        END AS 价格情况
        FROM books
        WHERE category = 'TP';
```

查询结果如图 5-61 所示。

bname	price	价格等级
深入理解Java虚拟机	129.00	比较贵
人工智能基础	59.00	比较便宜
Spring Boot从入门到实战	76.30	价格适中
Python编程从入门到实践	69.80	比较便宜
零基础入门学习C语言	79.00	价格适中
数据分析思维	99.00	比较贵

图 5-61　例 5-60 的查询结果

例 5-61　统计每类图书的平均价格，列出分类、平均价格和价格情况，其中价格情况的处理为：

如果平均价格大于或等于 80 元，则价格情况为“比较高”。

如果平均价格在 40～79.99 元之间，则价格情况为“适中”。

如果平均价格低于 40 元，则价格情况为“比较便宜”。

这个查询是对图书平均价格进行分情况处理，需要使用区间判断的 CASE 表达式实现。实现语句如下：

```
SELECT category 分类 , AVG(price) 平均价格 ,
    CASE
        WHEN AVG(price) >= 80 THEN ' 比较高 '
        WHEN AVG(price) BETWEEN 40 AND 79.99 THEN ' 适中 '
        WHEN AVG(price) < 40 THEN ' 比较便宜 '
    END AS 价格情况
    FROM books
    GROUP BY category;
```

查询结果如图 5-62 所示。

分类	平均价格	价格情况
H	85.633333	比较高
TP	85.350000	比较高
F	49.000000	适中
I	39.800000	比较便宜

图 5-62　例 5-61 的查询结果

例 5-62　统计计算机学院每个学生的借书次数，包括没有借书的学生。列出学号、姓名、借书次数和借书情况，并将查询结果按借书次数降序排序。其中对借书情况的处理为：

如果借书次数大于或等于 4，则借书情况为“多”。

如果借书次数在 2～3 范围内，则借书情况为“一般”。

如果借书次数小于 2，则借书情况为“少”。

如果学生没有借过书，则借书情况为“未借过”。

分析：

1）由于这个查询需要考虑借过书的学生和没借过书的学生，因此，需要用外连接来实现。

2）由于需要对借书次数进行分情况处理，因此需要用 CASE 表达式。

具体实现代码如下：

```
SELECT s.SID, sname, COUNT(ISBN) 借书次数 ,
CASE
    WHEN COUNT(ISBN) >= 4 THEN ' 多 '
```

```
    WHEN COUNT(ISBN) BETWEEN 2 AND 3 THEN '一般'
    WHEN COUNT(ISBN) BETWEEN 1 AND 2 THEN '少'
    WHEN COUNT(ISBN) = 0 THEN '未借过'
END AS 借书情况
FROM students s LEFT JOIN borrow b ON s.SID = b.SID
WHERE college = '计算机学院'
GROUP BY s.SID
ORDER BY COUNT(ISBN) DESC ;
```

查询结果如图 5-63 所示。

SID	sname	借书次数	借书情况
202101002	刘晨	4	多
202101001	李勇	3	一般
202101004	张小红	2	一般
202101003	王敏	0	未借过
202101005	王立东	0	未借过

图 5-63　例 5-62 的查询结果

5.6　子查询

如果一个 SELECT 语句嵌套在其他 SELECT、INSERT、UPDATE 或 DELETE 语句中，则称该 SELECT 为**子查询**（subquery）或内层查询；而包含子查询的语句则称为主查询或外层查询。一个子查询也可以嵌套在另一个子查询中。为了与外层查询有所区别，总是把子查询写在圆括号中。

子查询语句可以出现在 SELECT、FROM、WHERE、HAVING 等关键字的后边，比如：

```
SELECT（子查询）
FROM（子查询）
WHERE（子查询）
GROUP BY …
HAVING（子查询）
……
```

5.6.1　WHERE 子句中的子查询

如果子查询语句是出现在外层查询的 WHERE 子句或 HAVING 子句中，可以与比较运算符或逻辑运算符一起构成查询条件。

写在 WHERE 子句中的子查询通常有以下几种形式：

1）WHERE <列名> [NOT] IN（子查询）

2）WHERE <列名> 比较运算符（子查询）

3）WHERE EXISTS（子查询）

1. 使用子查询进行基于集合的测试

使用子查询进行基于集合的测试时，通过运算符 IN 或 NOT IN，将一个列的值与子查询返回的结果集进行比较。其一般形式为：

WHERE <列名> [NOT] IN（子查询）

这与前边讲的在 WHERE 子句中使用 IN 运算符的作用完全相同。使用 IN 运算符时，如果 <列名> 中的某个值与集合（这里是子查询返回的结果集）中的某个值相等，则此条件为真；如果 <列名> 中的某个值与集合中的所有值均不相等，则此条件为假。

包含这种子查询形式的查询语句是分步骤实现的，即先执行子查询，然后利用子查询返回的结果再执行外层查询（先内后外）。子查询返回的结果实际上是一个集合，外层查询就是在这个集合上使用 IN 运算符进行比较。

注意，在使用 IN 运算符的子查询时，由该子查询返回的结果集中的列的个数、数据类型以及语义必须与外层 <列名> 中的列的个数、数据类型以及语义相同。

例 5-63　查询与"刘晨"在同一个学院的学生的姓名、性别和所在学院。

```
SELECT sname, gender, college FROM students                    # 外层查询
  WHERE college IN (
    SELECT college FROM students WHERE sname = '刘晨');        # 子查询
```

该子查询实际的执行过程为：

1）执行子查询，确定"刘晨"所在的学院：

```
SELECT college FROM students WHERE sname = '刘晨'
```

查询结果为"计算机学院"。

2）以子查询返回的结果集为条件执行外层查询，查找所有在此学院的学生：

```
SELECT sname, gender, college FROM students
  WHERE college IN('计算机学院');
```

查询结果如图 5-64 所示。

sname	gender	college
李勇	男	计算机学院
刘晨	男	计算机学院
王敏	女	计算机学院
张小红	女	计算机学院
王立东	男	计算机学院

图 5-64　例 5-63 的查询结果

从图 5-64 中可以看到其中也包含刘晨，如果不希望刘晨出现在查询结果中，可以对上述查询语句添加如下条件：

```
SELECT sname, gender, college FROM students
  WHERE college IN (
    SELECT college FROM students
      WHERE sname = '刘晨')
  AND  sname != '刘晨';
```

之前我们曾用自连接形式实现过此查询，从这个例子可以看出，SQL 语言的使用是很灵活的，同样的查询可以用多种形式实现。随着进一步的学习，我们会对这一点有更深的体会。

从概念上讲，IN 形式的子查询就是向外层查询的 WHERE 子句返回一个值集合。

SQL-92 和 SQL-99 允许对由逗号分隔的列名序列进行针对子查询成员的测试，实现语句如下：

```
WHERE (COL1, COL2 ) IN (SELECT COL1, COL2 FROM … )
```

例 5-64　查询与"刘晨"在同一个学院且性别也相同的学生的姓名、性别和所在学院。

```
SELECT sname, gender, college FROM students
  WHERE (college, gender) IN (
    SELECT college, gender FROM students
      WHERE sname = '刘晨');
```

这个查询用到了多列集合与多列集合比较的功能。查询结果如图 5-65 所示。

sname	gender	college
李勇	男	计算机学院
刘晨	男	计算机学院
王立东	男	计算机学院

图 5-65　例 5-64 的查询结果

例 5-65　使用子查询实现：查询有未还图书的学生的学号、姓名和所在学院。

分析：首先应从 borrow 表中查出有未还图书的学生的学号，然后再根据这些学号在 students 表中查出对应的姓名和所在学院。实现代码如下：

```
SELECT SID, sname, college FROM students
    WHERE SID IN (
        SELECT SID FROM borrow
            WHERE return_time IS NULL ) ;
```

查询结果如图 5-66 所示。

SID	sname	college
202101002	刘晨	计算机学院
202102002	刘琳	经济管理学院
202102003	张珊珊	经济管理学院
202101001	李勇	计算机学院

图 5-66　例 5-65 的查询结果

此查询也可以用多表连接实现：

```
SELECT DISTINCT s.SID, sname, college
    FROM students s JOIN borrow b ON b.SID = s.SID
    WHERE return_time IS NULL ;
```

例 5-66　用子查询实现：查询计算机学院 2022 年之后借过书的学生姓名和性别。

分析：首先应在 borrow 表中查出 2022 年之后借过书的学生学号，然后再根据这些学号在 students 表中查出对应的计算机学院的学生姓名和性别。实现代码如下：

```
SELECT sname, gender FROM students
    WHERE SID IN (
        SELECT SID FROM borrow
            WHERE borrow_time >= '2022-1-1')
        AND college = ' 计算机学院 ' ;
```

查询结果如图 5-67 所示。

sname	gender
李勇	男
刘晨	男
张小红	女

图 5-67　例 5-66 的查询结果

此查询也可以用多表连接实现：

```
SELECT DISTINCT sname, gender
    FROM students s JOIN borrow b ON s.SID = b.SID
        WHERE college = ' 计算机学院 '
            AND borrow_time >= '2022-1-1';
```

例 5-67　用子查询实现：查询借了“Ⅰ”类图书的学生姓名和所在学院。

这个查询可以分为以下三个步骤实现：

1）在 books 表中，找出“Ⅰ”类图书对应的 ISBN。

2）根据找到的 ISBN，在 borrow 表中找出借了该 ISBN 对应图书的学生学号。

3）根据得到的学号，在 students 表中找出对应的学生姓名和所在学院。

因此，该查询语句需要用到两个子查询语句，实现代码如下：

```
SELECT sname, college FROM students
    WHERE SID IN (
        SELECT SID FROM borrow
            WHERE ISBN IN (
                SELECT ISBN FROM books
                    WHERE category = ' Ⅰ '));
```

查询结果如图 5-68 所示。

sname	college
刘琳	经济管理学院
张珊珊	经济管理学院

图 5-68　例 5-67 的查询结果

此查询也可以用多表连接实现：

```
SELECT sname, college FROM students
    JOIN borrow ON students.SID = borrow.SID
```

```
    JOIN books ON books.ISBN = borrow.ISBN
    WHERE category = ' I ';
```

多表连接查询与子查询可以混合使用。

例 5-68　在借过“TP”类图书的学生中，统计他们每个人的借书次数。

这个查询应该分为以下两个步骤实现：

1）找出借了“TP”类图书的学生学号，这可通过以下两种形式实现：

①用连接查询实现：

```
SELECT SID FROM borrow JOIN books
    ON borrow.ISBN = books.ISBN
    WHERE category = 'TP' ;
```

②用子查询实现：

```
SELECT SID FROM borrow
    WHERE ISBN IN (SELECT ISBN FROM books
        WHERE category = 'TP' );
```

2）统计这些学生的借书次数，这个查询与步骤 1）之间可通过子查询形式关联。

实现代码如下：

```
SELECT SID 学号 , COUNT(*) 借书次数
    FROM borrow WHERE SID IN (
        SELECT SID FROM borrow JOIN books
            ON borrow.ISBN = books.ISBN
            WHERE category = 'TP')
    GROUP BY SID ;
```

查询结果如图 5-69 所示。

学号	借书次数
202101002	4
202101004	2
202102001	2
202102003	4
202101001	3

图 5-69　例 5-68 的查询结果

注意：这个查询语句不能只用连接查询实现，因为这个查询的语义是要先找出借了“TP”类图书的学生学号，然后再统计这些学生的借书次数。如果完全用连接查询实现：

```
SELECT students.SID 学号 , COUNT(*) 借书次数
    FROM students
    JOIN borrow ON students.SID = borrow.SID
    JOIN books ON books.ISBN = borrow.ISBN
    WHERE category = 'TP'
    GROUP BY SID;
```

则统计的是每个学生对“TP”类图书的借书次数，与查询要求不完全相符。

例 5-69　查询借了“TP”类图书的学生学号、姓名、所在学院和借书日期。

这个查询适合用多表连接查询形式实现，因为查询列表中的列来自多个表，这种情况只能用多表连接形式实现。实现语句如下：

```
SELECT students.SID, sname, college, borrow_time
    FROM students
    JOIN borrow ON students.SID = borrow.SID
    JOIN books ON books.ISBN = borrow.ISBN
```

```
    WHERE category = 'TP' ;
```

从例 5-68 和例 5-69 中可以看到，子查询和多表连接查询有些时候是不能等价的，基于集合的子查询的特点是分步骤实现的，先内（子查询）后外（外层查询），而多表连接查询是先执行连接操作，然后其他的子句均是在连接产生的结果上进行的。

2. 使用子查询进行比较测试

使用子查询进行比较测试的语法格式为：

WHERE < 列名 > 比较运算符 (子查询)

使用子查询进行比较测试时，通过比较运算符（=、<>（或 !=）、<、>、<=、<=），将一个列的值与子查询返回的结果进行比较。如果比较运算的结果为真，则比较测试返回 True。

注意：使用子查询进行比较测试时，要求子查询语句必须返回的是单值。

我们之前曾经提到，聚合函数不能出现在 WHERE 子句中，对于要与聚合函数进行比较的查询，需要通过使用比较运算符的子查询实现。

同基于集合的子查询一样，用子查询进行比较测试时，也是先执行子查询，然后再根据子查询产生的结果执行外层查询。

例 5-70　查询“TP”类图书中价格高于此类图书平均价格的图书的书名、出版社和价格。

这个查询可用以下两个步骤实现：

1）统计“TP”类图书的平均价格：

```
SELECT AVG(price) FROM books WHERE category = 'TP' ;
```

查询结果为 85.35。

2）查找“TP”类图书中，价格高于步骤 1）返回结果的图书的书名、出版社和价格：

```
SELECT bname, press, price FROM books
    WHERE category = 'TP' AND price > 步骤 1 ）的结果
```

将两个查询语句合起来即为满足要求的查询语句：

```
SELECT bname, press, price FROM books
    WHERE category = 'TP' AND price > (
        SELECT AVG(price) FROM books
            WHERE category = 'TP') ;
```

这个子查询的执行过程正是上边分析的两个步骤。

查询结果如图 5-70 所示。

bname	press	price
深入理解Java虚拟机	机械工业出版社	129.00
数据分析思维	清华大学出版社	99.00

图 5-70　例 5-70 的查询结果

例 5-71　查询“TP”类图书中价格最高的图书的书名和价格。

分析：首先在 books 表中找出“TP”类图书的最高价格（在子查询中实现），然后再在 books 表中找出“TP”类图书价格等于该类图书最高价格的图书（在外层查询中实现）。具体实现语句为：

```
SELECT bname, price FROM books
    WHERE category = 'TP'
        AND price = (
            SELECT MAX(price) FROM books
                WHERE category = 'TP' ) ;
```

查询结果如图 5-71 所示。

bname	price
深入理解Java虚拟机	129.00

图 5-71　例 5-71 的查询结果

例 5-71 的查询也可以用 LIMIT 子句实现，代码如下：

```
SELECT bname, price FROM books
    WHERE category = 'TP'
    ORDER BY price DESC
    LIMIT 1 ;
```

由上边的例子可以看到，用子查询进行基于集合的测试和比较测试时，都是先执行子查询，然后再根据子查询返回的结果执行外层查询。子查询都只执行一次，子查询的查询条件不依赖于外层查询，这样的子查询称为不相关子查询或嵌套子查询（nested subquery）。

嵌套子查询也可以出现在 HAVING 子句中。

例 5-72　统计每类图书的平均价格，只列出平均单价高于全体图书的总平均价格的图书的分类和平均价格。

```
SELECT category 分类 , AVG(price) 平均价格 FROM books
    GROUP BY category
    HAVING AVG(price) > (
        SELECT AVG(price) FROM books) ;
```

查询结果如图 5-72 所示。

分类	平均价格
H	85.633333
TP	85.350000

图 5-72　例 5-72 的查询结果

例 5-73　查询没借过 ISBN 为“9787111650812”图书的学生学号、姓名和所在学院。

这是一个带否定条件的查询，如果利用多表连接和嵌套子查询分别实现这个查询，则一般有如下几种形式。

1）用多表连接实现。

```
SELECT DISTINCT s.SID, sname, college
    FROM students s JOIN borrow b ON  s.SID = b.SID
    WHERE ISBN != '9787111650812' ;
```

查询结果如图 5-73a 所示。

2）用嵌套子查询实现。

①在子查询中用否定条件。

```
SELECT SID, sname, college FROM students
    WHERE SID IN (
        SELECT SID FROM borrow
            WHERE ISBN != '9787111650812' );
```

查询结果与图 5-73a 所示相同。

②在外层查询中用否定条件。

```
SELECT SID, sname, college FROM students
    WHERE SID NOT IN (
        SELECT SID FROM borrow
            WHERE ISBN = '9787111650812' );
```

查询结果如图 5-73b 所示。

SID	sname	college
202101001	李勇	计算机学院
202101002	刘晨	计算机学院
202101004	张小红	计算机学院
202102001	张海	经济管理学院
202102002	刘琳	经济管理学院
202102003	张珊珊	经济管理学院

a）

SID	sname	college
202101001	李勇	计算机学院
202101002	刘晨	计算机学院
202101003	王敏	计算机学院
202101004	张小红	计算机学院
202101005	王立东	计算机学院
202102001	张海	经济管理学院
202102005	钱小萍	经济管理学院

b）

图 5-73　例 5-73 的两种查询结果

观察上述 3 种实现方式产生的结果，可以看到，多表连接查询与在子查询中使用否定条件的嵌套子查询所产生的结果是一样的，但与在外层查询中用否定条件的嵌套子查询产生的结果不一样。通过对数据库中的数据进行分析，发现 1）和 2）中的①的结果均是错误的。2）中的②的结果是正确的，即将否定放置在外层查询中时其结果是正确的。其原因就是不同形式的查询执行机制是不同的。

1）对于多表连接查询，所有的条件都是在连接之后的结果表上进行的，而且是逐行进行判断，一旦发现满足条件的数据（ISBN != '9787111650812'），则此行即作为结果产生。因此，由多表连接产生的结果包含了没有借“9787111650812”号图书的学生，也包含借了“9787111650812”号图书同时又借了其他图书的学生。

2）对于含有嵌套子查询的查询，是先执行子查询，然后根据子查询返回的结果再执行外层查询，而在子查询中也是逐行进行判断，当发现有满足条件的数据时，即将此行数据作为外层查询的一个比较条件。分析这个查询，要查的数据是在某个学生所借的全部图书中不包含“9787111650812”号图书，如果将否定条件放在子查询中，则查出的结果是既包含没有借“9787111650812”号图书的学生，也包含借了“9787111650812”号图书同时也借了其他图书的学生。显然，这个否定的范围不够。

通常情况下，对于这种形式的部分否定条件的查询都应该使用子查询来实现，而且应该将否定条件放在外层查询中。

例 5-74　查询“经济管理学院”学生没借过《人间词话》图书的学生姓名和性别。

分析：对于这个查询，首先应该在子查询中查询出全部借了《人间词话》图书的学生，然后再在外层查询中去掉这些学生（即为没有借《人间词话》的学生），最后从这个结果中筛选出经济管理学院的学生。实现语句如下：

```
SELECT sname, gender FROM students
   WHERE SID NOT IN (
      SELECT SID FROM borrow JOIN books   # 子查询：借过《人间词话》图书的学生
         ON borrow.ISBN = books.ISBN
         WHERE bname = ' 人间词话 ')
AND college = ' 经济管理学院 ';
```

查询结果如图 5-74 所示。

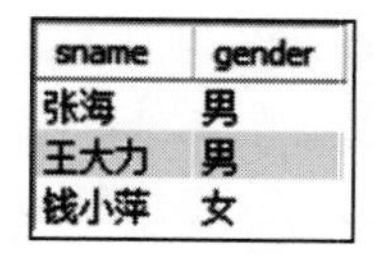

sname	gender
张海	男
王大力	男
钱小萍	女

图 5-74　例 5-74 的查询结果

3. 带 EXISTS 谓词的子查询

EXISTS 代表存在量词∃。使用带 EXISTS 谓词的子查询可以进行存在性测试，其基本使用形式为：

WHERE [NOT] EXISTS (子查询)

带 EXISTS 谓词的子查询不返回查询的数据，只产生逻辑真值和假值。

1）EXISTS 的含义是：当子查询中有满足条件的数据时，返回真值；否则返回假值。

2）NOT EXISTS 的含义是：当子查询中有满足条件的数据时，返回假值；否则返回真值。

例 5-75　查询 2022 年 4 月借过图书的学生姓名和所在学院。

这个查询可以用多表连接形式实现，也可以用 IN 形式的嵌套子查询实现，这里我们用 EXISTS 形式的子查询实现。

```
SELECT sname, college FROM students
    WHERE EXISTS (
        SELECT * FROM borrow
            WHERE borrow.SID = students.SID
                AND borrow_time BETWEEN '2022-4-1' AND '2022-4-30');
```

查询结果如图 5-75 所示。

sname	college
张小红	计算机学院
张海	经济管理学院
张珊珊	经济管理学院
王大力	经济管理学院

图 5-75　例 5-75 的查询结果

使用子查询进行存在性测试时需注意以下问题。

1）带 EXISTS 谓词的查询是先执行外层查询，然后再执行内层查询。由外层查询的值决定内层查询的结果；内层查询的执行次数由外层查询的结果决定。

上述查询语句的处理过程如下：

①无条件执行外层查询语句，在外层查询的结果集中取第一行结果，得到 SID 的一个当前值，然后根据此 SID 值处理内层查询。

②将外层的 SID 值作为已知值执行内层查询，如果在内层查询中有满足其 WHERE 子句条件的记录存在，则 EXISTS 返回一个真值（True），表示外层查询结果集中的当前行数据为满足要求的一个结果。如果内层查询中不存在满足 WHERE 子句条件的记录，则 EXISTS 返回一个假值（False），表示外层查询结果集中的当前行数据不是满足要求的结果。

③顺序处理外层 students 表中的第 2、3、… 行数据，直到处理完所有行。

2）由于 EXISTS 的子查询只能返回真值或假值，因此在子查询中指定列名是没有意义的。所以在有 EXISTS 的子查询中，其目标列名序列通常都用“*”表示。

带 EXISTS 的子查询在子查询中要与外层表数据进行关联（如例 5-75 中的子查询：WHERE borrow.SID = students.SID），因此通常将这种形式的子查询称为**相关子查询**。

例 5-76　查询借了《Python 编程从入门到实践》图书的学生姓名和所在学院。

```
SELECT sname, college FROM students
    WHERE EXISTS (
        SELECT * FROM borrow
            WHERE EXISTS (
                SELECT * FROM books
                    WHERE ISBN = borrow.ISBN
                        AND bname = 'Python 编程从入门到实践 ')
                AND SID = students.SID);
```

查询结果如图 5-76 所示。

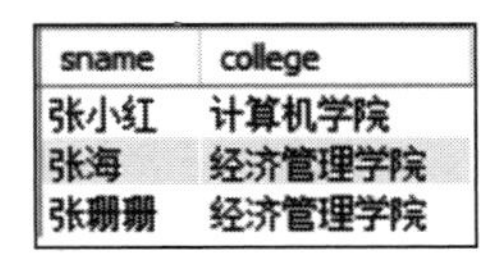

sname	college
张小红	计算机学院
张海	经济管理学院
张珊珊	经济管理学院

图 5-76　例 5-76 的查询结果

例 5-77　查询没借过 ISBN 为“9787111650812”图书的学生学号、姓名和所在学院。

前边我们已经用“ NOT IN”形式的子查询实现过该查询，下面用 EXISTS 形式的子查询实现：

```
SELECT SID, sname, college FROM students
    WHERE NOT EXISTS (
        SELECT * FROM borrow
            WHERE SID = students.SID
                AND ISBN = '9787111650812' );
```

查询结果同图 5-73b。

例 5-78　查询“经济管理学院”学生没借过《人间词话》图书的学生姓名和性别。

分析：对于这个查询，首先应该在子查询中查询出全部借了《人间词话》图书的学生，然后再在外层查询中去掉这些学生，得到没借过《人间词话》的学生，最后再从这个结果中筛选出“经济管理学院”的学生。实现语句如下：

```
SELECT sname, gender FROM students
    WHERE college = ' 经济管理学院 '
        AND NOT EXISTS(
            SELECT * FROM borrow a JOIN books b
                ON a.ISBN = b.ISBN
                WHERE SID = students.SID
                AND bname = ' 人间词话 ');
```

查询结果如图 5-77 所示。

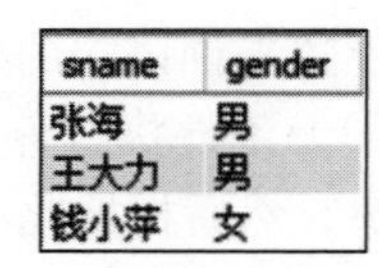

sname	gender
张海	男
王大力	男
钱小萍	女

图 5-77　例 5-78 的查询结果

5.6.2　FROM 子句中的子查询

出现在 FROM 关键字后边的子查询，是将子查询的结果当作一个临时表，因此必须给这个临时表命名一个表别名。然后在查询语句中就可以对这个临时表进行操作了。

例 5-79　查询每类图书中价格最高的图书，列出其分类、书名和价格。

分析：首先统计每类图书的最高价格（通过子查询实现），然后将外层查询与此子查询的结果进行比较，找出同一个分类中价格等于最高价格的图书。

```
SELECT b.category, bname, price  FROM (
    SELECT category, max(price) AS max_price FROM books
        GROUP BY category) AS t
    JOIN books b ON t.category = b.category
    WHERE price = max_price ;
```

查询结果如图 5-78 所示。

category	bname	price
H	牛津高阶英汉双解词典	169.00
TP	深入理解Java虚拟机	129.00
F	金融通识	49.00
I	人间词话	39.80
I	契诃夫短篇小说选	39.80

图 5-78　例 5-79 的查询结果

例 5-80　统计借书次数最多的学生姓名、所在学院和借书次数。

```
SELECT sname 姓名 , college 学院 , times 借书次数
FROM (
    SELECT SID, COUNT(*) times FROM borrow
        GROUP BY SID
        ORDER BY COUNT(*) DESC
```

```
        LIMIT 1 ) AS t
    JOIN student s ON s.SID = t.SID ;
```

查询结果如图 5-79 所示。

姓名	学院	借书次数
李勇	计算机学院	3

图 5-79　例 5-80 的查询结果

5.6.3　SELECT 查询列表中的子查询

出现在 SELECT 关键字后边的查询列表中的子查询必须是相关字查询，即子查询中必须有与外层查询的连接。

例 5-81　查询学生姓名、所在学院和借书次数。

```
SELECT sname 姓名 , college 学院 , (
SELECT COUNT(*) FROM borrow b
    WHERE b.SID = s.SID ) 借书次数      # 子查询与外层表关联
FROM students s
ORDER BY college, 借书次数 DESC ;
```

查询结果如图 5-80 所示。

例 5-82　查询图书的书名、分类和被借出次数。查询结果按分类排序，同一分类的图书按被借出次数降序排序。

```
SELECT bname 书名 , category 分类 , (
    SELECT COUNT(*) FROM borrow b
        WHERE b.ISBN = o.ISBN ) AS 被借出次数
    FROM books o
    ORDER BY category, 被借出次数 DESC;
```

查询结果如图 5-81 所示。

姓名	学院	借书次数
张珊珊	经济管理学院	4
张海	经济管理学院	2
刘琳	经济管理学院	2
王大力	经济管理学院	1
钱小萍	经济管理学院	0
刘晨	计算机学院	4
李勇	计算机学院	3
张小红	计算机学院	2
王敏	计算机学院	0
王立东	计算机学院	0

图 5-80　例 5-81 的查询结果

书名	分类	被借出次数
金融通识	F	3
我的最后一本发音书	H	2
牛津高阶英汉双解词典	H	1
古汉语常用字字典	H	0
人间词话	I	2
契诃夫短篇小说选	I	0
零基础入门学习C语言	TP	4
Python编程从入门到实践	TP	3
深入理解Java虚拟机	TP	1
Spring Boot从入门到实战	TP	1
数据分析思维	TP	1
人工智能基础	TP	0

图 5-81　例 5-82 的查询结果

5.7　复制表

MySQL 提供了复制表的功能。复制表的方式有两种，一种是复制表的同时也复制表中的数据；另一种是只复制表结构，不复制表数据。下面分别介绍这两种方式。

1. 复制表结构和数据

复制表结构和数据，包括两个操作：

1）复制表结构，即创建一个结构相同的新表。

2）将被复制表的数据添加到新创建的表中。

复制表结构和数据使用 CREATE TABLE 语句完成，实现该功能的语句的语法格式如下：

CREATE TABLE 新表名 AS SELECT 语句 ;

例 5-83　将“计算机学院”的学生信息保存在一个新表中，新表名为 cs_students。

CREATE TABLE cs_students AS

　SELECT * FROM students WHERE college = ' 计算机学院 ';

执行该语句后，在 MySQL Workbench 的左侧“SCHEMAS”窗格中，在“图书借阅”数据库下，展开“ Tables”节点，可看到新创建的 cs_students 表，如图 5-82 所示。

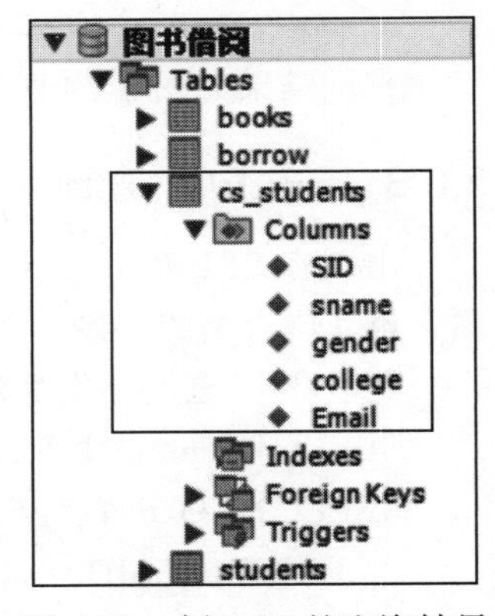

图 5-82　例 5-83 的查询结果

执行下述语句，查看新创建的 cs_students 表中的数据：

SELECT * FROM cs_students ;

该语句的执行结果如图 5-83 所示，从该图中可以看到，cs_students 表中包含了该查询语句查询的全部结果。

SID	sname	gender	college	Email
202101001	李勇	男	计算机学院	liyong@comp.com
202101002	刘晨	男	计算机学院	liuchen@comp.com
202101003	王敏	女	计算机学院	wangmin@comp.com
202101004	张小红	女	计算机学院	zxhong@comp.com
202101005	王立东	男	计算机学院	wldong@comp.com

图 5-83　cs_students 表中的数据

2. 仅复制表结构

仅复制表结构也使用 CREATE TABLE 语句，实现该功能的语句的语法格式如下：

CREATE TABLE 新表名 LIKE 被复制的表名 ;

例 5-84　为 students 表生成一个副本表：copy_students。

CREATE TABLE copy_students LIKE students;

5.8　数据更改功能

上一节讨论了如何检索数据库中的数据，通过 SELECT 语句可以返回由行和列组成的结果，查询操作不会使数据库中的数据发生任何变化。如果要对数据进行更改操作，包括添加新数据、修改已有数据和删除数据，则需要使用 INSERT、UPDATE 和 DELETE 语句来完成，这些语句更改数据库中的数据，但不返回结果集。

5.8.1　插入数据

1. 单行插入

单行插入数据的 INSERT 语句的格式如下：

INSERT [INTO] < 表名 > [(< 列名表 >)] VALUES (值列表);

其中，< 列名表 > 中的列名必须是 < 表名 > 中有的列名，值列表中的值可以是常量值也可以是 NULL，各值之间用逗号分隔。

INSERT 语句用来新增一个符合表结构的数据行，将值列表数据按表中列定义顺序（或 < 列名表 > 中指定的顺序）逐一赋给对应的列名。

使用插入语句时应注意：

1）值列表中的值与列名表中的列按位置顺序对应，它们的数据类型必须兼容。

2）如果 < 表名 > 后边没有指明 < 列名表 >，则值列表中提供的值的顺序必须与 < 表名 > 中列定义的顺序一致，且每一个列均有值（可以为空）。

3）如果值列表中提供的值的个数或者顺序与 < 表名 > 中列的个数或顺序不一致，则 < 列名表 > 部分不能省。没有为 < 表名 > 中某列提供值的列必须是允许为 NULL 的列或者是有 DEFAULT 约束的列，因为在插入时，系统自动为没有值对应的列提供 NULL 或者默认值。

例 5-85　在 books 表中插入一行数据，图书 ISBN 为 9787540498610，书名为时间管理，出版社为湖南文艺出版社，价格为 48，分类为 H，出版日期为 2021 年 1 月 1 日，在库数量为 6。

```
INSERT INTO books VALUES
    ('9787540498610',' 时间管理 ',' 湖南文艺出版社 ',48,'H','2021-1-1',6);
```

例 5-86　将一个新生信息插入 students 表中，其学号为 202021105，姓名为陈冬，性别为男，所在学院为计算机学院，邮箱待定。

```
INSERT INTO students VALUES ('202021105', ' 陈冬 ', ' 男 ', ' 计算机学院 ', NULL);
```

该插入语句也可写为：

```
INSERT INTO students(SID, sname, gender, college)
    VALUES ('202021105', ' 陈冬 ', ' 男 ', ' 计算机学院 ');
```

注意：对于例 5-86，由于提供的常量值个数与表中的列个数不一致，因此在插入时必须在表名后给出列名，而且省略的列必须允许为 NULL。

2. 多行插入

（1）使用 SELECT 语句的多行插入

可以在 INSERT 语句中通过使用 SELECT 语句的方法，将查询结果批量插入一个建好的表中。该语句的语法格式如下：

```
INSERT [INTO] < 表名 > [(< 列名表 >)] SELECT 语句 ;
```

此语句是将 SELECT 查询语句产生的结果集插入 < 表名 > 中。

例 5-87　本示例首先创建一个新表，然后将所有未还书的学生姓名、所在学院、借阅的书名和借书时间插入此表中。

1）创建表。

```
CREATE TABLE un_returned(
    sname VARCHAR(20) ,
    college VARCHAR(30) ,
    bname VARCHAR(30) ,
    borrow_time datetime );
```

2）插入数据。

```
INSERT INTO un_returned
    SELECT sname, college, bname,borrow_time FROM students s
    JOIN borrow b ON s.SID = b.SID
    JOIN books k ON b.ISBN =k.ISBN
     WHERE return_time IS NULL;
```

（2）仅使用 INSERT 的多行插入

仅使用 INSERT 实现多行插入的语句的语法格式如下：

```
INSERT [INTO] < 表名 > [(< 列名表 >)]
```

VALUES (值列表 1) [,(值列表 2), …, (值列表 n)];

例 5-88　在 students 表中批量插入表 5-9 所示的数据：

表 5-9　在 students 表中批量插入的数据

SID	sname	gender	college	Email
202201001	新生 1	男	计算机学院	xs1@comp.com
202201002	新生 2	女	计算机学院	未定
202202001	新生 3	男	经济管理学院	xs1@econ.com

```
INSERT INTO students VALUES
    ('202201001', ' 新生 1', ' 男 ',' 计算机学院 ', 'xs1@comp.com' ) ,
    ('202201002', ' 新生 2', ' 女 ',' 计算机学院 ', NULL ) ,
    ('202202001', ' 新生 3', ' 男 ',' 经济管理学院 ', 'xs1@econ.com' ) ;
```

5.8.2　更新数据

对表中数据进行更新使用 UPDATE 语句实现。MySQL 的 UPDATE 语句的语法格式如下：

```
UPDATE 表 1
    [[ INNER | RIGHT | LEFT ] JOIN 表 2 ON < 连接条件 >]
    SET 表 1. 列 1 = 表达式 | 值 , 表 1. 列 2 = 表达式 | 值 , …
    [ WHERE 条件子句 ];
```

参数说明如下：

1）表 1：指定需要更新数据的表的名称。

2）SET 表 1. 列 1 = 表达式 | 值：将“表 1. 列 1”的列值更改为“表达式”或“值”的值。

3）表达式：返回单个值的常量值或表达式。表达式返回的值将替换指定列的现有值。

4）WHERE 条件子句：用于指定更新数据的条件。如果省略 WHERE 子句，则是无条件更新表中某列的全部值。UPDATE 语句中 WHERE 子句的作用和写法同 SELECT 语句中的 WHERE 子句。

1. 无条件更新

例 5-89　将所有图书的价格增加 10%。

```
UPDATE books SET price = price + price * 0.1;
```

2. 有条件更新

当用 WHERE 子句指定更改数据的条件时，可以分两种情况。一种是基于本表条件的更新，即要更新的记录和更新记录的条件在同一个表中。例如，将“TP”类图书的价格增加 10%，要修改的表是 books 表，而更改条件“TP”类图书也在 books 表中；另一种是基于其他表条件的更新，即要更新的记录在一个表中，而更新的条件来自另一个表，例如将“张三”的还书日期设置为 2022 年 10 月 10 日。要更新的是 borrow 表的 return_time 列，而更新条件“张三”这个学生在 students 表中。

（1）基于本表条件的更新

例 5-90　将“TP”类所有图书的价格增加 5 元。

```
UPDATE books SET price = price + 5
    WHERE category = 'TP' ;
```

（2）基于其他表条件的更新

例 5-91　将“张三”借阅的图书的还书日期均改为 2022 年 10 月 10 日。

```
UPDATE borrow b JOIN students s ON b.SID = s.SID
    SET return_time = '2022-10-10'
    WHERE sname = ' 张三 ' ;
```

也可以将 CASE 表达式应用到 UPDATE 语句中，以实现分情况更新，这在实际情况中也有比较广泛的应用。比如，国家发放的困难补助根据经济收入的不同，补助的资金也不同；再比如，给职工涨工资时，经常会根据职工等级的不同，工资的涨幅也不同。

例 5-92　修改图书的价格，修改规则如下：

1）对“TP”类图书，价格增加 10 元。

2）对“H”类图书，价格增加 5 元。

3）对其他类别的图书价格不变。

```
UPDATE books SET price = price +
    CASE category
        WHEN 'TP' THEN 10
        WHEN 'H' THEN 5
        ELSE 0
    END;
```

注意：更改数据时，数据库管理系统自动维护数据的完整性约束，包括实体完整性、参照完整性和用户定义的完整性约束。

5.8.3　删除数据

删除表中数据使用 DELETE 语句实现。

1. 基于本表条件的删除

基于本表条件的删除是指删除的数据与删除条件在一个表中。例如，删除所有还书日期为空的借书记录，要删除的记录与删除条件都在 borrow 表中。

基于本表条件删除的 DELETE 语句的语法格式如下：

```
DELETE FROM < 表名 >
    [ WHERE 条件子句 ] ;
```

参数说明如下：

1）表名：指明要删除数据的表。

2）WHERE 条件子句：说明只删除表中满足 WHERE 子句条件的记录。如果省略 WHERE 子句，则表示要无条件删除表中的全部记录。DELETE 语句中的 WHERE 子句的作用和写法与 SELECT 语句中的 WHERE 子句一样。

例 5-93　删除所有学生的借书记录。

```
DELETE FROM borrow ;                    # borrow 成空表
```

例 5-94　删除 2000 年 2 月 1 日之前的所有的借书记录。

```
DELETE FROM borrow WHERE borrow_time < '2000-1-1';
```

2. 基于其他表条件的删除

基于其他表条件的删除指删除的数据和删除条件不在一个表中。例如，删除“张三”学生的借书记录，要删除的记录在 borrow 表中，而删除的条件（学生“张三”）在 students 表中。

基于其他表条件的 DELETE 语句的语法格式如下：

```
DELETE 表 1 FROM 表 1
   [INNER| RIGHT | LEFT ] JOIN 表 2 ON < 连接条件 >
   WHERE 条件子句 ;
```

例 5-95　删除学生“张三”的借书记录。

```
DELETE borrow
   FROM borrow JOIN students ON borrow.SID = students.SID
   WHERE sname = ' 张三 ' ;
```

这个基于其他表条件的删除操作也可以用子查询实现，语句如下：

```
DELETE FROM borrow
   WHERE SID IN (SELECT SID FROM students
      WHERE sname = ' 张三 ' );
```

注意：删除数据时，数据库管理系统也会自动维护数据的完整性约束。比如，如果删除主表（被参照表）中的数据，如果该数据在外键表中有引用，则数据库管理系统默认给出错误提示并拒绝删除。

本章小结

本章主要介绍了 SQL 中的数据操作功能，即数据的增、删、改、查功能。数据的增、删、改、查，尤其查询是数据库中使用最多的操作。

首先介绍的是查询语句，介绍了单表查询和多表连接查询，包括无条件查询、有条件查询、分组、排序、选择结果集中的前若干行等功能。多表连接查询介绍了内连接、自连接、左外连接和右外连接。对条件查询介绍了多种实现方法，包括用子查询实现和用连接查询实现。

在综合运用这些方法实现数据查询时，需要注意以下一些事项：

1）对行的筛选一般用 WHERE 子句实现，对分组后统计结果的筛选用 HAVING 子句实现，而不能用 WHERE 子句实现。

例如，查询平均价格大于 40 元的图书，若将条件写成：

```
WHERE AVG(price)  >  40
```

则是错误的，应该是：

```
HAVING AVG(price) > 40
```

2）不能将列值与统计结果值进行比较的条件写在 WHERE 子句中，这种条件一般都用子查询来实现。

例如，查询价格高于平均价格的学生，若将条件写成：

```
WHERE price > AVG(price)
```

则是错误的，应该是：

```
WHERE price > ( SELECT AVG(price) FROM books )
```

3）使用自连接时，必须为表取别名，使其在逻辑上成为两个表。

4）带否定条件的查询一般用子查询实现（NOT IN 或 NOT EIXSTS），不用多表连接实现。

5）当使用 LIMIT 子句限制选取结果集中的前若干行数据时，一般情况下都要有 ORDER BY 子句。

对数据的更改操作，介绍了数据的插入、修改和删除。对更新操作，介绍了无条件的操作和有条件的操作的实现方法。

在进行数据的增、删、改操作时，数据库管理系统自动检查数据的完整性约束，而且这些检查是在对数据进行操作之前进行的，只有当数据完全满足完整性约束条件时才进行数据更改操作。

数据查询语句的思维导图如图 5-84 所示，数据更改语句的思维导图如图 5-85 所示。

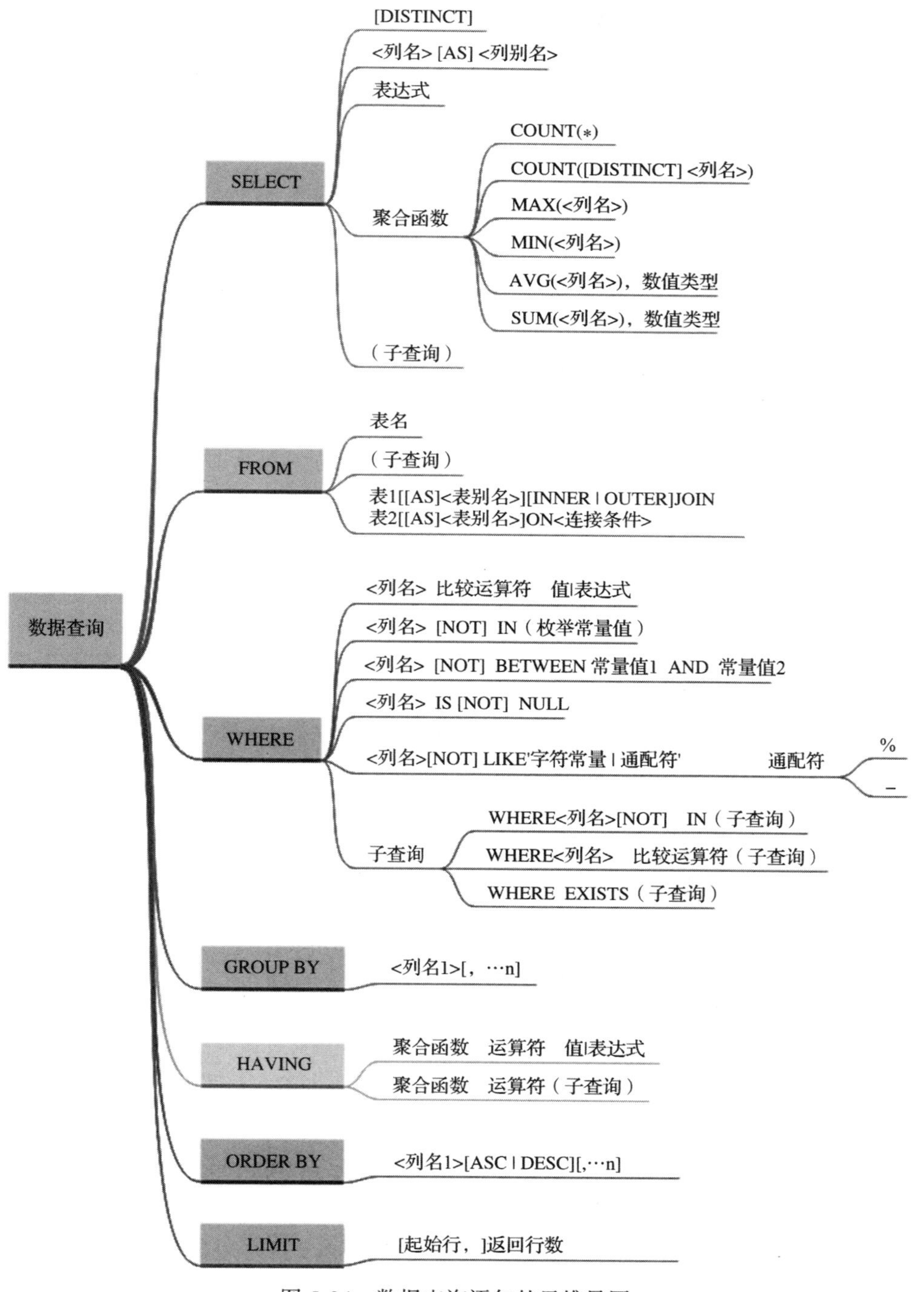

图 5-84　数据查询语句的思维导图

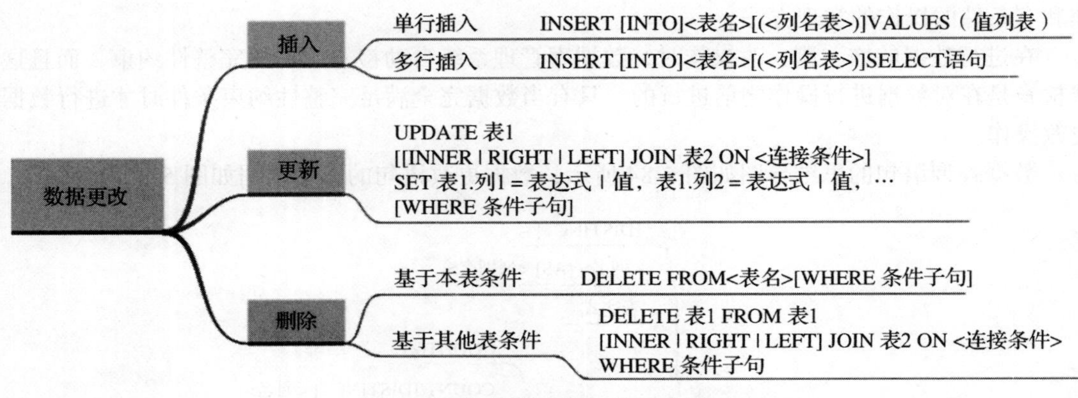

图 5-85 数据更改语句的思维导图

习题

一、选择题

1. 当关系 *R* 和 *S* 进行连接操作时，如果 *R* 中的元组不满足连接条件，在连接结果中也会将这些记录保留下来的操作是（　　）。

   A. 左外连接　　B. 右外连接　　C. 内连接　　D. 自连接

2. 设在某 SELECT 语句的 WHERE 子句中，需要对 return_time 列的空值进行处理。下列关于空值的操作，错误的是（　　）。

   A. return_time IS NOT NULL　　B. return_time IS NULL
   C. return_time = NULL　　D. NOT (return_time IS NULL)

3. 下列聚合函数中，不忽略空值的是（　　）。

   A. SUM(< 列名 >)　　B. MAX(< 列名 >)
   C. AVG(< 列名 >)　　D. COUNT(*)

4. 下列查询语句中，错误的是（　　）。

   A. SELECT SID, COUNT(*) FROM borrow GROUP BY SID;
   B. SELECT SID FROM borrow GROUP BY SID WHERE COUNT(*) > 3;
   C. SELECT SID FROM borrow GROUP BY SID HAVING COUNT(*) > 3;
   D. SELECT SID FROM borrow GROUP BY SID;

5. 现要利用 books 表查询价格最低的图书书名和价格。下列实现此查询要求的语句中，正确的是（　　）。

   A. SELECT bname, price FROM books ORDER BY price DESC LIMIT 1;
   B. SELECT bname, price FROM books ORDER BY price ASC LIMIT 1;
   C. SELECT bname, price FROM books WHERE price = MIN(price);
   D. SELECT bname, price FROM books LIMIT 1;

6. 针对 books 表中的 price 列，若在查询图书价格时，希望对价格进行分类。下列 CASE 表达式正确的是（　　）。

   A. CASE price
      WHEN >=100 THEN '很贵'
      WHEN 80~99.99 THEN '比较贵'
      WHEN 50~79.99 THEN '适中'
      WHEN 30~49.99 THEN '比较便宜'

```
    ELSE '很便宜'
    END;
B. CASE price
    WHEN >=100  THEN  price = '很贵'
    WHEN 80~99.99  THEN  price = '比较贵'
    WHEN 50~79.99  THEN  price = '适中'
    WHEN 30~49.99  THEN  price = '比较便宜'
    ELSE '很便宜'
    END;
C. CASE
    WHEN price >= 100  THEN  price = '很贵'
    WHEN price BETWEEN 80 AND 99.99  THEN  Grade = '比较贵'
    WHEN price BETWEEN 50 AND 79.99  THEN  Grade = '适中'
    WHEN price BETWEEN 30 AND 49.99  THEN  Grade = '比较便宜'
    ELSE price = '很便宜'
    END;
D. CASE
    WHEN price  >= 100  THEN  '很贵'
    WHEN price BETWEEN 80 AND 99.99  THEN  '比较贵'
    WHEN price BETWEEN 50 AND 79.99  THEN  '适中'
    WHEN price BETWEEN 30 AND 49.99  THEN  '比较便宜'
    ELSE '很便宜'
    END;
```

7. 下列 SQL 语句中，用于更改表数据的语句是（　　）。

A. ALTER　　B. SELECT　　C. UPDATE　　D. INSERT

8. 设有 Teachers 表，该表的定义如下：

```
CREATE TABLE Teachers(
    Tno CHAR(8) PRIMARY KEY,
    Tname NVARCHAR(10) NOT NULL,
    Age TINYINT CHECK(Age BETWEEN 25 AND 65) );
```

下列插入语句中，不能正确执行的是（　　）。

A. INSERT INTO Teachers VALUES('T100', '张三', NULL);

B. INSERT INTO Teachers(Tno,Tname,Age) VALUES('T100', '张三', 30);

C. INSERT INTO Teachers(Tno,Tname) VALUES('T100', '张三');

D. INSERT INTO Teachers VALUES('T100', '张三');

9. 下列删除计算机学院学生的借书记录的语句，正确的是（　　）。

```
A. DELETE FROM borrow JOIN students
        ON students.SID = borrow.SID
        WHERE college = '计算机学院';
B. DELETE borrow FROM borrow JOIN students
        ON borrow.SID = students.SID
        WHERE college = '计算机学院';
C. DELETE FROM students  WHERE college = '计算机学院';
```

D. DELETE FROM borrow WHERE college = ' 计算机学院 ';

10. 下列条件子句中，能够筛选出 Col 列中以“a”开始的所有数据的是（　　）。

A. WHERE Col = 'a%'

B. WHERE Col like 'a%'

C. WHERE Col = 'a_'

D. WHERE Col LIKE 'a_'

二、简答题

1. 聚合函数中，在统计时忽略 NULL 的聚合函数有哪些？
2. HAVING 子句的作用是什么？
3. “%”和“_”通配符的作用分别是什么？
4. “WHERE price BETWEEN 20 AND 30”子句查找的 price 范围是多少？
5. “WHERE college NOT IN ('CS', 'IS', 'MA')”查找的数据是什么？
6. 自连接与普通内连接的主要区别是什么？
7. 外连接与内连接的主要区别是什么？
8. 相关子查询与嵌套子查询在执行上的主要区别是什么？
9. 对统计结果的筛选应该使用哪个子句完成？
10. LIMIT 子句的作用是什么？

第 6 章　索引和视图

我们在第 4 章介绍了关系数据库中最重要的对象——基本表，本章介绍数据库中的另外两个重要对象：索引和视图，这两个对象都是建立在基本表基础之上的。索引是为了提高数据的查询效率，视图是为了满足不同用户对数据的需求。索引通过对数据建立方便查询的检索结构来达到提高数据查询效率的目的；视图是从基本表中抽取满足用户所需的数据，这些数据可以只来自一个表，也可以来自多个表。

6.1　索引

本节介绍索引的概念、作用以及如何创建和维护索引。

6.1.1　索引的基本概念

在数据库中建立索引是为了加快数据的查询速度。数据库中的索引与书籍中的目录或书后的术语表类似。在一本书中，利用目录或术语表可以快速查找所需信息，而无须翻阅整本书。在数据库中，索引的存在使得对数据的查找不需要对整个表进行扫描，就可以在其中找到所需数据。书籍的索引表是一个词语列表，其中注明了包含各个词的页码。而数据库中的索引是一个表中所包含的列值的列表，其中注明了表中包含各个值的行数据所在的存储位置。可以为表中的单个列建立索引，也可以为一组列建立索引。

索引由索引项组成，索引项由来自表中每一行的一个或多个列（称为搜索关键字或索引关键字）组成。B 树按搜索关键字排序，可以在组成搜索关键字的任何子词条集合上进行高效搜索。例如，对于一个由 A、B、C 三个列组成的索引，可以在 A 以及 A、B 和 A、B、C 上对其进行高效搜索。

例如，假设在 students 表的学号 SID 列上建立了一个索引（SID 为索引项或索引关键字），则在索引部分就有指向每个学号所对应的学生的存储位置的信息，如图 6-1 所示。

当数据库管理系统执行一个在 students 表上根据指定的 SID 查找该学生信息的语句时，它能够识别该表上的索引列（SID），并首先在索引部分（按学号有序存储）查找该学号，然后根据找到的学号所指向的数据的存储位置，直接检索出需要的信息。如果没有索引，则数据库管理系统需要从 students 表的第 1 行开始，逐行检索指定的 SID 值。从数据结构的算法知识我们知道有序数据的查找比无序数据的查找效率要高很多。

但索引为查找所带来的性能好处是有代价的，首先，索引在数据库中会占用一定的存储空间来存储索引信息；其次，在对数据进行插入、更改和删除操作时，为了使索引与数据保持一致，还需要对索引进行相应的维护，对索引的维护是需要花费时间的。

因此，利用索引提高查询效率是以占用空间和增加数据更改的时间为代价的。在设计和创建索引时，应确保对性能的提高程度大于在存储空间和处理资源方面的代价。

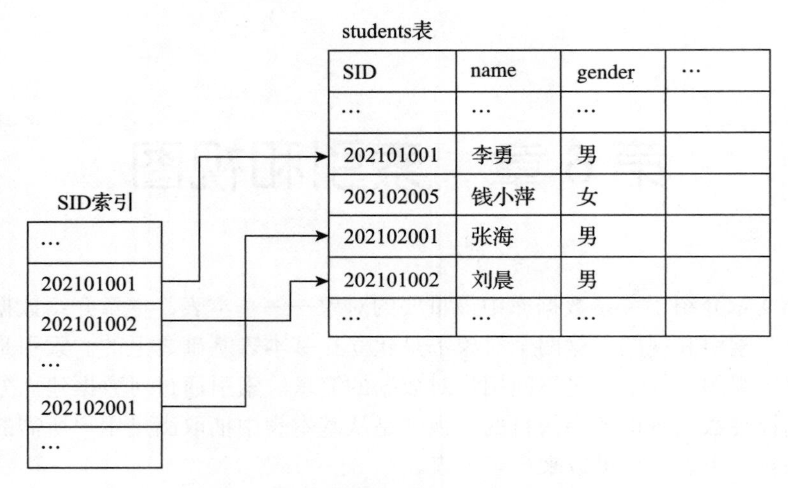

图 6-1　索引及数据间的对应关系示意图

在数据库管理系统中，数据一般是按数据页存储的，数据页是一块固定大小的连续存储空间。不同的数据库管理系统数据页的大小不同，有的数据库管理系统数据页的大小是固定的，比如 MySQL 的数据页就固定为 16KB；有些数据库管理系统的数据页大小可由用户设定，比如 DB2。在数据库管理系统中，索引项也按数据页存储，而且其数据页的大小与存放数据的数据页的大小相同。

存放数据的数据页与存放索引项的数据页采用的都是通过指针链接在一起的方式链接各数据页的，而且在页头包含指向下一页及前面页的指针，这样就可以将表中的全部数据或者索引链在一起。数据页的组织方式示意图如图 6-2 所示。

图 6-2　数据页的组织方式示意图

6.1.2　索引的存储结构及分类

1. 索引的存储结构

在 MySQL 中，除了空间数据类型的索引用 R 树结构，内存表同时支持使用哈希索引，InnoDB 引擎为全文索引使用列表结构外，绝大多数索引按 B 树结构存储。所以，首先简单介绍一下 B 树结构。

B 树（Balanced Tree，平衡树）的最上层结点称为根结点（root node），最下层结点称为叶结点（leaf node）。在根结点所在层和叶结点所在层之间的层上的结点称为中间结点（intermediate node）。B 树结构从根结点开始，以左右平衡的方式存放数据，中间可根据需要分成许多层，如图 6-3 所示。

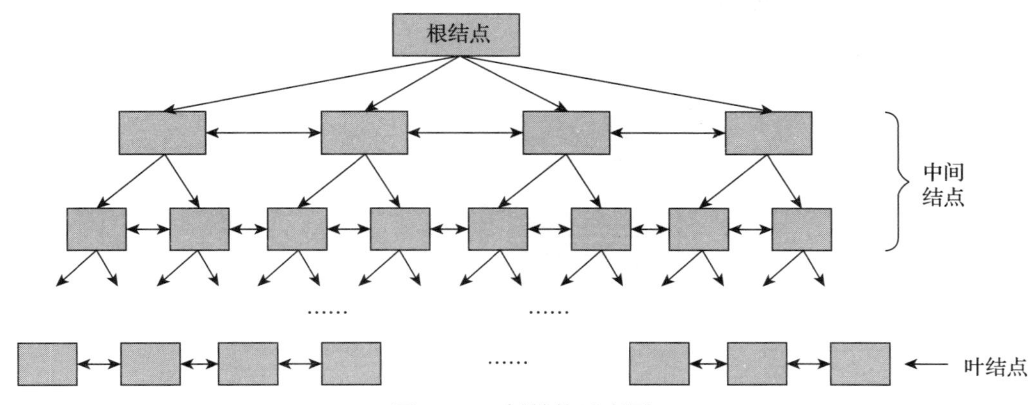

图 6-3　B 树结构示意图

2. 索引的分类

（1）聚集索引

聚集索引（也称为聚簇索引）的 B 树是自下而上建立的，最下层的叶结点存放的是数据，因此它既是索引页，同时也是数据页。多个数据页生成一个中间结点的索引页，然后再由数个中间结点的索引页合成更上层的索引页，如此上推，直到生成顶层的根结点的索引页。其示意图如图 6-4 所示。生成高一层结点的方法是：从叶结点开始，高一层结点中每一行由索引关键字值和该值所在的数据页编号组成，其索引关键字值选取的是其下层结点中的最大或最小索引关键字的值。除叶结点之外的其他层结点，每一个索引行由索引项的值以及这个索引项在下层结点的数据页编号组成。

例如，设有 Employee（职工）表，其包含的列有：Eno（职工号）、Ename（职工名）和 Dept（所在部门），数据示例见表 6-1。假设在 Eno 列上建有一个聚集索引（按升序排序），则其 B 树结构示意图如图 6-5 所示（注：每个结点左上方位置的数字代表数据页编号），其中的虚线代表数据页间的链接。

表 6-1　Employee 表的数据

Eno	Ename	Dept
E01	AB	CS
E02	AA	CS
E03	BB	IS
E04	BC	CS
E05	CB	IS
E06	AC	IS
E07	BB	IS
E08	AD	CS
E09	BD	IS
E10	BA	IS
E11	CC	CS
E12	CA	CS

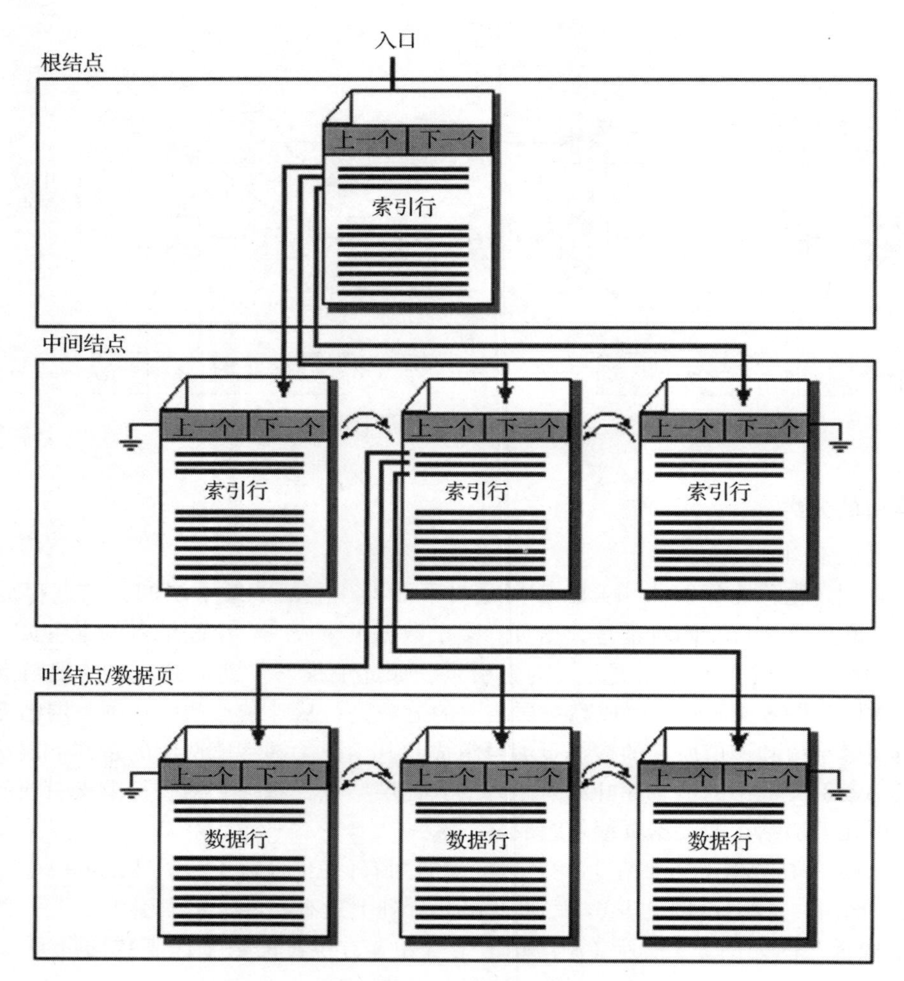

图 6-4　建有聚集索引的表的存储结构示意图

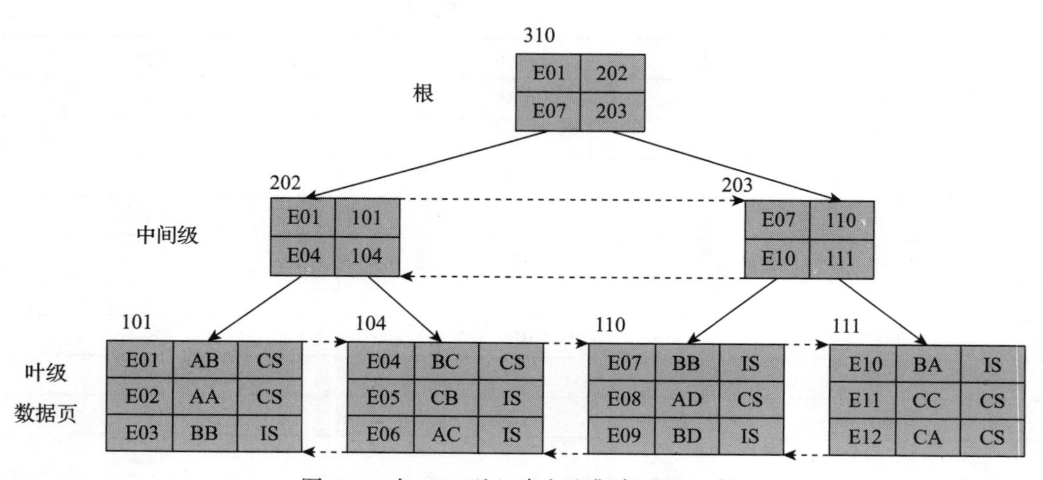

图 6-5　在 Eno 列上建有聚集索引的 B 树

在聚集索引的叶结点中，数据按聚集索引关键字的值进行物理排序。因此，聚集索引类似于电话号码簿，在电话号码簿中数据是按姓氏排序的，这里姓氏就是聚集索引关键字。由于索引关键字决定了数据在表中的物理存储顺序，因此一张表只能包含一个聚集索引。但该索引可以由多个列（组合索引）组成，就像电话号码簿按姓氏和名字进行排序一样。

当在建有聚集索引的列上查找数据时，系统首先从聚集索引树的入口（根结点）开始逐层向下查找，直到到达 B 树索引的叶级，也就是到了要找的数据所在的数据页，最后只在这个数据页中查找所需数据即可。

例如，若执行语句：SELECT * FROM Employee WHERE Eno = 'E08';

首先是从根（310 数据页）开始查找，用"E08"逐项与 310 页上的每个索引关键字的值进行比较。由于"E08"大于此页的最后一个索引项"E07"的值，因此，选"E07"所在的数据页 203，再进入 203 数据页中继续与该页上的各索引关键字进行比较。由于"E08"大于 203 数据页上的"E07"而小于"E10"，因此，选"E07"所在的数据页 110，再进入 110 数据页中进行逐项比较，这时可找到 Eno 等于"E08"的项，而且这个项包含了此职工的全部数据信息。至此查找完毕。

当插入或删除数据时，除了会影响数据的排列顺序外，还会引起索引页中索引项的增加或减少，系统会对索引页进行分裂或合并，以保证 B 树的平衡性，因此 B 树的中间结点数量以及 B 树的高度都有可能会发生变化，但这些调整都是数据库管理系统自动完成的，因此，在对有索引的表进行插入、删除和更改操作时，有可能会降低这些操作的执行性能。

聚集索引对于那些经常要搜索连续范围内的列值的查询特别有效。使用聚集索引找到包含第一个列值的行后，由于后续要查找的数据值在物理上相邻而且有序，因此只要将数据值直接与查找的终止值进行比较即可。

在建立聚集索引之前，应先了解数据是如何被访问的，因为数据的访问方式直接影响了对索引的使用。如果索引建立得不合适，则非但不能达到提高数据查询效率的目的，而且还会影响数据的插入、删除和更改操作的效率。因此，索引并不是建立得越多越好（建立索引需要占用空间，维护索引需要耗费时间），而是要有一些考虑因素。

下列情况可考虑建立聚集索引：

1）包含大量非重复值的列。

2）使用下列运算符返回一个范围值的查询：BETWEEN AND、>、>=、< 和 <=。

3）经常被用作连接的列，一般来说，这些列是外键列。

4）对 ORDER BY 或 GROUP BY 子句中指定的列建立索引，可以使数据库管理系统在查询时不必对数据再进行排序，从而可以提高查询性能。

5）对于频繁进行更改操作的列则不适合建立聚集索引。

（2）非聚集索引

非聚集索引也称为非聚簇索引。非聚集索引与图书后边的术语表类似。书的内容（数据）存储在一个地方，术语表（非聚集索引）存储在另一个地方。而且书的内容（数据）并不按术语表（索引）的顺序存放，但术语表中的每个词在书中都有确切的位置。非聚集索引就类似于术语表，而数据就类似于一本书的内容。

非聚集索引的 B 树存储示意图如图 6-6 所示。

非聚集索引与聚集索引有两个重要差别：

1）数据不按非聚集索引关键字值的顺序排序和存储。

2）非聚集索引的叶结点不是存放数据的数据页。

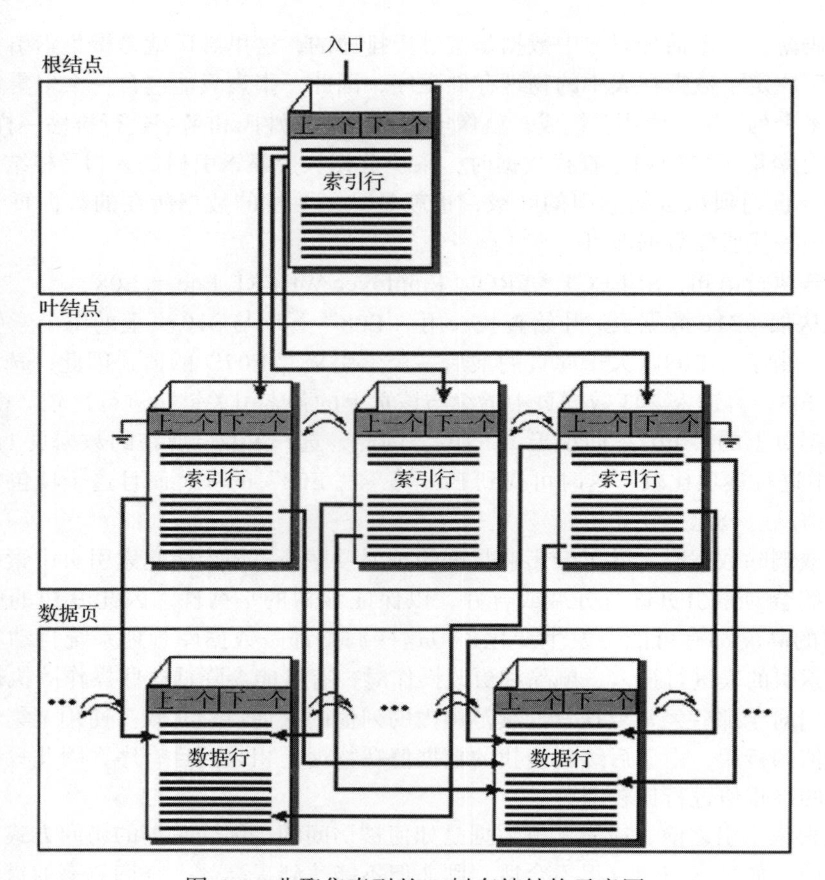

图 6-6　非聚集索引的 B 树存储结构示意图

非聚集索引 B 树的叶结点是索引行。每个索引行包含非聚集索引关键字值以及一个或多个行定位器，这些行定位器指向该关键字值对应的数据行（如果索引不唯一，则可能是多行）。

例如，假设在 Employee 表的 Eno 列上建有一个非聚集索引，则数据和其索引 B 树的形式如图 6-7 所示。从图 6-7 中可以观察到，数据页上的数据并不是按索引关键字 Eno 有序排序的，但根据 Eno 建立的索引 B 树是按 Eno 的值有序排序的，而且上一层结点中的每个索引关键字值取的是下一层结点上的最小索引键值。

在建有非聚集索引的表上查找数据的过程与聚集索引类似，也是从根结点开始逐层向下查找，直到找到叶结点，在叶结点中找到匹配的索引关键字值之后，其所对应的行定位器所指位置就是查找数据的存储位置。

由于非聚集索引并不改变数据的物理存储顺序，因此，可以在一个表上建立多个非聚集索引。就像一本书可以有多个术语表一样，如一本介绍园艺的书可能会包含一个植物通俗名称的术语表和一个植物学名的术语表，因为这是读者查找信息的两种最常用的方法。

在建立非聚集索引之前，应先了解数据是如何被访问的，以使建立的索引科学合理。对于下述情况可考虑建立非聚集索引：

1）包含大量非重复值的列。如果某列只有很少的非重复值，比如只有 1 和 0，则不对这些列建立非聚集索引。

2）经常作为查询条件使用的列。

3）经常作为连接和分组条件的列。

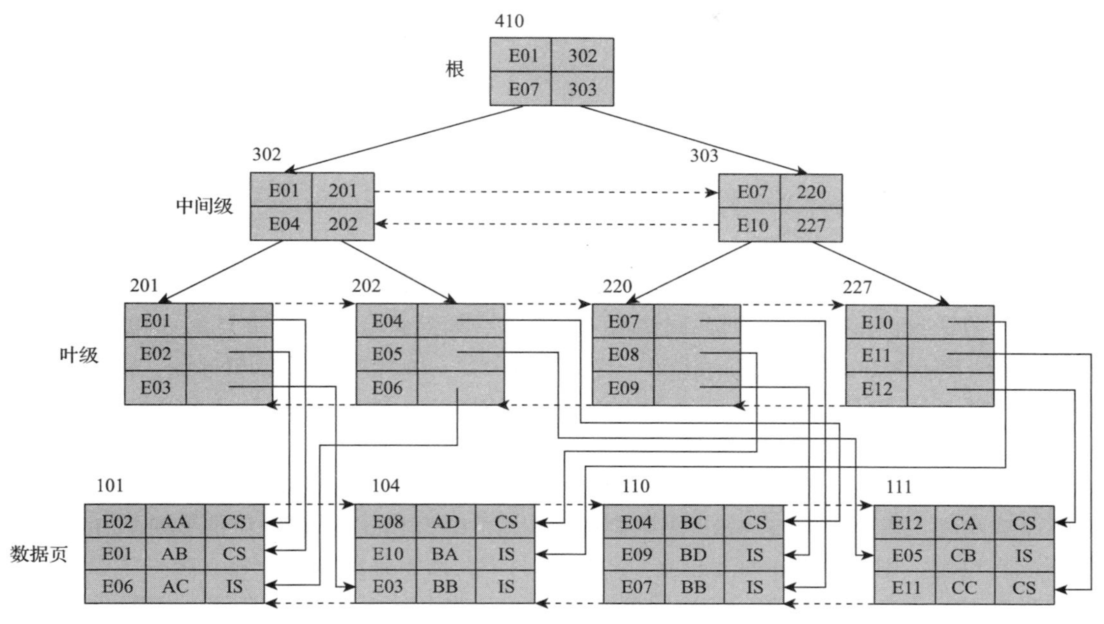

图 6-7 在 Eno 列上建有非聚集索引的 B 树

6.1.3 建立和删除索引

1. 建立索引

确定了索引关键字之后，就可以在数据表上建立索引了。在 MySQL 中，建立索引有三种方法，一是在已建好的表上建立索引；二是通过更改表结构建立索引；三是在建表的同时建立索引。这三种方法的作用是等价的。MySQL 的索引与我们一般说的索引有些区别，它不将索引分为聚集索引和非聚集索引，而是分为主键索引和普通索引。主键索引是在主键上建立的索引，它与聚集索引类似，在一个表上只能建立一个主键索引。普通索引与非聚集索引类似。用户只能建立普通索引，主键索引是用户通过定义主键，系统自动根据主键列创建的。下面介绍建立普通索引的方法。

（1）在已建好的表上建立索引

在已建好的表上建立索引使用的是 CREATE INDEX 语句，该语句的一般语法格式为：

CREATE [UNIQUE] INDEX < 索引名 >
　　ON < 表名 > (< 列名 >[(长度)] [ASC | DESC][, …n]);

其中，

1）UNIQUE：表示要建立的索引是唯一索引。

2）ASC | DESC：指定索引项的排序方式。ASC 为升序，DESC 为降序，默认为 ASC。

（2）通过更改表结构建立索引

通过更改表结构建立索引使用 ALTER TABLE 语句，该语句的语法格式如下：

ALTER TABLE < 表名 > ADD INDEX < 索引名 > (< 列名 > [(长度)] [ASC|DESC]);

（3）在建表的同时建立索引

在使用 CREATE TABLE 语句建表时可以同时建立索引。该语句的语法格式如下：

```
CREATE TABLE < 表名 >
(
    < 列名 > < 数据类型 > [ 完整性约束 ],
    …
    < 列名 > < 数据类型 > [ 完整性约束 ],
    INDEX < 索引名 > (< 列名 > [ASC|DESC])
);
```

建有唯一索引的列中的数据不允许有重复值。唯一索引可以只包含一个列（限制该列取值不重复），也可以由多个列共同构成（限制这些列的组合取值不重复）。例如，如果在 LastName、FirstName 和 MiddleInitial 三个列上建立了一个唯一索引 FullName，则该表中任何两个人都不具有完全相同的名字（LastName、FirstName 和 MiddleInitial 名字均相同）。

只有当数据本身具有唯一性特征时，指定唯一索引才有意义。如果必须要实施唯一性来确保数据的完整性，比较好的做法是在列上建立 UNIQUE 约束或 PRIMARY KEY 约束，而不是建立唯一索引。例如，如果想限制职工表（主键为 Eno）中的身份证号列（Eid）的取值不能有重复，则可在 Eid 列上建立 UNIQUE 约束，而不是在该列上建立唯一索引。实际上，当在表上建立 PRIMARY KEY 约束或 UNIQUE 约束时，系统会相应地在有这些约束的列上建立唯一索引。系统为主键约束或者唯一值约束建立的索引的优先级高于使用 CREATE INDEX 语句建立的索引的优先级。

建立唯一索引时，需要使用 UNIQUE 参数。

本章所有的 SQL 语句均在 MySQL Workbench 8.0 环境下执行。

例 6-1　为 students 表的 phone 列建立唯一索引。

```
CREATE UNIQUE INDEX Phone_ind ON students (phone);
```

例 6-2　为 students 表的 sname 列建立普通索引。

```
CREATE INDEX Sname_ind ON students (sname);
```

或

```
ALTER TABLE students  ADD INDEX Sname_ind(sname);
```

索引可以由多个列组成，这样的索引称为多列索引（组合索引）。只有当查询条件中使用了多列索引的第一个列时，多列索引才会被使用。

例 6-3　创建 Employee 表，同时在 FirstName 和 LastName 列上建立一个多列的普通索引。

```
CREATE TABLE Employee (
    Id INT PRIMARY KEY,
    FirstName VARCHAR(20),
    LastName VARCHAR(20),
    INDEX EName_ind (FirstName, LastName)
);
```

2. 查看索引

索引建立完成后，可以利用 SQL 语句查看已经存在的索引。在 MySQL 中，可以使用

SHOW INDEX 语句查看表中建立的索引。其一般语法格式为：

SHOW INDEX FROM < 表名 > [FROM < 数据库名 >];

或者

SHOW INDEX FROM < 数据库名 >.< 表名 >;

这两个语句是等价的。

例 6-4　查看 students 表的索引。

SHOW INDEX FROM students;

图 6-8 为查看 students 表上的所有索引的部分列结果。

Table	Non_unique	Key_name	Seq_in_index	Column_name	Collation	Cardinality
students	0	PRIMARY	1	SID	A	0
students	0	Phone_ind	1	phone	A	0
students	0	Email	1	Email	A	0
students	1	Sname_ind	1	sname	A	0

图 6-8　查看 students 表上的所有索引的部分列结果

3. 删除索引

索引一经建立，就由数据库管理系统自动使用和维护，不需要用户干预。建立索引是为了提高数据的查询效率，但如果要频繁地对数据进行增、删、改操作，则数据库管理系统会花费很多时间来维护索引，这会降低数据的修改效率；另外，存储索引需要占用额外的空间，这增加了数据库的空间开销。因此，当不需要某个索引时，可将其删除。

在 MySQL 中，删除索引使用 DROP INDEX 语句或 AlTER TABLE 语句实现。其一般语法格式为：

DROP INDEX < 索引名 > ON < 表名 >;

或

AlTER TABLE < 表名 > DROP INDEX < 索引名 >;

例 6-5　删除 students 表中的 Sname_ind 索引。

DROP INDEX Sname_ind ON students;

6.2　视图

在第 2 章介绍数据库的三级模式时，介绍过模式（对应到基本表）是数据库中全体数据的逻辑结构，这些数据也是物理存储的，当不同的用户需要基本表中不同的数据时，可以为每类这样的用户建立一个外模式。外模式中的内容来自模式，这些内容可以是某个模式的部分数据或多个模式组合的数据。视图对应关系数据库中的外模式。

视图（view）是数据库中的一个对象，它是数据库管理系统提供给用户的以多种角度观察数据库中数据的一种重要机制。本节介绍视图的概念和作用。

6.2.1　视图的基本概念

通常将模式所对应的表称为基本表。基本表中的数据实际上是物理存储在磁盘上的。关系模型有一个重要的特点，就是由 SELECT 语句得到的查询结果仍然是二维表，由此引出了视图的概念。视图是查询语句产生的结果，但它有自己的视图名，视图中的每个列也有自己的列名。视图在很多方面都与基本表类似。

视图是由从数据库的基本表中选取出来的数据组成的逻辑窗口，是基本表的部分行和列数据的组合。它与基本表不同的是，视图是一个虚表。数据库中只存储视图的定义，而不存储视图所包含的数据，这些数据仍存放在原来的基本表中。这种模式有以下两个好处：

第一，视图数据始终与基本表数据保持一致。当基本表中的数据发生变化时，从视图中查询出的数据也会随之变化。因为每次从视图查询数据时，都是执行定义视图的查询语句，即最终都是落实到基本表中查询数据。从这个意义上讲，视图就像一个窗口，透过它可以看到数据库中用户自己感兴趣的数据。

第二，节省存储空间。当数据量非常大时，重复存储数据是非常耗费空间的。

视图可以从一个基本表中提取数据，也可以从多个基本表中提取数据，甚至还可以从其他视图中提取数据，构成新的视图。但不管怎样，对视图数据的操作最终都会转换为对基本表的操作。图 6-9 显示了视图与基本表之间的关系。

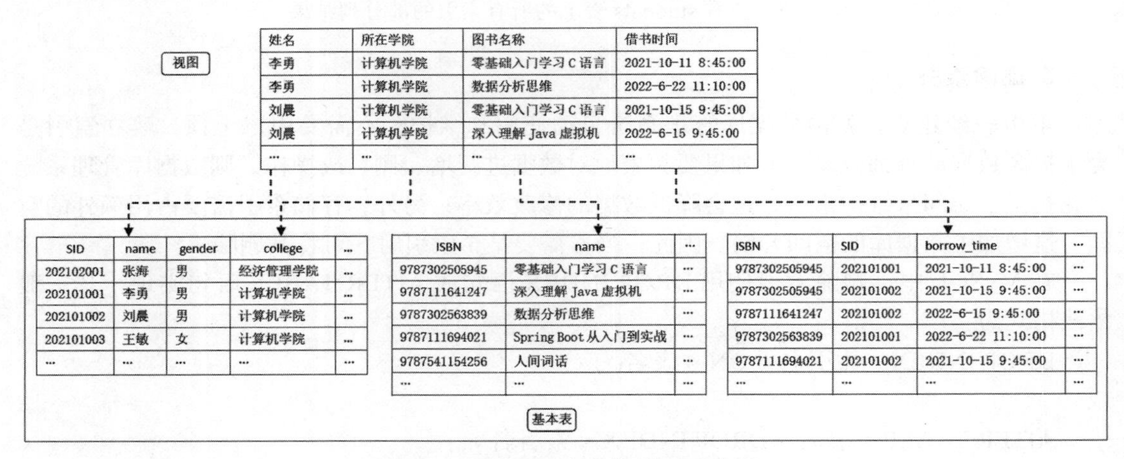

姓名	所在学院	图书名称	借书时间
李勇	计算机学院	零基础入门学习 C 语言	2021-10-11 8:45:00
李勇	计算机学院	数据分析思维	2022-6-22 11:10:00
刘晨	计算机学院	零基础入门学习 C 语言	2021-10-15 9:45:00
刘晨	计算机学院	深入理解 Java 虚拟机	2022-6-15 9:45:00
…	…	…	…

SID	name	gender	college	…
202102001	张海	男	经济管理学院	…
202101001	李勇	男	计算机学院	…
202101002	刘晨	男	计算机学院	…
202101003	王敏	女	计算机学院	…
…	…	…	…	…

ISBN	name	…
9787302505945	零基础入门学习 C 语言	…
9787111641247	深入理解 Java 虚拟机	…
9787302563839	数据分析思维	…
9787111694021	Spring Boot 从入门到实战	…
9787541154256	人间词话	…
…	…	…

ISBN	SID	borrow_time	…
9787302505945	202101001	2021-10-11 8:45:00	…
9787302505945	202101002	2021-10-15 9:45:00	…
9787111641247	202101002	2022-6-15 9:45:00	…
9787302563839	202101001	2022-6-22 11:10:00	…
9787111694021	202101002	2021-10-15 9:45:00	…
…	…	…	…

图 6-9　视图与基本表的关系示意图

6.2.2　定义视图

定义视图的 SQL 语句为 CREATE VIEW，在 MySQL 中，其一般语法格式如下：

```
CREATE  [OR REPLACE]  VIEW < 视图名 >[( < 列名 > [ , …n ] )]
AS
    SELECT 语句 ;
```

定义视图需要注意以下几点：

1）定义视图中引用的表或视图必须存在。

2）在视图定义中允许使用 ORDER BY 子句，但如果从该视图查询数据时也使用了 ORDER BY 子句，并且排序依据列与定义视图的不同，则系统将忽略视图定义中使用的 ORDER BY 子句。

3）在定义视图时要么指定视图的全部列名，要么全部省略不写，不能只写视图的部分列名。如果省略了视图的“列名”部分，则视图的列名与查询语句中查询结果显示的列名相同。

4）如果与视图相关联的表或视图被删除，则该视图将不能使用。

1. 定义单源表视图

单源表的行列子集视图指视图的数据取自一个基本表的部分行和列，这样的视图行列与基本表行列对应。用这种方法定义的视图一般支持通过视图对数据进行查询和修改操作。

例 6-6 建立查询“计算机学院”学生的学号、姓名、性别和所在学院的视图 CS_Student。

```
CREATE VIEW CS_Student
AS
    SELECT SID,sname,gender,college
        FROM students WHERE college = '计算机学院';
```

数据库管理系统执行 CREATE VIEW 语句的结果只是在数据库中保存视图的定义，并不真正执行其中的 SELECT 语句。只有在对视图执行查询操作时，才按视图的定义从相应基本表中检索数据。

2. 定义多源表视图

多源表视图指定义视图的查询语句涉及多个表。

例 6-7 建立查询“计算机学院”借了《零基础入门学习 C 语言》一书的学生学号、姓名和借书时间的视图。

```
CREATE VIEW V_CS_S1(SID, sname, borrow_time)
AS
    SELECT s.SID, sname, borrow_time
        FROM students s JOIN  borrow bs ON s.SID = bs.SID
        JOIN books b ON bs.ISBN=b.ISBN
        WHERE college = '计算机学院'  AND  bname = '零基础入门学习 C 语言';
```

3. 在已有视图上定义新视图

视图的来源可以是基本表，也可以是已经建立好的视图。在视图上再建立新的视图时，作为数据源的视图必须是已经建立好的视图。

例 6-8 利用例 6-6 建立的视图，建立查询“计算机学院”女生的学号和姓名的视图。

```
CREATE VIEW CS_Student_female
AS
    SELECT SID, sname
        FROM CS_Student WHERE gender='女';
```

视图的来源不仅可以是单个的视图和基本表，而且还可以是视图和基本表的组合。

例 6-9 利用例 6-6 所建的视图，例 6-7 的视图定义可改为：

```
CREATE VIEW V_CS_S2(SID, sname, borrow_time)
AS
    SELECT s.SID, sname, borrow_time
        FROM CS_student s JOIN  borrow bs ON s.SID = bs.SID
        JOIN books b ON bs.ISBN=b.ISBN
        WHERE  bname = '零基础入门学习 C 语言';
```

这里的视图 V_CS_S2 就是建立在 CS_Student 视图和 borrow、books 表之上的。

4. 定义带表达式的视图

在定义基本表时，为减少数据库中的冗余数据，表中只存放基本数据，而基本数据经过各种计算派生出的数据一般是不存储的。由于视图中的数据并不实际存储在磁盘上，因此定义视图时可以根据需要设置一些派生属性列，在这些派生属性列中保存经过计算的值。这些派生属性由于在基本表中并不实际存在，因此，也称它们为虚拟列。包含虚拟列的视图也称为带表达式的视图。

例 6-10　定义一个查询图书出版年数的视图，内容包括 ISBN、书名和距今已出版年数。

```
CREATE VIEW BT_P(ISBN, bname, PubYear)
AS
   SELECT ISBN, bname, YEAR(NOW())-YEAR(pub_date)
   FROM books;
```

说明：

1）NOW()：MySQL 系统函数，获取系统当前日期和时间。

2）YEAR（日期）：MySQL 系统函数，获取日期的年份部分。

5. 含分组统计信息的视图

含分组统计信息的视图是指定义视图的查询语句中含有 GROUP BY 子句和聚合函数，这样的视图只能用于查询，不能用于修改数据。

例 6-11　定义一个查询每种图书分类的图书总数量的视图。

```
CREATE VIEW B_S
AS
   SELECT category, SUM(quantity) SumQuantity
      FROM books
      GROUP BY category;
```

这个查询语句为聚合函数指定了列别名，因此在定义视图的语句中即使省略了视图的列名，该视图也用该列的别名命名列名。如果指定了视图中各列的列名，则视图用指定的列名作为视图各列的列名。

6.2.3　通过视图查询数据

定义好视图之后，就可以在视图上进行查询操作了，通过视图查询数据与通过基本表查询数据一样。

例 6-12　利用例 6-6 建立的视图，查询计算机学院男生的信息。

```
SELECT * FROM CS_Student WHERE gender = '男';
```

查询结果如图 6-10 所示。

SID	sname	gender	college
202101001	李勇	男	计算机学院
202101002	刘晨	男	计算机学院
202101005	王立东	男	计算机学院

图 6-10　例 6-12 的查询结果

数据库管理系统在对视图进行查询时，首先检查要查询的视图是否存在。如果存在，则从数据字典（数据库管理系统自动维护的存储系统信息的数据）中提取视图的定义，并根据定义视图的查询语句，将对视图的查询转换成等价的对基本表的查询，然后再执行转换后的查询操作。

因此，例 6-12 的查询最终转换成的实际查询语句如下：

```
SELECT SID, sname, gender, college
  FROM students
  WHERE college = ' 计算机学院 ' AND gender = ' 男 ';
```

例 6-13　查询计算机学院 2022 年 1 月 1 日前借了《零基础入门学习 C 语言》一书的学生学号、姓名和借书时间。

这个查询可以利用例 6-7 定义的视图实现。

```
SELECT * FROM V_CS_S1 WHERE borrow_time < '2022-1-1';
```

查询结果如图 6-11 所示。

SID	sname	borrow_time
202101001	李勇	2021-10-11 08:45:00
202101002	刘晨	2021-10-15 09:45:00
202101004	张小红	2021-10-11 08:45:00

图 6-11　例 6-13 的查询结果

此查询最终转换成的对基本表的查询语句如下：

```
SELECT s.SID, sname, borrow_time
  FROM students s JOIN borrow bs ON s.SID = bs.SID
  JOIN books b ON bs.ISBN=b.ISBN
  WHERE college = ' 计算机学院 '  AND  bname = ' 零基础入门学习 C 语言 '
  AND borrow_time<'2022-1-1';
```

例 6-14　查询计算机学院学生的学号、姓名、所借图书的书名。

```
SELECT c.SID, sname, bname
  FROM CS_Student c JOIN borrow br ON c.SID = br.SID
  JOIN books b ON br.ISBN = b.ISBN;
```

查询结果如图 6-12 所示。

SID	sname	bname
202101001	李勇	零基础入门学习C语言
202101001	李勇	零基础入门学习C语言
202101001	李勇	数据分析思维
202101002	刘晨	牛津高阶英汉双解词典
202101002	刘晨	深入理解Java虚拟机
202101002	刘晨	Spring Boot从入门到实战
202101002	刘晨	零基础入门学习C语言
202101004	张小红	Python编程 从入门到实践
202101004	张小红	零基础入门学习C语言

图 6-12　例 6-14 的查询结果

此查询最终转换成的对基本表的查询如下：

```
SELECT c.SID, sname, bname
  FROM students c JOIN borrow br ON c.SID = br.SID
  JOIN books b ON br.ISBN = b.ISBN
  WHERE college = ' 计算机学院 ';
```

有时，将通过视图查询数据转换成对基本表查询是很直接的，但有些情况下，这种转换不能直接进行。

例 6-15　利用例 6-11 建立的视图，查询相同图书分类的图书中，总数量大于或等于 10 的图书分类和总数量。

```
SELECT * FROM B_S
  WHERE  SumQuantity >= 10;
```

查询结果如图 6-13 所示。

category	SumQuantity
H	19
TP	67

图 6-13　例 6-15 的查询结果

这个示例的查询语句不能直接转换为对基本表的查询，因为若直接转换，将会产生如下语句：

```
SELECT category, SUM(quantity)
  FROM books
  WHERE SUM(quantity)>=10
  GROUP BY category;
```

这个转换显然是错误的，因为聚合函数不能出现在 WHERE 子句中。正确的转换语句应该是：

```
SELECT category, SUM(quantity)
    FROM books
    GROUP BY category
    HAVING SUM(quantity)>=10;
```

不仅可用视图查询数据，也可以通过视图修改基本表中的数据，但并不是所有的视图都可以用于修改数据。比如，经过统计或表达式计算得到的视图，就不能用于修改数据的操作。能否通过视图修改数据的基本原则是：如果这个操作能够正确落实到基本表上，则可以通过视图修改数据，否则不行。

在第5章介绍过，有些复杂的查询，特别是聚合函数和普通列一起进行的查询，在一个查询语句中是很难实现的，这时可以通过分步骤的方法来实现。在第5章我们介绍的是利用将查询结果保存到表中的方法来实现分步骤查询的目的，本章介绍通过建立视图的方法来达到分步骤查询的目的。

视图从本质上来说是二维表，因此可以把视图看成普通的表，来与其他表或视图进行连接等查询操作。

例6-16 查询图书分类为“TP”的图书书名、出版社和总数量。

步骤1：建立统计每种图书分类的总数量的视图。

```
CREATE VIEW B_S_S
AS
    SELECT category AS 图书分类 , SUM(quantity) AS 总数量
        FROM books
        GROUP BY category;
```

步骤2：利用该视图和books表查询“TP”类图书的书名、出版社和总数量。

```
SELECT bname AS 书名 , press AS 出版社 , 总数量
    FROM B_S_S JOIN books ON B_S_S. 图书分类 = books.category
    WHERE 图书分类 = 'TP';
```

相比将查询结果保存到表中的分步骤查询方法，利用视图实现分步骤查询的好处有：

1）视图并不物理地存储数据，因此会更节省空间。

2）每次从视图中查询数据时均转换到基本表中进行操作，因此，可以保证视图的数据与基本表的数据保持一致。

相比将查询结果保存到表中的分步骤查询方法，利用视图实现分步骤查询的缺点是查询的执行效率会降低，因为每次通过视图查询数据时，都要转换为对基本表的操作，这个转换需要花费时间。

6.2.4 修改视图定义

在MySQL中，修改视图定义的SQL语句为CREATE OR REPLACE VIEW语句或者ALTER VIEW语句，语法格式如下：

1. 使用CREATE OR REPLACE VIEW语句修改视图定义

CREATE OR REPLACE VIEW语句的语法格式为：

```
CREATE OR REPLACE VIEW <视图名>[(<列名>[, …n])]
```

```
AS
   SELECT 语句 ;
```

例 6-17　使用 CREATE OR REPLACE VIEW 语句修改视图 CS_Student，使视图的列名为学号、姓名、性别和学院。

```
CREATE OR REPLACE VIEW CS_Student( 学号 , 姓名 , 性别 , 学院 )
AS
   SELECT SID, sname, gender, college
      FROM students
      WHERE college = ' 计算机学院 ';
```

2. 使用 ALTER VIEW 语句修改视图定义

ALTER VIEW 语句的语法格式为：

```
ALTER  VIEW < 视图名 > [ ( < 列名 > [, …n ] ) ]
AS
   SELECT 语句 ;
```

例 6-18　使用 ALTER VIEW 语句修改视图 CS_Student，使其查询“计算机学院”姓“王”的学生的学号、姓名、性别。

```
ALTER VIEW CS_Student(SID, sname, gender)
AS
   SELECT SID, sname, gender
      FROM students
      WHERE college = ' 计算机学院 '
         AND sname LIKE ' 王 %';
```

6.2.5　更新视图数据

对视图数据的更新其实就是对表数据的更新，因为视图是一个虚拟表，其中并不实际存储数据，因此通过视图更新数据都是转换成对基本表数据的更新。

例 6-19　更改 CS_Student 视图中的数据。将“202101001”号学生的姓名改为“李丽”，性别改为“女”，所在学院改为“经济管理学院”。

```
UPDATE CS_Student
   SET sname=' 李丽 ',gender=' 女 ',college=' 经济管理学院 '
   WHERE SID='202101001';
```

在执行 UPDATE 语句前，SID 为“202101001”的学生，sname=' 李勇 '，gender=' 男 '，college=' 计算机学院 '。执行 UPDATE 语句后，执行下列查询语句：

```
SELECT * FROM students WHERE SID='202101001';
```

更新后的结果如图 6-14b 所示，其中图 6-14a 显示了更新前“202101001”号学生的信息。

虽然数据库管理系统支持通过视图更新数据，但是尽量不要这样做，并且以下情况是无法通过视图更新数据的。

1）视图中包含 SUM、COUNT 等聚合函数。

2）视图中包含 DISTINCT、GROUP BY、HAVING 等关键字。

3）视图中包含子查询。

4）由不可更新的视图导出的视图。

SID	sname	gender	college	Email
202101001	李勇	男	计算机学院	liyong@comp.com

a）

SID	sname	gender	college	Email
202101001	李丽	女	经济管理学院	liyong@comp.com

b）

图 6-14　更新前和更新后“202101001”号学生的信息

6.2.6　删除视图

删除视图的 SQL 语句的格式如下：

DROP VIEW <视图名 1>[,<视图名 2>, …n];

例 6-20　删除例 6-6 定义的 CS_Student 视图。

DROP VIEW CS_Student;

删除视图时需要注意，如果被删除的视图是其他视图的数据源，如前面定义的 CS_Student 视图就是 CS_Student_female 视图的数据源，那么删除 CS_Student，其导出视图 CS_Student_female 将无法再使用。同样，如果定义视图的基本表被删除了，视图也将无法使用。因此，在删除基本表和视图时一定要注意是否存在引用被删除对象的视图，如果有应同时删除。

6.2.7　视图的作用

正如前边所讲的，使用视图可以简化和定制用户对数据的需求。虽然对视图的操作最终都转换为对基本表的操作，视图看起来似乎没什么用处，但实际上，如果合理地使用视图会带来许多好处。

1. 简化数据查询语句

采用视图机制可以使用户将注意力集中在所关心的数据上。如果这些数据来自多个基本表，或者数据一部分来自基本表，另一部分来自视图，并且所用的搜索条件又比较复杂时，需要编写的 SELECT 语句就会很长，这时通过定义视图就可以简化用户对数据的查询操作。定义视图可以将表与表之间复杂的连接操作和搜索条件对用户隐藏起来，用户只需简单地对一个视图进行查询即可。这在多次执行相同的数据查询操作时尤为有用。

2. 使用户能从多角度看待同一数据

采用视图机制能使不同的用户用不同的方式看待同一数据，当许多不同类型的用户共享同一个数据库时，这种灵活性是非常重要的。

3. 提高了数据的安全性

使用视图可以定制用户查看哪些数据并屏蔽敏感数据。比如，不希望员工看到别人的工资，就可以建立一个不包含工资项的职工视图，然后让用户通过视图来访问表中的其他数据，而不授予他们直接访问基本表的权限，这样就在一定程度上提高了数据库数据的安全性。

4. 提供了一定程度的逻辑独立性

视图在一定程度上提供了第 2 章介绍的数据的逻辑独立性，因为它对应的是数据库的外模式。

在关系数据库中，数据库的重构是不可避免的。重构数据库最常见的方法是将一个基本表分解成多个基本表。例如，假设将 Student（Sno, Sname, Ssex, Sage, Sdept）表分解为 SX（Sno, Sname, Sage）和 SY（Sno, Ssex, Sdept）两个表，这时对 Student 表的操作就变成了对 SX 和 SY 的操作，则可定义视图：

```
CREATE VIEW Student (Sno, Sname, Ssex, Sage, Sdept)
AS
    SELECT SX.Sno, SX.Sname, SY.Ssex, SX.Sage, SY.Sdept
        FROM SX JOIN SY ON SX.Sno = SY.Sno;
```

这样，尽管数据库的表结构变了，但应用程序可以不必修改，新建的视图保证了用户原来的关系，使用户的外模式未发生改变。

注意，视图只能在一定程度上提供数据的逻辑独立性，由于通过视图的更新数据是有条件的，因此，应用程序在更新数据时可能会因基本表结构的改变而受一些影响。

本章小结

本章介绍了数据库中的两个重要概念：索引和视图。建立索引是为了提高数据的查询效率，但存储索引需要空间，维护索引需要时间。因此，当对数据库的操作主要是查询操作时，可以适当多建立索引。如果对数据库的操作主要是增、删、改，则应尽量少建立索引，以免影响数据的更改效率。

索引分为聚集索引和非聚集索引两种，它们一般都采用 B 树结构存储。建立聚集索引时，数据库管理系统首先按聚集索引列的值对数据进行物理排序，然后在此基础之上建立索引 B 树。如果建立的是非聚集索引，则系统直接在现有数据存储顺序的基础之上建立索引 B 树。不管数据是否是有序的，索引 B 树中的索引项一定是有序的。因此建立索引需要耗费一定的时间，特别是当数据量很大时，建立索引需要花费相当长的时间。

在一个表上只能建立一个聚集索引，但可以建立多个非聚集索引。聚集索引和非聚集索引都可以是唯一索引。唯一索引的作用是保证索引项所包含的列的取值彼此不能重复。

视图是基于数据库基本表的虚表，其本身并不物理地存储数据，视图的数据全部来自基本表，它的数据可以是一个表的部分数据，也可以是几个表的数据的组合。用户通过视图访问数据时，最终都落实到对基本表的操作上。因此通过视图访问数据比直接从基本表访问数据效率会低一些，因为它多了一层转换操作。尤其是当视图层次比较多时，即某个视图是建立在其他视图基础上，而这个或这些视图又是建立在另一些视图之上，这个效率的降低就越发明显。

视图提供了一定程度的数据逻辑独立性，并可增加数据的安全性，它封装了复杂的查询，简化了客户端访问数据库数据的编程，为用户提供了从不同角度看待同一数据的方法。对视图进行查询的方法与基本表的查询方法相同。

本章知识的思维导图如图 6-15 和图 6-16 所示。

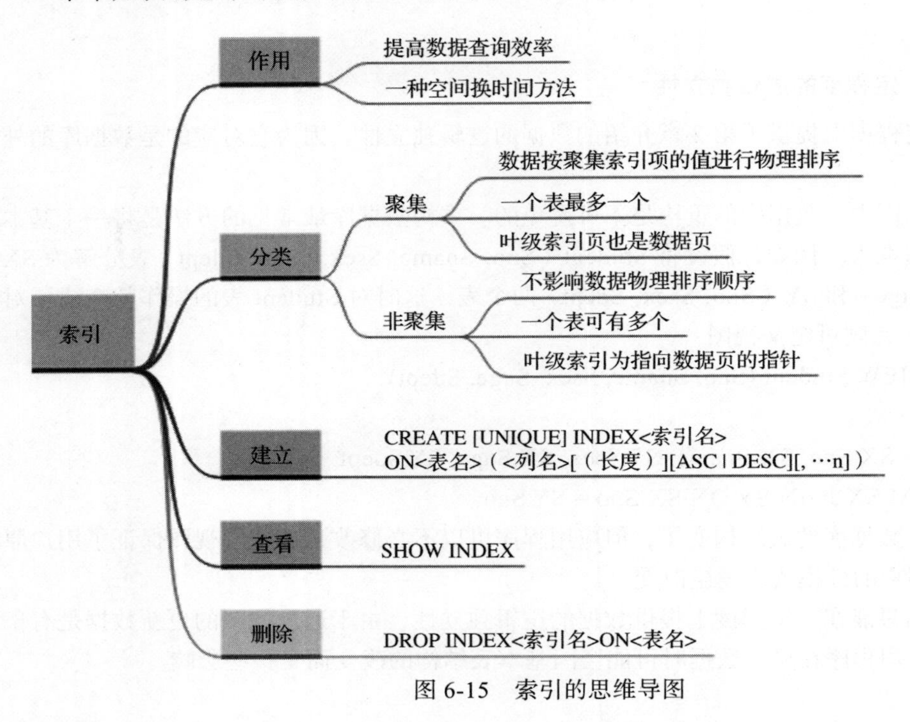

图 6-15　索引的思维导图

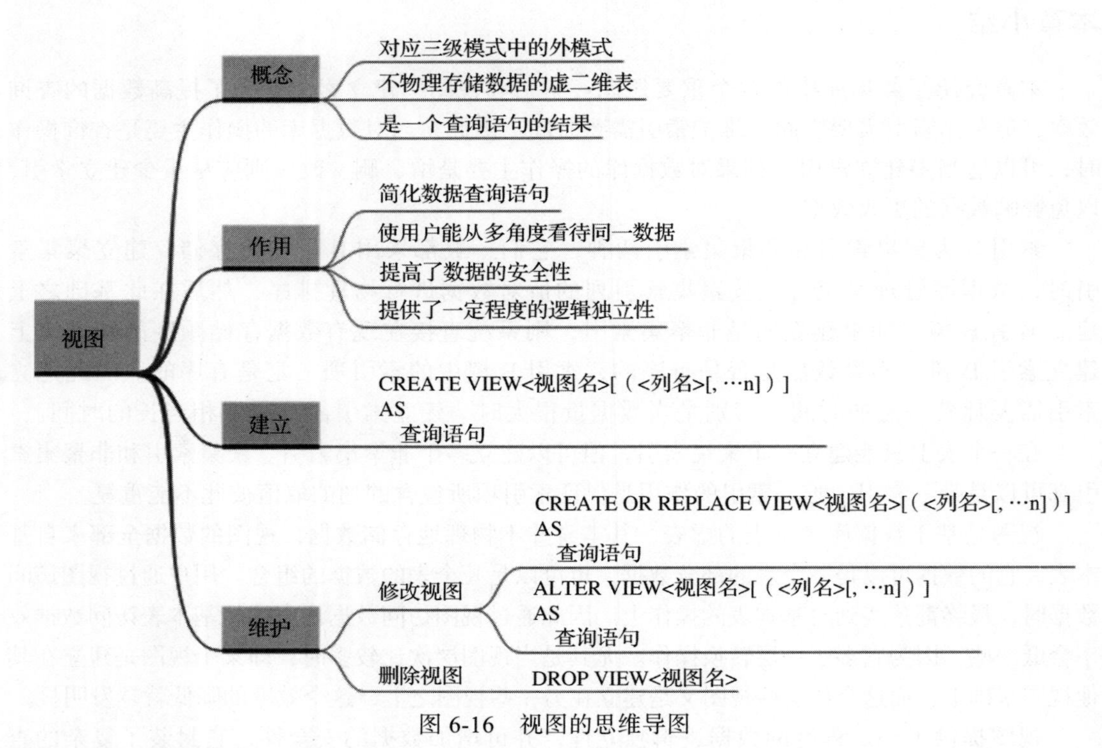

图 6-16　视图的思维导图

习题

一、选择题

1. 下列关于索引的说法，正确的是（ ）。
   A. 只要建立了索引就可以提高数据的查询效率
   B. 在一个表上可以建立多个聚集索引
   C. 在一个表上可以建立多个唯一的非聚集索引
   D. 索引会影响数据插入和更新的执行效率，但不会影响删除数据的执行效率
2. 下面适合建立非聚集索引的是（ ）。
   A. 经常作为查询条件的列　　B. 包含大量重复值的列
   C. 主键列　　D. 经常进行更改操作的列
3. “CREATE UNIQUE INDEX IDX1 ON T(C1,C2)”语句的作用是（ ）。
   A. 在 C1 和 C2 列上分别建立一个唯一聚集索引
   B. 在 C1 和 C2 列上分别建立一个唯一非聚集索引
   C. 在 C1 和 C2 列的组合上建立一个唯一聚集索引
   D. 在 C1 和 C2 列的组合上建立一个唯一非聚集索引
4. 以下不是 MySQL 索引类型的是（ ）。
   A. 主键索引　　B. 普通索引
   C. 外键索引　　D. 唯一索引
5. DROP INDEX 语句的作用是（ ）。
   A. 删除索引　　B. 更新索引
   C. 建立索引　　D. 修改索引
6. 下列关于视图的说法，正确的是（ ）。
   A. 视图与基本表一样，其数据也被保存到数据库中
   B. 对视图的操作最终都转换为对基本表的操作
   C. 视图的数据源只能是基本表
   D. 所有视图都可以实现对数据的增、删、改、查操作
7. 下列关于视图的说法，正确的是（ ）。
   A. 视图是真实存在的表，并保存了待查询的数据
   B. 视图是真实存在的表，只有部分数据来自基本表
   C. 视图是虚拟表，其数据只能从一个基本表中导出
   D. 视图是虚拟表，其数据可以从一个或者多个基本表或视图导出
8. 下列关于在视图的定义语句中可以包含的语句的说法，正确的是（ ）。
   A. 只能包含数据查询语句　　B. 可以包含数据增、删、改、查语句
   C. 可以包含创建表的语句　　D. 所有语句都可以
9. 下列关于视图的说法，正确的是（ ）。
   A. 通过视图可以提高数据查询效率　　B. 视图提供了数据的逻辑独立性
   C. 视图只能建立在基本表上　　D. 定义视图的语句可以包含数据更改语句

二、简答题

1. 索引的作用是什么？
2. 索引分为哪几种类型？分别是什么？它们的主要区别是什么？
3. 在一个表上可以建立几个聚集索引？可以建立多个非聚集索引吗？
4. 聚集索引一定是唯一性索引，是否正确？反之呢？
5. 在建立聚集索引时，数据库管理系统是真正地将数据按聚集索引列进行物理排序。这种说法是否

正确？

6. 在建立非聚集索引时，数据库管理系统并不对数据进行物理排序。这种说法是否正确？
7. 不管对表进行什么类型的操作，在表上建立的索引越多越能提高数据操作效率。这种说法是否正确？
8. 索引通常情况下可以提高哪个数据操作的效率？
9. 视图的作用是什么？
10. 使用视图可以加快数据的查询速度，这句话对吗？为什么？
11. 视图与表的区别是什么？

第 7 章　SQL 扩展编程

SQL 语言是结构化查询语言，一般不能用于编写比较复杂的脚本和应用程序。在标准 SQL 语言的基础上，各个主流的数据库管理系统都对 SQL 语言进行了扩展，比如 PL/SQL 是 Oracle 在标准 SQL 语言上进行的扩展，是一种 Oracle 数据库特有的应用开发语言；T-SQL 是微软对标准 SQL 语言的扩展，专用于 SQL Server 数据库；MySQL 支持 SQL 标准，同时也对 SQL 做了扩展。本章将以 MySQL 为例，讲解 SQL 扩展编程。

本章将使用第 5 章给出的 books 表、students 表和 borrow 表及其数据。

7.1　SQL 编程基础

7.1.1　变量

MySQL 中的变量分为会话变量和普通变量两种。

1. 会话变量

会话变量不需要定义可以直接使用，使用时在变量名前加“@”符号即可。会话变量的赋值方式有三种，下面分别介绍这三种方法。

（1）方式 1：使用 SET 语句

使用 SET 语句给会话变量赋值的方法如下：

SET @< 变量名 > = 表达式 ;

例 7-1　定义会话变量 num，并赋值为 5。

SET @num = 5;

（2）方式 2：使用 SELECT 语句

使用 SELECT 语句给会话变量赋值的方法如下，这种方法可用在查询语句中。

SELECT @< 变量名 > := 表达式 ;

例 7-2　查询 books 表中 quanlity 字段的最大值并赋值给会话变量 max_qty。

SELECT @max_qty := max(quantity) FROM books;

（3）方式 3：使用 INTO 子句

使用 SELECT 语句通过 INTO 子句可以直接将查询结果赋给会话变量，方法如下：

SELECT 表达式 INTO @< 变量名 >;

例 7-3　查询图书的总数量，并将结果赋值给 sum_qty。

SELECT sum(quantity) INTO @sum_qty FROM books;

可以通过 SELECT 语句查看会话变量的值，例如，查看 @sum_qty 的当前值：

SELECT @sum_qty;

运行结果如图 7-1 所示。

@sum_qty
97

图 7-1　查看会话变量的值

2. 普通变量

普通变量必须在存储过程、函数或触发器中使用，需要先声明（定义）后使用，声明时也可以赋值。普通变量的定义方法如下：

DECLARE < 变量名 > < 类型 > [DEFAULT < 默认值 >];

给普通变量赋值可以使用 SET 语句，方法如下：

SET < 变量名 > = 值 ;

普通变量的声明和使用的示例我们在存储过程部分给出。

7.1.2　游标

游标（cursor）是 SELECT 语句检索出来的结果集。在 MySQL 中，游标可以在存储过程、函数、触发器中使用。在定义好游标之后，用户可以根据需要滚动或浏览游标中的数据。

使用游标的步骤包括：声明游标、打开游标、遍历游标和关闭游标四个步骤，下面分别介绍每个步骤。

1. 声明游标

声明游标就是指定游标所包含的结果，这个结果是由执行 SELECT 语句产生的。声明游标语法如下：

DECLARE < 游标名称 > CURSOR FOR 查询语句 ;

2. 打开游标

声明游标后，MySQL 并不执行声明游标的 SELECT 语句产生游标内容，只有通过执行打开游标的操作，才会执行游标对应的 SELECT 语句从而产生游标的内容。打开游标的语法格式如下：

OPEN < 游标名称 >;

3. 遍历游标

遍历游标是通过使用循环方法遍历 SELECT 产生的游标结果中的每一行数据，在遍历的过程中对游标数据进行处理。遍历游标的语法格式如下：

FETCH < 游标名称 > INTO 变量列表 ;

FETCH 语句的作用是取出游标指针所指的当前行数据，并将每个数据保存到相应的变量中，然后将游标指针下移一行数据，一般和循环语句结合使用。

如果使用 FETCH 时当前行无数据，会引发 MySQL 内部的 NOT FOUND 异常。可以通过下述语句进行异常处理：

DECLARE CONTINUE HANDLER FOR NOT FOUND SET 变量 = TRUE;

当遇到 NOT FOUND 错误时，将变量设为 TRUE。

4. 关闭游标

游标使用完之后一定要关闭，以释放游标所占资源。关闭游标的语句为：

CLOSE < 游标名称 >;

7.1.3　运算符

本小节介绍 MySQL 常用的算术运算符、关系运算符和逻辑运算符。

1. 算术运算符

算术运算符主要用于数学运算，主要有：+、–、*、/、%（取余数）和 MOD（取模）。

需要说明的是：

1）加法运算中，如果参与运算的数值或表达式有一个为 NULL，则结果为 NULL。

2）乘法运算中参与运算的两方数值都为整型时，结果为整型；有一个数值为浮点型，结果为浮点型。

3）除法运算中，一个数除以整数后，不管是否能除尽，结果都为一个浮点数；当除数是 0 时，结果为 NULL。

2. 关系运算符

关系运算符有：>（大于）、>=（大于或等于）、<（小于）、<=（小于或等于）、=（等于）、<>（不等于）、!=（不等于），用于判断关系运算符左右两边表达式的大小关系，关于运算符的结果为真 / 假，在 MySQL 中用 1/0 表示。

注意：=（等于）、<>（不等于）、!=（不等于）运算符不能用于 NULL 的比较，如果有一个值是 NULL，则比较结果为 NULL。

3. 逻辑运算符

逻辑运算符包括 and（逻辑与运算符）、or（逻辑或运算符）、not（逻辑非运算符）。运算结果与 Java、C 语言中的逻辑与、逻辑或、逻辑非的运算规则相同，运算符的结果为真 / 假，在 MySQL 中用 1/0 表示。

7.1.4　分支结构

MySQL 的分支结构包括单分支结构、双分支结构和多分支结构。

1. 单分支结构

单分支结构的语法格式为：

```
IF 条件表达式 THEN
   语句块
END IF;
```

当条件表达式为“真”时，执行语句块。

2. 双分支结构

双分支结构的语法格式为：

```
IF 条件表达式 THEN
   语句块 1
[ ELSE
   语句块 2 ]
END IF;
```

当条件表达式为“真”时，执行语句块 1；否则执行语句块 2。

3. 多分支结构

多分支结构有两种实现方法，一种是用 IF 语句实现，一种是用 CASE 表达式实现。

（1）用 IF 语句实现多分支结构

用 IF 语句实现多分支结构的语法格式为：

```
IF 条件表达式 1 THEN
    语句块 1
[ ELSEIF 条件表达式 2 THEN
    语句块 2 ]
[ … n ]
[ ELSE
    语句块 n+1 ]
END IF;
```

当条件表达式 1 为“真”时，执行语句块 1，否则判断条件表达式 2，当条件表达式 2 为“真”时，执行语句块 2，以此类推。当 IF 语句所有的条件表达式都不为“真”时，执行语句块 n+1。

说明：

1）ELSE 语句是可选的，如果没有指定 ELSE，则当所有的条件表达式都不为“真”时，IF 语句将返回 NULL。

2）ELSEIF 可以有多条。

（2）用 CASE 表达式实现多分支结构

用 CASE 表达式实现多分支结构的语法格式为：

```
CASE 表达式
    WHEN 常量值 1 THEN 语句块 1;
    WHEN 常量值 2 THEN 语句块 2;

    WHEN 常量值 n THEN 语句块 n;
    [ELSE 语句块 n+1;]
END CASE;
```

当表达式的值与常量值 1 相等时，执行语句块 1；当表达式的值与常量值 2 相等时，执行语句块 2，以此类推。当表达式与 WHEN 值列表中所有常量值都不相等时，执行 ELSE 分支的语句块 n+1。

7.1.5　循环结构

MySQL 的循环结构包括：WHILE 循环、REPEAT 循环和 LOOP 循环三种。

1. WHILE 循环

WHILE 循环语句的语法格式为：

```
WHILE 循环条件 DO
    循环体语句块
END WHILE
```

当“循环条件”为真时，执行循环体语句块；当循环条件为假时，结束循环。

2. REPEAT 循环

REPEAT 循环语句的语法格式为：

```
REPEAT
    循环体语句块
UNTIL 结束循环的条件
END REPEAT;
```

当“结束循环的条件”为真时，结束循环；否则继续执行循环体。

3. LOOP 循环

LOOP 循环语句的语法格式为：

```
循环名 :LOOP
IF 判断条件 THEN
    LEAVE < 循环名 >;
END IF;
    其他循环体语句
END LOOP;
```

程序从 LOOP 至 END LOOP 循环，在“ LOOP”单词前定义循环名，在循环体中，当符合判断条件时，通过“LEAVE < 循环名 >”语句结束循环。

7.2　存储过程

7.2.1　存储过程的概念与作用

存储过程（stored procedure）是数据库系统中一组为了完成特定功能的 SQL 语句块，它将常用或复杂的工作预先用 SQL 语句编写脚本并指定名称后存储在数据库服务器中，存储过程中可以包含控制语句，有很强的灵活性，可以完成复杂的数据操作功能，用户通过调用存储过程来执行它。存储过程是数据库中的一个重要对象，利用存储过程可以提高数据的操作效率。

存储过程的作用如下：

（1）允许模块化程序设计

只需创建一次存储过程并将其存储在数据库中，以后就可以在应用程序中任意多次调用该存储过程。存储过程可由专业人员创建，并可以独立于程序源代码进行独立修改，而不会影响到调用它的应用程序源代码。

（2）改善性能

如果某操作需要大量的 SQL 语句或需要重复执行，则用存储过程比每次直接执行 SQL 语句的速度要快。因为系统是在创建存储过程时对 SQL 代码进行分析和优化，并在第一次执行时进行语法检查和编译，将编译好的可执行代码存储在内存的一个专门缓冲区中，以后再执行此存储过程时，只需直接执行内存中的代码即可。

（3）减少网络流量

将一个需要数百行 SQL 代码完成的操作定义为存储过程，只需要发送一条执行存储过程的代码即可实现对应操作，不再需要在网络中发送数百行代码。

（4）可作为安全机制使用

对于即使没有直接执行存储过程中的语句权限的用户，也可以授予他们执行该存储过程的权限。通过使用存储过程实现对数据库的操作，而不必了解数据库的具体结构，从而提高了数据库的安全性。

Oracle、SQL Server、MySQL 等数据库管理系统都有特定的存储过程写法，本节以 MySQL 为例，介绍存储过程的一般写法。

7.2.2　定义与调用存储过程

1. 定义存储过程

定义存储过程使用 CREATE PROCEDURE 语句，其语法格式如下：

DELIMITER $$
CREATE PROCEDURE < 存储过程名 >([[in|out|inout] 参数 1 < 数据类型 >]
[, [in|out|inout] 参数 2 < 数据类型 >, …])
BEGIN
　[DECLARE < 变量名 > < 类型 > [DEFAULT < 默认值 >];]
　存储过程的语句块 ;
END $$

存储过程中的参数有 in、out、inout 三种类型。

1）in：输入参数（默认情况下为 in 参数），该参数的值在调用时指定。

2）out：输出参数，存储过程运行过程中可以对该类参数赋值，起到将计算结果返回给调用程序的作用。

3）inout：既是输入参数，又是输出参数，该参数的值可在调用时指定，又可以将计算结果返回给调用程序。

注意：存储过程在创建过程中只检查语法是否正确，并不检查语句中的对象（如表）是否存在。

语法说明：第一行的 DELIMITER 语句和最后一行的 END 语句并不是定义存储过程的语句部分。DELIMITER 语句的作用是重新定义 MySQL 语句的分隔符。MySQL 默认的语句分隔符是分号，写存储过程或函数等语句块时，中间的语句分隔符会包含分号，这样存储过程的语句块就不能成为一个整体，执行的时候就会报错。因此，为避免这种情况发生，在执行这样的语句块时，必须先用 DELIMITER 语句定义用其他的符号作为分隔符。例如通过语句“DELIMITER $$”，定义“$$”为 SQL 语句分隔符。语句“END $$ ”表示通过 DELIMITER 语句定义的分隔符到此结束。又如通过“DELIMITER //”定义“//”为分隔符，程序运行到“END //”时，“//”分隔符结束。

2. 调用存储过程

调用存储过程使用 CALL 语句，其语法格式为：

CALL < 存储过程名 >(实参列表)[;]

3. 示例

（1）定义无参数存储过程

例 7-4　定义一个无参数存储过程，该存储过程查询全部图书信息。

DELIMITER $$

```
CREATE PROCEDURE showAllBooks()
BEGIN
   SELECT ISBN,bname,category,press,pub_date
      FROM  books;
END $$
```

程序解析：showAllBooks 是存储过程名，存储过程主体为一条 SELECT 语句。

调用该存储过程，将返回图 7-2 所示的结果。

```
CALL showAllBooks;
```

ISBN	bname	category	press	pub_date
9787100119160	古汉语常用字字典	H	商务印书馆	2016-09-01
9787100158602	牛津高阶英汉双解词典	H	商务印书馆	2018-05-01
9787111641247	深入理解Java虚拟机	TP	机械工业出版社	2020-01-01
9787111650812	金融通识	F	机械工业出版社	2020-01-01
9787111658283	人工智能基础	TP	机械工业出版社	2020-11-01
9787111694021	Spring Boot从入门到实战	TP	机械工业出版社	2021-08-11
9787115546081	Python编程 从入门到实践	TP	人民邮电出版社	2020-09-30
9787302505945	零基础入门学习C语言	TP	清华大学出版社	2019-05-01
9787302563839	数据分析思维	TP	清华大学出版社	2020-11-01
9787304103415	我的最后一本发音书	H	商务印书馆	2021-02-01
9787541154256	人间词话	I	四川文艺出版社	2019-06-01
9787541164019	契诃夫短篇小说选	I	四川文艺出版社	2022-08-01

图 7-2　例 7-4 的运行结果

（2）定义带输入参数的存储过程

例 7-5　定义有一个输入参数的存储过程。该存储过程查询指定出版社出版的图书信息，出版社为输入参数。

```
DELIMITER $$
CREATE PROCEDURE showPressBooks
(IN pressname VARCHAR(40))
BEGIN
   SELECT ISBN, bname, category, press, pub_date
      FROM  books
      WHERE press = pressname;
END $$
```

程序解析：showPressBooks 是过程名，pressname 为输入参数，数据类型为 VARCHAR(40)，pressname 参数可以作为 SELECT 语句的查询条件。

当调用有输入参数的存储过程时，必须为输入参数指定一个确定值。

调用 showPressBooks 存储过程，查询“机械工业出版社”出版的图书信息，结果如图 7-3 所示。

```
CALL showPressBooks(' 机械工业出版社 ');
```

ISBN	bname	category	press	pub_date
9787111641247	深入理解Java虚拟机	TP	机械工业出版社	2020-01-01
9787111650812	金融通识	F	机械工业出版社	2020-01-01
9787111658283	人工智能基础	TP	机械工业出版社	2020-11-01
9787111694021	Spring Boot从入门到实战	TP	机械工业出版社	2021-08-11

图 7-3　例 7-5 的运行结果

例 7-6　定义有多个输入参数的存储过程。查询指定学院和性别的学生信息，学院和性别为输入参数。

```
DELIMITER $$
CREATE PROCEDURE showStudents
(IN sex CHAR(2), IN collegename VARCHAR(30))
BEGIN
   SELECT * FROM students
      WHERE gender = sex AND college= collegename;
END $$
```

执行带多个参数的存储过程时，指定的实参排列顺序必须与定义存储过程时定义的参数顺序一致、类型兼容。

调用本例定义的存储过程，查询计算机学院的男生信息，得到的结果如图 7-4 所示。

```
CALL showStudents(' 男 ',' 计算机学院 ');
```

SID	sname	gender	college	Email
202101001	李勇	男	计算机学院	liyong@comp.com
202101002	刘晨	男	计算机学院	liuchen@comp.com
202101005	王立东	男	计算机学院	wldong@comp.com

图 7-4　例 7-6 的运行结果

（3）定义带输出参数的存储过程

对有输出参数的存储过程，在调用存储过程时需要定义一个变量来保存存储过程返回的结果。

例 7-7　定义查询指定出版社的图书种类数的存储过程，图书种类数用输出参数返回。

```
DELIMITER $$
CREATE PROCEDURE getBookCount
(in pressname VARCHAR(20), out bookcount int)
BEGIN
SELECT sum(quantity)INTO bookcount
   FROM books
   WHERE press=pressname;
END $$
```

程序解析：bookcount 为 out 类型参数，可以在存储过程中被赋值。

调用本例存储过程，查询“机械工业出版社”出版的图书总数量，并用 SELECT 语句查看存储过程的返回结果。运行结果如图 7-5 所示。

```
CALL getBookCount(' 机械工业出版社 ',@bcount);
SELECT @bcount;
```

@bcount
26

图 7-5　例 7-7 的运行结果

@bcount 作为实参，对应存储过程中的 bookcount 形参，用于保存存储过程的返回结果。

（4）在存储过程中使用流程控制语句

例 7-8　使用 IF 语句：建立满足要求的存储过程，该存储过程首先根据给定的图书 ISBN 判断该图书的库存数量，若库存数量为 0，则提示“库存不足”；否则根据给定的

ISBN 和学号在图书 borrow 表中插入相应数据，并给出提示“借阅成功”。

```
DELIMITER $$
CREATE PROCEDURE borrowBook
(in isbncode VARCHAR(30), in stuid CHAR(9))
BEGIN
    DECLARE bookcount int;                  # 保存图书数量
    DECLARE result VARCHAR(50);             # 保存操作结果
    SELECT quantity INTO bookcount
        FROM books WHERE isbn = isbncode;
    IF bookcount=0 THEN
        SET result=' 库存不足 ';
    ELSE
        INSERT INTO borrow(isbn, sid, borrow_time)
            VALUES(isbncode, stuid, now());
        UPDATE books SET quantity = quantity-1
            WHERE isbn = isbncode;
        SET result = ' 借阅成功 ';
    END IF;
    SELECT result;
END $$
```

假设 ISBN 为“9787111650812 ”的图书的库存数量为 1。

第一次调用上述存储过程，返回的结果如图 7-6 所示。

```
CALL borrowBook('9787111650812', '202101001');
```

用同样的参数再次调用该存储过程，返回的结果如图 7-7 所示。

```
CALL borrowBook('9787111650812', '202101001');
```

result
借阅成功

图 7-6　第一次调用例 7-8 存储过程的运行结果

result
库存不足

图 7-7　第二次调用例 7-8 存储过程的运行结果

例 7-9　使用循环语句：设已有数据表 bookcountyear，该表有两个字段 pubyear 和 quantity，分别用于存储图书出版年份和对应的图书数量。现要统计 2016—2022 年间每年出版的图书数量，并将结果存储到数据表 bookcountyear 中。

```
DELIMITER $$
CREATE PROCEDURE getBookCountYear()
BEGIN
    DECLARE pubyear int;
    SET pubyear = 2016;
    WHILE pubyear <= 2022 DO
        SELECT IFNULL(sum(quantity), 0)INTO @bookcount
```

```
FROM books
    WHERE year(pub_date) = pubyear;
INSERT INTO bookcountyear(pubyear, quantity)
    VALUES(pubyear,@bookcount);
SET pubyear = pubyear + 1;
END WHILE;
END $$
```

程序解析：在 WHILE 循环语句中，pubyear 变量从 2016 依次增加至 2022，pubyear 作为 SELECT 语句的查询条件，统计 pubyear 对应的图书数量，并将结果赋给 @bookcount 变量。在循环体中通过 INSERT 语句将年份和对应的图书数量插入 bookcountyear 表中。

说明：IFNULL() 函数用于判断第一个参数值是否为 NULL，如果为 NULL 则返回第二个参数的值，如果不为 NULL 则返回第一个参数的值。

调用该存储过程：

```
DELETE FROM bookcountyear;
CALL getBookCountYear();
```

查询 bookcountyear 表中数据，结果如图 7-8 所示。

```
SELECT * FROM bookcountyear;
```

pubyear	quantity
2016	5
2017	0
2018	8
2019	25
2020	37
2021	16
2022	4

图 7-8　例 7-9 的运行结果

（5）使用游标

例 7-10　在 books 表中增加一列，列名为“state”，类型为文本字符串，默认值为“正常”。使用游标完成对图书的如下处理：遍历所有图书信息，将 2017 年 1 月 1 日之前出版的图书库存量设为 0，并将 state 列设为“已下架”，将 2017 年 1 月 1 日至 2019 年 12 月 31 日之间出版的图书 state 列设为“即将下架”，2019 年 12 月 31 日之后出版的图书，其 state 列值用默认值。

```
DELIMITER $$
CREATE  PROCEDURE processbooks()
BEGIN
    DECLARE bookid CHAR(13);
    DECLARE pubdate VARCHAR(50);
    /* 创建游标结束标志变量 */
    DECLARE cursor_END INT DEFAULT FALSE;
    /* 声明游标 */
    DECLARE bks cursor FOR SELECT isbn, pub_date FROM books;
    /* 设置游标结束时 cursor_END 的值为 TRUE, 用来判断游标是否结束 */
    DECLARE CONTINUE HANDLER FOR NOT FOUND SET cursor_END =TRUE;
    /* 打开游标 */
    OPEN bks;
    /* 通过循环遍历游标 */
        a:LOOP
        FETCH bks INTO bookid, pubdate;
```

```
        /* 当触发 NOT FOUND 异常时，退出循环 */
        IF cursor_END THEN LEAVE a;
        END IF;
        IF pubdate < '2017-01-01' THEN
            UPDATE books SET quantity=0, state = ' 已下架 '
            WHERE isbn=bookid;
        ELSEIF pubdate BETWEEN '2017-01-01' AND '2019-12-31' THEN
            UPDATE books SET  state=' 即将下架 '
            WHERE ISBN = bookid;
        END IF;
        END LOOP;
    /* 关闭游标 */
    CLOSE bks;
END $$
```

调用该存储过程：

```
CALL processbooks;
```

执行下述查询语句，查看 books 表的变化，结果如图 7-9 所示。

```
SELECT * FROM books;
```

ISBN	bname	category	press	pub_date	price	quantity	state
9787100119160	古汉语常用字字典	H	商务印书馆	2016-09-01	39.90	0	已下架
9787100158602	牛津高阶英汉双解词典	H	商务印书馆	2018-05-01	169.00	8	即将下架
9787111641247	深入理解Java虚拟机	TP	机械工业出版社	2020-01-01	129.00	8	正常
9787111650812	金融通识	F	机械工业出版社	2020-01-01	49.00	0	正常
9787111658283	人工智能基础	TP	机械工业出版社	2020-11-01	59.00	6	正常
9787111694021	Spring Boot从入门到实战	TP	机械工业出版社	2021-08-11	76.30	10	正常
9787115546081	Python编程 从入门到实践	TP	人民邮电出版社	2020-09-30	69.80	15	正常
9787302505945	零基础入门学习C语言	TP	清华大学出版社	2019-05-01	79.00	20	即将下架
9787302563839	数据分析思维	TP	清华大学出版社	2020-11-01	99.00	8	正常
9787304103415	我的最后一本发音书	H	商务印书馆	2021-02-01	48.00	6	正常
9787541154256	人间词话	I	四川文艺出版社	2019-06-01	39.80	5	即将下架
9787541164019	契诃夫短篇小说选	I	四川文艺出版社	2022-08-01	39.80	4	正常

图 7-9　执行例 7-10 存储过程后 books 表数据

7.2.3　维护存储过程

维护存储过程的操作包括删除存储过程、查看存储过程信息、查看定义存储过程的代码等。

1. 删除存储过程

删除存储过程使用 DROP PROCEDURE 语句，其语法格式如下：

```
DROP PROCEDURE < 存储过程名 >;
```

2. 查看系统中已有存储过程的信息

查看系统中已有的存储过程使用 SHOW PROCEDURE 语句，其语法格式如下：

```
SHOW PROCEDURE STATUS;
```

执行该语句将列出当前数据库管理系统中所有的存储过程，包括存储过程名、所在数据

库、创建者、创建时间等信息。

3. 查看某数据库中特定存储过程的信息

查看某数据库中特定存储过程信息语句的语法格式如下：

```
SHOW PROCEDURE STATUS WHERE db = '< 数据名 >' AND NAME = '< 过程名 >';
```

例 7-11　查看“db_borrows”数据库中 getBookCount 存储过程信息。

```
SHOW PROCEDURE STATUS
    WHERE DB = 'db_borrows' AND NAME = 'getBookCount';
```

图 7-10 显示了执行该语句的部分结果。

Db	Name	Type	Definer	Modified	Created	Security_type
图书借阅	getBookCount	PROCEDURE	root@localhost	2023-06-24 10:58:54	2023-06-24 10:58:54	DEFINER

图 7-10　查看“db_borrows”数据库中“getBookCount”存储过程信息

4. 查看定义存储过程的代码

可通过下列语句查看指定存储过程的定义代码：

```
SHOW CREATE PROCEDURE < 存储过程名 >;
```

7.3　函数

7.3.1　函数的概念与作用

函数也是数据库中的一组完成特定功能的 SQL 语句集合，使用函数可以减少数据在数据库和应用服务器之间的传输，从而提高数据处理效率。

函数包括系统提供的函数和用户自定义的函数，本节只介绍用户自定义的函数。函数的定义和调用与存储过程类似，但也有一些重要区别。

1）自定义函数不能有输出参数，这是因为自定义函数自身就是输出参数；而存储过程可以有输出参数。

2）自定义函数的函数体中必须包含一条 RETURN 语句，而存储过程不需要。

3）自定义函数是在 SELECT 语句中调用执行的，而存储过程是通过 CALL 语句调用执行的。

7.3.2　定义与调用函数

定义函数使用 CREATE FUNCTION 语句，其语法格式如下：

```
CREATE FUNCTION < 函数名 > ([ 参数 1 < 数据类型 >][, 参数 2 < 数据类型 >]...])
RETURNS < 类型 >
< 函数体 >;
```

例 7-12　定义函数：计算两个数的乘积。

```
DELIMITER $$
CREATE FUNCTION sumprice(price DECIMAL(6,2), quantity int)
RETURNS DECIMAL(6,2)
BEGIN
```

```
    DECLARE allprice DECIMAL(6,2);
    SET allprice = price * quantity;
    RETURN allprice;
END $$
```

程序解析：price 和 quantity 为输入参数，乘积的结果赋给 allprice，函数返回值为 allprice。

注意，在创建上述自定义函数时，系统可能会报错：

This function has none of DETERMINISTIC, NO SQL, or READS SQL DATA in its declaration and binary logging is enabled.

这是因为系统默认关闭生成函数的使用，可以使用以下语句临时设置允许函数生成：

```
SET global log_bin_trust_function_creators = TRUE;
```

调用例 7-12 定义的函数，查看图书的 ISBN、书名、价格、数量以及该图书的总价（总价 = 价格 * 数量）：

```
SELECT isbn, bname, price, quantity,
       sumprice(price, quantity) AS sumprice
FROM books;
```

查询结果如图 7-11 所示。

isbn	bname	price	quantity	sumprice
9787100119160	古汉语常用字字典	39.90	5	199.50
9787100158602	牛津高阶英汉双解词典	169.00	5	845.00
9787111641247	深入理解Java虚拟机	129.00	5	645.00
9787111650812	金融通识	49.00	5	245.00
9787111658283	人工智能基础	59.00	5	295.00
9787111694021	Spring Boot从入门到实战	76.30	10	763.00
9787115546081	Python编程从入门到实践	69.80	15	1047.00
9787302505945	零基础入门学习C语言	79.00	20	1580.00
9787302563839	数据分析思维	99.00	5	495.00
9787304103415	我的最后一本发音书	48.00	5	240.00
9787541154256	人间词话	39.80	5	199.00
9787541164019	契诃夫短篇小说选	39.80	5	199.00

图 7-11　调用例 7-12 定义的函数的运行结果

7.3.3　维护函数

维护函数的主要操作包括删除函数、查看函数信息、查看定义函数的代码等。

1. 删除函数

删除函数的语句的语法格式为：

```
DROP FUNCTION < 函数名 >;
```

2. 查看系统中已有函数的信息

查看系统中已有的函数使用 SHOW FUNCTION 语句，其语法格式如下：

```
SHOW FUNCTION STATUS;
```

执行该语句将列出当前数据库管理系统中所有的函数，包括函数名、所在数据库、创建者、创建时间等信息。

3. 查看某数据库中特定函数的信息

查看某数据库中特定函数的信息，可使用下列语句：

```
SHOW FUNCTION STATUS
WHERE DB = '< 数据库名 >' AND NAME = '< 函数名 >';
```

4. 查看定义函数的代码

可通过下列语句查看指定函数的定义代码：

```
SHOW CREATE FUNCTION < 函数名 >;
```

7.4 触发器

7.4.1 触发器的概念与作用

触发器和存储过程一样，也是存储数据库中的一段完成特定功能的 SQL 语句集合。主要区别是触发器是由对数据进行的更改操作触发自动执行，这些操作包括 INSERT、UPDATE、DELETE 等。也就是说当对数据表中的数据执行插入、更新和删除操作，需要自动执行一些数据库逻辑时，可以使用触发器来实现。触发器通常用于保证业务规则和复杂数据完整性。

7.4.2 定义触发器

定义触发器时，需要指定触发器名字、触发器所作用的表、引发触发器执行的操作以及触发器要完成的功能。

创建触发器的语句的语法格式为：

```
CREATE TRIGGER < 触发器名 >
{ BEFORE | AFTER } { INSERT | UPDATE | DELETE } ON
< 表名 > FOR EACH ROW
触发器体 ;
```

其中，

1）< 表名 >：表示触发器作用的对象。

2）BEFORE|AFTER ：表示触发的时机。

① BEFORE ：定义前触发型触发器。表示在引发触发器执行的操作执行之前先执行触发器，然后再执行引发触发器执行的操作。

② AFTER ：定义后触发型触发器。表示在引发触发器执行的操作执行之后，再执行触发器。

3）INSERT|UPDATE|DELETE ：指定引发触发器执行的操作。

4）FOR EACH ROW ：指定触发器类型是行级触发器。行级触发器是指表中的每行数据都引发一次触发器的执行。MySQL 数据库管理系统只支持行级触发器，其他关系数据库管理系统如 Oracle，触发器分为行级触发器和语句级触发器两种。

在 MySQL 触发器中，数据库管理系统定义了两个临时表 NEW 和 OLD。

对 INSERT 操作触发的触发器，NEW 表存储将要（对 BEFORE 型触发器）或已经（对 AFTER 型触发器）插入的新数据，对于 AUTO_INCREMENT 列，NEW 表在 INSERT 执行之前值为 0，在 INSERT 执行之后的值为自动生成值。

对 UPDATE 操作触发的触发器，OLD 表存储将要（对 BEFORE 型触发器）或已经（对

AFTER 型触发器）被修改的原数据，OLD 中的值都是只读的，不能更新。NEW 表存储将要（对 BEFORE 型触发器）或已经（对 AFTER 型触发器）修改后的新数据。

对 DELETE 操作触发的触发器，OLD 表存储将要（对 BEFORE 型触发器）或已经（对 AFTER 型触发器）被删除的原数据，OLD 表中的值同样都是只读的，不能更新。

在 MySQL 8.0 中，可以为同一触发时机（BEFORE|AFTER）和触发事件创建多个触发器，这些触发器可以同时触发执行。

例 7-13　创建 BEFORE 型触发器：触发器名为“BEFORE_borrow”，其作用是在学生借书之前，判断图书当前库存数量是否大于零，若是则可借出图书，并将图书数量减 1；若库存数量为 0，则提示“库存不足”。

```
DELIMITER //
CREATE TRIGGER BEFORE_borrow
BEFORE INSERT ON borrow
FOR EACH ROW
BEGIN
   SELECT quantity INTO @bookcount
   FROM books
      WHERE isbn=NEW.isbn ;
   IF @bookcount=0 THEN
      SIGNAL SQLSTATE '02000' SET MESSAGE_TEXT=' 警告 : 图书库存不足 ';
   ELSE
      UPDATE books SET quantity=quantity-1
      WHERE isbn=NEW.isbn;
   END IF;
END //
```

1）为演示触发器的执行，首先将 ISBN 为“9787111650812”的图书的库存数量改为 1，执行下列语句：

```
UPDATE books SET quantity=1 WHERE isbn='9787100158602';
```

2）然后插入下列数据：

```
INSERT INTO borrow(ISBN, SID, BORROW_TIME)VALUES
('9787100158602', '202101001', now());
```

运行结果为：

1 row(s)affected.

表明数据插入成功。

3）再次插入下列数据：

```
INSERT INTO borrow(ISBN, SID, BORROW_TIME)VALUES
('9787100158602', '202101002', now());
```

运行后系统将给出如下提示：

Error Code: 1643. 警告 : 图书库存不足

表明数据插入失败。

例 7-14　创建名为“after_student_UPDATE”的 AFTER 型触发器，每当更新 students 表数据后，向 students_log 数据表中插入日志信息，记录更新前的值，并记录更新时间。假设 students_log 表已建好，其结构为：

students_log(sid, sname, gender, college, email, logtime)

定义触发器：

```
DELIMITER //
CREATE TRIGGER after_student_UPDATE
AFTER UPDATE ON students
FOR EACH ROW
BEGIN
    INSERT INTO students_log
        (sid, sname, gender, college, email, logtime)
    VALUES
        (OLD.sid, OLD.sname, OLD.gender, OLD.college, OLD.email, now());
END //
```

执行以下数据更新语句：

```
UPDATE students SET college = '信息管理'
    WHERE  sid = '202101001';
```

执行下列查询语句，查看 students_log 表中数据，结果如图 7-12 所示。

```
SELECT * FROM students_log;
```

sid	sname	gender	college	email	logtime
202101001	李勇	男	计算机	liyong@comp.com	2022-12-26 15:39:57

图 7-12　students_log 表的数据

7.4.3　维护触发器

1. 查看触发器

查看触发器是查看数据库中已经存在的触发器的定义、状态和语法信息等。

（1）查看当前数据库中所有触发器的定义，使用如下语句：

```
SHOW TRIGGERS;
```

（2）查看当前数据库中某个触发器的定义，使用如下语句：

```
SHOW CREATE TRIGGER <触发器名>;
```

（3）从系统数据库 information_schema 的 TRIGGERS 表中查询系统中的全部触发器信息，使用如下语句：

```
SELECT * FROM information_schema.TRIGGERS;
```

2. 删除触发器

触发器也是数据库对象，删除触发器使用 DROP 语句，其语法格式如下：

```
DROP TRIGGER IF EXISTS <触发器名>;
```

本章小结

SQL 扩展编程是各数据库管理系统对标准 SQL 的有益扩充，极大地扩展了数据库的功能，增加了数据的操作方法和维护方法，但由于各个数据库管理系统的语法差异较大，也大大增加了数据库移植的难度。

本章以 MySQL 数据库为例，讲解了三种主要的数据库对象：存储过程、函数、触发器。在存储过程部分介绍了存储过程的概念、定义和调用方法，包括无参数及包含输入参数、输出参数的存储过程的定义方法和对应的调用方法。在函数部分介绍了函数的概念、定义和调用方法。由于函数的主要语法和定义方法与存储过程类似，因此本章重点讲解了函数与存储过程的差异以及通过 SELECT 语句调用函数的方法。最后介绍了触发器的基本概念，讲解了触发器的定义方法，介绍了前触发器和后触发器的作用、定义方法及触发条件。

本章知识的思维导图如图 7-13 所示。

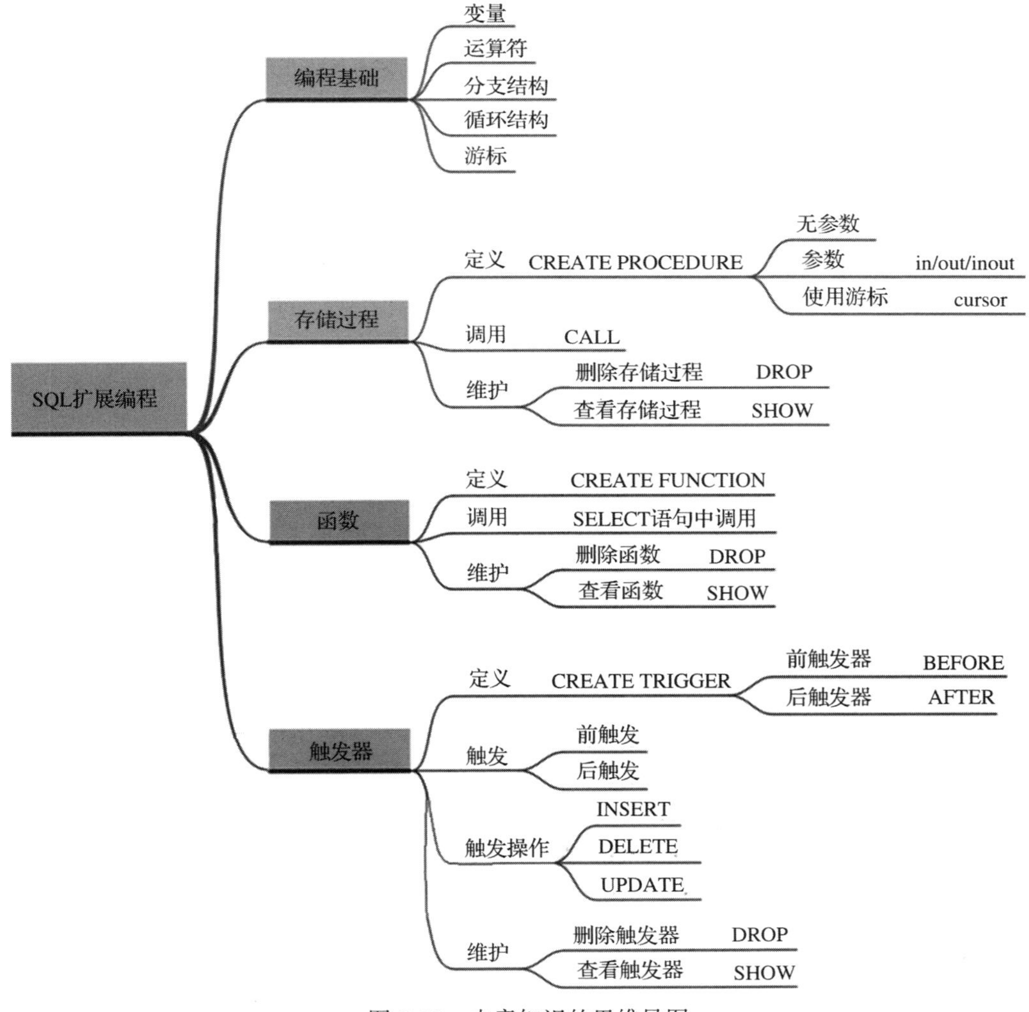

图 7-13　本章知识的思维导图

习题

一、选择题

1. 下列不属于存储过程作用的是（　　）。

   A. 能够根据数据更改操作自动执行　　B. 能够实现模块化程序设计

   C. 可以减少网络流量　　D. 可作为安全机制使用

2. 下列有关存储过程的叙述，错误的是（　　）。

   A. MySQL 允许在存储过程创建时引用一个不存在的对象

   B. 存储过程可以带多个输入参数，也可以带多个输出参数

   C. 使用存储过程可以减少网络流量

   D. 在一个存储过程中不可以调用其他存储过程

3. 下列不能引发触发器执行的操作是（　　）。

   A. INSERT　　B. DELETE

   C. SELECT　　D. UPDATE

4.MySQL 为触发器创建的两个临时表是（　　）。

   A. max 和 min　　B. avg 和 sum

   C. int 和 char　　D. old 和 new

5. 下列说法错误的是（　　）。

   A. 触发器触发时机有 BEFORE、AFTER 两种

   B. 对于同一个数据表，只能定义一个触发器

   C. 由 INSERT 操作引发的触发器，NEW 临时表用来保存新插入的数据

   D. OLD 临时表中的数据是只读的，不能被更新

二、简答题

1. 存储过程的作用是什么？
2. 存储过程和函数有哪些共同点和不同点？
3. 存储过程的参数有哪几种形式？
4. 存储过程和函数如何将结果返回给调用者？
5. 什么是触发器？触发器和存储过程的主要区别是什么？
6. 触发器的主要作用是什么？

三、编程题

请根据 books、students 和 borrow 表，编写实现下列要求的代码。

1. 定义变量 num，统计所有图书的平均价格，将值赋给变量 num 并显示 num 的值。
2. 定义存储过程，输入参数是图书类型，求该类型的图书总数量，写出定义语句和调用语句。
3. 定义存储过程，输入参数是出版社、出版年份，输出参数是图书数量，统计指定年份该出版社出版的图书数量，写出存储过程定义语句和调用语句。
4. 定义函数，输入参数是出生日期，返回值是学生年龄，写出函数定义语句和在 SELECT 语句调用此函数查询学生的姓名、年龄的语句。
5. 查看题目 3 定义的存储过程的信息。
6. 删除题目 3 定义的存储过程。
7. 定义触发器，在 students 表中插入新生信息前判断：如果新生年龄小于 15 岁或者大于 60 岁，则提示年龄输入错误。
8. 为 books 表增加一个新列，列名为“状态”，类型为字符串类型。定义触发器，每当有图书被借出时，判断该图书库存，如果库存为 0，则将 books 表的“状态”列设为“已全部借出”。

第 8 章　关系规范化理论

数据库设计是数据库应用领域中的主要研究课题，其任务是根据特定场景进行数据库应用系统的需求分析和数据分析，构建满足用户需求且性能良好的数据库模式和数据库，以满足用户业务的需求。数据库设计的目标是生成一组关系模式，关系模式的好与坏直接影响到数据库应用程序的效率。

数据库设计需要理论指导，关系规范化理论就是数据库设计的一个理论指南。关系规范化理论研究的是关系模式中各属性之间的依赖关系及其对关系模式性能的影响，探讨“好”的关系模式应该具备的性质，以及达到“好”的关系模式的方法。关系规范化理论提供了判断关系模式好坏的理论标准，帮助我们预测可能出现的问题，是数据库设计的理论基础，也是数据库设计人员的有力工具。

本章主要讨论基于函数依赖概念的关系数据库规范方法，讨论如何判断一个关系模式是否是好的关系模式，以及如何将不好的关系模式分解成好的关系模式，并能保证得到的关系模式仍能表达原来的语义。

8.1　关系规范化的意义

数据库设计的目标是生成一组关系模式，关系模式的好与坏直接影响到数据库中数据的操作效率。下面通过一个示例来分析“不好”的关系模式会带来的问题。

假设有描述学生借阅书籍的关系模式：

S-b-b(SID, Email, ISBN, bname, category, price, borrow_time, return_time)

其中各属性分别为：学号、邮箱、国际标准书号、图书名、图书分类、价格、借书时间和还书时间。该关系模式的主键为（SID, ISBN, borrow_time）。

表 8-1 是上述关系模式的部分数据示例，通过这些数据示例分析一下这个关系模式存在的问题。

表 8-1　S-b-b 模式的部分数据示例

SID	Email	ISBN	bname	category	price	borrow_time	return_time
202101002	liuchen@comp.com	9787302505945	零基础入门学习 C 语言	TP	79	2021-10-15 9:45:00	2021-10-29 13:42:00
202101004	zxhong@comp.com	9787302505945	零基础入门学习 C 语言	TP	79	2021-10-11 8:45:00	2021-11-2 14:00:00
202102001	zhanghai@econ.com	9787304103415	我的最后一本发音书	H	48	2021-9-21 10:05:00	2021-10-12 14:00:00
202102003	zshshan@econ.com	9787304103415	我的最后一本发音书	H	48	2021-9-24 11:15:00	2021-10-14 14:00:00

（续）

SID	Email	ISBN	bname	category	price	borrow_time	return_time
202101002	liuchen@comp.com	9787111641247	深入理解Java虚拟机	TP	129	2022-6-15 9:45:00	NULL
202101002	liuchen@comp.com	9787100158602	牛津高阶英汉双解词典	H	169	2022-6-15 9:45:00	NULL
…		…	…	…	…	…	…

经过观察，发现这个关系模式存在以下问题：

（1）数据冗余

在这个关系中，一本图书只要被借阅多次，该图书的书名、分类、价格就要重复多次，这就带来了数据冗余。数据冗余不仅浪费了大量的存储空间，还有可能产生数据的不一致性。

（2）更新异常

如果某一学生修改了邮箱信息，那么该学生所有的图书借阅信息中的邮箱都要修改，否则就会带来数据的不一致性。

（3）插入异常

假设图书馆新进了一批图书，由于关系模式 S-b-b 的主键是（SID, ISBN, borrow_time)，在没有学生借阅的情况下，无法将这批图书的信息存入数据库，这就是插入异常。插入异常不是指在数据库中插入了错误的数据，而是指在某种情况下无法在数据库中插入正确的数据。

（4）删除异常

如果借阅了《深入理解 Java 虚拟机》的学生都毕业了，在删除毕业学生信息的同时，这本书的信息也丢失了（假设借过此书的学生都是毕业生）。删除异常是指删除操作将不应该删除的信息删除了。

出现上述问题的原因是关系模式的设计问题，也就是关系模式中属性之间的依赖关系存在不好的性质。为了解决这个问题，我们首先需要了解函数依赖。

8.2　函数依赖

分析关系模式中属性之间的依赖关系是规范化的基础。本节我们给出函数依赖的几个概念。

1. 函数依赖

函数 $Y = f(X)$ 表示的是 X 和 Y 的对应关系，即给定一个 X 值，都会有一个 Y 值和它对应。也可以说，X 函数决定 Y，或 Y 函数依赖于 X。在关系数据库中讨论函数依赖注重的是语义上的关系，如

$$书名 = f(\mathrm{ISBN})$$

只要给出一个具体的ISBN，就会有唯一的书名和它对应，如ISBN为“9787302505945”，书名就是“零基础入门学习 C 语言”，这里“ISBN”是自变量 X，“书名”是因变量或函数值 Y。一般把 X 函数决定 Y，或 Y 函数依赖于 X 表示为：$X \rightarrow Y$。

根据以上讨论可以写出比较直观的函数依赖定义，即如果有一个关系模式 $R(A_1, A_2, \cdots,$

A_n)，X 和 Y 为 $\{A_1, A_2, \cdots, A_n\}$ 的子集，r 是 R 的任一具体关系，如果对于关系 r 中的任意一个 X 值，都只有一个 Y 值与之对应，则称 X 函数决定 Y 或 Y 函数依赖于 X。

例如，对关系模式 Students(SID, Sname, gender, college, Email) 有以下函数依赖关系：

SID→Sname, SID→gender, SID→college, SID →Email

对关系模式 borrow(ISBD, SID, borrow_time, return_time) 有以下函数依赖关系：

(ISBD, SID, borrow_time)→return_time

函数依赖讨论的是属性之间的依赖关系，它是语义范畴的概念，也就是说关系模式的属性之间是否存在函数依赖只与语义有关。下面给出函数依赖的形式化定义。

设有关系模式 $R(A_1, A_2, \cdots, A_n)$，X 和 Y 均为 $\{A_1, A_2, \cdots, A_n\}$ 的子集，r 是 R 的任一具体关系，t_1、t_2 是 r 中的任意两个元组。如果由 $t_1[X] = t_2[X]$ 可以推导出 $t_1[Y] = t_2[Y]$，则称 X 函数决定 Y，或 Y 函数依赖于 X，记为 $X \to Y$。

在以上定义中特别要注意，只要 $t_1[X] = t_2[X] \Rightarrow t_1[Y] = t_2[Y]$ 成立，就有 $X \to Y$。判断关系模式中属性之间是否存在依赖关系，不能只通过部分元组分析，要从语义分析。

如果 $X \to Y$，则称 X 为决定因子。如果 Y 函数不依赖于 X，则记作 $X \nrightarrow Y$。

如果 $X \to Y$，并且 $Y \to X$，则记作 $X \leftrightarrow Y$。例如关系模式员工（员工工号，姓名，身份证号码)，员工工号↔身份证号码。

2. 非平凡的函数依赖

设有关系模式 $R(A_1, A_2, \cdots, A_n)$，X 和 Y 均为 $\{A_1, A_2, \cdots, A_n\}$ 的子集，如果 $X \to Y$，但 Y 不包含于 X，则称 $X \to Y$ 是非平凡的函数依赖。若不作特别说明，我们讨论的都是非平凡的函数依赖。

前面提到的关系模式 Students(SID, Sname, gender, college, Email) 的函数依赖：

SID→Sname，SID→gender，SID→college，SID→Email

和关系模式 borrow(ISBD, SID, borrow_time, return_time) 的函数依赖：

(ISBD, SID, borrow_time)→return_time

均为非平凡的函数依赖。

3. 平凡的函数依赖

如果 $X \to Y$，但 Y 包含于 X，则称 $X \to Y$ 是平凡的函数依赖。例如，(SID, Sname)→Sname 就是平凡的函数依赖。对于任意关系模式，讨论平凡函数的依赖是没有意义的，后文只讨论非平凡的函数依赖。

4. 完全函数依赖、部分函数依赖

如果 $X \to Y$，并且对于 X 的一个任意真子集 X' 都有 $X' \nrightarrow Y$，则称 Y 完全函数依赖于 X，记作 $X \xrightarrow{f} Y$；如果 $X' \to Y$ 成立，则称 Y 部分函数依赖于 X，记作 $X \xrightarrow{p} Y$。

例如，8.1 节的关系模式 S-b-b（SID, Email, ISBN, bname, category, price, borrow_time, return_time）的主键是（SID, ISBN, borrow_time)，对于（SID, ISBN, borrow_time）→Email，显然 Email 只依赖于 SID，也就是 SID→Email，因此（SID, ISBN, borrow_time）$\xrightarrow{p}$ Email。

5. 传递函数依赖

如果 $X \to Y$（非平凡函数依赖，并且 $Y \nrightarrow X$)、$Y \to Z$，则称 Z 传递函数依赖于 X。

例 8-1　设有关系模式 S(Sno, Sname, Sdept, Dept_master)，其中各属性分别为：学号、姓名、所在系和系主任（假设一个系只有一个主任），主键为 Sno，则有如下函数依赖：

Sno $\xrightarrow{f}$ Sname　　　　姓名完全函数依赖于学号

由于有：

Sno $\xrightarrow{f}$ Sdept　　　　所在系完全函数依赖于学号

Sdept $\xrightarrow{f}$ Dept_master　　　　系主任完全函数依赖于所在系

因此：

Sno $\xrightarrow{传递}$ Dept_master　　　　系主任传递函数依赖于学号

6. 候选键、主属性、非主属性

设 K 为关系模式 R 的一个属性或属性组，若满足：

$K \xrightarrow{f} A_1$，$K \xrightarrow{f} A_2$，…，$K \xrightarrow{f} A_n$

则 K 称为关系模式 R 的候选键（也称为候选码）。包含在候选键中的属性称为主属性，不包含在任何候选键中的属性称为非主属性。

在关系模式 S-b-b（SID, Email, ISBN, bname, category, price, borrow_time, return_time）中，候选键为（SID, ISBN, borrow_time)，则主属性有：SID、ISBN、borrow_time；非主属性有：Email、bname、category、price、return_time。

例 8-2　现有关系模式图书（书号，书名，出版日期，作者号，作者名，作者联系电话，图书价格），语义如下：

1）每本图书有唯一的书号。

2）每个作者有唯一的作者号。

3）每本图书有唯一的作者，每个作者可以编写多本图书。

4）每本图书有唯一的出版日期和价格。

5）每个作者有唯一的联系电话。

6）书名可能有重复。

7）作者名可能有重复。

判断该关系模式是否存在传递函数依赖。

由于有：

书号→作者号　　　　作者号依赖于书号

作者号→作者名　　　　作者名依赖于作者号

作者号→作者联系电话　　　　作者联系电话依赖于作者号

因此有：

书号 $\xrightarrow{传递}$ 作者名　　　　书号 $\xrightarrow{传递}$ 作者联系电话

作者名和作者联系电话传递依赖于书号，可见该关系模式存在传递函数依赖。

8.3　函数依赖的推理规则

为什么要讨论函数依赖的推理规则？规范化的过程就是消除不好的函数依赖，在实际的数据库项目中，要确定所有可能的函数依赖是不现实的，因此需要一些方法，从已知的函数依赖集得到一个表示完整函数依赖的最小函数依赖集。

8.3.1 Armstrong 公理

函数依赖的推理规则最早出现在 1974 年 W.W.Armstrong 论文中，因此称这些规则为 Armstrong 公理。下面讨论函数依赖的一个有效而完备的 Armstrong 公理系统。

设有关系模式 $R(U, F)$，U 为关系模式 R 上的属性全集，F 为 R 上的函数依赖集，X、Y、Z、W 均为 U 的子集（为简便起见，下面用 XY 表示 $X \cup Y$）。

1. 自反律

若 $Y \subseteq X \subseteq U$，则 $X \rightarrow Y$ 在 R 上成立，即一组属性函数决定它的所有子集。

例如，对关系模式 Students（SID, Sname, gender, college, Email），有：

（SID, Sname）→Sname 和（SID, Sname）→SID

证明：已知 $Y \subseteq X \subseteq U$，对 $R(U, F)$ 的任一关系 r 中两个元组 t、s，若 $t[X] = s[X]$，由于 $Y \subseteq X$，则有 $t[Y] = s[Y]$，所以 $X \rightarrow Y$ 成立，自反律得证。

2. 增广律

若 $X \rightarrow Y$ 在 R 上成立，且 $Z \subseteq U$，则 $XZ \rightarrow YZ$ 在 R 上也成立。

例如，对关系模式 Students（SID, Sname, gender, college, Email），SID→Sname 成立，则（SID, Email）→（Sname, Email）。

证明：由于 $X \rightarrow Y$，且 $Z \subseteq U$，对 $R(U, F)$ 的任一关系 r 中两个元组 t、s，若 $t[XZ] = s[XZ]$，则有 $t[X] = s[X]$ 和 $t[Z] = s[Z]$；由 $X \rightarrow Y$，于是有 $t[Y] = s[Y]$，所有 $t[YZ] = s[YZ]$，即 $XZ \rightarrow YZ$ 在 R 上也成立，增广律得证。

3. 传递律

若 $X \rightarrow Y$ 和 $Y \rightarrow Z$ 在 R 上成立，则 $X \rightarrow Z$ 在 R 上也成立。

例如，对关系模式 S（SID, Sname, Sdept, Dept_master），其中各属性分别为：学号、姓名、所在系和系主任（假设一个系只有一个主任），由 SID→Sdept，Sdept→Dept_master 可以推出 SID→Dept_master。

证明：对 $R(U, F)$ 的任一关系 r 中两个元组 t、s，若 $t[X] = s[X]$，由于 $X \rightarrow Y$，故 $t[Y] = s[Y]$；又由于 $Y \rightarrow Z$，故 $t[Z] = s[Z]$；所以 $X \rightarrow Z$ 在 R 上也成立，传递律得证。

由自反律、增广律和传递律可以得到以下几个很有用的推理规则。

4. 合并规则（union rule）

若 $X \rightarrow Y$ 和 $X \rightarrow Z$ 在 R 上成立，则 $X \rightarrow YZ$ 在 R 上也成立。

例如，对关系模式 Students（SID, Sname, gender, college, Email），有 SID→Sname，SID→Email，则有 SID→（Sname, Email）成立。

5. 分解规则（decomposition rule）

若 $X \rightarrow Y$ 和 $Z \subseteq Y$ 在 R 上成立，则 $X \rightarrow Z$ 在 R 上也成立。

例如，对关系模式 Students（SID, Sname, gender, college, Email），有 SID→（Sname, gender, college, Email），则有 SID→Email 成立。

从合并规则和分解规则可得到如下重要结论：

如果 $A_1 \cdots A_n$ 是关系模式 R 的属性集，那么 $X \rightarrow A_1 \cdots A_n$ 成立的充分必要条件是 $X \rightarrow A_i$（$i = 1, 2, \cdots, n$）成立。

6. 伪传递规则（pseudo-transitivity rule）

若 $X \rightarrow Y$ 和 $YW \rightarrow Z$ 在 R 上成立，则 $XW \rightarrow Z$ 在 R 上也成立。

例如，关系模式 borrow（ISBD, SID, borrow_time, return_time）的函数依赖：（ISBD, SID, borrow_time）→return_time。对关系模式 borrow 稍做改动，增加一个属性 IDentity，语义为身份证号码，在关系模式 borrow（ISBD, SID, borrow_time, return_time, IDentity）中，有 IDentity→SID，（ISBD, SID, borrow_time）→return_time，则有（ISBD, IDentity, borrow_time）→return_time。

7. 复合规则（composition rule）

若 $X \rightarrow Y$ 和 $W \rightarrow Z$ 在 R 上成立，则 $XW \rightarrow YZ$ 在 R 上也成立。

例如，对关系模式 S（SID, Sname, Sdept, Dept_master），其中各属性分别为：学号、姓名、所在系和系主任（假设一个系只有一个主任），有函数依赖 SID→Sname 和 Sdept→Dept_master 成立，则有（SID, Sdept）→（Sname, Dept_master）。

8.3.2　闭包及候选键求解方法

对于一个关系模式 $R(U, F)$，要根据已给出的函数依赖 F，利用推理规则推导出其全部的函数依赖集是很困难的，为此引入了函数依赖集闭包的概念。

1. 函数依赖集的闭包

定义：在关系模式 $R(U, F)$ 中，U 是 R 的属性全集，F 是 R 上的一组函数依赖。设 X、Y 是 U 的子集，对于关系模式 R 的任何一个关系 r，若函数依赖 $X \rightarrow Y$ 都成立（即 r 中任意两元组 t、s，若 $t[X] = s[X]$，则 $t[Y] = s[Y]$）那么称 F 逻辑蕴涵 $X \rightarrow Y$，或称函数依赖 $X \rightarrow Y$ 可由 F 导出。

所有被 F 逻辑蕴涵的函数依赖的全集称为 F 的闭包，记作 F^+。

例 8-3　设有关系模式 $R(A, B, C, G, H, I)$ 及其函数依赖集 $F=\{A \rightarrow B, A \rightarrow C, CG \rightarrow H, CG \rightarrow I, B \rightarrow H\}$，判断 $A \rightarrow H$、$CG \rightarrow HI$ 和 $AG \rightarrow I$ 是否属于 F^+。

根据 Armstrong 公理系统：

1）由于有 $A \rightarrow B$ 和 $B \rightarrow H$，根据传递律，可推出 $A \rightarrow H$。

2）由于有 $CG \rightarrow H$ 和 $CG \rightarrow I$，根据合并规则，可推出 $CG \rightarrow HI$。

3）由于有 $A \rightarrow C$ 和 $CG \rightarrow I$，根据伪传递规则，可推出 $AG \rightarrow I$。

因此，$A \rightarrow H$、$CG \rightarrow HI$ 和 $AG \rightarrow I$ 均属于 F^+。

例 8-4　已知关系模式 $R(A, B, C, D, E, G)$ 及其函数依赖集 $F = \{AB \rightarrow C, C \rightarrow A, BC \rightarrow D, ACD \rightarrow B, D \rightarrow EG, BE \rightarrow C, CG \rightarrow BD, CE \rightarrow AG\}$，判断 $BD \rightarrow AC$ 是否属于 F^+。

由 $D \rightarrow EG$，可推出：$D \rightarrow E$，$BD \rightarrow BE$。　①

又由 $BE \rightarrow C$，$C \rightarrow A$，可推出：$BE \rightarrow A$，$BE \rightarrow AC$。　②

由①、②，可推出 $BD \rightarrow AC$，因此 $BD \rightarrow AC$ 被 F 所蕴涵，即 $BD \rightarrow AC$ 属于 F^+。

对关系模式 $R(U, F)$，应用 Armstrong 公理系统计算 F^+ 的过程。

步骤 1：初始，$F^+ = F$。

步骤 2：对 F^+ 中的每个函数依赖 f，在 f 上应用自反律和增广律，将结果加入 F^+ 中；对 F^+ 中的一对函数依赖 f_1 和 f_2，如果 f_1 和 f_2 可以使用传递律结合起来，则将结果加入 F^+ 中；对 F^+ 中的一对函数依赖 f_1 和 f_2，如果能用合并规则、伪传递规则和复合规则，则将结果加入 F^+ 中；对 F^+ 中的每个函数依赖 f，如果能应用分解规则，将结果加入 F^+ 中。

步骤 3：重复步骤 2，直到 F^+ 不再增大为止。

例如，有关系模式 $R(U, F)$，$U = (X, Y, Z)$，$F = \{X \to Y, Y \to Z\}$，应用 Armstrong 公理系统计算得出：

$F^+ = \{ X \to X, X \to Y, X \to Z, X \to XY, X \to YZ, X \to XZ, Y \to Y, Y \to Z, Y \to YZ, Z \to Z, XY \to X, XY \to Y, XY \to Z, XY \to XY, XY \to YZ, XY \to XZ, XY \to XYZ, XZ \to X, XZ \to Y, XZ \to Z, XZ \to XY, \cdots\}$

一般情况下，由函数依赖集 F 计算其闭包 F^+ 是相当麻烦的，因为即使 F 很小，F^+ 也可能很大。而且在 F^+ 中，许多函数依赖在语义上没有意义。计算 F^+ 的目的是判断函数依赖是否为 F 所蕴涵，然而要导出 F^+ 的全部函数依赖是很费时的事情，而且由于 F^+ 中包含大量的冗余信息，因此计算 F^+ 的全部函数依赖是不必要的。那么是否有更简单的方法来判断 $X \to Y$ 是否为 F 所蕴涵呢？这时需要用到属性集闭包。

2. 属性集闭包

在开始确定一个关系的函数依赖集合 F 时，首先是确定那些语义上非常明显的函数依赖，然后，应用 Armstrong 公理从这些函数依赖中推导出附加的正确的函数依赖。确定这些附加的函数依赖的一种系统化方法是首先确定每一组会在函数依赖左边出现的属性组 X，然后确定所有依赖于 X 的属性组 X^+，X^+ 称为 X 在 F 下的闭包。

判定函数依赖 $X \to Y$ 是否能由 F 导出的问题，可转化为求 X^+ 并判定 Y 是否是 X^+ 子集的问题，即求函数依赖集闭包问题可转化为求属性集问题。

定义：设有关系模式 $R(U, F)$，U 是 R 的属性集，F 是 R 上的函数依赖集，X 是 U 的一个子集（$X \subseteq U$）。用函数依赖推理规则可从 F 中推出函数依赖 $X \to A$ 中所有 A 的集合，将其称为属性集 X 关于 F 的闭包，记为 X^+（或 X^+_F）。即

$X^+ = \{A \mid X \to A$ 能够由 F 根据 Armstrong 公理导出 $\}$

对关系模式 $R(U, F)$，求属性集 X 相对于函数依赖集 F 的闭包 X^+ 的算法如下：

步骤 1：初始，$X^+ = X$。

步骤 2：如果 F 中有某个函数依赖 $Y \to Z$ 满足 $Y \subseteq X^+$，则 $X^+ = X^+ \cup Z$。

步骤 3：重复步骤 2，直到 X^+ 不再增大为止。

例 8-5　设有关系模式 $R(U, F)$，其中属性集 $U = \{X, Y, Z, W\}$，函数依赖集 $F = \{X \to Y, Y \to Z, W \to Y\}$，计算 X^+、$(XW)^+$。

（1）计算 X^+

步骤 1：初始，$X^+ = X$。

步骤 2：

①对 X^+ 中的 X，有 $X \to Y$，故 $X^+ = X^+ \cup Y = XY$。

②对 X^+ 中的 Y，有 $Y \to Z$，故 $X^+ = X^+ \cup Z = XYZ$。

在函数依赖集 F 中，Z 不出现在任何函数依赖的左部，因此 X^+ 将不会再扩大，所以最终 $X^+ = XYZ$。

（2）计算 $(XW)^+$

步骤 1：初始，$(XW)^+ = XW$。

步骤 2：

①对 $(XW)^+$ 中的 X，有 $X \to Y$，故 $(XW)^+ = XW^+ \cup Y = XWY$。

②对 $(XW)^+$ 中的 Y，有 $Y \to Z$，故 $(XW)^+ = XW^+ \cup Z = XWYZ$。

③对 $(XW)^+$ 中的 W，有 $W \to Y$，但 Y 已在 $(XW)^+$ 中，因此 $(XW)^+$ 保持不变。

④对 $(XW)^+$ 中的 Z，由于 Z 不出现在任何函数依赖的左部，因此 $(XW)^+$ 保持不变。

最终 $(XW)^+ = XWYZ$。

例 8-6　设有关系模式 $R(U, F)$，其中 $U = \{A, B, C, D, E\}$，$F = \{ (A, B) \to C, B \to D, C \to E, (C, E) \to B, (A, C) \to B\}$，计算 $(AB)^+$。

步骤 1：初始，$(AB)^+ = AB$。

步骤 2：

①对 $(AB)^+$ 中的 A、B，有 $(A, B) \to C$，故 $(AB)^+ = (AB)^+ \cup C = ABC$。

②对 $(AB)^+$ 中的 B，有 $B \to D$，故 $(AB)^+ = (AB)^+ \cup D = ABCD$。

③对 $(AB)^+$ 中的 C，有 $C \to E$，故 $(AB)^+ = (AB)^+ \cup E = ABCDE$。

至此，$(AB)^+$ 已包含了 R 中的全部属性，因此 $(AB)^+$ 计算完毕。

最终 $(AB)^+ = ABCDE$。

例 8-7　已知关系模式 $R(A, B, C, D, E, G)$，其函数依赖集 $F = \{ AB \to C, C \to A, BC \to D, ACD \to B, D \to EG, BE \to C, CG \to BD, CE \to AG \}$，求 $(BD)^+$，并判断 $BD \to AC$ 是否属于 F^+。

$(BD)^+ = \{B, D, E, G, C, A\}$，由于 $\{A, C\} \subseteq (BD)^+$，因此 $BD \to AC$ 可由 F 导出，即 $BD \to AC$ 属于 F^+。

例 8-8　已知关系模式 $R(A, B, C, E, H, P, G)$，其函数依赖集 $F = \{AC \to PE, PG \to A, B \to CE, A \to P, GA \to B, GC \to A, PAB \to G, AE \to GB, ABCP \to H\}$，证明 $BG \to HE$ 属于 F^+。

证明：因为 $(BG)^+ = \{A, B, C, E, H, P, G\}$，而 $\{H, E\} \subseteq (BG)^+$，所以 $BG \to HE$ 可由 F 导出，即 $BG \to HE$ 属于 F^+。

求属性集闭包的另一个用途是：如果属性集 X 的闭包 X^+ 包含了 R 中的全部属性，则 X 为 R 的一个候选键。

3. 候选键的求解方法

对于给定的关系模式 $R(A_1, A_2, \cdots, A_n)$ 和函数依赖集 F，现将 R 的属性分为如下四类：

1）L 类：仅出现在函数依赖左部的属性。

2）R 类：仅出现在函数依赖右部的属性。

3）N 类：在函数依赖的左部和右部均不出现的属性。

4）LR 类：在函数依赖的左部和右部均出现的属性。

对 R 中的属性 X，可有以下结论：

1）若 X 是 L 类属性，则 X 一定包含在关系模式 R 的任何一个候选键中；若 X^+ 包含了 R 的全部属性，则 X 为关系模式 R 的唯一候选键。

2）若 X 是 R 类属性，则 X 不包含在关系模式 R 的任何一个候选键中。

3）若 X 是 N 类属性，则 X 一定包含在关系模式 R 的任何一个候选键中。

4）若 X 是 LR 类属性，则 X 可能包含在关系模式 R 的某个候选键中。

例 8-9 设有关系模式 $R(U, F)$，其中 $U=\{A, B, C, D\}$，$F=\{D \to B, B \to D, AD \to B, AC \to D\}$，求 R 的所有候选键。

观察 F 中的函数依赖，发现 A、C 两个属性是 L 类属性，因此 A、C 两个属性必定在 R 的任何一个候选键中；又由于 $(AC)^+ = ABCD$，即 $(AC)^+$ 包含了 R 的全部属性，因此，AC 是 R 的唯一候选键。

例 8-10 设有关系模式 $R(U, F)$，其中 $U = \{A, B, C, D, E, G\}$，$F = \{A \to D, E \to D, D \to B, BC \to D, DC \to A\}$，求 R 的所有候选键。

通过观察 F 中的函数依赖，发现 C、E 两个属性是 L 类属性，因此 C、E 两个属性必定在 R 的任何一个候选键中；由于 G 是 N 类属性，故属性 G 也必定在 R 的任何一个候选键中；又由于 $(CEG)^+ = ABCDEG$，即 $(CEG)^+$ 包含了 R 的全部属性，因此，CEG 是 R 的唯一候选键。

例 8-11 设有关系模式 $R(U, F)$，其中 $U = \{A, B, C, D, E, G\}$，$F = \{AB \to E, AC \to G, AD \to B, B \to C, C \to D\}$，求 R 的所有候选键。

通过观察 F 中的函数依赖，发现 A 是 L 类属性，故 A 必定在 R 的任何一个候选键中；E、G 是两个 R 类属性，故 E、G 一定不包含在 R 的任何候选键中；由于 $A^+=A \neq ABCDEG$，故 A 不能单独作为候选键；B、C、D 三个属性均是 LR 类属性，则这三个属性中必有部分或全部在某个候选键中。下面将 B、C、D 依次与 A 结合，分别求闭包：

1）$(AB)^+ = ABCDEG$，因此 AB 为 R 的一个候选键。

2）$(AC)^+ = ABCDEG$，因此 AC 为 R 的一个候选键。

3）$(AD)^+ = ABCDEG$，因此 AD 为 R 的一个候选键。

综上所述，关系模式 R 共有三个候选键：AB、AC 和 AD。

通过本例，我们发现如果 L 类属性和 N 类属性不能作为候选键，则可将 LR 类属性逐个与 L 类和 N 类属性组合做进一步的考察。有时要将 LR 类全部属性与 L 类、N 类属性组合才能作为候选键。

例 8-12 设有关系模式 $R(U, F)$，其中 $U = \{A, B, C, D, E\}$，$F=\{A \to BC, CD \to E, B \to D, E \to A\}$，求 R 的所有候选键。

通过观察 F 中的函数依赖，发现关系模式 R 中没有 L 类、R 类和 N 类属性，所有的属性都是 LR 类属性。因此，先从 A、B、C、D、E 属性中依次取出一个属性，分别求它们的闭包：

$$A^+ = ABCDE$$
$$B^+ = BD$$
$$C^+ = C$$
$$D^+ = D$$
$$E^+ = ABCDE$$

由于 A^+ 和 E^+ 都包含了 R 的全部属性，因此 A 和 E 分别是 R 的一个候选键。

接下来，从 R 中任意取出两个属性，分别求其闭包。由于 A、E 已是 R 的候选键了，因此只需在 C、D、E 中进行选取即可。

$$(BC)^+ = ABCDE$$
$$(BD)^+ = BD$$
$$(CD)^+ = ABCDE$$

因此，BC 和 CD 分别是 R 的一个候选键。

至此，关系模式 R 的全部候选键为 A、E、BC 和 CD。

8.3.3 极小函数依赖集

对于一个关系模式 $R(U, F)$，根据已给出的函数依赖 F，利用推理规则推导出其全部的函数依赖集，全部的函数依赖集是非常庞大的，但是每一个函数依赖集均等价于一个极小函数依赖集。

对关系模式 $R(U, F)$，如果函数依赖集 F 满足下列条件，则称 F 为 R 的一个极小函数依赖集（或称为最小依赖集、最小覆盖），记为 F_{min}。

注意：

1）F 中每个函数依赖的右部仅含有一个属性。

2）F 中每个函数依赖的左部不存在多余的属性，即不存在这样的函数依赖 $X \rightarrow A$，X 有真子集 Z 使得 F 与 $(F-\{X \rightarrow A\}) \cup \{Z \rightarrow A\}$ 等价。

3）F 中不存在多余的函数依赖，即不存在这样的函数依赖 $X \rightarrow A$，使得 F 与 $F-\{X \rightarrow A\}$ 等价。

计算极小函数依赖集的算法如下：

1）使 F 中每个函数依赖的右部都只有一个属性。逐一检查 F 中各函数依赖 $X \rightarrow Y$，若 $Y = A_1 A_2 \cdots A_k$（$k \geqslant 2$），则用 $\{X \rightarrow A_j \mid j=1, 2, \cdots, k\}$ 取代 $X \rightarrow Y$。

2）去掉各函数依赖左部多余的属性。逐一取出 F 中各函数依赖 $X \rightarrow A$，设 $X = B_1 B_2 \cdots B_m$，逐一检查 B_i（$i = 1, 2, \cdots, m$），如果 $A \in (X-B_i)_F^+$，则以 $X - B_i$ 取代 X。

3）去掉多余的函数依赖。逐一检查 F 中各函数依赖 $X \rightarrow A$，令 $G = F - \{X \rightarrow A\}$，若 $A \in X_G^+$，则从 F 中去掉 $X \rightarrow A$ 函数依赖。

例 8-13 设有如下两个函数依赖集 F_1、F_2，分别判断它们是否是极小函数依赖集。

$F_1 = \{AB \rightarrow CD，BE \rightarrow C，C \rightarrow G\}$

$F_2 = \{A \rightarrow D，B \rightarrow A，A \rightarrow C，B \rightarrow D，D \rightarrow C\}$

对 F_1，由于函数依赖 $AB \rightarrow CD$ 的右部不是单个属性，因此，该函数依赖集不是极小函数依赖集。

对 F_2，由于 $A \rightarrow C$ 可由 $A \rightarrow D$ 和 $D \rightarrow C$ 导出，因此 $A \rightarrow C$ 是 F_2 中的多余函数依赖，所以 F_2 也不是极小函数依赖集。

例 8-14 设有关系模式 $R(U, F)$，其中 $U = \{A, B, C\}$，$F = \{A \rightarrow BC, B \rightarrow C, AC \rightarrow B\}$，求其极小函数依赖集 F_{min}。

1）让 F 中每个函数依赖的右部为单个属性。结果为：

$$G_1 = \{ A \rightarrow B, A \rightarrow C, B \rightarrow C, AC \rightarrow B\}$$

2）去掉 G_1 中每个函数依赖左部的多余属性。对于该例，只需分析 $AC \rightarrow B$ 即可。

第一种情况：去掉 C，计算 $A_{G_1}^+ = ABC$，包含了 B，因此 $AC \rightarrow B$ 中 C 是多余属性，$AC \rightarrow B$ 可化简为 $A \rightarrow B$。

第二种情况：去掉 A，计算 $C_{G_1}^+ = C$，不包含 B，因此 $AC \rightarrow B$ 中 A 不是多余属性。

去掉左部多余属性后的函数依赖集为：

$$G_2 = \{ A \rightarrow B, A \rightarrow C, B \rightarrow C, A \rightarrow B\} = \{ A \rightarrow B, A \rightarrow C, B \rightarrow C \}$$

3）去掉 G_2 中多余的函数依赖。

①对 $A \to B$，令 $G_3 = \{ A \to C, B \to C \}$，$A^+_{G_3} = AC$，不包含 B，因此 $A \to B$ 不是多余的函数依赖。

②对 $A \to C$，令 $G_4 = \{ A \to B, B \to C \}$，$A^+_{G_4} = ABC$，包含了 C，因此 $A \to C$ 是多余的函数依赖，应去掉。

③对 $B \to C$，令 $G_5 = \{ A \to B, A \to C \}$，$B^+_{G_5} = B$，不包含 C，因此 $B \to C$ 不是多余的函数依赖。

最终的极小函数依赖集 $F_{min} = \{ A \to B,\ B \to C \}$。

例 8-15　设有关系模式 $R(U, F)$，其中 $U = \{A, B, C\}$，$F = \{AB \to C, A \to B, B \to A\}$，求其极小函数依赖集 F_{min}。

观察发现该函数依赖集中所有函数依赖的右部均为单个属性，因此只需去掉左部的多余属性和多余函数依赖即可。

1）去掉 F 中每个函数依赖左部的多余属性，本例只需考虑 $AB \to C$ 即可。

第一种情况：去掉 B，计算 $A^+_F = ABC$，包含 C，因此 B 是多余属性，$AB \to C$ 可化简为 $A \to C$。故 F 简化为：$G_1 = \{ A \to C, A \to B, B \to A \}$。

第二种情况：去掉 A，计算 $B^+_F = ABC$，包含 C，因此 A 是多余属性，$AB \to C$ 可化简为 $B \to C$。故 F 可简化为：$G_2 = \{ B \to C, A \to B, B \to A \}$。

2）去掉 G_1 和 G_2 中的多余函数依赖。

①去掉 G_1 中的多余函数依赖。

对 $A \to C$，令 $G_{11} = \{ A \to B, B \to A \}$，$A^+_{G_{11}} = AB$，不包含 C，因此 $A \to C$ 不是多余的函数依赖。

对 $A \to B$，令 $G_{12} = \{ A \to C, B \to A \}$，$A^+_{G_{12}} = C$，不包含 B，因此 $A \to B$ 不是多余的函数依赖。

对 $B \to A$，令 $G_{13} = \{ A \to C, A \to B \}$，$B^+_{G_{13}} = B$，不包含 A，因此 $B \to A$ 不是多余的函数依赖。

最终的极小函数依赖集 $F_{min1} = G_1 = \{ A \to C, A \to B, B \to A \}$。

②去掉 G_2 中的多余函数依赖。

对 $B \to C$，令 $G_{21} = \{ A \to B, B \to A \}$,$B^+_{G_{21}} = AB$，不包含 C，因此 $B \to C$ 不是多余的函数依赖。

对 $A \to B$，令 $G_{22} = \{ B \to C, B \to A \}$，$A^+_{G_{22}} = A$，不包含 B，因此 $A \to B$ 不是多余的函数依赖。

对 $B \to A$，令 $G_{23} = \{ B \to C, A \to B \}$，$B^+_{G_{23}} = BC$，不包含 A，因此 $B \to A$ 不是多余的函数依赖。

最终的极小函数依赖集 $F_{min2} = G_2 = \{ B \to C, A \to B, B \to A \}$。

8.4　范式

关系数据库中的关系是要满足一定要求的，满足不同程度要求的为不同范式。满足最低要求的为第一范式（1NF），在第一范式中进一步满足要求的为第二范式（2NF），以此类推，还有第三范式（3NF）、Boyce-Codd 范式（BCNF）、第四范式（4NF）和第五范式（5NF）。图 8-1 说明了各范式之间的关系。

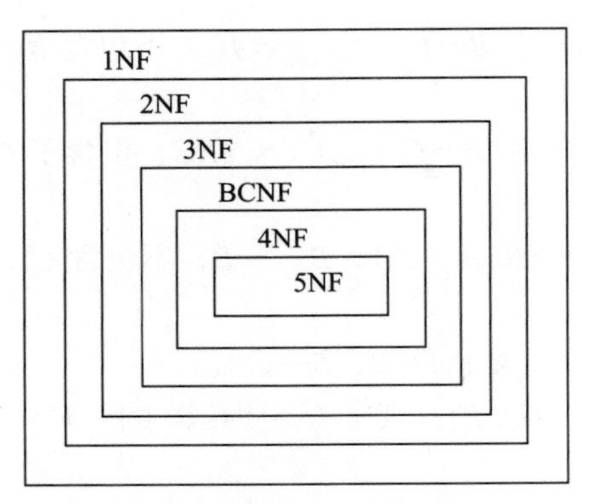

图 8-1　各范式之间的关系

有关范式理论的研究主要是 E. F. Codd 做的工作。1971—1972 年 E. F. Codd 系统地提出了 1NF、2NF、3NF 的概念，并讨论了规范化的问题。

规范化的过程被分解成一系列的步骤，每一步都对应某一个特定的范式。随着规范化的进行，关系将逐步变得更加规范，表现为具有更少的操作异常。对于关系数据模型，所有关系模式都是第一范式（1NF）。第一范式是必需的，后续的其他范式都是可选的。但为了避免出现前边我们说的操作异常情况，通常需要将规范化进行到第三范式（3NF）。

8.1 节介绍了设计“不好”的关系模式会带来的问题，本节将讨论“好”的关系模式应具备的性质，即关系规范化问题。

所谓“第几范式”是表示关系模式满足的条件，所以经常称某一关系模式为第几范式的关系模式。例如，若 R 为第二范式的关系模式可以写为：$R \in 2NF$。

对关系模式的属性间的函数依赖加以不同的限制，就形成了不同的范式。这些范式是递进的，第一范式的关系模式比不是第一范式的关系模式要好；第二范式的关系模式比第一范式的关系模式好；……。范式越高，规范化的程度越高，关系模式带来的问题就越少。

8.4.1　第一范式

定义：不包含非原子项属性的关系都是 1NF 的关系。在 1NF 的关系中每一列都是不可分割的基本数据项，而且同一列中不能有多个值。表 8-2 所示的关系就不是第一范式的关系（也称为非规范化关系或非范式关系），因为在表 8-2 中，“高级职称人数”不是原子项属性，它是由两个基本属性（“教授”和“副教授”）组成的一个复合属性。

对于表 8-2 所示的这种形式的非规范化关系，可以直接将非原子项属性进行分解，如把“高级职称人数”分解为“教授人数”和“副教授人数”，即可成为第一范式的关系，具体见表 8-3。

表 8-2　非第一范式的关系

系名	高级职称人数	
	教授	副教授
计算机系	6	10
信息管理系	3	5
通信工程系	4	8

表 8-3　将表 8-2 规范化成第一范式的关系

系名	教授人数	副教授人数
计算机系	6	10
信息管理系	3	5
通信工程系	4	8

8.4.2　第二范式

定义：如果 $R(U, F) \in 1NF$，并且 R 中的每个非主属性都完全函数依赖于主键，则 $R(U, F) \in 2NF$。

从定义可以看出，若某个第一范式关系的主键只由一个列组成，则这个关系就是第二范式关系。但如果某个第一范式关系的主键是由多个属性共同构成的复合主键，并且存在非主属性对主键的部分函数依赖，则这个关系就不是第二范式关系。

在 8.1 节的关系模式 S-b-b（SID, Sname, Email, ISBN, bname, category, price, borrow_time, return_time）中，主键是（SID, ISBN, borrow_time），有（SID, ISBN, borrow_time）→ Email，显然 Email 只依赖于 SID，也就是 SID 函数决定 Email，可见（SID, ISBN, borrow_time）$\xrightarrow{P}$ Email。部分函数依赖会带来数据冗余以及操作异常。因此第二范式的关系也不是"好"的关系模式，需要进行分解。

可以用模式分解的办法将非第二范式关系分解为多个满足第二范式要求的关系。去掉部分函数依赖的分解过程为：

1）用组成主键的属性集合的每一个子集作为主键构成一个关系模式。

2）将依赖于这些主键的属性放置到相应的关系模式中。

3）最后去掉只由主键的子集构成的关系模式。

例如，对于上述 S-b-b（SID, Email, ISBN, bname, category, price, borrow_time, return_time）关系模式进行分解。

1）将该关系模式分解为如下七个关系模式（下划线部分标识主键）：

① Students（<u>SID</u>, …）

② books（<u>ISBN</u>, …）

③ borrow（<u>borrow_time</u>, …）

④ Students-books（<u>SID</u>, <u>ISBN</u>, …）

⑤ Students-borrow（<u>SID</u>, <u>borrow_time</u>, …）

⑥ books-borrow（<u>ISBN</u>, <u>borrow_time</u>, …）

⑦ Students-books-borrow（<u>SID</u>, <u>ISBN</u>, <u>borrow_time</u>, …）

2）将依赖于这些主键的属性放置到相应的关系模式中，形成如下七个关系模式：

① Students（<u>SID</u>, Email）

② books（<u>ISBN</u>, bname, category, price）

③ borrow（<u>borrow_time</u>）

④ Students-books（<u>SID</u>, <u>ISBN</u>）

⑤ Students-borrow（<u>SID</u>, <u>borrow_time</u>）

⑥ books-borrow（<u>ISBN</u>, <u>borrow_time</u>）

⑦ Students-books-borrow（SID, ISBN, borrow_time, return_time）

3）去掉只由主键的子集构成的关系模式。

对于 2）中的③、④、⑤、⑥关系模式，由于这四个关系模式是只由主键的子集构成的关系模式，因此去掉这四个关系模式。S-b-b 关系模式最终被分解为：

① Students（SID, Email）

② books（ISBN, bname, category, price）

③ Students-books-borrow（SID, ISBN, borrow_time, return_time）

现在对分解后的三个关系模式再进行分析。

1）关系模式①和②的主键都是单一字段，不可能存在部分函数依赖。因此满足第二范式要求，是第二范式的关系模式。

2）对关系模式③，其主键是（SID, ISBN, borrow_time），并且有：

（SID, ISBN, borrow_time）$\xrightarrow{f}$ return_time

因此 Students-books-borrow 也满足第二范式要求，是第二范式的关系模式。

例 8-16 有关系模式：S-D-C（Sno, Sname, Ssex, Sdept, Dept_master, Cno, Grade），其各属性含义是：学号、姓名、性别、所在系、系主任、课程编号、成绩，该关系模式的主键是 (Sno, Cno)。判断是否为第二范式关系，若不是，分解为第二范式。

因为 Sno→Sname, 因此存在：

（Sno, Cno）$\xrightarrow{p}$ Sname

由于存在非主属性对主键的部分函数依赖，所以不满足第二范式要求，不是第二范式的关系模式。

对上述 S-D-C（Sno, Sname, Ssex, Sdept, Dept_master, Cno, Grade）关系模式进行分解。

1）将该关系模式分解为如下三个关系模式（下划线部分表示主键）：

S-D（Sno, …）

C（Cno, …）

S-C（Sno, Cno, …）

2）将依赖于这些主键的属性放置到相应的关系模式中，形成如下三个关系模式：

S-D（Sno, Sname, Ssex, Sdept, Dept_master）

C（Cno）

S-C（Sno, Cno, Grade）

3）去掉只由主键的子集构成的关系模式，也就是去掉 C（Cno）关系模式。S-D-C 关系模式最终被分解为：

S-D（Sno, Sname, Ssex, Sdept, Dept_master）

S-C（Sno, Cno, Grade）

现在对分解后的两个关系模式再进行分析。

1）对 S-D（Sno, Sname, Ssex, Sdept, Dept_master），其主键是（Sno），并且有：

Sno $\xrightarrow{f}$ Sname，Sno $\xrightarrow{f}$ Ssex，Sno $\xrightarrow{f}$ Sdept，Sno $\xrightarrow{f}$ Dept_master

因此 S-D 满足第二范式要求，是第二范式的关系模式。

2）对 S-C（Sno, Cno, Grade），其主键是（Sno, Cno），并且有：

(Sno, Cno) $\xrightarrow{f}$ Grade

因此 S-C 也满足第二范式要求，是第二范式的关系模式。

对于关系模式 S-D，一个系有多少个学生，就会重复描述每个系和系主任多少遍，因此还存在数据冗余，也存在操作异常。比如，当新组建一个系时，如果此系还没有招收学生，但已有了系主任，则还是无法将此系的信息插入表中，因为这时的学号为空。

由此看到，第二范式的关系同样还可能存在操作异常情况，因此还需要对第二范式的关系模式进行进一步的分解。

8.4.3　第三范式

定义：如果 $R(U, F) \in 2NF$，并且所有的非主属性都不传递依赖于主键，则 $R(U, F) \in 3NF$。

从定义可以看出，如果存在非主属性对主键的传递依赖，则相应的关系模式就不是第三范式的。关系模式 S-D（Sno, Sname, Ssex, Sdept, Dept_master），其中各属性分别为：学号、姓名、性别、所在系和系主任（假设一个系只有一个主任），主键为 Sno，则有如下函数依赖关系：

Sno $\xrightarrow{f}$ Sname　　　姓名完全函数依赖于学号

Sno $\xrightarrow{f}$ Ssex　　　性别完全函数依赖于学号

由于有：

Sno $\xrightarrow{f}$ Sdept　　　所在系完全函数依赖于学号

Sdept $\xrightarrow{f}$ Dept_master　　　系主任完全函数依赖于所在系

因此：

Sno $\xrightarrow{传递}$ Dept_master　　　系主任传递函数依赖于学号

故该关系模式存在传递函数依赖，不满足第三范式要求。去掉传递函数依赖的分解过程为：

1）对于不是候选键的每个决定因子，从关系模式中删去依赖于它的所有属性。

2）新建一个关系模式，新关系模式中包含原关系模式中所有依赖于该决定因子的属性。

3）将决定因子作为新关系模式的主键。

S-D 分解后的关系模式如下：

S（Sno, Sname, Ssex, Sdept），主键为 Sno。

D（Sdept, Dept_master），主键为 Sdept。

对 S，有：Sno $\xrightarrow{f}$ Sname，Sno $\xrightarrow{f}$ Ssex，Sno $\xrightarrow{f}$ Sdept，因此 S 是第三范式的。

对 D，有：Sdept $\xrightarrow{f}$ Dept_master，因此 S-L 也是第三范式的。

至此，S-D-C（Sno, Sname, Ssex, Sdept, Dept_master, Cno, Grade）被分解为三个关系模式，每个关系模式都是第三范式的。模式分解之后，原来在一个关系中表达的信息被分解在三个关系中表达，因此，为了保持模式分解前所表达的语义，在进行模式分解之后，除了标识主键（一般用下划线标识）之外，还需要标识相应的外键，即

S（<u>Sno</u>, Sname, Ssex, Sdept），Sno 为主键，Sdept 为引用 S-L 的外键。

D（<u>Sdept</u>, Dept_master），Sdept 为主键，没有外键。

S-C（<u>Sno</u>, <u>Cno</u>, Grade），(Sno, Cno) 为主键，Sno 为引用 S-D 的外键。

由于第三范式关系模式中不存在非主属性对主键的部分函数依赖和传递函数依赖，因而在很大程度上消除了数据冗余和更新异常。在实际应用系统的数据库设计中，一般达到第三范式即可。

8.4.4　Boyce-Codd 范式

关系数据库设计的主要目的是消除部分函数依赖和传递函数依赖，因为这些函数依赖会导致更新异常。到目前为止，我们讨论的第二范式和第三范式都是不允许存在对主键的部分函数依赖和传递函数依赖，但这些定义并没有考虑对候选键的依赖问题。如果只考虑对主键的依赖关系，则在第三范式的关系中有可能存在会引起数据冗余的函数依赖。第三范式的这些不足导致了另一种更强范式的出现，即 Boyce-Codd 范式，简称 BC 范式或 BCNF。

BCNF 是由 Boyce 和 Codd 共同提出的，它比 3NF 更进了一步，通常认为 BCNF 是修正的 3NF。它是在考虑了关系中对所有候选键的函数依赖的基础上建立的。

定义： 如果 $R(U, F) \in$ 1NF，若 $X \rightarrow Y$ 且 $Y \not\subseteq X$ 时 X 必包含候选键，则 $R(U, F) \in$ BCNF。

通俗地讲，当且仅当关系中的每个函数依赖的决定因子都是候选键时，该范式即为 BCNF。

为了验证一个关系是否符合 BCNF，首先要确定关系中所有的决定因子，然后再看它们是否都是候选键。所谓决定因子是一个属性或一组属性，其他属性完全函数依赖于它。

3NF 和 BCNF 之间的区别在于对一个函数依赖 $A \rightarrow B$，3NF 允许 B 是主键属性，而 A 不一定是候选键；而 BCNF 则要求在这个函数依赖中，A 必须是候选键。因此，BCNF 也是 3NF，只是更加规范。尽管满足 BCNF 的关系也是 3NF 关系，但 3NF 关系却不一定是 BCNF 的。

前面分解的 S、D 和 S-C，这三个关系模式都是 3NF 的，同时也都是 BCNF 的，因为它们都只有一个决定因子。大多数情况下 3NF 的关系模式都是 BCNF 的，只有在非常特殊的情况下，才会发生违反 BCNF 的情况。下面是有可能违反 BCNF 的情形：

1）关系中包含两个（或更多）复合候选键。

2）候选键的属性有重叠，通常至少有一个重叠的属性。

下面给出一个违反 BCNF 的例子，并说明如何将非 BCNF 关系转换为 BCNF 关系。该示例说明了将 1NF 关系转换为 BCNF 的方法。

设有表 8-4 所示的 ClientInterview 关系，该关系描述了员工与客户的洽谈情况。包含的属性有：clientNo（客户号）、interviewDate（接待日期）、interviewTime（洽谈开始时间）、staffNo（员工号）和 roomNo（洽谈房间号）。其语义为：每个参与洽谈的员工被分配到一个特定的房间中进行洽谈，一个房间在一个工作日内可以被分配多次，但一个员工在特定工作日内只在一个房间洽谈客户，一个客户在某个特定的日期只能参与一次洽谈，但可以在不同的日期多次参与洽谈。

表 8-4　ClientInterview 部分数据示例

clientNo	interviewDate	interviewTime	staffNo	roomNo
C001	2022-10-20	10:30	Z005	R101
G002	2022-10-20	12:00	Z005	R101
G005	2022-10-20	10:30	Z002	R102
G002	2022-10-28	10:30	Z005	R102

ClientInterview 关系有三个候选键：（clientNo, interviewDate）、（staffNo, interviewDate, interviewTime）和（roomNo, interviewDate, interviewTime），而且这些候选键都是复合候选键，它们包含一个共同的属性 interviewDate。现选择（clientNo, interviewDate）作为该关系的主键。ClientInterview 的关系模式如下：

ClientInterview（clientNo, interviewDate, interviewTime, staffNo, roomNo）

该关系模式具有如下函数依赖关系：

fd1：（clientNo, interviewDate）→interviewTime, staffNo, roomNo

fd2：（staffNo, interviewDate, interviewTime）→clientNo

fd3：（roomNo, interviewDate, interviewTime）→staffNo, clientNo

fd4：（staffNo, interviewDate）→roomNo

现在对这些函数依赖进行分析以确定 ClientInterview 关系属于第几范式。由于函数依赖 fd1、fd2 和 fd3 的决定因子都是该关系的候选键，因此这些依赖不会带来任何问题。唯一需要讨论的是 fd4 函数依赖：（staffNo, interviewDate）→roomNo，尽管（staffNo, interviewDate）不是 ClientInterview 关系的候选键，但由于 roomNo 是候选键（roomNo, interviewDate, interviewTime）中的一个属性，因此，这个函数依赖是 3NF 所允许的。又由于该关系模式不存在部分函数依赖和传递函数依赖，因此 ClientInterview 是 3NF 的。

但这个关系不属于 BCNF，因为 fd4 中的决定因子（staffNo, interviewDate）不是该关系的候选键，而 BCNF 要求关系中所有的决定因子都必须是候选键，因此 ClientInterview 关系可能会存在操作异常。例如，当要改变员工“Z005”在 2022 年 10 月 20 日的房间号时就需要更改关系中的两个元组。如果只在一个元组中更新了房间号，而另一个元组没有更新，则会导致数据不一致。

为了将 ClientInterview 关系转换为 BCNF，必须要消除关系中违反 BCNF 的函数依赖，为此，可以将 ClientInterview 关系分解为两个新的符合 BCNF 的关系：Interview 和 StaffRoom，见表 8-5 和表 8-6。

表 8-5　Interview 部分数据示例

clientNo	interviewDate	interviewTime	staffNo
C001	2022-10-20	10:30	Z005
G002	2022-10-20	12:00	Z005
G005	2022-10-20	10:30	Z002
G002	2022-10-28	10:30	Z005

表 8-6　StaffRoom 部分数据示例

staffNo	interviewDate	roomNo
Z005	2022-10-20	R101
Z002	2022-10-20	R102
Z005	2022-10-28	R102

可以把不符合 BCNF 的关系分解成符合 BCNF 的关系，但在任何情况下都将所有关系转化为 BCNF 并不一定是最佳的。例如，在对关系进行分解时，有可能会丢失一些函数依

赖，也就是，经过分解后可能会将决定因子和由它决定的属性放置在不同的关系中。这时要满足原关系中的函数依赖是非常困难的，而且一些重要的约束也可能随之丢失。当发生这种情况时，最好的方法就是将规范化过程只进行到 3NF。在 3NF 中，所有的函数依赖都会被保留下来。例如，在上边对 ClientInterview 关系分解的例子中，当将该关系分解为两个 BCNF 后，已经丢失了函数依赖：

（roomNo, interviewDate, interviewTime）→staffNo，clientNo　（fd3）

因为这个函数依赖的决定因子已经不在一个关系中了。但我们也应该认识到，如果不消除 fd4 函数依赖：（staffNo, interviewDate）→roomNo，那么在 ClientInterview 关系中就存在数据冗余。

在具体的实际应用过程中，到底应该将 ClientInterview 关系规范化到 3NF，还是规范化到 BCNF，主要由 3NF 的 ClientInterview 关系所产生的数据冗余量与丢失 fd3 函数依赖所造成的影响哪个更重要决定。例如，如果在实际情况中，每个员工每天只洽谈一次客户，那么，fd4 函数依赖的存在不会导致数据冗余，因此就不需要将 ClientInterview 关系分解为两个 BCNF 关系。但如果实际情况是，每位员工在一天内可能会多次与客户洽谈，那么 fd4 函数依赖就会造成数据冗余，这时将 ClientInterview 关系规范化为两个 BCNF 可能就更好。但也要考虑丢失 fd3 函数依赖带来的影响，也就是说，fd3 是否传递了关于洽谈客户的重要信息，并且是否必须在关系中表现这个依赖关系。弄清楚这些问题有助于彻底解决到底是保留所有的函数依赖重要还是消除数据冗余重要。

8.4.5　规范化小结

在关系数据库中，对关系模式的基本要求是要满足第一范式，这样的关系模式就是可以实现的。但在第一范式的关系中会存在数据操作异常，因此，人们寻求解决这些问题的方法，这就是规范化引出的目的。

规范化的基本思想是逐步消除数据依赖中不合适的部分，通过模式分解的方法使关系模式逐步消除操作异常。分解的基本思想是让一个关系模式只描述一件事情，即面向主题设计数据库的关系模式。因此，规范化的过程就是让每个关系模式概念单一化的过程。但要确保分解后产生的关系模式与原关系模式等价，即模式分解不能破坏原来的语义，同时还要保证不丢失原来的函数依赖关系。

图 8-2 总结了规范化的过程。

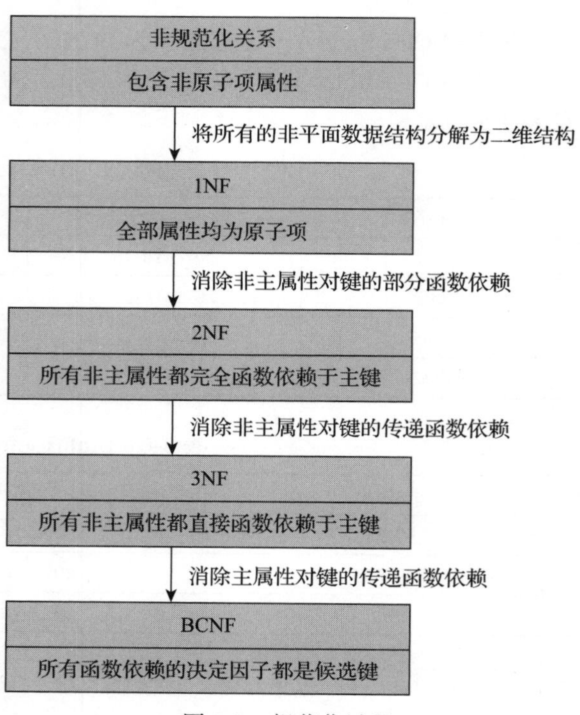

图 8-2　规范化过程

8.5　关系模式的分解准则

规范化的方法就是进行模式分解，但分解后产生的关系模式应与原关系模式等价，即模式分解必须遵守一定的准则，不能表面上消除了操作异常，却带来了其他问题。为此，模式分解应满足：

1）分解具有无损连接性。

2）分解能够保持函数依赖。

无损连接是指分解后的关系通过自然连接可以恢复成原来的关系，即通过自然连接得到的关系与原来的关系相比，既不多出信息，也不丢失信息。

保持函数依赖的分解是指在模式分解过程中，函数依赖不能丢失的特性，即模式分解不能破坏原来的语义。

为了得到更高范式的关系进行的模式分解，是否能既保证无损连接又保持函数依赖呢？答案是肯定的。

应如何对关系模式进行分解？对于同一个关系模式可能有多种分解方案。例如，对于关系模式：S-D-L（Sno, Dept, Loc），各属性含义分别为：学号，系名和宿舍楼号，假设系名可以决定宿舍楼号。则有函数依赖：

Sno→Dept，Dept→Loc

显然这个关系模式不是第三范式的。对于此关系模式我们可以有三种分解方案，分别为：

方案 1：S-L（Sno, Loc），D-L（Dept, Loc）。

方案 2：S-D（Sno, Dept），S-L（Sno, Loc）。

方案 3：S-D（Sno, Dept），D-L（Dept, Loc）。

这三种分解方案得到的关系模式都是第三范式的，那么这三种方案是否都正确呢？在将一个关系模式分解为多个关系模式时除了提高规范化程度之外，还需要考虑其他的一些因素。

将一个关系模式 $R(U, F)$（U 为 R 的属性集，F 为 R 中的函数依赖集）分解为若干个关系模式 $R_1(U_1, F_1)$，$R_2(U_2, F_2)$，…，$R_n(U_n, F_n)$（其中 $U = U_1 \cup U_2 \cup \cdots \cup U_n$，$F_i$ 为 F 在 U_i 上的投影），这意味着相应地将存储在一张二维表 r 中的数据分散到了若干个二维表 r_1，r_2，…，r_n 中（r_i 是 r 在属性组 U_i 上的投影）。我们希望这样的分解不丢失信息，也就是说，希望能通过对关系 r_1，r_2，…，r_n 的自然连接运算重新得到关系 r 中的所有信息。

事实上，将关系 r 投影为 r_1，r_2，…，r_n 时不会丢失信息，关键是对 r_1，r_2，…，r_n 做自然连接时可能产生一些 r 中原来没有的元组，从而无法区别哪些元组是 r 中原来有的（数据库中应该存在的数据），哪些是不应该有的。从这个意义上来说就丢失了信息。

但如何对关系模式进行分解呢？对于同一个关系模式可能有多种分解方案。例如，对于上述关系模式：S-D-L（Sno, Dept, Loc），有三种分解方案，而且这三种分解方案得到的关系模式都是第三范式的，那么这三种分解方案是否都满足分解的要求呢？下面我们对此进行分析。

假设在某一时刻，此关系模式的数据见表 8-7，此关系用 r 表示。

表 8-7　S-D-L 关系模式的某一时刻数据（r）

Sno	Dept	Loc
S01	D1	L1
S02	D2	L2
S03	D2	L2
S04	D3	L1

若按方案 1 将关系模式 S-D-L 分解为 S-L(Sno，Loc) 和 D-L(Dept，Loc)，则将 S-D-L 投影到 S-L 和 D-L 的属性上，得到关系 r_{11} 和 r_{12}，见表 8-8 和表 8-9。

表 8-8　分解所得到的结果（r_{11}）

Sno	Loc
S01	L1
S02	L2
S03	L2
S04	L1

表 8-9　分解所得到的结果（r_{12}）

Dept	Loc
D1	L1
D2	L2
D3	L1

做自然连接 $r_{11} * r_{12}$，得到 r'，见表 8-10。

表 8-10　$r_{11} * r_{12}$ 自然连接后得到 r'

Sno	Dept	Loc
S01	D1	L1
S01	D3	L1
S02	D2	L2
S03	D2	L2
S04	D1	L1
S04	D3	L1

r' 中的元组（S01, D3, L1）和（S04, D1, L1）不是原来 r 中有的元组，说明分解方案 1 的分解方法是错误的。

将关系模式 $R(U, F)$ 分解为关系模式 $R_1(U_1, F_1)$，$R_2(U_2, F_2)$，…，$R_n(U_n, F_n)$，若对于 R 中的任何一个可能的 r，都有 $r = r_1 * r_2 * \cdots * r_n$，即 r 在 $R_1, R_2, \cdots, R_n$ 上的投影的自然连接等于 r，则称关系模式 R 的这个分解具有无损连接性。

分解方案 1 不具有无损连接性，因此不是一个正确的分解方法。

再来分析方案 2。将 S-D-L 投影到 S-D、S-L 的属性上，得到关系 r_{21} 和 r_{22}，见表 8-11 和表 8-12。

表 8-11　分解所得到的结果（r_{21}）

Sno	Dept
S01	D1
S02	D2
S03	D2
S04	D3

表 8-12　分解所得到的结果（r_{22}）

Sno	Loc
S01	L1
S02	L2
S03	L2
S04	L1

将 $r_{21} * r_{22}$ 做自然连接，得到 r''，见表 8-13。

表 8-13　$r_{21} * r_{22}$ 自然连接后得到 r''

Sno	Dept	Loc
S01	D1	L1
S02	D2	L2
S03	D2	L2
S04	D3	L1

我们看到分解后的关系模式经过自然连接后恢复成了原来的关系，因此，分解方案 2 具有无损连接性。现在对这个分解做进一步的分析。假设学生 S03 从 D2 系转到了 D3 系，于是我们需要在 r_{21} 中将元组（S03, D2）改为（S03, D3），同时还需要在 r_{22} 中将元组（S03, L2）改为（S03, L1）。如果这两个修改没有同时进行，则数据库中就会出现不一致信息。这是由于这样分解得到的两个关系模式没有保持原来的函数依赖关系。原有的函数依赖 Dept→Loc 在分解后既没有投影到 S-D 中，也没有投影到 S-L 中，而是跨在了两个关系模式上。因此分解方案 2 没有保持原有的函数依赖关系，因此也不是好的分解方法。

我们再来看分解方案 3，经过分析（读者可以自己思考）可以看出分解方案 3 既满足无损连接性，又保持了原有的函数依赖关系，因此它是一个好的分解方法。

从以上分析我们可以看出，分解具有无损连接性和分解保持函数依赖是两个独立的标准。具有无损连接性的分解不一定保持函数依赖，如前边的分解方案 2；保持函数依赖的分解不一定具有无损连接性（请读者自己想例子来说明这种情况）。

一般情况下，在进行模式分解时，我们应将有直接依赖关系的属性放置在一个关系模式中，这样得到的分解结果一般具有无损连接性，并且能保持函数依赖关系不变。

本章小结

关系规范化理论是设计没有操作异常的关系数据库的基本原则，规范化理论主要是研究关系模式中各属性之间的函数依赖关系，根据函数依赖关系的不同，我们介绍了从各个属性都是不能再分的原子属性的第一范式，到消除了非主属性对主键的部分函数依赖的第二范式，再到消除了非主属性对主键的传递函数依赖的第三范式，最后介绍了考虑主属性之间的函数依赖关系的 BC 范式。范式的每一次升级都是通过模式分解实现的，在进行模式分解时应注意保证分解后的关系能够具有无损连接性并能保证原有的函数依赖关系。

关系数据库的规范化理论主要包括四方面内容：函数依赖、函数依赖的推理规则、范式和关系模式规范化，其中函数依赖和函数依赖的推理规则起着核心作用，它是模式分解和设计的基础，范式是模式分解的标准。

关系规范化理论的根本目的是指导我们设计没有数据冗余和操作异常的关系模式。对于一般的数据库应用来说，设计到第三范式就足够了。因为规范化程度越高，表的个数也就越多，相应地就有可能会降低数据的操作效率。

本章知识的思维导图如图 8-3 所示。

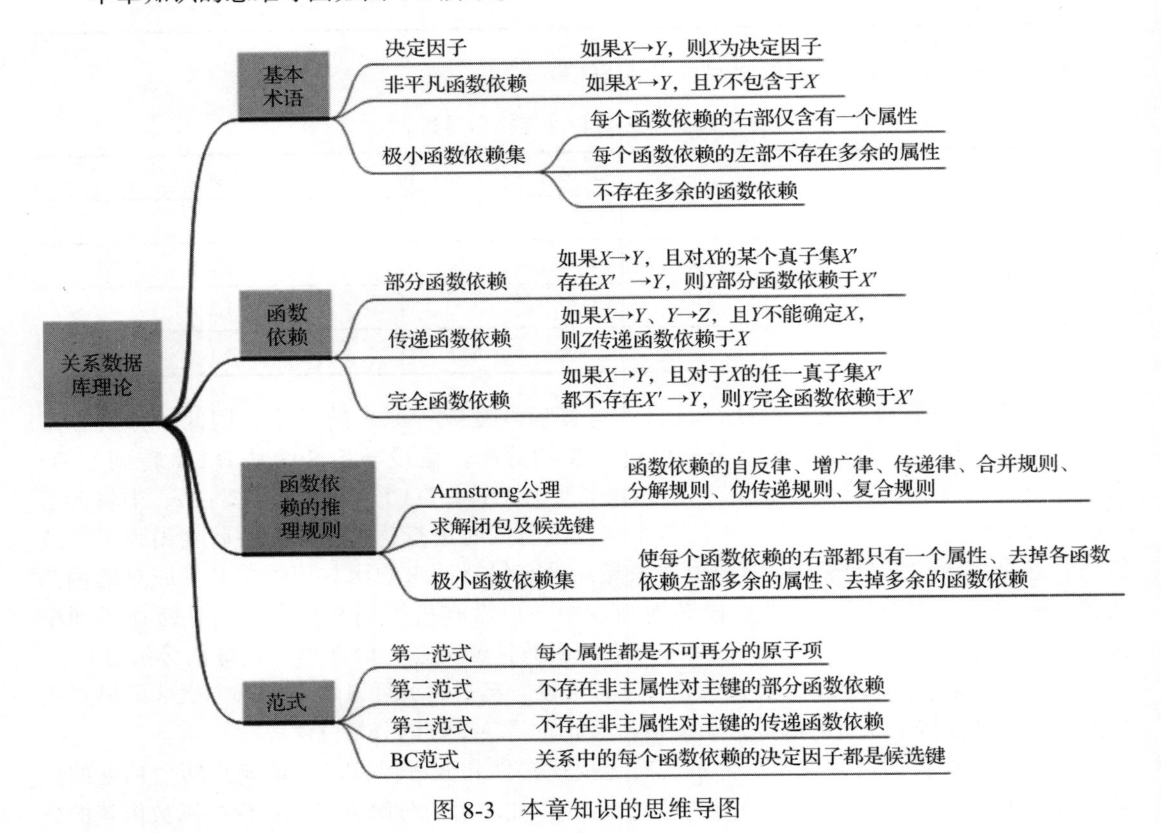

图 8-3　本章知识的思维导图

习题

一、选择题

1. 对关系模式进行规范化的主要目的是（　　）。

A. 提高数据操作效率　　B. 维护数据的一致性

C. 加强数据的安全性　　D. 为用户提供更快捷的数据操作

2. 关系模式中的插入异常是指（　　）。

A. 插入的数据违反了实体完整性约束

B. 插入的数据违反了用户定义的完整性约束

C. 插入了不该插入的数据

D. 应该被插入的数据不能被插入

3. 关系模型中的关系模式至少是（　　）。

A. 1NF　　B. 2NF

C. 3NF　　D. BCNF

4. 如果有函数依赖 $X\rightarrow Y$，并且对 X 的任意真子集 X'，都有 $X'\nrightarrow Y$，则称（　　）。
   A. X 完全函数依赖于 Y　　B. X 部分函数依赖于 Y
   C. Y 完全函数依赖于 X　　D. Y 部分函数依赖于 X
5. 如果有函数依赖 $X\rightarrow Y$，并且对 X 的某个真子集 X'，有 $X'\rightarrow Y$ 成立，则称（　　）。
   A. Y 完全函数依赖于 X　　B. Y 部分函数依赖于 X
   C. X 完全函数依赖于 Y　　D. X 部分函数依赖于 Y
6. 关系模式 1NF 是指关系模式中不存在（　　）。
   A. 传递函数依赖　　B. 部分函数依赖
   C. 非主属性　　D. 复合属性
7. 设 F 是某关系模式的极小函数依赖集。下列关于 F 的说法，错误的是（　　）。
   A. F 中每个函数依赖的右部都必须是单个属性
   B. F 中每个函数依赖的左部都必须是单个属性
   C. F 中不能有冗余的函数依赖
   D. F 中每个函数依赖的左部不能有冗余属性
8. 有关系模式：学生（学号，姓名，所在系，系主任），设一个系只有一个系主任，则该关系模式至少属于（　　）。
   A. 第一范式　　B. 第二范式　　C. 第三范式　　D. BC 范式
9. 设有关系模式 $R(X, Y, Z)$，其 $F = \{Y\rightarrow Z, Y\rightarrow X, X\rightarrow YZ\}$，则该关系模式至少属于（　　）。
   A. 第一范式　　B. 第二范式　　C. 第三范式　　D.BC 范式
10. 下列关于关系模式与范式的说法，错误的是（　　）。
   A. 任何一个只包含两个属性的关系模式一定属于 3NF
   B. 任何一个只包含两个属性的关系模式一定属于 BCNF
   C. 任何一个只包含两个属性的关系模式一定属于 2NF
   D. 任何一个只包含三个属性的关系模式一定属于 3NF
11. 若关系模式 $R(U, F)$ 属于 3NF，则 R（　　）。
   A. 一定属于 BCNF　　B. 一定不属于 BCNF
   C. 仍可能存在插入和删除异常　　D. 一定消除了插入的删除异常
12. 有关系模式：借书（书号，书名，库存量，读者号，借书日期，还书日期），设一个读者可以多次借阅同一本书，但对一种书（用书号唯一标识）不能同时借多本。该关系模式的主键是（　　）。
   A.（书号，读者号，借书日期）　　B.（书号，读者号）
   C.（书号）　　D.（读者号）

二、简答题

1. 关系规范化中的操作异常有哪些？是由什么引起的？解决的办法是什么？
2. 第一范式、第二范式和第三范式的关系的定义是什么？
3. 什么是部分函数依赖？什么是传递函数依赖？请举例说明。
4. 第三范式的关系模式是否一定不包含部分函数依赖关系？
5. 对于主键只由一个属性组成的关系，如果它是第一范式，则它是否一定也是第二范式关系？
6. 设有关系模式：学生修课（学号，姓名，所在系，性别，课程号，课程名，学分，成绩）。其语义为：一名学生可以选修多门课程，一门课程可以被多名学生选修，一名学生有唯一的所在系，每门课程有唯一的课程名和学分。请指出此关系模式的候选键，并判断此关系模式是第几范式的；若不是第三范式的，请将其规范化为第三范式关系模式，并指出分解后的每个关系模式的主键和外键。
7. 设有关系模式：学生（学号，姓名，所在系，班号，班主任，系主任），其语义为：一名学生只在一个系的一个班学习，一个系只有一名系主任，一个班只有一名班主任，一个系可以有多个班。请指出此关系模式的候选键，并判断此关系模式是第几范式的；若不是第三范式的，请将其规范化为第三范式关系模式，并指出分解后的每个关系模式的主键和外键。

8. 设有关系模式：授课（课程号，课程名，学分，授课教师号，教师名，授课时数），其语义为：一门课程（由课程号决定）有确定的课程名和学分，每名教师（由教师号决定）有确定的教师名，每门课程可以由多名教师讲授，每名教师也可以讲授多门课程，每名教师对每门课程有确定的授课时数。指出此关系模式的候选键，并判断此关系模式属于第几范式；若不属于第三范式，请将其规范化为第三范式关系模式，并指出分解后的每个关系模式的主键和外键。

9. 指出下列各关系模式属于第几范式：

（1）$R_1(\{A, B, C, D\}$，$\{B \rightarrow D, AB \rightarrow C\})$

（2）$R_2(\{A, B, C, D, E\}$，$\{AB \rightarrow CE, E \rightarrow AB, C \rightarrow D\})$

（3）$R_3(\{A, B, C, D\}$，$\{A \rightarrow C, D \rightarrow B\})$

（4）$R_4(\{A, B, C, D\}$，$\{A \rightarrow C, CD \rightarrow B\})$

10. 设有关系模式 $R(W, X, Y, Z)$，$F=\{X \rightarrow Z, WX \rightarrow Y\}$，该关系模式属于第几范式，请说明理由。

11. 设有关系模式 $R(A, B, C, D)$，$F = \{A \rightarrow C, C \rightarrow A, B \rightarrow AC, D \rightarrow AC\}$。

（1）求 B^+，$(AD)^+$。

（2）求 R 的全部候选键，并判断 R 属于第几范式。

（3）求 F 的极小函数依赖集 F_{min}。

第 9 章　数据库设计

数据库设计是指利用现有的数据库管理系统针对具体的应用对象构建适合的数据库模式，建立数据库及其应用系统，使其能有效地收集、存储、操作和管理数据，以满足企业中各类用户的应用需求（信息需求和处理需求）。

从本质上讲，数据库设计是将数据库系统与现实世界进行密切的、有机的、协调一致的结合的过程。因此，数据库设计者必须非常清晰地了解数据库系统本身及其实际应用对象这两方面的知识。

本章将介绍从需求分析、结构设计到数据库的实施和维护的数据库设计的全过程。

9.1　数据库设计概述

数据库设计是指对于一个给定的应用环境，构造（设计）优化的数据库逻辑模式和物理结构，并据此建立数据库及其应用系统，使其能够有效地存储和管理数据，满足各种用户的应用需求，包括信息管理需求和数据操作需求。

数据库设计涉及的内容很广泛，数据库设计的质量与设计者的知识、经验和水平有密切的关系，所以设计一个性能良好的数据库并不容易。

数据库设计中面临的主要困难和问题有：

1）计算机专业人员一般都缺乏业务领域知识和实际经验，而熟悉应用业务的人又往往不懂计算机和数据库专业知识，同时具备这两方面知识的人很少。

2）在开始时往往不能明确应用业务的数据库系统的目标。

3）缺乏很完善的设计工具和方法。

4）用户的要求往往不是一开始就明确的，而是在设计过程中不断提出新的要求，甚至在数据库建立之后还会要求修改数据库结构和增加新的应用。

5）应用业务系统千差万别，很难找到一种适合所有应用业务的工具和方法，这就增加了研究数据库自动生成工具的难度。因此，研制适合一切应用业务的全自动数据库生成工具是不可能的。

在进行数据库设计时，必须确定系统的目标，这样可以确保开发工作进展顺利，并能提高工作效率，保证数据模型的准确和完整。数据库设计的最终目标是数据库必须能够满足客户对数据的存储和处理需求，同时定义系统的长期和短期目标，能够提高系统的服务以及新数据库的性能期望值，客户对数据库的期望是非常重要的。新的数据库能在多大程度上方便最终用户，新数据库的近期和长期发展计划是什么，是否所有的手工处理过程都可以自动实现，以及现有的自动化处理是否可以改善，这些都只是定义一个新的数据库设计目标时所必须考虑的一部分问题或因素。

成功的数据库应用系统应具备如下一些特点。

1）功能强大。

2）能准确地表示业务数据。

3）使用方便，易于维护。

4）对最终用户操作的响应时间合理。

5）便于数据库结构的改进。

6）便于数据的检索和修改。

7）维护数据库的工作较少。

8）具有有效的安全控制机制可以确保数据安全。

9）冗余数据最少或不存在。

10）便于数据的备份和恢复。

11）数据库结构对最终用户透明。

9.1.1　数据库设计的特点

数据库设计的工作烦琐且比较复杂，它是一项数据库工程也是一项软件工程。数据库设计的很多阶段都可以对应于软件工程的各阶段，软件工程的很多方法和工具同样也适合数据库工程。但由于数据库设计是与用户的业务需求紧密相关的，因此，它还有很多自己的特点。

1. 综合性

数据库设计涉及的范围很广，包含了计算机专业知识及业务系统的专业知识；同时它还要解决技术及非技术两方面的问题。

非技术问题包括组织机构的调整、经营方针的改变、管理体制的变更等。这些问题都不是设计人员所能解决的，但新的管理信息系统要求必须有与其相适应的新的组织机构、新的经营方针、新的管理体制，这就是一个较为尖锐的矛盾。另外，由于同时具备数据库和业务两方面知识的人很少，因此，数据库设计者一般都需要花费相当多的时间去熟悉应用业务系统知识，这一过程有时很麻烦，可能会使设计人员产生厌烦情绪，从而影响系统的最后成功。而且，由于承担部门和应用部门是一种委托雇佣关系，在客观上存在着一种对立的势态，当在某些问题上意见不一致时会使双方关系比较紧张。这在 MIS（管理信息系统）中尤为突出。

2. 结构设计与行为设计相分离

结构设计包括数据库的概念结构、逻辑结构和存储结构的设计；行为设计是指应用程序设计，包括功能组织、流程控制等方面的设计。在传统的软件工程中，比较注重处理过程的设计，不太注重数据结构的设计。在一般的应用程序设计中只要有可能就尽量推迟数据结构的设计，这种方法对于数据库设计就不太适用。

数据库设计与传统的软件工程的做法正好相反。数据库设计的主要精力首先是放在数据结构的设计上，比如数据库的表结构、视图等。

9.1.2　数据库设计方法概述

大型数据库设计是涉及多学科的综合性技术，也是一项庞大的工程项目。它要求从事数据库设计的专业人员具备多方面的知识和技术，如：计算机的基础知识、软件工程的原理和方法、程序设计的方法和技巧、数据库的基本知识、数据库设计技术、应用领域的知识。

为了使数据库设计更合理更有效，需要有效的指导原则，这种原则就称为数据库设计方法。

首先，一个好的数据库设计方法，应该能在合理的期限内，以合理的工作量，产生一个有实用价值的数据库结构。这里的“实用价值”是指满足用户关于功能、性能、安全性、完整性及发展需求等方面的要求，同时又服从特定数据库管理系统的约束，可以用简单的数据模型来表达。其次，数据库设计方法还应具有足够的灵活性和通用性，不但能够被具有不同经验的人使用，而且不受数据模型及数据库管理系统的限制。最后，数据库设计方法应该是可再生的，即不同的设计者使用同一方法设计同一问题时，可以得到相同或相似的设计结果。

早期数据库设计主要采用手工与经验相结合的方法，设计质量往往与设计人员的经验和水平有直接的关系。数据库设计是一种技艺，缺乏科学理论和工程方法的支持，设计质量难以保证，常常是数据库运行一段时间后又发现各种问题，需要进行不断修改甚至重新设计，增加了系统维护的代价。

多年来，经过人们不断的努力和探索，提出了各种数据库设计模型和方法，如：新奥尔良（New Orleans）方法、基于 ER 模型的设计方法、3NF（第三范式）的设计方法、面向对象的数据库设计方法、统一建模语言（Unified Modeling Language，UML）方法等。

其中的新奥尔良方法是一种比较著名的数据库设计方法，这种方法将数据库设计分为四个阶段：需求分析、概念结构设计、逻辑结构设计和物理结构设计，如图 9-1 所示。这种方法注重数据库的结构设计，而不太考虑数据库的行为设计。

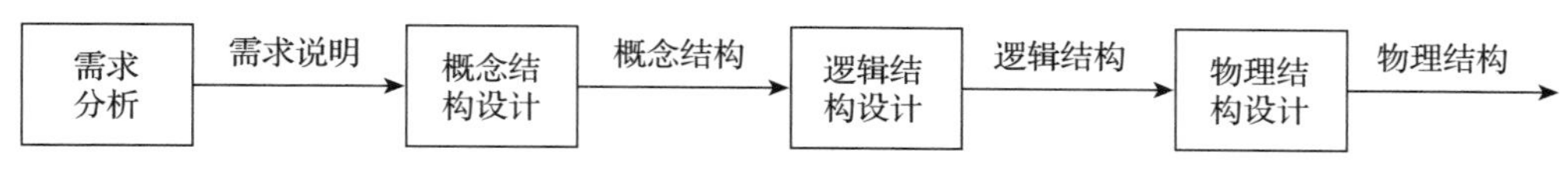

图 9-1 新奥尔良方法的数据库设计步骤

基于 ER 模型的数据库设计方法、基于第三范式的设计方法、基于抽象语法规范的设计方法等都是在数据库设计的不同阶段上使用的具体技术和方法。

数据库设计方法从本质上看仍然是手工设计方法，其基本思想是过程迭代和逐步求精。

9.1.3 数据库设计的基本步骤

按照结构化系统设计的方法考虑数据库及其应用系统开发全过程，一般将数据库设计分为六个阶段：需求分析、概念结构设计、逻辑结构设计、物理结构设计、数据库实施、数据库运行和维护，如图 9-2 所示。

1. 需求分析阶段

需求分析是数据库设计的基础，也是最困难和最耗费时间的一步。若需求分析有偏差，可能会导致整个数据库设计返工重做。

2. 概念结构设计阶段

概念结构设计是整个数据库设计的关键，它通过对用户需求进行综合、归纳与抽象，形成一个独立于具体数据库管理系统的概念模型。

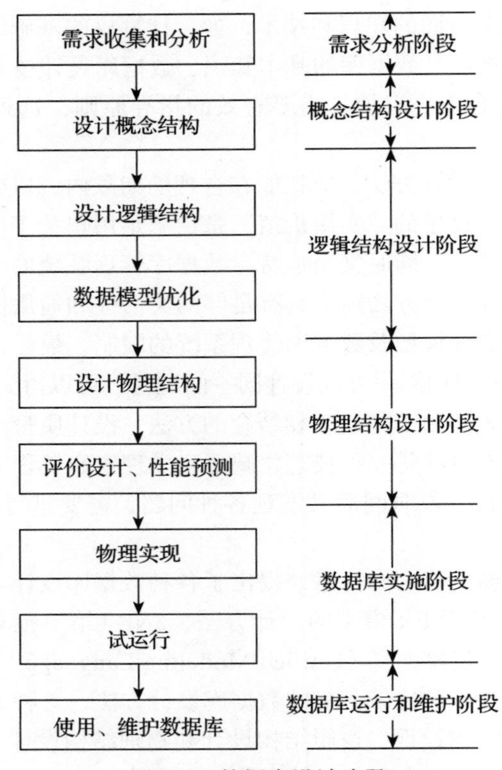

图 9-2 数据库设计步骤

3. 逻辑结构设计阶段

逻辑结构设计是将概念结构转换为某个数据库管理系统所支持的数据模型，并对其进行优化。

4. 物理结构设计阶段

物理结构设计是为逻辑数据模型选取一个最适合应用环境的物理结构（包括存储结构和存取方法）。

5. 数据库实施阶段

数据库实施是人们运用数据库管理系统提供的数据语言以及数据库开发工具，根据结构设计和行为设计的结果建立数据库、编写应用程序、组织数据入库并进行试运行。

6. 数据库运行和维护阶段

数据库运行和维护阶段是指将已经试运行的数据库应用系统投入正式使用，在数据库应用系统的使用过程中不断对其进行调整、修改和完善。

9.2 数据库需求分析

简单地说，需求分析就是分析用户的要求。需求分析是数据库设计的起点，其结果将直接影响后续阶段的设计，并影响最终的数据库系统能否被合理地使用。

9.2.1　需求分析的任务

需求分析是软件生存周期中的一个重要环节，该阶段是分析系统在功能上需要“实现什么”，而不是考虑“如何去实现”。

需求分析的目标是明确系统边界，把用户对开发软件提出的“要求”或“需要”进行分析与整理，确认后形成描述完整、清晰与规范的文档，确定软件需要实现哪些功能、完成哪些工作。

需求分析阶段的主要任务是对现实世界要处理的对象（公司、部门、企业）进行详细调查，收集和分析各项应用对信息和处理两方面的需求。除此之外，还需要了解和掌握数据库应用系统开发对象（或称用户）的工作业务流程和每个岗位、每个环节的职责；了解和掌握信息从开始产生或建立，到最后输出、存档或消亡所经过的传递和转换过程，以及各种人员在整个系统活动过程中的作用；通过同用户充分的交流和沟通，决定哪些工作应由计算机来做，哪些工作仍由手工来做，决定各种人员对信息和处理各有什么要求，对操作界面和报表输出格式各有什么要求，对数据（信息）的安全性（保密性）和完整性各有什么要求等。

用户调查的重点是“数据”需求和围绕这些数据的业务“处理”需求。通过调查要从用户那里获得对数据库的如下要求：

1）信息需求。定义数据库应用系统用到的所有信息，明确用户将向数据库中输入什么样的数据、从数据库中要求获得哪些内容以及将要输出哪些信息。也就是明确在数据库中需要存储哪些数据，对这些数据将做哪些处理，同时还要描述数据间的联系等。

2）处理需求。定义系统数据处理的操作功能，描述操作的优先次序，包括操作的执行频率和场合、操作与数据间的联系，还要明确用户要完成哪些处理功能，每种处理的执行频度，用户需求的响应时间以及处理方式（比如是联机处理还是批处理）等。

3）安全性与完整性要求。安全性要求描述系统中不同用户对数据库的使用和操作情况，完整性要求描述数据之间的关联关系以及数据的取值范围。

需求分析是整个数据库设计（严格讲是管理信息系统设计）中最重要的一步，是其他各步骤的基础。如果把整个数据库设计当成一个系统工程看待，那么需求分析就是这个系统工程的最原始的输入信息。如果这一步做得不好，那么后续的设计即使再优化也只能前功尽弃，所以这一步特别重要。

需求分析也是最困难最麻烦的一步，其困难之处不仅在于技术上，更重要的在于要了解、分析、表达客观世界，这也是数据库自动生成工具的研究中最困难的部分。目前，许多自动生成工具都绕过这一步，先假定需求分析已经有结果，这些自动工具就以这一结果作为后面几步的输入。

9.2.2　需求分析的过程

需求分析首先要调查清楚用户的实际需求，与用户达成共识，然后再分析和表达这些需求。

我们将需求分析分成需求收集、需求挖掘、需求定义、需求确认四个阶段。

1. 需求收集

收集需求时，首先要确定与待开发的软件系统直接或间接相关的人员，不同的人员有着不同的需求。需求收集的方法有多种，包括检查文档、面谈、观察业务的运转和问卷调查等。

1）检查文档。当要深入了解为什么客户需要数据库应用时，检查用户的已有文档是非常有用的，比如报表、合同、档案、单据等。检查文档可以在文档中发现与问题相关的业务信息（或者业务事务的信息）。如果问题与现存系统相关，则一定有与该系统相关的文档。检查与目前系统相关的文档是一种非常好的快速理解系统的方法。

2）面谈。面谈是最常用的，通常也是最有用的事实发现方法，通过面对面谈话可以获取有用信息。面谈还有其他用处，比如找出事实、确认事实、澄清事实、得到所有最终用户、标识需求、集中意见和观点。但是，使用面谈这种技术需要良好的交流能力，面谈的成功与否依赖于谈话者的交流技巧，而且，面谈也有它的缺点，比如非常消耗时间。为了保证谈话成功，必须选择合适的谈话人选，准备的问题涉及范围要广，要引导谈话有效地进行。

3）观察业务的运转。观察是用来理解一个系统的最有效的事实发现方法之一。使用这个技术可以参与做事或者观察做事的人员以了解系统。当用其他方法收集的数据的有效性值得怀疑或者系统特定方面的复杂性阻碍了最终用户做出清晰的解释时，这种技术尤其有用。

与其他的事实发现技术相比，成功的观察要求做非常多的准备。为了确保成功，要尽可能多地了解要观察的人和活动。

4）问卷调查。还有一种事实发现方法是通过问卷来调查。问卷是一种有着特定目的的小册子，针对几个给定的答案，来获得一大群人的意见。当与大批用户打交道，其他的事实发现技术都不能有效地把这些事实列成表格时，就可以采用问卷调查的方式。

问卷有两种格式：自由格式和固定格式。在自由格式问卷上，答卷人提供的答案有更大的自由。问题提出后，答卷人在题目后的空白地方写答案。例如题目："你当前收到的是什么报表，它们有什么用？""这些报告是否存在问题？如果有，请说明。"自由格式问卷存在的问题是答卷人的答案可能难以列成表格，而且，有时答卷人可能答非所问。

在固定格式问卷上，包含的问题答案是特定的。给定一个问题，回答者必须从提供的答案中选择一个。因此，结果容易列表。但另一方面，答卷人不能提供一些有用的附加信息。例如，题目为"现在的业务系统的报告形式非常理想，不必改动。"答卷人可以选择的答案有"是"或"否"，或者一组选项，包括"非常赞同""同意""没意见""不同意"和"强烈反对"等。

2. 需求挖掘

收集到的需求，还需要进一步整理、分析各项需求的可行性，对某些想法、认识进行折中，直至达成共识。此外，由于用户在开始时往往不能明确系统的目标和功能，需要软件的设计人员共同探讨，进一步挖掘需求。下面介绍常用的需求挖掘方法。

（1）竞品分析

选取与待开发系统方向、目标客户群、功能相似的已有系统作为竞品，分析竞品的数据信息、运营信息、体验信息等，以更好地发掘用户需求。

（2）5W1H分析法

5W1H分析法，中文也叫六何分析法，是访谈中有效的需求挖掘手段之一。"5W1H"

包括 What（是何）、Why（为何）、Who（何人）、Where（何地）、When（何时）、How（如何）。

1）What：用户可以用这个产品或功能做什么？产品或功能能为用户解决什么问题？

2）Where：用户在哪里会用这个产品或功能？

3）Why：用户为什么用这个产品，而不用其他的产品？为什么需要这个功能？这个产品和其他产品有什么区别？

4）When：用户在什么时候会用这个产品或功能？

5）Who：谁是产品的用户群？产品或功能为谁设计？

6）How：用户如何使用这个产品或功能？

通过以上 6 个问题，与用户共同梳理需求，例如，开发一个绩效考核系统，会和用户梳理：系统的用户有哪几类（Who），他们在什么时候（When）什么场景（Where）用到这个系统，用到哪些功能（How），这个系统能帮助用户解决什么问题（What），对比相似的软件，该系统要有什么特色（Why）。

（3）PSP 分析法

PSP 是 P(person)、S(scenes)、P(paths) 的简写，PSP 分析法即“角色 – 场景 – 路径”分析法。同一个功能，不同角色的需求可能不完全一样，每个需求都有一定的应用场景和路径，在分析需求时需要分析真实发生的场景，考虑实际情况。例如，开发一个学校的教务系统，对于“查询成绩”这个功能，学生、教师和教学管理人员这三种角色需求是不一样的。对于学生角色，场景是：只有评价了课程和授课教师才能查看该门课程成绩，路径是：学生登录教务系统，单击“成绩查询”按钮，选择“课程”选项，进入“课程和授课教师评价”界面并完成评价，然后才能看到成绩；对于教师角色，场景是：在课程结束后的特定时间段内，可以录入和查询自己讲授课程的成绩，路径是：教师登录教务系统，选择“课程”选项，单击“成绩查询”按钮进入“成绩查询”界面；对于教学管理人员角色，场景是：可以查询自己管辖范围内学生的所有科目的成绩，路径是：教学管理人员登录教务系统，选择“课程”选项，单击“成绩查询”按钮进入“成绩查询”界面，在该界面中选择“专业 / 班级”选项，单击“科目”按钮选择特定班级的某个科目，就可以查看特定专业、班级学生的某一科目的成绩。通过“角色 – 场景 – 路径”分析帮助用户模拟实际场景，挖掘每个角色潜在需求。

（4）需求收集和整理方法

对需求收集和整理可采用自顶向下和自底向上两种方法，如图 9-3 和图 9-4 所示。自顶向下分析方法是先确定系统的总体需求，然后再逐步细化；自底向上分析方法是先分析具体需求，然后再逐步汇总。

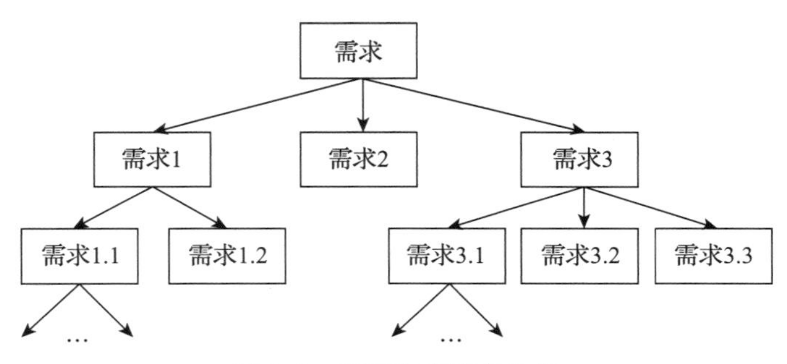

图 9-3　自顶向下需求分析

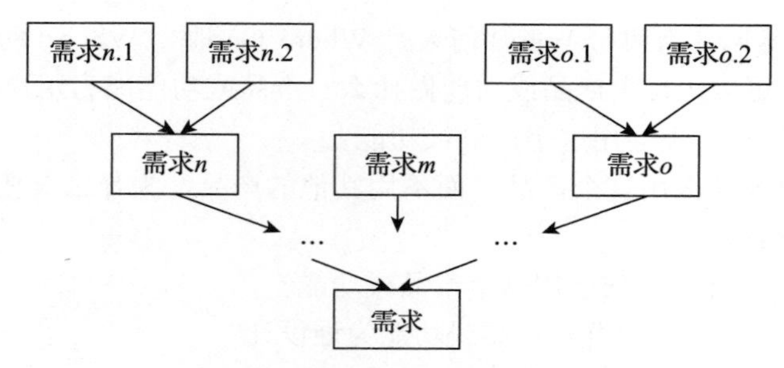

图 9-4　自底向上需求分析

在数据库应用系统的需求分析中，自顶向下分析方法是常用的方法。

3. 需求定义

完成了需求收集和挖掘之后，需要将需求整理并描述出来。常见的描述方法有快速原型和需求规格说明书。

（1）快速原型

软件原型是用最少的费用、最短的时间开发出的反映最终软件主要特征的系统。快速原型法的重点就是在开发过程的早期开发出原型，向用户展示一些界面，让用户判断基于该原型的系统是否能够满足他们的要求。这种原型只是展示软件界面的外观，让用户感知系统的功能项以及功能项之间的组织结构、界面的布局和内容，但不涉及系统的内部内容，即在原型中并没有真正实现相应的功能。据此，用户判断原型中的功能是否为他们所需要的，功能项的输入与输出步骤及内容是否正确，功能是否全面等。一般地，通过原型对需求确认后，原型将不再用于后续的系统开发。

（2）需求规格说明书

需求规格说明书主要是作为软件人员与用户之间事实上的技术合同说明，作为软件人员下一步进行设计和编码的基础以及测试和验收的依据。需求规格说明书主要包括引言、任务概述、需求规定、运行环境规定和附录等内容。通常在需求规格说明书中画出数据流图，建立数据字典。由于相关知识在软件工程或管理信息系统类教材中有专门的讲授，本书不再赘述，仅简要回顾一下相关知识。

数据流图（Data Flow Diagram，DFD）是从数据传递和加工角度，以图形方式来表达系统的逻辑功能、数据在系统内部的逻辑流向和逻辑变换过程，是结构化系统分析方法的主要表达工具。DFD 一般有 4 种符号，即外部实体、数据流、加工和存储，如图 9-5 所示。

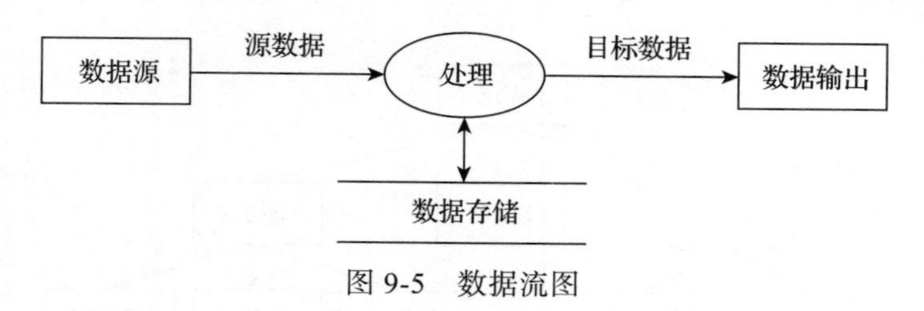

图 9-5　数据流图

1）外部实体一般用矩形框表示，反映数据的来源和去向，可以是人、物或其他软件系统。

2）数据流用带箭头的连线表示，反映数据的流动方向，数据流线上必须标注数据名称。

3）加工一般用椭圆或圆表示（本书用椭圆表示），表示对数据的加工处理动作。

4）存储一般用两条平行线表示，即表示信息的静态存储，可以代表文件、文件的一部分、数据库的元素等，表示数据的存档情况。

在绘制单张数据流图时，注意以下原则：

1）一个加工的输出数据流不应与输入数据流同名，即使它们的组成成分相同。

2）保持数据守恒。也就是说，一个加工所有输出数据流中的数据必须能从该加工的输入数据流中直接获得，或者说是通过该加工能产生的数据。

3）每个加工必须既有输入数据流，又有输出数据流。

4）所有的数据流必须以一个外部实体开始，并以一个外部实体结束。

5）外部实体之间不应该存在数据流。

图 9-6 所示为一个数据流图示例。

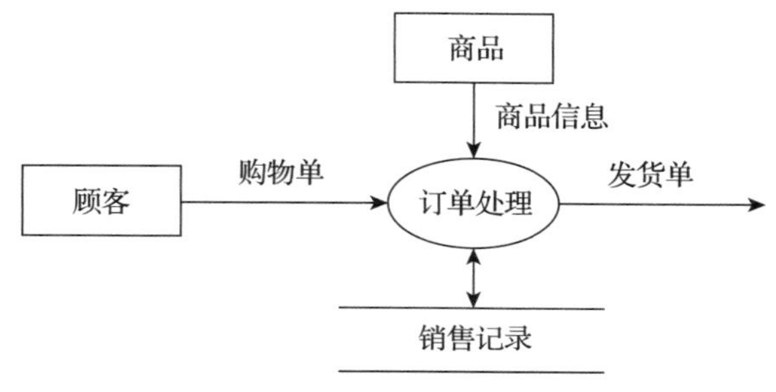

图 9-6　数据流图示例

数据字典（Data Dictionary，DD）对数据的数据项、数据结构、数据流、数据存储、处理逻辑、外部实体等进行定义和描述，其目的是对数据流图中的各个元素做出详细的说明。在数据库应用系统设计中，需求分析得到的数据字典是最原始的数据字典，以后在概念设计和逻辑设计中的数据字典都由它依次变换和修改而得到。

对于图 9-6 所示的数据流图，表 9-1 演示了描述“顾客”包含的数据项的数据字典，表 9-2 演示了描述“订单处理”的数据字典。

表 9-1　“顾客”包含的数据项的数据字典

数据项名	数据项含义	别名	数据类型	取值范围
CustID	唯一标识每个顾客	顾客编号	CHAR(10)	
CustName		顾客姓名	VARCHAR(20)	
Tel		联系电话	CHAR(11)	每一位均为数字
Sex		性别	ENUM	“男”“女”
BirthDate		出生日期	DATE	

表 9-2　“订单处理”的数据字典

处理名	说明	流入的数据流	流出的数据流	处理
订单处理	对顾客提交的订单进行处理	购物单、商品信息	发货单	根据顾客提交的购物单，查看相应的商品信息，看是否满足顾客的购买要求，若满足，则将销售信息保存到销售记录表中，并生成发货单

4. 需求确认

正式评审是最主要的需求确认机制。评审人员包括软件开发者、客户、用户等。评审人员对于所建立的需求模型，需要检查其正确性、一致性、完整性等。通过确认，要保证需求工程师所建立的需求模型与最终用户的需求相一致。具体需要确认的内容如下：

1）每个需求都要与软件的整体目标一致，且都要被软件系统实现。

2）对需求的描述要准确，描述的细节要适当。

3）每个需求的描述要无歧义。

4）需求间无冲突、内容一致。

5）在所规定的开发环境和运行环境等条件下能够实现需求。

6）对各项需求赋予合理的优先级。

7）没有疏漏需求，整个需求模型要完整地描述软件系统的需求。

9.3　概念结构设计

数据库设计主要分为数据库结构设计和数据库行为设计。数据库结构设计包括概念结构设计、逻辑结构设计和物理结构设计。概念结构设计的结果是形成数据库的概念层数据模型，用语义层模型描述，如 ER 模型。

本节讲述概念结构设计，重点在于信息结构的设计，它将需求分析得到的用户需求抽象为信息结构即概念层数据模型。概念层数据模型是整个数据库系统设计的一个重要内容，该模型独立于逻辑结构设计和具体的数据库管理系统。

9.3.1　概念结构设计概述

概念结构设计的任务是产生反映最终用户需求的数据库概念结构，即概念层数据模型（可以简称概念模型）。

概念模型具有如下特点：

1）有丰富的语义表达能力。能够表达用户的各种需求，包括描述现实世界中各种事物以及事物与事物之间的联系，能满足用户对数据的处理需求。

2）易于交流和理解。概念结构是数据库设计人员和用户之间的主要交流工具，因此必须能通过概念模型与不熟悉计算机的用户交换意见，用户的积极参与是数据库成功的关键。

3）易于修改和扩充。当应用环境和应用要求发生变化时，能方便地对概念结构进行修改，以反映这些变化。

4）易于向各种数据模型转换，易于导出与数据库管理系统有关的逻辑模型。

描述概念模型的一个常用工具是 ER 模型，ER 模型独立于任意的数据库管理系统和硬件平台，能够反映现实世界中的数据以及数据之间的关联关系。

9.3.2　ER 模型

P.P.S.Chen 提出的 ER 模型是用 ER 图来描述现实世界的概念模型。本书第 2 章已经简单介绍了 ER 模型，包括实体、属性、实体之间的联系等。下面做进一步介绍。

1. 实体

实体（entity，也称为实体集）是一组具有相同特征或属性的对象的集合。在 ER 图中用矩形框表示具体的实体，把实体名写在框内。在 ER 模型中，相似的对象被分到同一个实体中。实体可以包含物理（或真实）存在的对象，也可以包含概念（或抽象）存在的对象。每个实体用一个实体名和一组属性来标识。一个数据库通常包含许多不同的实体，实体的一个实例表现为一个具体的对象，比如“学生”实体中，一个具体的学生就是该实体的一个实例。

2. 联系

联系指用户业务中相关的两个或多个实体之间的关联。联系只能依赖于实体存在，不能单独存在，联系也被视为抽象对象，是通过连线将相互关联的实体连接起来。联系的一个具体值称为联系实例。

在 ER 建模中，相似的联系被归到一个联系（也称为联系集或联系型）中。这样，一个具体的联系表达了一个或多个实体之间的一组有意义的关联，例如假设“学生”实体和“图书”实体之间存在一个“借阅”联系，如果学生（202101001，李勇，男）借阅了图书（9787302505945，零基础入门学习 C 语言），则（202101001，李勇，男）和（9787302505945，零基础入门学习 C 语言）之间就存在一个联系实例，这个联系实例可表示为（202101001，9787302505945，…）。

具有相同属性的联系实例都属于一个联系。联系的常用特性包括度、连接性、存在性。

（1）联系的度

联系的度指一个联系所关联的实体的数量，一般有递归联系（一元联系）、二元联系和多元联系。

1）递归联系。递归联系指同一实体的实例之间的联系。在递归联系中，实体中的一个实例只与同一实体中的另一个实例相互关联，如图 9-7a 所示。在图 9-7a 中，“管理”是实体“职工”与“职工”之间的递归联系。

递归联系也称为一元联系。参与联系的每一个实例都有特定的角色。联系的角色名对递归联系非常重要，它确定了每个参与者的功能。在“管理”联系中，“职工”实体的一个参与者的角色名为“管理者”，另一个参与者的角色名为“被管理”。当两个实体之间不止一个联系时，角色名就很有用。而当参与联系的实体之间的作用很明确时，联系中的角色名就不是必需的了。

2）二元联系。关联两个实体的联系称为二元联系，比如部门和职工、班和学生、学生和课程等都是二元联系的例子。二元联系是最常见的联系，其联系的度为 2。图 9-7b 所示的是“部门”和“职工”之间的二元联系。

3）多元联系。关联两个以上实体的联系称为多元联系，这个联系关联了几个实体就称为几元联系。比如“顾客”“商品”和“商店”三个实体之间存在一个三元联系，如图 9-7c 所示。在图 9-7c 中，三个实体“顾客”“商品”和“商店”与一个联系“购买”相连接。当二元联系不能准确地描述三个实体间的关联语义时，需要采用三元联系来描述。

不管是哪种类型的联系，都需要指明实体间的连接是“一”还是“多”。

（2）联系的连接性

联系的连接性描述联系中相关联实体间映射的约束，取值为“一”或“多”。例如，对于图 9-7b 所示的 ER 图，实体“部门”和“职工”之间为一对多的联系，即对于“职工”实体中的多个实例，在“部门”中至多有一个实例与其关联。

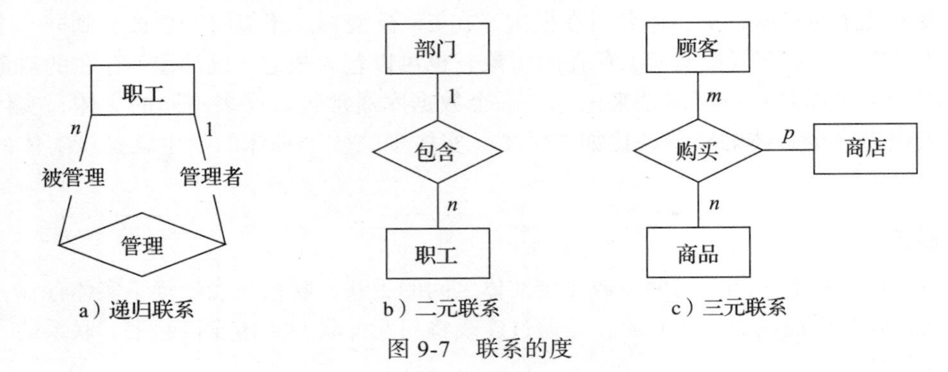

图 9-7 联系的度

图 9-8 描述了二元联系中的三种基本连接结构：一对一（1 ∶ 1）、一对多（1 ∶ n）和多对多（m ∶ n）。对图 9-8a 所示的一对一连接，表示一个部门只有一个经理，而且一个人只担任一个部门的经理。如果是图 9-8b 所示的一对多连接，则表示一个部门可有多名职工，而一个职工只能在一个部门工作。如果是图 9-8c 所示的多对多连接，则表示一个职工可以参与多个项目，一个项目可以由多个职工来完成。

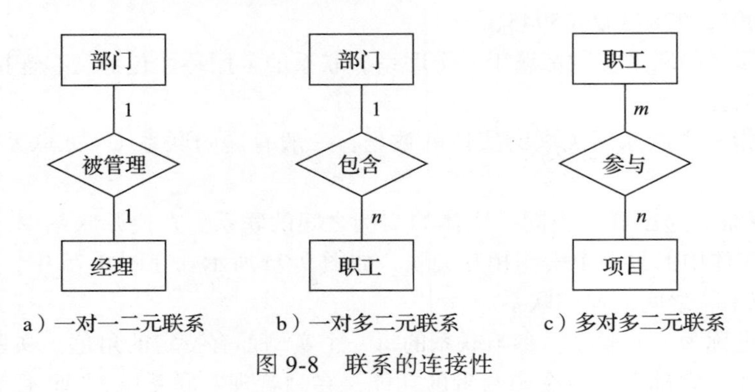

图 9-8 联系的连接性

（3）联系的存在性

联系的存在性指某个实体的存在依赖于其他实体的存在。图 9-9 中给出了一些联系存在性的例子。联系中实体的存在分为强制和非强制（也称为可选的）两种。强制存在要求联系中任何一端的实体的实例都必须存在，而非强制存在允许实体的实例可以不存在。例如，实体“职工”可以管理某个“部门”，也可以不管理任何“部门”，因此“职工”和“部门”之间的“被管理”联系中“部门”实体是非强制存在的。而对“部门”和“职工”之间的“拥有”联系，如果要求每个部门必须有职工，而且每个职工必须属于某个部门，则“部门”和“职工”相对“拥有”联系来说都是强制存在的。对于强制存在的实体，一般都会使用“必须”这个词来描述。

在增强的 ER 图表示方法中，在实体和联系的连线上标“○”表示是非强制存在（见图 9-9a）；在实体和联系的连线上加一条垂直线表示强制存在（见图 9-9b）。如果在连线上既没有标“○”，也没有加垂直线，则表示类型未知（见图 9-9c），在图 9-9c 例子中，实体既不是强制存在的也不是非强制存在的。

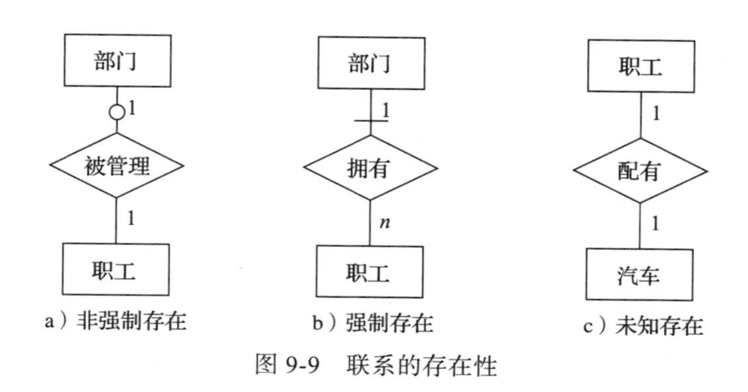

图 9-9　联系的存在性

3. 属性

属性用于描述实体的特性或联系的特性。在 ER 图中用椭圆形框或圆角矩形框表示属性，把属性名写在框内，并用连线将属性框与它所描述的实体或联系连接起来。在图 9-10 中，“员工编号”“姓名”“年龄”和“所在部门”是“员工”实体的属性。实体通常用一组属性来描述，实体中的每个属性都有取值范围，属性的取值范围称为值域。例如：如果限定员工的年龄在 18～60 岁之间，则可以将“员工”实体的“年龄”属性定义为整型，且值域为 18～60。在一个实体中，每个实例需要能被唯一标识，可以用实体中的一个或多个属性来标识实体实例，这些属性就称为标识属性。标识属性指能够唯一标识实体中每个实例的属性或最小属性组。例如，“员工”实体中的标识属性是“员工编号”，“项目”实体中的标识属性是“项目编号”。在 ER 图中标识属性用下划线标识。

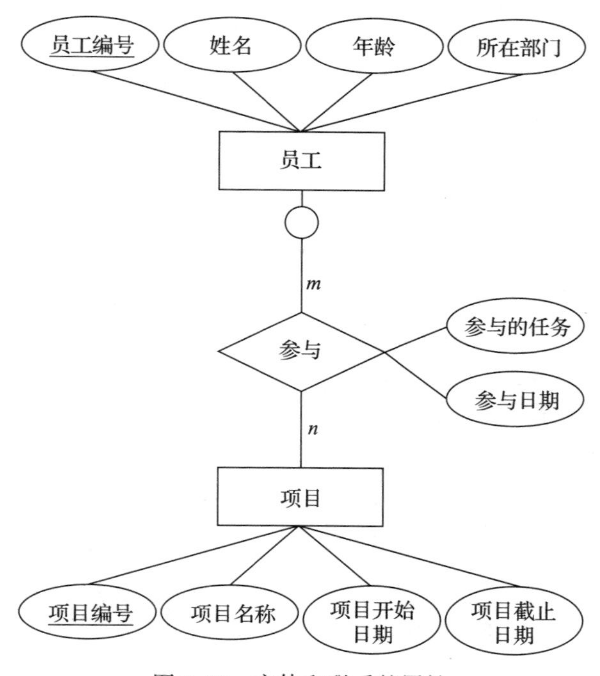

图 9-10　实体和联系的属性

联系也可以具有属性，图 9-10 中“参与”联系具有“参与的任务”和“参与日期”属性。在这个例子中，当给定一个具体员工和一个具体项目后，有一组“参与的任务”和“参与日期”属性值与其对应。通常情况下，只有二元一对多联系、二元多对多联系和三元联系才具有属性，而一对一联系通常没有属性。这是因为如果联系至少有一端是单一实体，则可以很明确地将属性分配给某个实体而不需要分配给联系。

9.3.3　概念结构设计方法

概念结构设计的方法主要有如下几种：

1）自底向上。先定义每个局部应用的概念结构，然后按一定的规则把它们集成起来，从而得到全局概念结构。

2）自顶向下。先定义全局概念结构，然后再逐步细化。

3）由里向外。先定义最重要的核心结构，然后再逐步向外扩展，以滚雪球的方式逐步形成全局概念结构。

4）混合策略。将自顶向下和自底向上方法结合起来使用。先用自顶向下设计一个概念结构的框架，然后由此再用自底向上策略设计局部概念结构，最后把它们集成起来。

从概念结构设计开始，需求分析所得到的结果将按“数据”和“处理”分开考虑。概念结构设计的重点在于信息结构的设计，而“处理”可由行为设计来考虑。这也是数据库设计的特点，即“行为”设计与“结构”设计分离进行。但由于两者原本是一个整体，因此在设计概念结构和逻辑结构时，要考虑如何有效地为“处理”服务，而设计应用模型时，也要考虑如何有效地利用结构设计提供的条件。

概念结构设计使用集合概念，抽取现实业务系统的元素及其应用语义关联，最终形成 ER 模型。

概念结构设计最常用的方法是自底向上方法，即自顶向下进行需求分析，然后自底向上进行概念结构设计，其过程如图 9-11 所示。我们这里只介绍自底向上的概念结构设计方法。自底向上概念结构设计通常分为两步：第一步是抽象数据并设计局部概念模型，第二步是集成局部概念模型，得到全局概念模型，如图 9-12 所示。

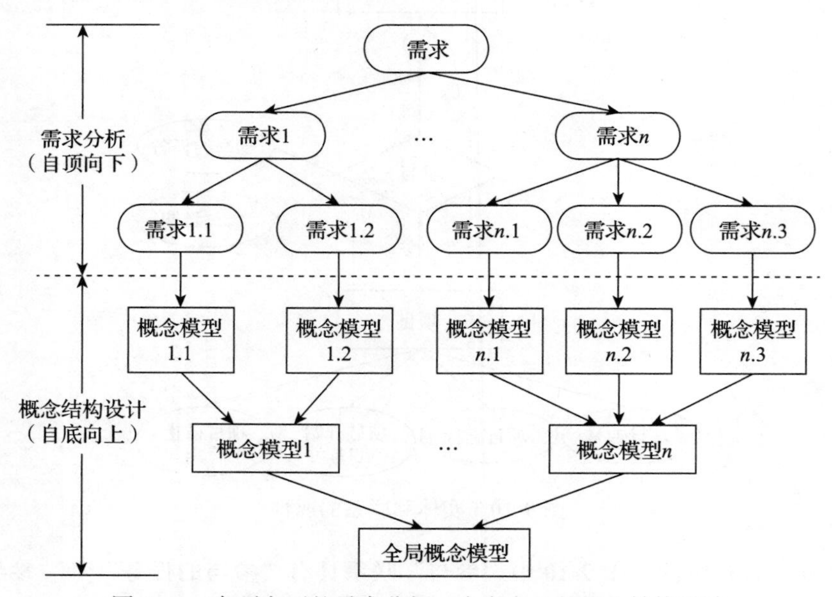

图 9-11　自顶向下的需求分析、自底向上的概念结构设计

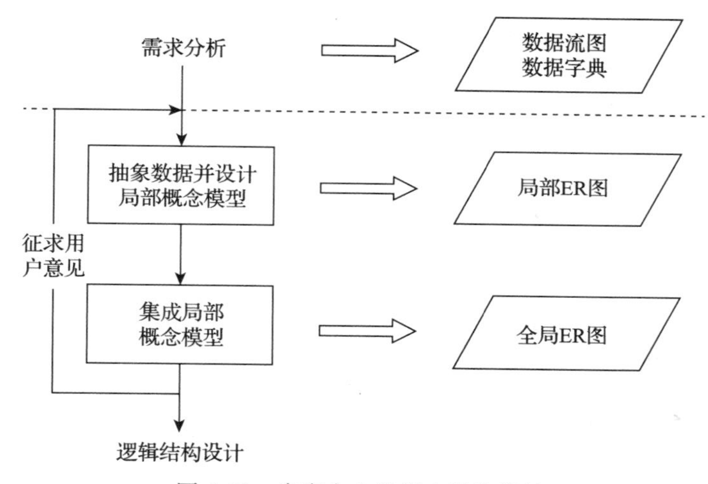

图 9-12　自底向上的概念结构设计

设计数据库概念结构的最著名、最常用的方法是 ER 方法。采用 ER 方法的概念结构设计可分为如下三步：

1）设计局部 ER 图。局部 ER 图的设计内容包括确定局部应用的范围、定义实体、属性及实体间的联系。

2）设计全局 ER 图。将所有局部 ER 图集成为一个全局 ER 图。

3）优化全局 ER 图。

下面分别介绍这三个步骤的内容。

1. 设计局部 ER 图

概念结构是对现实世界的一种抽象。所谓抽象是对实际的人、物、事和概念进行人为处理，抽取所关心的共同特性，忽略非本质细节，并把这些特性用各种概念准确地加以描述，这些概念组成了某种模型。概念结构设计首先要根据需求分析得到的结果（数据流和数据字典等）对现实世界进行抽象，然后设计各个局部 ER 模型。

（1）数据抽象

设计局部 ER 图的关键就是正确地划分实体和属性。实体和属性在形式上并没有可以明显区分的界限，通常是按照现实世界中事物的自然划分来定义实体和属性。对现实世界中的事物进行数据抽象，得到实体和属性。这里用到的数据抽象技术有两种：分类和聚集。

1）分类（classification）。分类定义某一类概念作为现实世界中一组对象的类型，将一组具有某些共同特征和行为的对象抽象为一个实体。对象和实体之间是“is a member of”（是……的成员）的关系。

例如，“张三”是学生（见图 9-13），表示“张三”是“学生”（实体）中的一员（实例），即“张三是学生中的一个成员”，这些学生具有相同的特性和行为。

2）聚集（aggregation）。聚集定义某类型的组成成分，将对象类型的组成成分抽象为实体的属性。组成成分与对象类型之间是“is a part of”（是……的一部分）的关系。

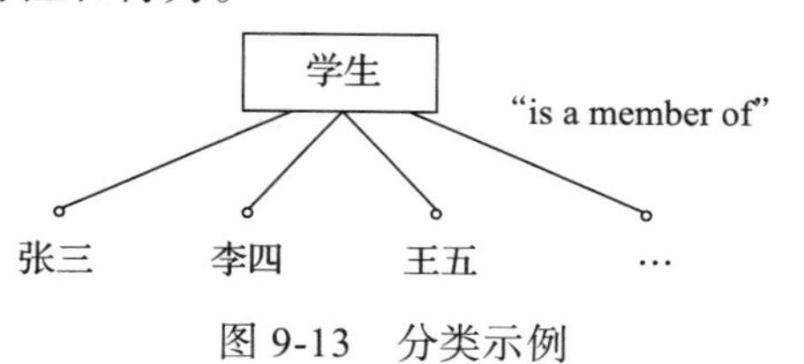

图 9-13　分类示例

在 ER 模型中，若干个属性就聚集成了一个实体的属性。例如，学号、姓名、性别等属性可聚集为学生实体的属性。聚集的示例如图 9-14 所示。

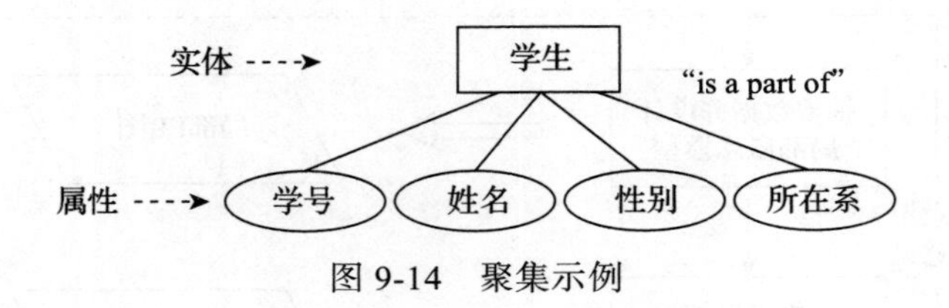

图 9-14　聚集示例

经过数据抽象后得到了实体和属性，实体和属性是相对而言的，需要根据实际情况进行调整。对关系数据库而言，其基本原则是：实体具有描述信息，而属性没有，即属性是不可再分的数据项，不能包含其他属性；一个实体可以与其他实体有联系，但属性不能与其他实体有联系。

例如，学生是一个实体，具有属性：学号、姓名、性别、所在系等，如果不需要对"系"再做更详细的分析，则"所在系"作为一个属性存在就够了，但如果还需要对系做更进一步的分析，比如，需要记录或分析系的教师人数、系的办公地点、办公电话等，则"系"就需要作为一个实体存在。图 9-15 说明了"所在系"升级为实体后，ER 图的变化。

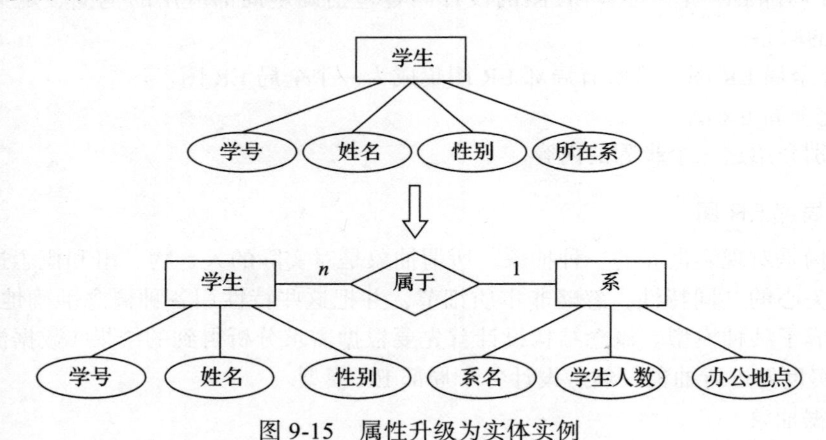

图 9-15　属性升级为实体实例

（2）生成局部 ER 图

下面举例说明局部 ER 图的设计。

设在一个简单的教务管理系统中，有如下简化的语义描述。

1）一名学生可同时选修多门课程，一门课程也可同时被多名学生选修。对学生选课需要记录考试成绩信息，每名学生每门课程只能有一次考试；对每名学生需要记录学号、姓名、性别信息；对课程需要记录课程号、课程名、课程性质信息。

2）一门课程可由多名教师讲授，一名教师可讲授多门课程。对每名教师讲授的每门课程需要记录授课时数信息；对每名教师需要记录教师号、教师名、性别、职称信息；对每门课程需要记录课程号、课程名、开课学期信息。

3）一名学生只属于一个系，一个系可有多名学生。对系需要记录系名、系学生人数和办公地点信息。

4）一名教师只属于一个部门，一个部门可有多名教师。对部门需要记录部门名、教师人数和办公电话信息。

根据上述描述可知该系统共有 5 个实体，分别是：学生、课程、教师、系和部门。其中学生和课程之间是多对多联系；课程和教师之间也是多对多联系；系和学生之间是一对多联系；部门和教师之间也是一对多联系。

这 5 个实体的属性如下，其中的码属性（能够唯一标识实体中每个实例的一个属性或最小属性组，也称为实体的标识属性）用下划线标识：

学生：<u>学号</u>，姓名，性别。

课程：<u>课程号</u>，课程名，开课学期，课程性质。

教师：<u>教师号</u>，教师名，性别，职称。

系：<u>系名</u>，学生人数，办公地点。

部门：<u>部门名</u>，教师人数，办公电话。

学生和课程之间的局部 ER 图如图 9-16 所示，教师和课程之间的局部 ER 图如图 9-17 所示。

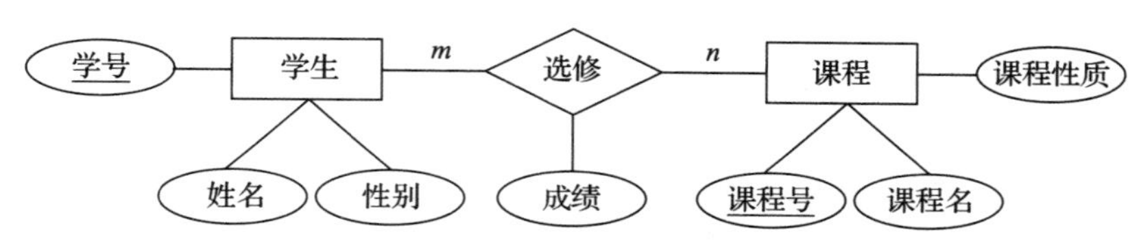

图 9-16　学生和课程之间的局部 ER 图

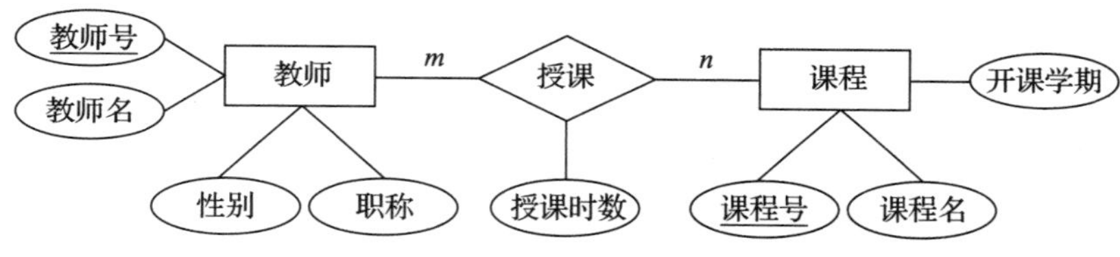

图 9-17　教师和课程之间的局部 ER 图

学生和系之间的局部 ER 图如图 9-18 所示，教师和部门之间的局部 ER 图如图 9-19 所示。

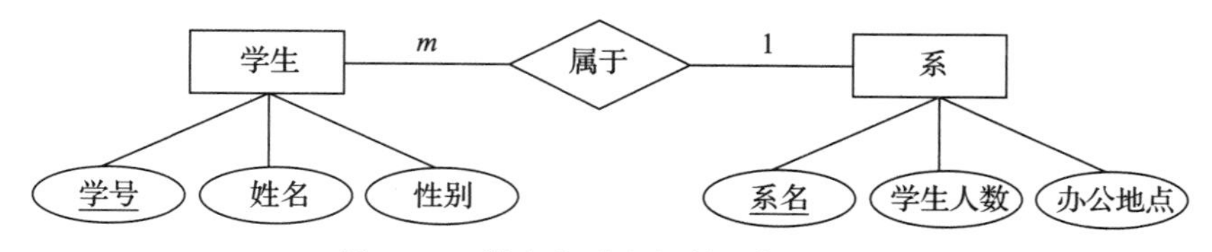

图 9-18　学生和系之间的局部 ER 图

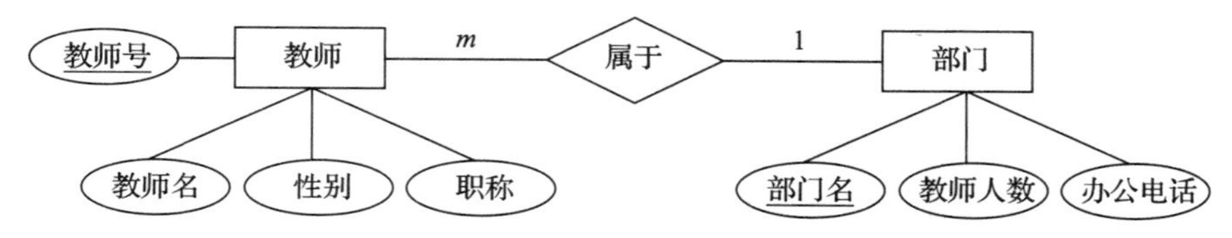

图 9-19　教师和部门之间的局部 ER 图

2. 设计全局 ER 图

把局部 ER 图集成为全局 ER 图时，可以采用一次将所有的 ER 图集成在一起的方式，也可以用逐步集成、进行累加的方式，即一次只集成少量几个 ER 图，这样实现起来比较容易。

当将局部 ER 图集成为全局 ER 图时，需要消除各分 ER 图合并时产生的冲突。解决冲突是合并 ER 图的主要工作和关键所在。

各局部 ER 图之间的冲突主要有三类：属性冲突、命名冲突和结构冲突。

（1）属性冲突

属性冲突包括如下几种情况：

1）属性域冲突。即属性的类型、取值范围和取值集合不同。例如，在有些局部应用中可能将学号定义为字符型，而在其他局部应用中可能将其定义为数值型。又如，对学生年龄，有些局部应用可能定义为出生日期，有些则定义为整数。

2）属性取值单位冲突。例如，学生身高，有的用“米”为单位，有的用“厘米”为单位。

（2）命名冲突

命名冲突包括同名异义和异名同义，即不同意义的实体名、联系名或属性名在不同的局部应用中具有相同的名字，或者具有相同意义的实体名、联系名和属性名在不同的局部应用中具有不同的名字。如科研项目，在财务部门称为项目，在科研处称为课题。

属性冲突和命名冲突通常可以通过讨论、协商等方法解决。

（3）结构冲突

结构冲突有如下几种情况：

1）同一数据项在不同应用中有不同的抽象，有的地方作为属性，有的地方作为实体。例如，“系”可能在某一局部应用中作为实体，而在另一局部应用中却作为属性。

解决这种冲突必须根据实际情况而定，是把属性转换为实体还是把实体转换为属性，基本原则是保持数据项一致。一般情况下，凡是能作为属性对待的，应尽可能作为属性，以简化 ER 图。

2）同一实体在不同的局部 ER 图中所包含的属性个数和属性次序不完全相同。

这是很常见的一类冲突，原因是不同的局部 ER 模型关心的实体的侧面不同。解决的方法是让该实体的属性为各局部 ER 图中属性的并集，然后再适当调整属性次序。

3）两个实体在不同的应用中呈现不同的联系，比如，E1 和 E2 两个实体在某个应用中可能是一对多联系，而在另一个应用中是多对多联系。

这种情况应该根据应用的语义对实体间的联系进行合理的调整。

下面以前边叙述的简单教务管理系统为例，说明合并局部 ER 图的过程。

首先合并图 9-16 和图 9-18 所示的局部 ER 图，这两个局部 ER 图中不存在冲突，合并后的结果如图 9-20 所示。

然后合并图 9-17 和图 9-19 所示的局部 ER 图，这两个局部 ER 图也不存在冲突，合并后的结果如图 9-21 所示。

最后再将合并后的两个局部 ER 图合并为一个全局 ER 图，在进行这个合并操作时，发现这两个局部 ER 图中都有“课程”实体，但该实体在两个局部 ER 图所包含的属性不完全相同，即存在结构冲突。消除该冲突的方法是：合并后“课程”实体的属性是两个局部 ER

图中“课程”实体属性的并集。合并后的全局 ER 图如图 9-22 所示。

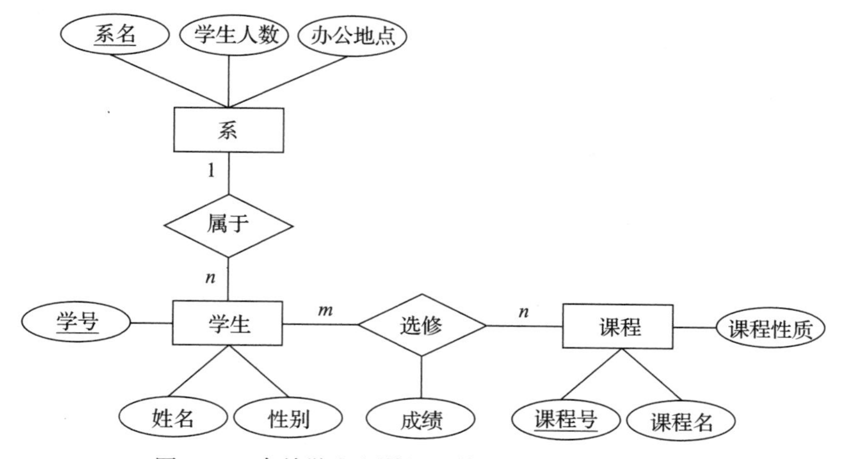

图 9-20　合并学生和课程、学生和系的局部 ER 图

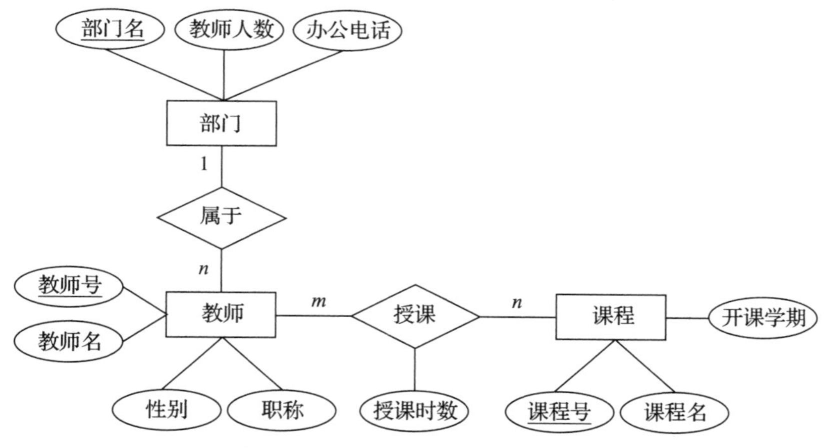

图 9-21　合并教师和课程、教师和部门的局部 ER 图

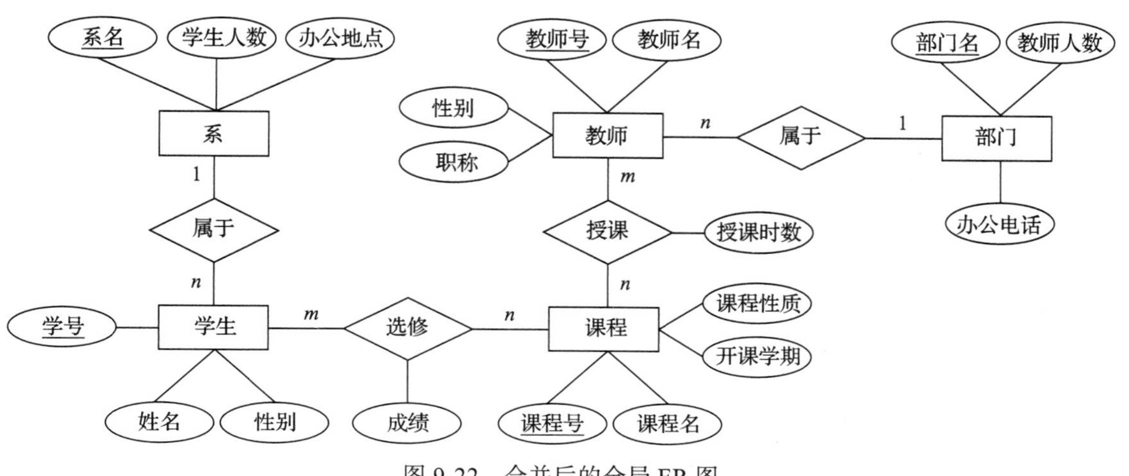

图 9-22　合并后的全局 ER 图

3. 优化全局 ER 图

一个好的全局 ER 图除了能反映用户功能需求外，还应满足如下条件：

1）实体个数尽可能少。

2）实体所包含的属性尽可能少。

3）实体间联系无冗余。

优化全局 ER 图的目的就是使 ER 图满足上述三个条件。要使实体个数尽可能少，可以进行相关实体的合并，一般是把具有相同主键的实体进行合并，另外，还可以考虑将一对一联系的两个实体合并为一个实体，同时消除冗余属性和冗余联系。但也应该根据具体情况，有时候适当的冗余可以提高数据查询效率。

分析图 9-22 所示的全局 ER 图，发现“系”实体和“部门”实体代表的含义基本相同，因此可将这两个实体合并为一个实体。在合并时发现这两个实体存在如下两个问题：

1）命名冲突：“系”实体中有一个属性是“系名”，而在“部门”实体中将这个含义相同的属性命名为“部门名”，即存在异名同义属性。合并后可统一为“系名”。

2）结构冲突：“系”实体包含的属性是系名、学生人数和办公地点，而“部门”实体包含的属性是部门名、教师人数和办公电话。因此在合并后的实体“系”中应包含这两个实体的全部属性。

将合并后的实体命名为“系”。优化后的 ER 图如图 9-23 所示。

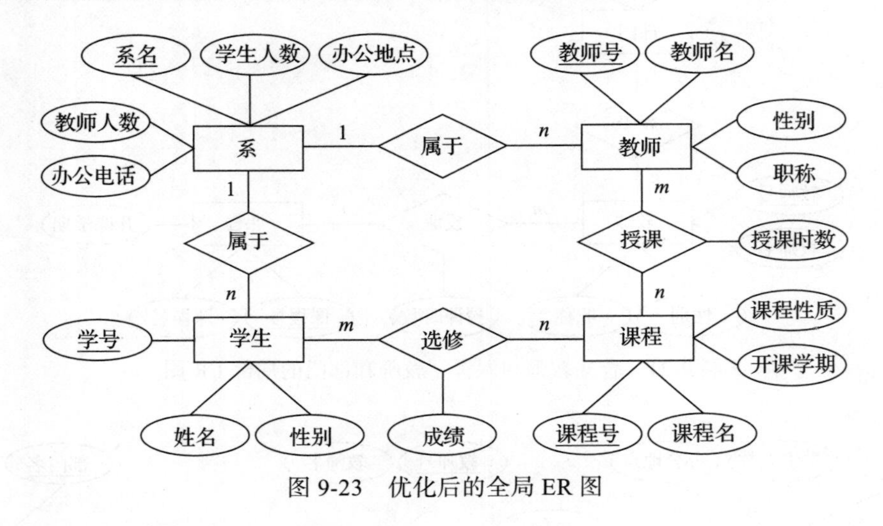

图 9-23　优化后的全局 ER 图

9.4　逻辑结构设计

逻辑结构设计的任务是把在概念结构设计阶段设计好的基本 ER 模型转换为具体的数据库管理系统支持的组织层数据模型，也就是导出特定的数据库管理系统可以处理的数据库逻辑结构（数据库的模式和外模式），这些结构在功能、性能、完整性和一致性约束方面满足应用要求。概念结构设计与具体的数据库管理系统无关，而逻辑结构设计与具体的数据库管理系统相关。

特定数据库管理系统支持的组织层数据模型包括层次模型、网状模型、关系模型和面向对象模型等。下面仅讨论概念模型向关系模型的转换。

关系模型的逻辑结构设计一般包含三个步骤：

1）将 ER 模型转换为关系模型。

2）对关系模型进行优化。

3）设计面向用户的外模式。

9.4.1　ER 模型向关系模型的转换

ER 模型向关系模型的转换要解决的问题，是如何将实体以及实体间的联系转换为关系模式，以及如何确定这些关系模式的属性和主键。

关系模型的逻辑结构是一组关系模式的集合。ER 模型由实体、实体的属性以及实体之间的联系三部分组成，因此将 ER 模型转换为关系模型实际上就是将实体、实体的属性和实体间的联系转换为关系模式，转换的一般规则如下：

1）一个实体转换为一个关系模式。实体的属性就是关系的属性，实体的标识属性就是关系的主键。

2）对于实体间的联系有以下几种不同的情况：

① 1 : 1 联系：一般情况下是与任意一端实体所对应的关系模式合并，并且在该关系模式中加入另一个实体的标识属性和联系本身的属性，同时该实体的标识属性作为该关系模式的外键。

② 1 : n 联系：一般是与 n 端实体所对应的关系模式合并，并且在该关系模式中加入 1 端实体的标识属性以及联系本身的属性，并将 1 端实体的标识属性作为该关系模式的外键。

③ m : n 联系：必须转换为一个独立的关系模式，且与该联系相连的各实体的标识属性以及联系本身的属性均转换为此关系模式的属性，该关系模式的主键包含各实体的标识属性，外键为各实体的标识属性。

3）三个或三个以上实体间的一个多元联系也转换为一个关系模式，与该多元联系相连的各实体的标识属性以及联系本身的属性均转换为此关系模式的属性，而此关系模式的主键包含各实体的标识属性，外键为各相关实体的标识属性。

具有相同主键的关系模式可以合并。

在转换后的关系模式中，为表达实体与实体之间的关联关系，通常是通过关系模式中的外键来表达的。

例 9-1　有 1 : 1 联系的 ER 模型如图 9-24 所示，设每个部门只有一个经理，一个经理只负责一个部门。请将该 ER 模型转换为合适的关系模式。

按照上述的转换规则，一个实体转换为一个关系模式，该 ER 模型共包含两个实体：经理和部门，因此，可转换为两个关系模式，分别为经理和部门。对于“管理”联系，可将它与“经理”实体合并，或者与“部门”实体合并。

1）如果将联系与“部门”实体合并，则转换后的两个关系模式为（主键用下划线标识）：

经理（<u>经理号</u>，经理名，电话）

部门（<u>部门号</u>，部门名，经理号），“经理号”为引用“经理”关系模式的外键。

2）如果将联系与“经理”实体合并，则转换后的两个关系模式为（主键用下划线标识）：

部门（<u>部门号</u>，部门名）

经理（<u>经理号</u>，经理名，电话，部门号），“部门号”为引用“部门”关系模式的外键。

例 9-2　有 1 ∶ n 联系的 ER 模型如图 9-25 所示，请将该 ER 模型转换为合适的关系模式。

对 1 ∶ n 联系，需将联系与 n 端实体的关系模式合并，因此转换后的关系模式为（主键用下划线标识）：

部门（部门号，部门名）

职工（职工号，职工名，工资，部门号），“部门号”为引用“部门”关系模式的外键。

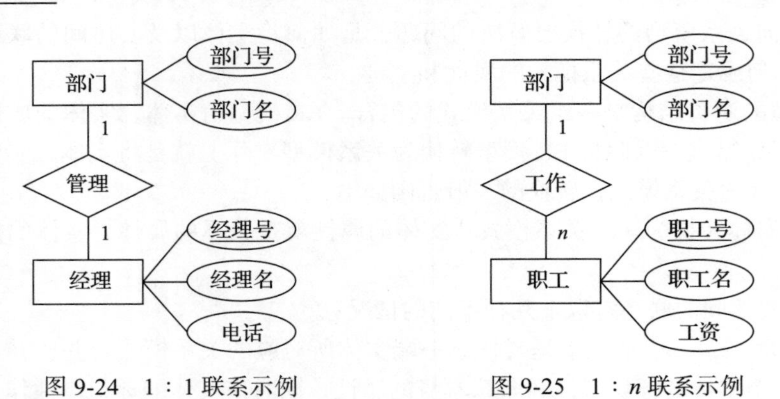

图 9-24　1 ∶ 1 联系示例　　　图 9-25　1 ∶ n 联系示例

例 9-3　有 m ∶ n 联系的 ER 模型如图 9-26 所示，请将该 ER 模型转换为合适的关系模式。

对 m ∶ n 联系，需将联系转换为一个独立的关系模式。转换后的关系模式为（主键用下划线标识）：

教师（教师号，教师名，职称）

课程（课程号，课程名，学分）

授课（教师号，课程号，授课时数），“教师号”为引用“教师”关系模式的外键，“课程号”为引用“课程”关系模式的外键。

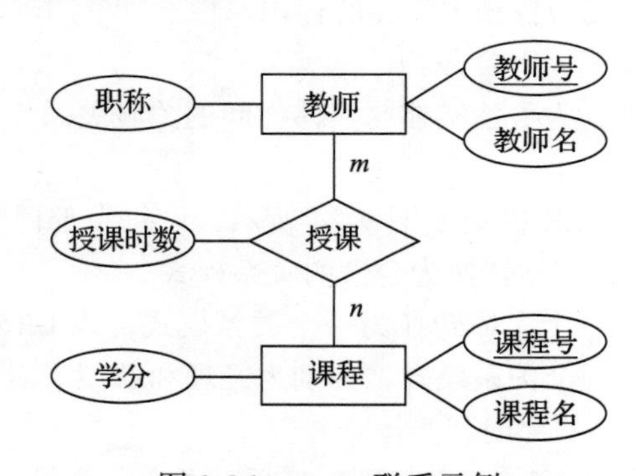

图 9-26　m ∶ n 联系示例

例 9-4　设有如图 9-27 所示的含多个实体间联系的 ER 图，请将该 ER 模型转换为合适的关系模式。

关联多个实体的联系也是转换为一个独立的关系模式，因此转换后的关系模式为（主键用下划线标识）：

营业员（职工号，姓名，出生日期）

商品（商品编号，商品名称，单价）

顾客（身份证号，姓名，性别）

销售（职工号，商品编号，身份证号，销售数量，销售时间），“职工号”为引用“营业员”关系模式的外键，“商品编号”为引用“商品”关系模式的外键，“身份证号”为引用“顾客”关系模式的外键。

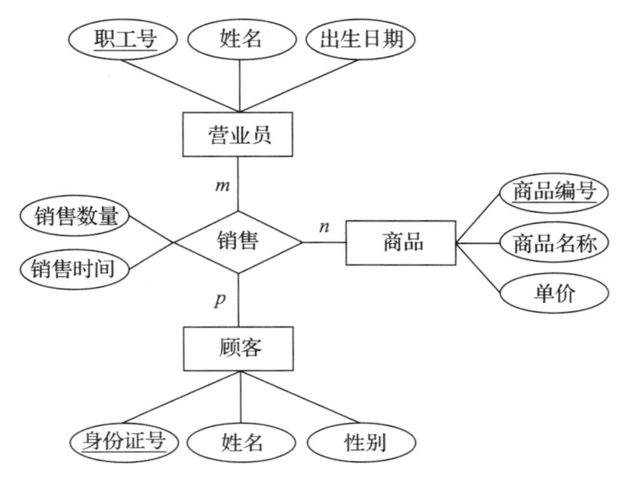

图 9-27　含多个实体间联系的 ER 模型示例

例 9-5　设有如图 9-28 所示的一对一递归联系，该递归联系表明一个职工既可以是管理者，也可以不是管理者。一个职工最多只被一个人管理。请将该 ER 模型转换为合适的关系模式。

递归联系的转换规则同非递归联系，在这个示例中，只需将“管理”联系与“职工”实体合并即可，因此转换后为一个关系模式：

职工（职工号，职工名，工资，管理者职工号），“管理者职工号”为引用自身关系模式中的“职工号”的外键。

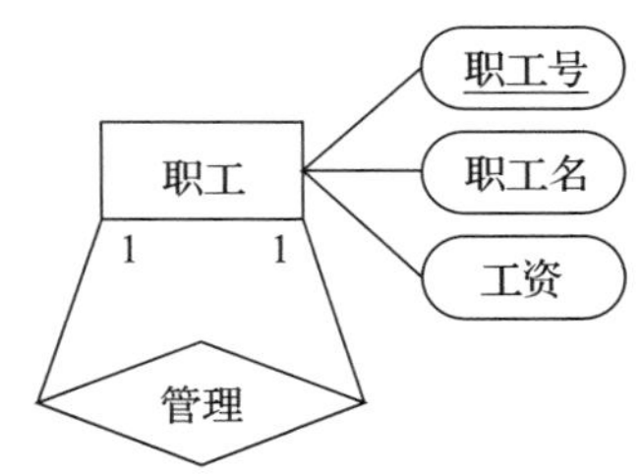

图 9-28　一对一递归联系示例

9.4.2　数据模型的优化

逻辑结构设计的结果并不是唯一的，为了进一步提高数据库应用系统的性能，还应该根据应用的需要对逻辑数据模型进行适当的修改和调整，这就是数据模型的优化。关系模型的优化通常以关系规范化理论为指导，同时考虑系统的性能。具体方法为：

1）确定各属性间的函数依赖关系。根据需求分析阶段得出的语义，分别写出每个关系模式的各属性之间的函数依赖以及不同关系模式中各属性之间的函数依赖关系。

2）对各个关系模式之间的函数依赖进行极小化处理，消除冗余的联系。

3）判断每个关系模式的范式，根据实际需要确定最合适的范式。

4）根据需求分析阶段得到的处理要求，分析这些模式对于这样的应用环境是否合适，确定是否要对某些模式进行分解或合并。

注意，如果应用系统的查询操作比较多，而且对查询响应速度的要求也比较高，则可以适当地降低规范化的程度，即将几个关系模式合并为一个关系模式，以减少查询时的表的连接个数。甚至可以在表中适当增加冗余数据列，比如把一些经过计算得到的值作为表中的一个列也保存在表中。但这样做时要考虑可能引起的潜在的数据不一致的问题。

对于一个具体的应用来说，到底规范化到什么程度，需要权衡响应时间和潜在问题两者的利弊，以做出最佳的决定。

5）对关系模式进行必要的分解，以提高数据的操作效率和存储空间的利用率。常用的分解方法是水平分解和垂直分解。

①水平分解是以时间、空间、类型等范畴属性取值为条件，满足相同条件的数据形成一个子表。分解的依据一般以范畴属性取值范围划分数据行。这样在操作同表数据时，时空范围相对集中，便于管理。水平分解过程如图 9-29 所示，其中 $K^{\#}$ 代表主键。

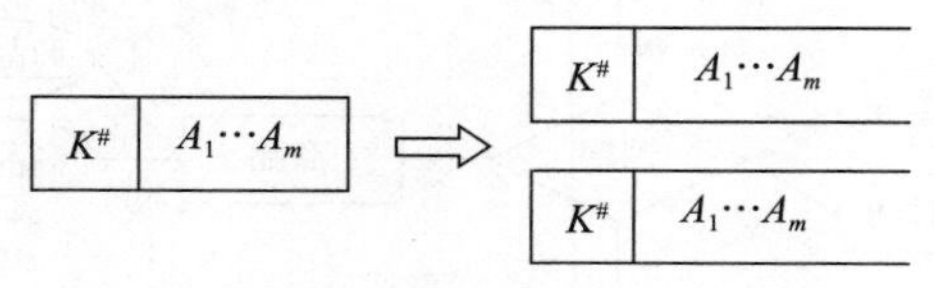

图 9-29　水平分解过程

原表中的数据内容相当于分解后各表数据内容的并集。例如，对于保存学校学生信息的“学生”表，可以将其分解为“历史学生”表和“在册学生”表。“历史学生”表中存放已毕业学生的数据，“在册学生”表存放目前在校学生的数据。因为需要经常了解当前在校学生的信息，而对已毕业学生的信息关心较少。因此可将历年学生的信息存放在两张表中，以提高对在校学生信息的处理速度。当学生毕业时，可将这些学生从“在册学生”表中删除，同时插入“历史学生”表中。这就是水平分解。

②垂直分解是以非主属性所描述的数据特征为条件，描述一类相同特征的属性划分在一个子表中。这样操作同表数据时属性范围相对集中，便于管理。垂直分解过程如图 9-30 所示，其中 $K^{\#}$ 代表主键。

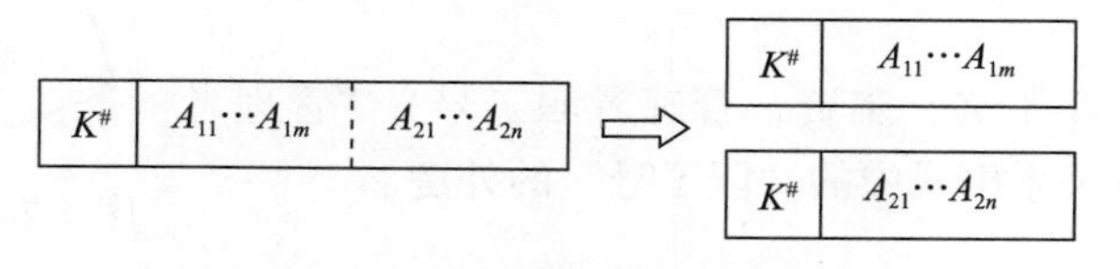

图 9-30　垂直分解示意图

垂直分解后原表中的数据内容相当于分解后各子表数据内容的连接。例如，假设“学生”关系模式的结构为：

学生（学号，姓名，性别，年龄，所在系，专业，联系电话，家庭联系地址，邮政编码，父亲姓名，父亲联系电话，母亲姓名，母亲联系电话）

可将这个关系模式垂直分解为如下两个关系模式：

学生基本信息（学号，姓名，性别，年龄，所在系，专业，联系电话）

学生家庭信息（学号，家庭联系地址，邮政编码，父亲姓名，父亲联系电话，母亲姓名，母亲联系电话）

9.4.3　设计外模式

将概念模型转换为逻辑数据模型之后，还应根据局部应用需求，并结合具体的数据库管理系统的特点，设计用户的外模式。

外模式概念对应关系数据库的视图，设计外模式是为了更好地满足各个用户的需求。

定义数据库的模式主要是从系统的时间效率、空间效率、易维护等角度出发。由于外模式与模式是相对独立的，因此在定义面向用户的外模式时可以从满足每类用户的需求出发，同时考虑数据的安全性和用户的操作方便性。在定义外模式时应考虑如下问题。

1. 使用更符合用户习惯的别名

在概念模型设计阶段，当合并各 ER 图时，曾进行了消除命名冲突的工作，以使数据库中的同一个关系和属性具有唯一的名字。这在设计数据库的全局模式时是非常必要的。但在修改了某些属性或关系的名字之后，可能会不符合某些用户的习惯，因此在设计用户模式时，可以利用视图的功能，对某些属性重新命名。视图的名字也可以命名成符合用户习惯的名字，使用户的操作更方便。

2. 根据需求设计派生属性

存储在关系表中的数据可能不是应用程序所需要的格式。这种情况下，关系表中的数据需要进行二次处理，可以用派生属性来实现。例如：职工表中存放了职工的出生日期，应用中需要用到职工的年龄，因此可以增加一个“年龄”派生属性，该属性通过“出生日期”属性计算得到。

3. 对不同级别的用户定义不同的视图，以保证数据的安全

假设有关系模式：

职工（职工号，姓名，工作部门，学历，专业，职称，联系电话，基本工资，浮动工资）

在这个关系模式上建立如下两个视图：

职工 1（职工号，姓名，工作部门，专业，联系电话）

职工 2（职工号，姓名，学历，职称，联系电话，基本工资，浮动工资）

职工 1 视图中只包含一般职工可以查看的基本信息，职工 2 视图中包含允许领导查看的信息。这样就可以防止用户非法访问不允许他们访问的数据，从而在一定程度上保证了数据的安全。

4. 简化用户对系统的使用

如果某些局部应用经常要使用某些很复杂的查询，为了方便用户，可以将这些复杂查询定义为一个视图，这样用户每次只对定义好的视图查询，而不必再编写复杂的查询语句，从而简化了用户的使用。

9.5　物理结构设计

数据库的物理结构设计是对已经确定的数据库逻辑结构，利用数据库管理系统提供的方法、技术，以较优的存储结构、数据存取路径、合理的数据存储位置以及存储分配，设计出一个高效的、可实现的物理数据库结构。

由于不同的数据库管理系统提供的硬件环境和存储结构、存取方法不同，提供给数据库设计者的系统参数以及变化范围不同，因此，物理结构设计一般没有一个通用的准则，它只

能提供一个技术和方法以供参考。

数据库的物理结构设计通常分为两步：

1）确定数据库的物理结构，在关系数据库中主要指存取方法和存储结构。

2）对物理结构进行评价，评价的重点是时间和空间效率。

如果评价结果满足原设计要求，则可以进入数据库实施阶段；否则，需要重新设计或修改物理结构，有时甚至要返回逻辑设计阶段修改数据模式。

9.5.1　物理结构设计的内容和方法

物理数据库设计得好，可以使各事务的响应时间短、存储空间利用率高、事务吞吐量大。因此，在设计数据库时首先要对经常用到的查询和对数据进行更新的事务进行详细的分析，获得物理结构设计所需的各种参数。其次，要充分了解所使用的数据库管理系统的内部特征，特别是系统提供的存取方法和存储结构。

对于数据查询，需要得到如下信息：

1）查询所涉及的关系。

2）查询条件所涉及的属性。

3）连接条件所涉及的属性。

4）查询列表中涉及的属性。

对于更新数据的事务，需要得到如下信息：

1）更新数据所涉及的关系。

2）每个关系上的更新条件所涉及的属性。

3）更新操作所涉及的属性。

除此之外，还需要了解每个查询或事务在各关系上的运行频率和性能要求。例如，假设某个查询必须在0.1s之内完成，则数据的存储方式和存取方式就非常重要。

需要注意的是，在数据库上运行的操作和事务是不断变化的，因此需要根据这些操作的变化不断调整数据库的物理结构，以获得最佳的数据库性能。

通常关系数据库的物理结构设计主要包括如下内容：

1）确定数据的存取方法。

2）确定数据的存储结构。

9.5.2　确定数据的存取方法

存取方法是快速存取数据库中数据的技术，数据库管理系统一般都提供多种存取方法。具体采取哪种存取方法由系统根据数据的存储方式决定，一般用户不能干预。

一般用户可以通过建立索引的方法来提高数据的查询效率，如果建立了索引，系统就可以利用索引查找数据。

索引方法实际上是根据应用要求确定在关系的哪个属性或哪些属性上建立索引，在哪些属性上建立复合索引以及哪些索引要设计为唯一索引，哪些索引要设计为聚集索引。聚集索引是将数据按索引列在物理上进行有序排列。

建立索引的一般原则为：

1）如果某个（或某些）属性经常作为查询条件，则考虑在这个（或这些）属性上建立索引。

2）如果某个（或某些）属性经常作为表的连接条件，则考虑在这个（或这些）属性上建立索引。

3）如果某个属性经常作为分组的依据列，则考虑在这个属性上建立索引。

4）对经常进行连接操作的表建立索引。

在一个表上可以建立多个索引，但只能建立一个聚集索引。

需要注意的是，索引一般可以提高数据查询性能，但会降低数据修改性能。因为在进行数据修改时，系统要同时对索引进行维护，使索引与数据保持一致。维护索引需要占用相当多的时间，而且存放索引信息也会占用空间资源。因此在考虑是否建立索引时，要权衡数据库的操作。如果查询多，并且对查询的性能要求比较高，则可以考虑多建一些索引；如果数据更改多，并且对更改的效率要求比较高，则应该考虑少建一些索引。

9.5.3　确定数据的存储结构

物理结构设计中一个重要的考虑就是确定数据记录的存储方式。一般存储方式有以下几种。

1）顺序存储。这种存储方式的平均查找次数为表中记录数的 1/2。

2）散列存储。这种存储方式的平均查找次数由散列算法决定。

3）聚集存储。为了提高某个属性（或属性组）的查询速度，可以把这个或这些属性（称为聚集码）上具有相同值的元组集中存放在连续的物理块上，这样的存储方式称为聚集存储。聚集存储可以极大地提高针对聚集码的查询效率。

一般用户可以通过建立索引的方法来改变数据的存储方式。但在其他情况下，数据是采用顺序存储还是散列存储，或其他的存储方式是由数据库管理系统根据数据的具体情况决定的，一般它都会为数据选择一种最合适的存储方式，用户不需要也不能对此进行干预。

9.5.4　物理结构设计评价

数据库物理结构设计过程中要对时间效率、空间效率、维护代价和各种用户要求进行权衡，其结果可以产生多种方案，数据库设计者必须对这些方案进行细致的评价，从中选择一个较优的方案作为数据库的物理结构。

评价物理结构设计的方法完全依赖于具体的数据库管理系统，主要考虑操作开销，即为使用户获得及时、准确的数据所需的开销和计算机资源的开销。具体可分为如下几类。

1）查询和响应时间。响应时间是从查询开始到查询结果开始显示所经历的时间。一个好的应用程序设计可以减少 CUP 时间和 I/O 时间。

2）更新事务的开销。主要是修改索引、重写物理块或文件以及写校验等方面的开销。

3）生成报告的开销。主要包括索引、重组、排序和结果显示的开销。

4）主存储空间的开销。包括程序和数据所占用的空间。对数据库设计者来说，一般可以对缓冲区做适当的控制，如缓冲区个数和大小。

5）辅助存储空间的开销。辅助存储空间分为数据块和索引块两种，设计者可以控制索引块的大小、索引块的充满度等。

实际上，数据库设计者只能对 I/O 和辅助空间进行有效控制，其他方面都是有限的控制或者根本就不能控制。

9.6　数据库行为设计

到目前为止，我们详细讨论了数据库的结构设计问题，这是数据库设计中最重要的任务。前面已经说过，数据库设计的特点是结构设计和行为设计是分离的。行为设计与一般的传统程序设计区别不大，软件工程中的所有工具和手段几乎都可以用到数据库行为设计中，因此，多数数据库教科书都没有讨论数据库行为设计问题。考虑到数据库应用程序设计相对于其他应用程序设计有其特殊的地方，而且不同的数据库应用程序设计也有许多共性，因此，这里简单介绍下数据库的行为设计。

数据库行为设计一般包含功能分析与设计、安全设计。

9.6.1　功能分析与设计

在 9.2 节中提到，需求收集和整理可采用自底向上和自顶向下两种方法，自顶向下分析方法是先确定系统的总体需求，然后再逐步细化；自底向上分析方法是先分析具体需求，然后再逐步汇总。其中数据库应用程序多采用先整体后局部的自顶向下分析方法，如图 9-31 所示。

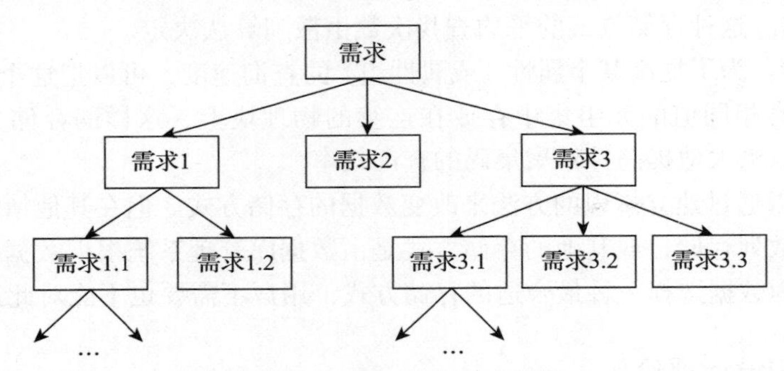

图 9-31　自顶向下需求分析

在对需求进行分析描述时，实际上进行了两项工作，一项是“数据流”的调查分析，另一项是“事务处理”的调查分析，也就是应用业务处理的调查分析。数据流的调查分析为数据库的信息结构提供了最原始的依据，而事务处理的调查分析则是行为设计的基础。

对于行为特性要进行如下分析。

1）标识所有的查询、报表、事务及动态特性，指出对数据库所要进行的各种处理。

2）指出对每个实体所进行的操作（增、删、改、查）。

3）给出每个操作的语义，包括结构约束和操作约束，通过下列条件，可定义下一步的操作：

①执行操作的前提。

②操作的内容。

③操作成功后的状态。

例如，教师退休行为的操作特征为：

①该教师没有未讲授完的课程。

②从当前在职教师表中删除此教师记录。

③将此教师信息插入退休教师表中。

4）给出每个操作（针对某一对象）的频率。

5）给出每个操作（针对某一应用）的响应时间。

在需求功能分析之后就要完成功能设计。功能设计采用逐步求精、模块化、信息隐藏的原则，按表示层、业务逻辑层、数据访问层和数据持久层这四层架构进行逐步细化和深入。其中，表示层负责所有与用户交互的功能；业务逻辑层负责根据业务逻辑需要将表示层获取的数据进行组织后，传递给数据访问层，或将数据访问层获取的数据进行相应的加工处理后，传送给表示层用于展示；数据访问层负责与系统进行交互，提取或存入应用系统所需的数据；数据持久层负责保存和管理应用系统数据。

9.6.2　安全设计

数据库应用系统设计除了功能分析与设计，安全设计也是重要的一部分。安全设计包括安全性保护、完整性保护、并发控制、数据库的备份与恢复、数据加密等。

1）安全性保护：包括用户身份鉴别和权限控制。用户身份鉴别可以只通过用户名和密码实现，也可以利用强身份验证（验证码或者生物识别）实现；权限控制需要限制数据库管理员用户的数量、设计各类用户的权限、限定用户所需要的最小权限等。

2）完整性保护：包括数据的正确性、一致性和相容性。在数据库行为设计中可通过用户定义完整性来满足实际需求。例如，某高校图书借阅系统中，对于不同的用户，如教师、研究生、本科生，能够借阅图书的类型和数量有不同要求，这个需求就可以通过用户定义完整性实现。

3）并发控制：要考虑多用户同时使用数据库带来的冲突，在本书后面的章节中对并发控制会有介绍。

4）数据库的备份与恢复：保证了数据的可靠性，防止故障带来数据丢失。

5）数据加密：通过对高敏感数据加密，增强数据库应用系统的安全性。

9.7　数据库实施与运维

完成了数据库的结构设计和行为设计，并利用关系数据库管理系统提供的数据定义语言和其他程序设计语言编写了应用程序之后，就可将一些数据加载到数据库中，调试、运行应用程序，以查看数据库设计以及应用程序是否存在问题。这就是数据库的实施阶段。

数据库实施阶段包括两项重要的工作，一项是加载数据，一项是调试和运行应用程序。

9.7.1　加载数据

在一般的数据库系统中，数据量都很大，而且数据来源于多个部门，数据的组织方式、结构和格式与新设计的数据库系统可能有很大的差别，组织数据的录入就是将各类数据从各个局部应用中抽取出来，输入到计算机中，然后再分类转换，最后综合成符合新设计的数据库结构的形式，输入到数据库中。这样的数据转换、组织入库的工作特别耗费人力、物力和财力，工作量很大。

由于各应用环境差异很大，很难有通用的数据转换器，数据库管理系统也很难提供一个通用的转换工具。因此，为提高数据输入工作的效率和质量，应该针对具体的应用环境设计一个数据录入子系统，专门用来解决数据转换和输入问题。

为了保证数据库中的数据正确、无误，必须重视数据的校验工作。在将数据输入系统进行数据转换的过程中，应该进行多次校验。对于重要数据的校验更应该反复进行，确认无误后再输入到数据库中。

如果新建数据库的数据来自已经存在的文件或数据库，那么应该注意旧的数据模式结构与新的数据模式结构之间的对应关系，然后再将旧的数据导入新的数据库中。

目前，很多数据库管理系统都提供了数据导入的功能，比如SQL Server、MySQL和国产数据库KingBase等均提供了数据导入和导出功能，有些数据库管理系统还提供了功能强大的数据转换功能。

9.7.2 调试和运行应用程序

一部分数据加载到数据库之后，就可以开始对数据库系统进行联合调试了，这个过程又称为数据库试运行。

这一阶段要实际运行数据库应用程序，执行对数据库的各种操作，测试应用程序的功能是否满足设计要求。如果不满足，则要对应用程序进行修改、调整，直至达到设计要求为止。

在数据库试运行阶段，还要对系统的性能指标进行测试，分析其是否达到设计目标。在对数据库进行物理结构设计时已经初步确定了系统的物理参数，但一般情况下，设计时的考虑在很多方面只是一个近似的估计，和实际系统的运行还有一定的差距，因此必须在试运行阶段实际测量和评价系统的性能指标。事实上，有些参数的最佳值往往是经过调试后找到的。如果测试的结果与设计目标不符，则要返回物理结构设计阶段，重新调整物理结构，修改系统参数，某些情况下甚至要返回逻辑结构设计阶段，对逻辑结构进行修改。

特别要强调的是，首先，由于组织数据入库的工作十分费力，如果试运行后要修改数据库的逻辑结构设计，则需要重新组织数据入库。因此在试运行时应该先输入小批量数据，试运行基本合格后，再大批量输入数据，以减少不必要的工作浪费。其次，在数据库试运行阶段，由于系统还不稳定，随时可能发生软硬件故障，而且系统的操作人员对系统也还不熟悉，误操作不可避免，因此应该首先调试运行数据库管理系统的恢复功能，做好数据库的备份和恢复工作。一旦出现故障，可以尽快地恢复数据库，以减少对数据库的破坏。

9.7.3 数据库运行和维护

数据库投入运行标志着开发工作的基本完成和维护工作的开始，数据库只要存在一天，就需要不断地对它进行评价、调整和维护。

在数据库运行阶段，对数据库的经常性维护工作主要由数据库系统管理员完成，其主要工作包括如下几个方面。

1）数据库的备份和恢复。要对数据库进行定期的备份，一旦出现故障，要能及时地将数据库恢复到正确状态，以减少数据库损失。

2）数据库的安全性和完整性控制。随着数据库应用环境的变化，对数据库的安全性和完整性要求也会发生变化。比如，要收回某些用户的权限，或增加、修改某些用户的权限，增加、删除用户，或者某些数据的取值范围发生变化等，这都需要系统管理员对数据库进行适当的调整，以反映这些新的变化。

3）监视、分析、调整数据库性能。监视数据库的运行情况，并对检测数据进行分析，找出能够提高性能的可行性，并适当地对数据库进行调整。目前有些数据库管理系统产品提供了性能检测工具，数据库系统管理员可以利用这些工具很方便地监视数据库。

4）数据库的重组。数据库经过一段时间的运行后，随着数据的不断添加、删除和修改，会使数据库的存取效率降低，这时数据库管理员可以改变数据库数据的组织方式，通过增加、删除或调整部分索引等方法，改善系统的性能。注意数据库的重组并不改变数据库的逻辑结构。

数据库的结构和应用程序设计的好坏只是相对的，它并不能保证数据库应用系统始终处于良好的性能状态。这是因为数据库中的数据随着数据库的使用而发生变化，随着这些变化的不断增加，系统的性能就有可能会日趋下降，所以即使在不出现故障的情况下，也要对数据库进行维护，以便数据库始终能够获得较好的性能。总之，数据库的维护工作与一台机器的维护工作类似，花的功夫越多，它服务得就越好。因此，数据库的设计工作并非一劳永逸，一个好的数据库应用系统同样需要精心地维护方能使其保持良好的性能。

9.8　数据库设计示例

本节通过一个数据库设计示例，完整地说明数据库设计的全过程，方便读者加深对数据库设计的理解。

9.8.1　需求分析

需求分析的目标是明确系统边界，确定软件需要实现哪些功能，完成哪些工作。通过和用户访谈收集需求、整理需求，最后定义需求。

1. 需求描述

某公司拟开发一个协同工作平台，方便项目管理。具体功能如下：

1）平台的每位用户有唯一的工号，用户的信息还包括姓名、密码和联系电话。

2）平台中每位用户都可以创建多个项目。

3）用户创建项目，即为项目的管理员，一个项目仅有一个管理员。创建项目，需要指定项目名称、起止日期、项目说明，项目管理员还要为项目添加若干个任务（可以理解为一个项目由若干个任务组成），添加任务需要指定任务名称、任务的起止日期、任务的重要度（分为三个等级：紧急且重要、比较重要和一般重要）、任务的完成度（用百分数表示，范围为 0%～100%）、任务备注说明等信息，并为任务指派人员，即项目的参与者，一个任务可以有一个参与者也可以有多个参与者，平台要记录项目的创建日期以及每个项目中任务分配给参与者的日期。

4）一个用户既可以是项目的管理员，也可以是本项目或者其他项目的参与者。

5）用户登录该平台后，可以查看和维护自己管理的项目和参与的项目。对于管理的项目，可以添加任务、添加项目参与者、查看所有的任务、给参与者留言（例如提醒某位参与者加快进度）、修改任务的信息（如任务的截止日期）、修改项目的信息（如项目的截止日期）和状态（已完成）、删除任务和删除项目。对于参与的项目（用户可参与多个项目），只能看到自己在该项目中的任务要求、任务的剩余天数、根据实际情况修改任务的进度和备注，可以给该项目的管理员留言。用户可以查看其他用户给自己的留言，包括留言的时间和内容，用户登录平台后，如有未阅读的留言，系统能够提醒用户阅读。

2. 需求整理与定义

通过对需求的分析和整理，确定了协同工作平台应包含创建项目、查看与维护项目、查看与维护任务、留言等功能。具体如下：

1）创建项目：包含为新建的项目指定基本信息（如项目名称、起止日期、项目说明等）、为项目创建任务（指定任务信息和任务的参与者）。

2）查看与维护项目：包含查看项目信息、删除项目、维护项目（修改项目信息、添加任务和删除任务）。

3）查看与维护任务：包含查看参与的任务和修改任务信息。

4）留言：包含发送和接收信息。

协同工作平台的功能模块如图 9-32 所示。

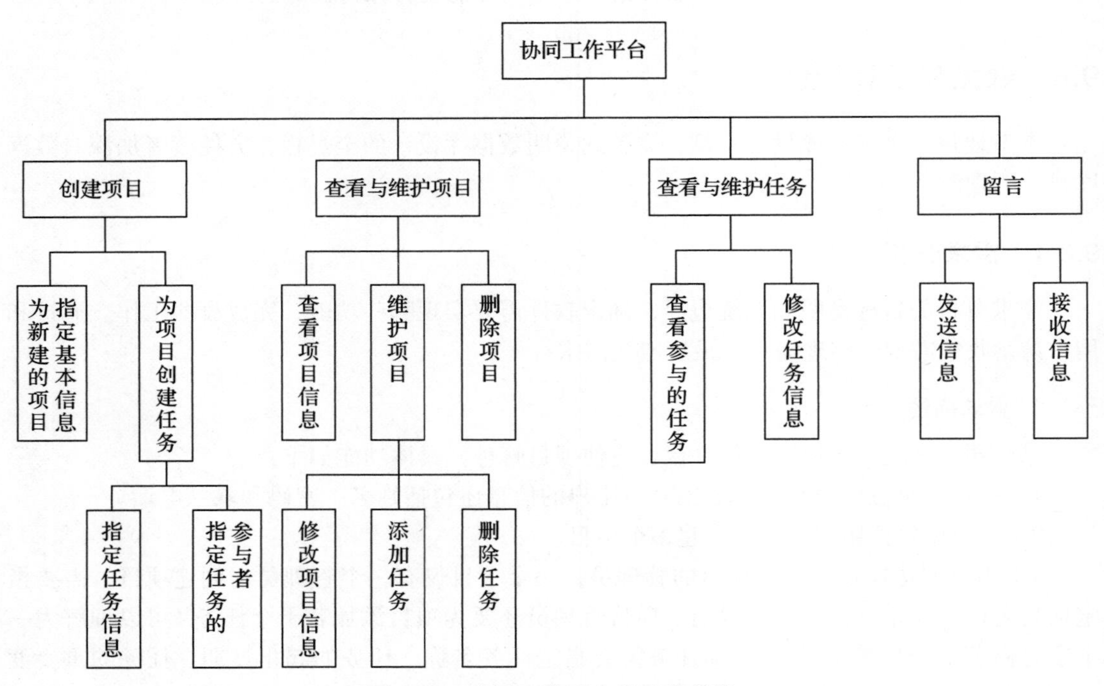

图 9-32　协同工作平台的功能模块

以“用户”和“任务”为例，给出数据项描述，见表 9-3 和表 9-4。

表 9-3 “用户”的数据项定义

数据项名	数据项含义	数据类型	取值范围
工号	唯一标识每个员工	CHAR(10)	
姓名		VARCHAR(20)	
密码		CHAR(10)	
联系电话		CHAR(11)	每一位均为数字

表 9-4 “任务”的数据项定义

数据项名	数据项含义	数据类型	取值范围
任务编号	唯一标识每项任务	CHAR(10)	
任务名称		VARCHAR(20)	
任务开始日期		DATE	
任务截止日期		CATE	
任务重要度		ENUM	取值为：“紧急且重要”“比较重要”和“一般重要”
任务完成度	用百分数表示任务的完成情况	FLOAT	0.00～1.00
任务备注说明		VARCHAR(100)	

9.8.2 概念结构设计

概念结构设计的任务是得到反映最终用户需求的数据库概念模型，概念模型独立于机器，且更加抽象和稳定，通常用 ER 模型表示。本例采用自底向上方法进行概念结构设计，首先抽象实体并确定实体属性，然后设计局部概念模型，并将局部概念模型集成为全局概念模型，最后对全局概念模型进行优化得到最终的概念模型。

1. 抽象实体并确定实体属性

实体是一组具有相同特征或属性的对象的集合，每个实体用一个实体名和一组属性来标识。分析需求文档，特别是需求文档中出现的名词，如果对该名词有一些属性、特征描述，就可以将其作为备选的实体，对其特征的描述就是属性。

分析本示例的需求，备选的实体有：用户、管理员、参与者、项目、任务。

用户实体的属性有：工号、姓名、密码和联系电话，其中工号是标识属性。管理员和参与者的属性与用户的相同。

项目实体的属性有：项目编号、项目名称、项目开始日期、项目截止日期、项目状态和项目备注说明，其中项目编号是标识属性。

任务实体的属性有：任务编号、任务名称、任务开始日期、任务截止日期、任务重要度、任务完成度、任务备注说明，其中任务编号是标识属性。

从上面的分析可以看出，用户、管理员、参与者的属性是一样的，都是平台的使用者，只是角色不同，需要 3 个实体表示还是合并为 1 个实体呢？继续下面的分析。

2. 确定实体之间的联系，生成局部的 ER 图

由于每位用户都可以创建多个项目，而一个特定项目只能由一个用户创建，因此用户和项目之间的联系是一对多的，我们将此联系命名为“创建”。在需求中提到“平台要记录项目的创建日期”，因此创建日期应该作为联系的一个属性。用户和项目之间的局部 ER 图如图 9-33 所示。

由于一个项目可以包含多个任务，一个任务只能属于一个特定的项目，因此项目和任务之间的联系是一对多的，该联系没有属性，我们将该联系命名为“包含”。项目和任务之间

的局部 ER 图如图 9-34 所示。

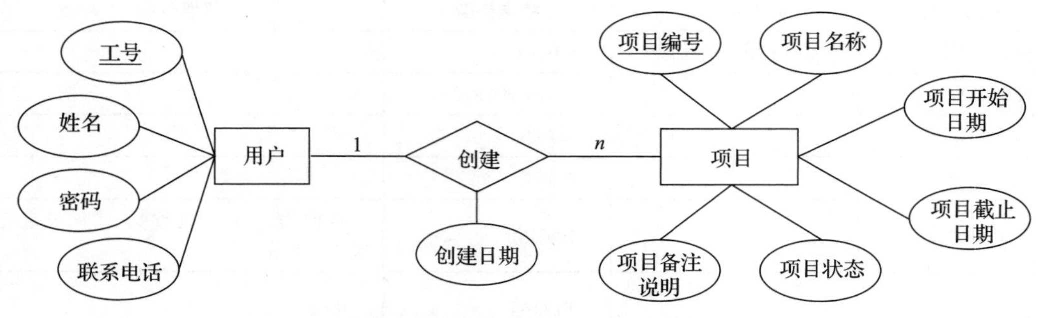

图 9-33　用户和项目之间的局部 ER 图

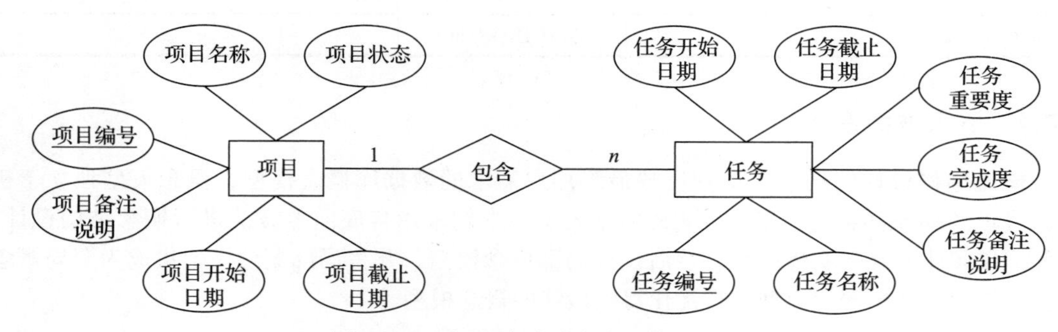

图 9-34　项目和任务之间的局部 ER 图

由需求可知，一个任务可以有一个参与者也可以有多个参与者，一个参与者可参与多个任务，因此参与者和任务之间的联系是多对多的，我们将该联系命名为“参与”。根据需求分析需将“任务分配日期”作为该联系的一个属性。参与者和任务之间的局部 ER 图如图 9-35 所示。

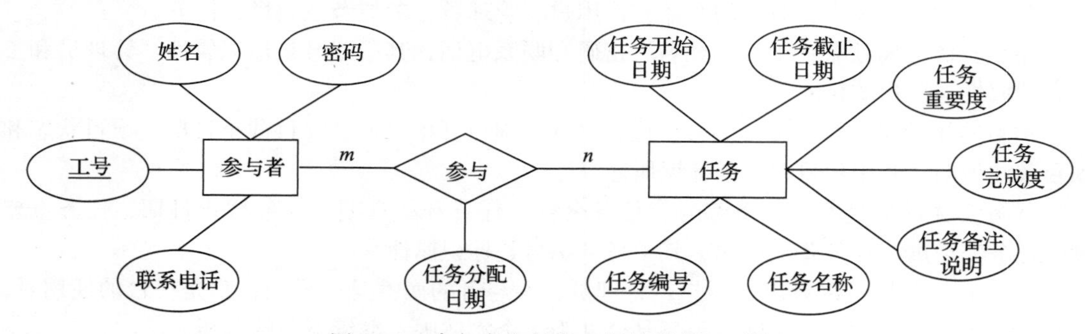

图 9-35　参与者和任务之间的局部 ER 图

管理员和参与者之间可以相互留言，一个管理员可以给多个参与者留言，一个参与者也可以给多个管理员留言，因此管理员和参与者之间的联系是多对多的，我们将该联系命名为“留言”。“留言”联系有 3 个属性：留言内容、留言时间和阅读状态。管理员和参与者之间的局部 ER 图如图 9-36 所示。

3. 集成并优化全局 ER 图

本例采用逐步集成、进行累加的方式把局部 ER 图集成为全局 ER 图，同时消除各局部

ER 图合并时产生的冲突，这也是合并 ER 图的主要工作和关键所在。

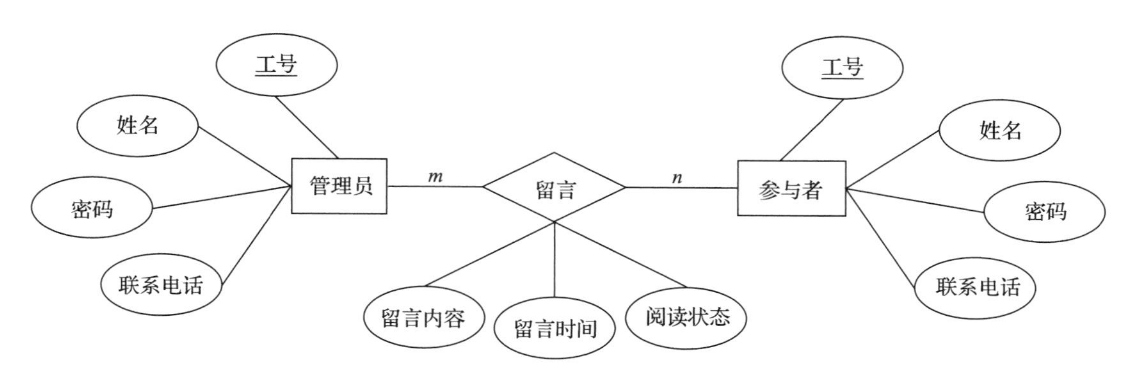

图 9-36　管理员和参与者之间的局部 ER 图

首先合并图 9-33 和图 9-34 所示的局部 ER 图，这两个局部 ER 图中不存在冲突，合并后的结果如图 9-37 所示。

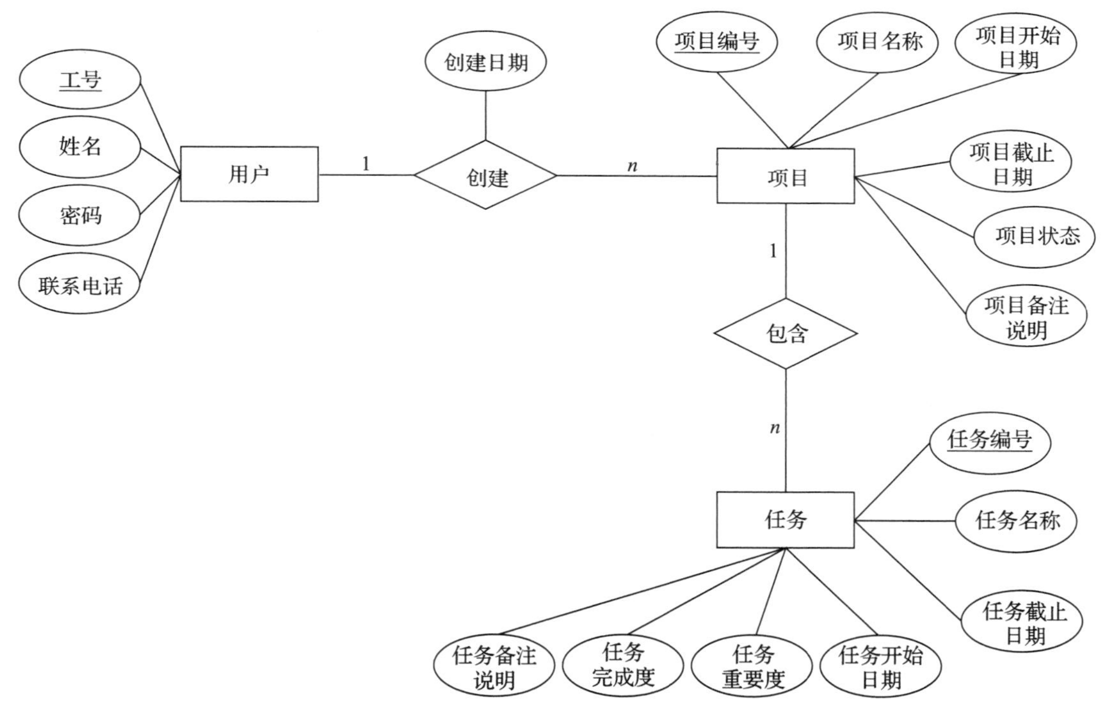

图 9-37　合并用户和项目、项目和任务的局部 ER 图

再将图 9-35 所示的局部 ER 图与图 9-37 的 ER 图合并，结果图 9-38 所示。

在图 9-38 中“用户”和“参与者”这两个实体的属性完全一样，一个“参与者”的实例同时也是“用户”的一个实例，因此，可将“用户”和“参与者”这两个实体合并，合并后的实体名选用“用户”。合并后的 ER 图如图 9-39 所示。

再将图 9-36 的局部 ER 图和图 9-39 的局部 ER 图合并，从图 9-36 可以看到，由于“管理员”与“参与者”的属性是完全一样的，因此可将“管理员”和“参与者”合并为一个实体，合并这两个实体后，“留言”联系将成为一元联系。

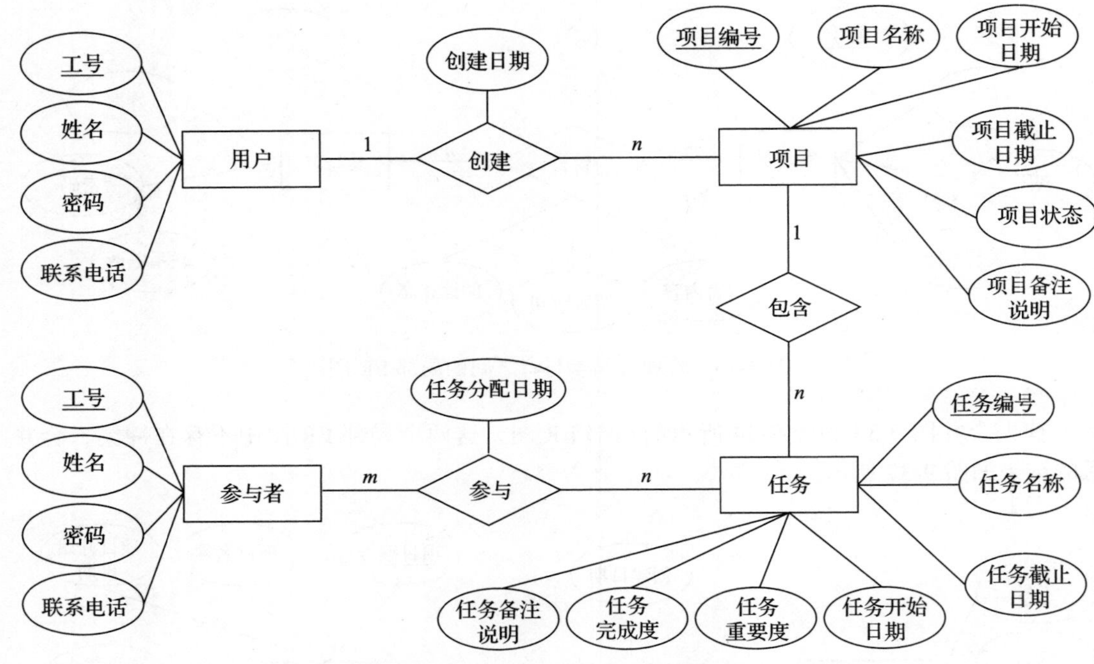

图 9-38　合并用户和项目、项目和任务、参与者和任务的局部 ER 图

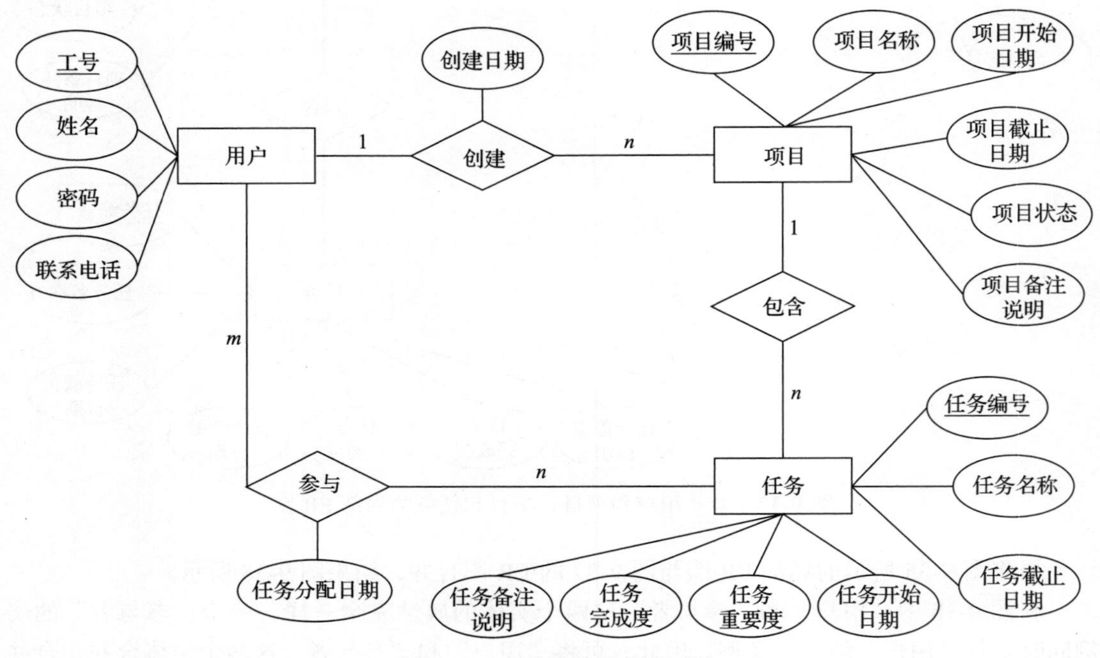

图 9-39　合并后的局部 ER 图

由于在图 9-39 中“参与者”与“用户”已经进行了合并，因此这里的合并可将管理员与用户实体合并，合并后的实体名选用“用户”。合并后全局的 ER 图如图 9-40 所示。

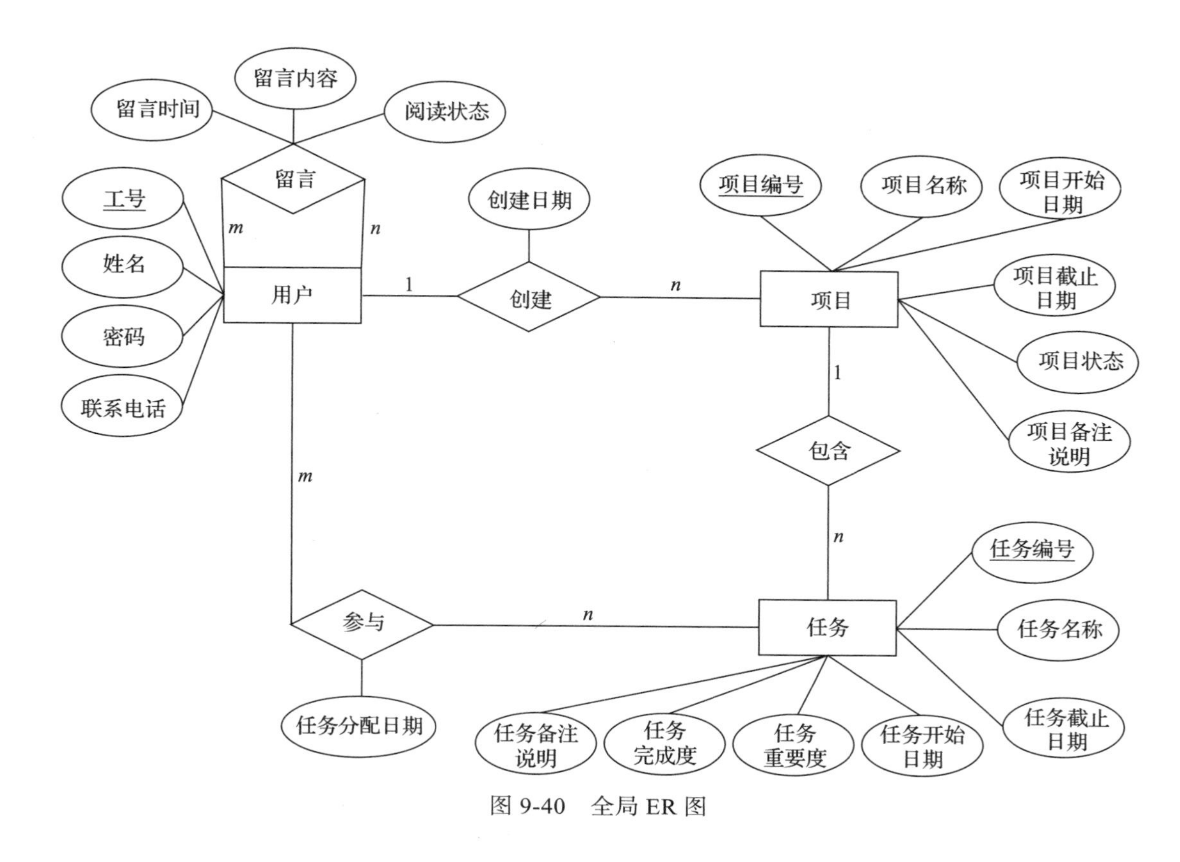

图 9-40　全局 ER 图

9.8.3　逻辑结构设计

逻辑结构设计的任务是把在概念结构设计阶段设计好的基本 ER 模型转换为具体的数据库管理系统支持的组织层数据模型，包括 ER 模型转换为关系模型、对关系模型进行优化、设计面向用户的外模式。

1. ER 模型转换为关系模型

（1）转换实体

该示例的全局 ER 图共有三个实体，一个实体转换为一个关系模式。实体的属性就是关系的属性，实体的标识属性就是关系的主键。因此这三个实体转换为三个关系模式，结构如下（主键用下划线表示）:

用户（工号，姓名，密码，联系电话）

项目（项目编号，项目名称，项目开始日期，项目截止日期，项目状态，项目备注说明）

任务（任务编号，任务名称，任务开始日期，任务截止日期，任务重要度，任务完成度，任务备注说明）

（2）转换联系

1）首先看一元联系“留言”，这是一个 m ：n 的联系，应该转换为一个独立的关系模式，且与该联系相连的实体的标识属性以及联系本身的属性均转换为此关系模式的属性，因此将“用户”实体的标识属性“工号”添加到“留言”的关系模式中，并将“留言”联系本身的属性“留言时间”“留言内容”“阅读状态”也添加到“留言”关系模式中。

由于“留言”是一元联系，因此“用户”实体的标识属性“工号”在“留言”产生的关系模式中添加了两次，为了增加可读性，将“工号”重新命名为“发送方工号”和“接收方工号”。留言关系模式结构如下（主键用下划线标识）：

留言（<u>发送方工号</u>，<u>接收方工号</u>，<u>留言时间</u>，留言内容，阅读状态），“发送方工号”和“接收方工号”均是引用“用户”关系模式的外键。

2）“创建”是一个 1 ∶ n 的联系，一般是与 n 端，即与“项目”实体所对应的关系模式合并，并在“项目”关系模式中加入 1 端实体，即“用户”实体的标识属性“工号”，再将联系本身的属性“创建日期”也加入“项目”关系模式中。为了增加可读性，这里将“工号”重新命名为“项目管理员工号”，并将“项目管理员工号”属性作为“用户”关系模式的外键。现在的“项目”关系模式结构如下（主键用下划线标识）：

项目（<u>项目编号</u>，项目名称，项目开始日期，项目截止日期，项目状态，项目备注说明，项目管理员工号，创建日期），“项目管理员工号”是引用“用户”关系模式的外键。

3）“包含”是一个 1 ∶ n 的联系，将此联系与 n 端的“任务”合并，在“任务”关系模式中加入 1 端“项目”实体的标识属性“项目编号”，并将“项目编号”属性作为“项目”关系模式的外键。修改后的“任务”关系模式如下（主键用下划线标识）：

任务（<u>任务编号</u>，任务名称，任务开始日期，任务截止日期，任务重要度、任务完成度，任务备注说明，项目编号），“项目编号”是引用“项目”关系模式的外键。

4）“参与”是一个 m ∶ n 的联系，应该转换为一个独立的关系模式，将与该联系相连的“用户”实体的标识属性“工号”和“任务”实体的标识属性“任务编号”以及联系本身的属性“任务分配时间”均添加到“参与”关系模式中。“参与”关系模式的结构如下（主键用下划线标识）：

参与（<u>工号</u>，<u>任务编号</u>，任务分配时间），“工号”和“任务编号”分别是引用“用户”和“任务”关系模式的外键。

从以上分析可得，本系统共有如下 5 个关系模式：

用户（<u>工号</u>，姓名，密码，联系电话）

项目（<u>项目编号</u>，项目名称，项目开始日期，项目截止日期，项目状态，项目备注说明，项目管理员工号，创建日期），“项目管理员工号”是引用“用户”关系模式的外键。

任务（<u>任务编号</u>，任务名称，任务开始日期，任务截止日期，任务重要度，任务完成度，任务备注说明，项目编号），“项目编号”是引用“项目”关系模式的外键。

留言（<u>发送方工号</u>，<u>接收方工号</u>，<u>留言时间</u>，留言内容，阅读状态），“发送方工号”和“接收方工号”是引用“用户”关系模式的外键。

参与（<u>工号</u>，<u>任务编号</u>，任务分配时间），“工号”是引用“用户”关系模式的外键，“任务编号”是引用“任务”关系模式的外键。

2. 对关系模型进行优化

以上 5 个关系模式都满足 3NF 要求，已经是规范化关系模式，因此无须进行规范化方面的优化。

3. 设计外模式

外模式概念对应关系数据库的视图，设计外模式是为了更好地满足各类用户的信息需求。通常定义外模式是出于简化用户对数据的查询语句书写、使用更符合用户习惯的别名、根据需求设计派生列、对不同级别的用户定义不同的外模式来提供一定的数据安全的考虑。

用户经常需要进行任务剩余天数的查询，需要查询的信息有："任务名称""任务重要度""任务完成度"和"任务剩余天数"，可为此查询设计一个外模式，其中"任务名称""任务重要度"和"任务完成度"属性可从已设计的关系模式中直接得到，"任务剩余天数"可通过当前日期和"任务截止日期"属性计算得到，因此可将"任务剩余天数"设计为一个派生属性。

9.8.4　物理结构设计

物理结构设计就是根据逻辑数据模型和用户对数据的操作特点和要求，选取合适的数据存取方法和存储结构。不同的数据库产品所提供的存取方法和存储结构有很大差别，能供设计人员使用的设计变量、参数也有很大差异。通常对于数据量大且事务响应时间短的用户需求，需要进行物理结构设计。由于本示例数据量较小，因此可直接采用系统提供的数据存取方法和存储结构。通过建立索引可以加快数据的查询效率，在本例中，以特定截止日期为条件的查询是频率较高的操作，因此可以在"任务截止日期"字段上建立索引，以提高查询效率。

9.8.5　数据库行为设计

数据库行为设计一般包含功能分析与设计、安全设计。本例的功能分析与设计可以参考图 9-32。安全设计可以包括以下两部分：

1）安全性保护设计，设计各类用户、角色的权限。例如项目中任务参与者的权限，对于一个任务的参与者，是否允许他查看项目中其他任务，如果可以查看，是查看全部属性还是特定属性。例如，对于项目的"项目备注说明"只能让项目的创建者看到，而不让项目的参与者看到。作为项目参与者只能看到自己的任务信息，而不能看到项目中其他任务的信息。这些就是安全性保护设计。

2）完整性保护设计，保证数据的正确性和一致性。比如项目的状态和所属任务的完成度是否需要有一定的逻辑关系。例如，当项目的状态是"已完成"，该项目所属任务的完成度就不能再修改了。

经过上述步骤，自此完成了协同工作平台的数据库设计。

本章小结

本章介绍了数据库设计的全部过程，数据库设计的特点是行为设计和结构设计是分离的，而且在需求分析的基础上一般是首先进行结构设计，然后再进行行为设计，其中结构设计是关键。结构设计又分为概念结构设计、逻辑结构设计和物理结构设计几个阶段。概念结构设计是用概念结构来描述用户的业务需求，这里介绍的是 ER 模型，它与具体的数据库管理系统无关；逻辑结构设计是将概念结构设计的结果转换为组织层数据模型，对于关系数据库来说，是转换为关系模式。一般的转换规则为：一个实体转换为一个关系模式，实体的属性就是关系模式的属性。对实体之间的联系要根据联系种类的不同采用不同的转换方法。逻辑结构设计与具体的数据库管理系统有关。物理结构设计主要是设计数据的存取方法和存储结构，一般来说，数据的存取方法和存储结构对用户是透明的，用户一般只能通过建立索引来改变数据的存储方式。

数据库的行为设计是对系统的功能进行设计，一般的设计思想是将大的功能模块划分为功能相对专一的小的功能模块，逐层细分，这样便于分析和实现。

数据库设计完成后，下一步要进行的工作是数据库的实施和运维。数据库应用系统不同于一般的应用软件，它在投入运行后必须要有专人对其进行监视和调整，以保证应用系统的高效率。

数据库设计的成功与否与许多具体因素有关，但只要掌握了数据库设计的基本方法，就可以设计出可行的数据库系统。

本章知识的思维导图如图 9-41 所示。

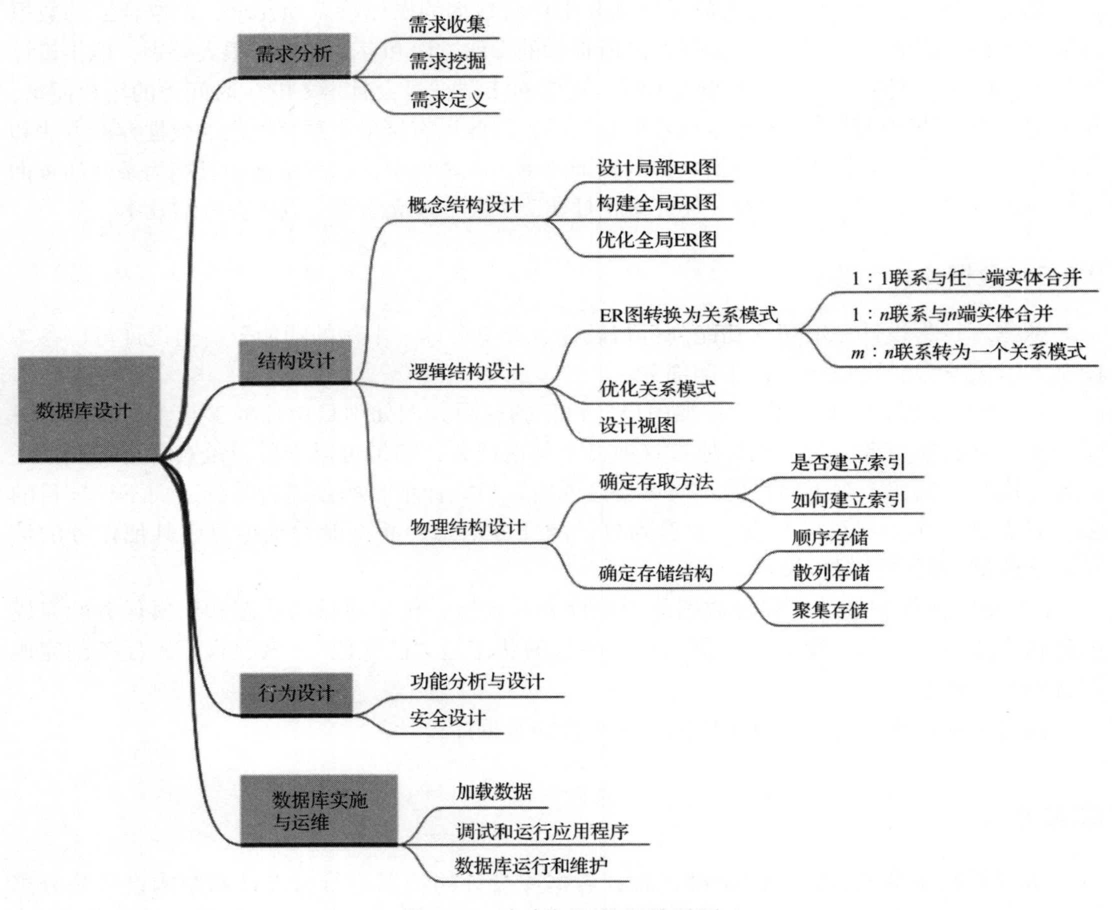

图 9-41　本章知识的思维导图

习题

一、选择题

1. 在数据库设计中，将 ER 图转换为关系模型是下述哪个阶段完成的工作（　　）。

A. 需求分析　　B. 概念结构设计

C. 逻辑结构设计　　D. 物理结构设计

2. 在进行数据库逻辑结构设计时，不属于逻辑设计应遵守的原则的是（　　）。
A. 尽可能避免插入异常　　B. 尽可能避免删除异常
C. 尽可能避免数据冗余　　D. 尽可能避免多表连接操作
3. 在将 ER 图转换为关系模型时，一般是将 m ：n 联系转换成一个独立的关系模式。下列关于这种联系产生的关系模式的主键的说法，正确的是（　　）。
A. 只需包含 m 端关系模式的主键即可
B. 只需包含 n 端关系模式的主键即可
C. 至少包含 m 端和 n 端关系模式的主键
D. 必须添加新的属性作为主键
4. 数据流图是从“数据”和“处理”两方面来表达数据处理的一种图形化表示方法，该方法主要用在数据库设计的（　　）。
A. 需求分析阶段　　B. 概念结构设计阶段
C. 逻辑结构设计阶段　　D. 物理结构设计阶段
5. 在将局部 ER 图合并为全局 ER 图时，可能会产生一些冲突。下列冲突中不属于合并 ER 图冲突的是（　　）。
A. 结构冲突　　B. 语法冲突　　C. 属性冲突　　D. 命名冲突
6. 一个银行营业所可以有多个客户，一个客户也可以在多个营业所进行存取款业务，则客户和银行营业所之间的联系是（　　）。
A. 一对一　　B. 一对多　　C. 多对一　　D. 多对多
7. 设实体 A 与实体 B 之间是一对多联系。下列进行的逻辑结构设计方法中，最合理的是（　　）。
A. 为实体 A 和实体 B 分别设计一个关系模式，且外键放在实体 B 的关系模式中
B. 为实体 A 和实体 B 分别设计一个关系模式，且外键放在实体 A 的关系模式中
C. 将实体 A 和实体 B 设计为一个关系模式，该关系模式包含两个实体的全部属性
D. 分别为实体 A、实体 B 和它们之间的联系设计一个关系模式，外键在联系对应的关系模式中
8. 设有描述学生借书情况的关系模式：借书（书号，读者号，借书日期，还书日期），设一个读者可在不同日期多次借阅同一本书，但不能在同一天对同一本书借阅多次。该关系模式的主键是（　　）。
A. 书号　　B.（书号，读者号）
C.（书号，读者号，借书日期）　　D.（书号，读者号，借书日期，还书日期）
9. 在数据库设计中，进行外模式设计是下列哪个阶段完成的工作（　　）。
A. 需求分析阶段　　B. 概念结构设计阶段
C. 逻辑结构设计阶段　　D. 物理结构设计阶段
10. 数据库物理结构设计完成后就进入数据库实施阶段。下列不属于数据库实施阶段工作的是（　　）。
A. 调试应用程序　　B. 试运行应用程序
C. 加载数据　　D. 扩充系统功能

二、简答题

1. 试说明数据库设计的特点。
2. 简述数据库的设计过程。
3. 数据库结构设计包含哪几个过程？
4. 什么是数据库的逻辑结构设计？简述其设计步骤。
5. 把 ER 模型转换为关系模式的转换规则有哪些？
6. 数据模型的优化包含哪些方法？
7. 将下列给定的 ER 图转换为符合 3NF 的关系模式，并指出每个关系模式的主键和外键。
（1）图 9-42 所示为描述图书、读者以及读者借阅图书的 ER 图。

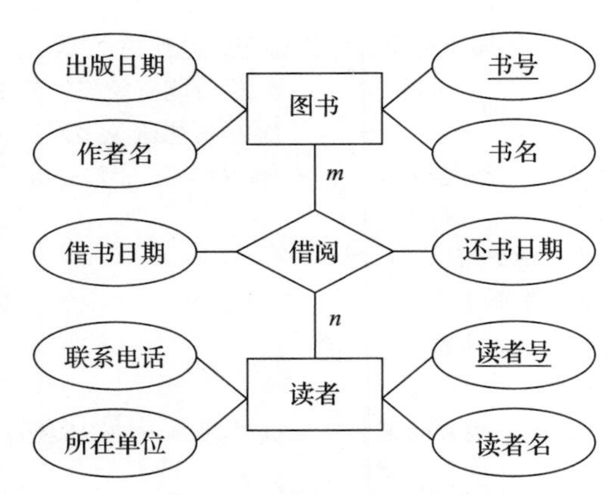

图 9-42　图书借阅 ER 图

（2）图 9-43 所示为描述商店从生产厂家订购商品的 ER 图。

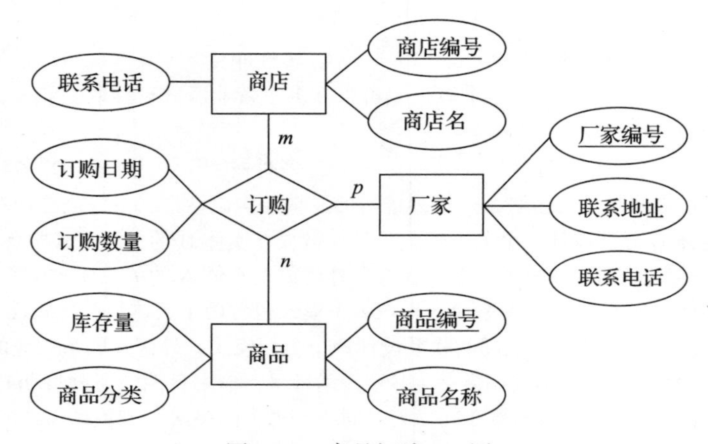

图 9-43　商品订购 ER 图

（3）图 9-44 为描述学生参加学校社团的 ER 图。

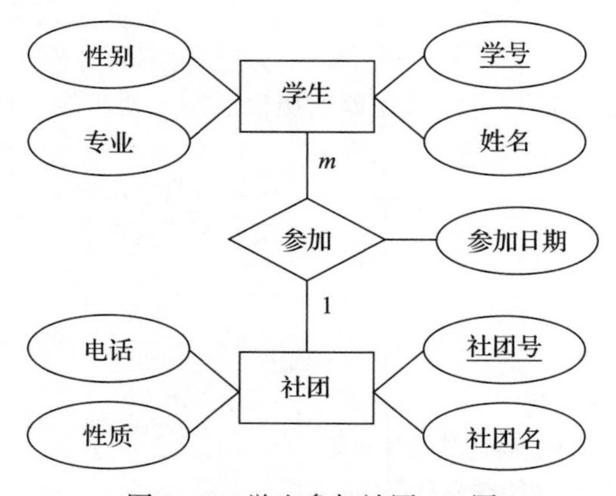

图 9-44　学生参加社团 ER 图

8. 根据下列描述，画出相应的 ER 图，并将 ER 图转换为满足 3NF 的关系模式，指明每个关系模式的主键和外键。现要实现一个顾客购物系统，需求为：一个顾客可去多个商店购物，一个商店可有多个顾客购物；每个顾客一次可购买多种商品，但对同一种商品不能同时购买多次，但在不同时间可购买多次；每种商品可销售给不同的顾客。对顾客的每次购物都需要记录其购物的商店、购买商品的数量和购买日期。需要记录的商店信息包括：商店编号、商店名、地址、联系电话；需要记录的顾客信息包括：顾客号、姓名、住址、身份证号、性别。需要记录的商品信息包括：商品号、商品名、进货价格、进货日期、销售价格。

9. 根据下列描述，画出相应的 ER 图，并将 ER 图转换为满足 3NF 的关系模式，指明每个关系模式的主键和外键。某大学为了提升学生的创新创业能力，现要开发一个大学生创新创业（简称大创）项目管理系统，用来管理大创项目以及指导项目的教师和参与的学生，需求为：每个申报的大创项目有项目编号、项目题目、预期成果、开始日期、结束日期等信息，其中项目编号是唯一的。每个大创项目有且仅有一个指导教师，但是一个教师可以指导多个大创项目。该大创项目管理系统需要记录的教师信息有：教师工号、姓名、职称。每个项目可以有多个学生参与，一个学生可以参与多个大创项目。该大创项目管理系统需要记录的学生信息有：学号、姓名、联系电话。申报的项目经过评审后，将项目分为不同等级，包括国家级项目、北京市级项目、校级项目。

第 10 章　事务与并发控制

事务是数据库中的一系列操作，这些操作是一个完整的执行单元。事务处理技术主要包括并发控制技术和数据库恢复技术。数据库是一个多用户的共享资源，因此在多个用户同时操作相同数据时，保证数据的正确性是并发控制要解决的首要问题。如果数据库在使用过程中出现了故障，比如硬件损坏，那么保证数据库数据不丢失就是备份和恢复要解决的问题。大型数据库管理系统的事务处理子系统执行数据库事务，处理并发用户。事务处理和并发控制构成了数据库系统的主要活动。

本章介绍数据库事务的主要特性，讨论并发控制问题以及数据库管理系统如何增强并发控制以防止并行执行的事务在执行期间可能出现的各种问题，最后给出并发控制采用的一些方法。

10.1　事务

数据库中的数据是共享的资源，因此，允许多个用户同时访问相同的数据。当多个用户同时增、删、改相同的数据时，如果不采取任何措施，则会造成数据异常。事务就是为防止这种情况的发生而产生的概念。

10.1.1　事务的基本概念

事务（transaction）是用户定义的数据操作系列，这些操作作为一个完整的工作单元执行。一个事务内的所有语句作为一个整体，要么全部执行，要么全部不执行。

例如，A 账户转账给 B 账户 n 元钱，这个业务活动包含如下两个操作：

1）第一个操作：A 账户 $-n$。

2）第二个操作：B 账户 $+n$。

可以设想，假设第一个操作成功了，但第二个操作由于某种原因没有成功（比如突然停电等）。那么在系统恢复正常运行后，A 账户的金额是减 n 之前的值还是减 n 之后的值呢？如果 B 账户的金额没有变化（没有加上 n），则正确的情况是 A 账户的金额应该是没有做减 n 操作之前的值（如果 A 账户是减 n 之后的值，则 A 账户中的金额和 B 账户中的金额就对不上了，这显然是不正确的）。怎样保证在系统恢复之后，A 账户中的金额是减 n 前的值呢？这就需要用到事务的概念。事务可以保证在一个事务中的全部操作全部成功，或者全部失败。也就是说，当第二个操作没有成功完成时，系统自动撤销第一个操作，使第一个操作不执行。这样当系统恢复正常时，A 账户和 B 账户中的数值就是正确的。

必须显式地告诉数据库管理系统哪些操作属于一个事务，这可以通过标记事务的开始与结束来实现。不同的事务处理模型中，事务的开始标记不完全一样（我们将在 10.1.3 小节介绍事务处理模型），但不管是哪种事务处理模型，事务的结束标记都是一样的。事务的结束标记有两个：一个是正常结束，用 COMMIT（提交）表示，也就是事务中的所有操作都会物理地保存到数据库中，成为永久的操作；另一个是异常结束，用 ROLLBACK（回滚）表示，也就是事务中的全部操作被撤销，数据库回到事务开始之前的状态。事务中的操作一般是对数据的更新操作。

10.1.2　事务的特征

事务有 4 个特征，即原子性（atomicity）、一致性（consistency）、隔离性（isolation）和持久性（durability）。这 4 个特征也简称为事务的 ACID 特征。

1. 原子性

事务的原子性是指事务是数据库的逻辑工作单位，事务中的操作要么都做，要么都不做。

2. 一致性

事务的一致性是指事务执行的结果必须是使数据库从一个一致性状态变到另一个一致性状态。当事务成功提交时，数据库就从事务开始前的一致性状态转到事务结束后的一致性状态。同样，如果由于某种原因，在事务尚未完成时出现了故障，那么就会出现事务中的一部分操作已经完成，而另一部分操作还没有做，这样就有可能使数据库产生不一致的状态（参考前面的转账示例），因此，事务中的操作如果有一部分成功，一部分失败，为避免数据库产生不一致状态，系统会自动将事务中已完成的操作撤销，使数据库回到事务开始前的状态。因此，事务的一致性和原子性是密切相关的。

3. 隔离性

事务的隔离性是指数据库中一个事务的执行不能被其他事务干扰，即一个事务内部的操作及使用的数据对其他事务是隔离的，并发执行的各个事务不能相互干扰。

4. 持久性

事务的持久性也称为永久性（permanence），指事务一旦提交，则其对数据库中数据的改变就是永久的，以后的操作或故障不会对事务的操作结果产生任何影响。

事务是数据库并发控制和恢复的基本单位。

保证事务的 ACID 特性是事务处理的重要任务。事务的 ACID 特性可能遭到破坏的因素有：

1）多个事务并行运行时，不同事务的操作有交叉情况。

2）事务在运行过程中被强迫停止。

在情况 1）下，数据库管理系统必须保证多个事务在交叉运行时不影响这些事务的原子性；在情况 2）下，数据库管理系统必须保证被强迫终止的事务对数据库和其他事务没有任何影响。

以上这些工作都由数据库管理系统中的恢复和并发控制机制完成。

10.1.3　事务处理模型

事务有两种类型：一种是显式事务，一种是隐式事务。隐式事务是指每一条数据操作语句都自动地成为一个事务，显式事务是有显式的开始和结束标记的事务。在 MySQL 中，事务的开始标记是：

```
START TRANSACTION;
```

事务的结束标记有如下两个：

```
COMMIT;                    # 正常结束
ROLLBACK;                  # 异常结束
```

前面的转账例子用显式事务可描述为：

```
START TRANSACTION;
   UPDATE 支付表 SET 账户总额 = 账户总额 – n
      WHERE 账户号 = 'A'
   UPDATE 支付表 SET 账户总额 = 账户总额 + n
      WHERE 账户号 = 'B'
COMMIT;
```

10.2 并发控制

数据库系统的一个明显的特点是多个用户共享数据库资源，尤其是多用户可以同时存取相同的数据，飞机订票系统的数据库、银行系统的数据库等都是典型的多用户共享的数据库。在这样的系统中，在同一时刻同时运行的事务可达数百个。若对多用户的并发操作不加控制，就会造成数据存取错误，破坏数据的一致性和完整性。

如果事务是顺序执行的，即一个事务完成之后，再开始另一个事务，则称这种执行方式为串行执行，串行执行的示意图如图 10-1a 所示（图中的 T_1、T_2 和 T_3 分别表示不同的事务）。如果数据库管理系统可以同时接受多个事务，并且这些事务在时间上可以重叠执行，则称这种执行方式为并发执行。在单 CPU 系统中，同一时间只能有一个事务占据 CPU，各个事务交叉地使用 CPU，这种并发方式称为交叉并发。在多 CPU 系统中，多个事务可以同时占有 CPU，这种并发方式称为同时并发，交叉并发执行的示意图如图 10-1b 所示。这里主要讨论的是单 CPU 中的交叉并发的情况。

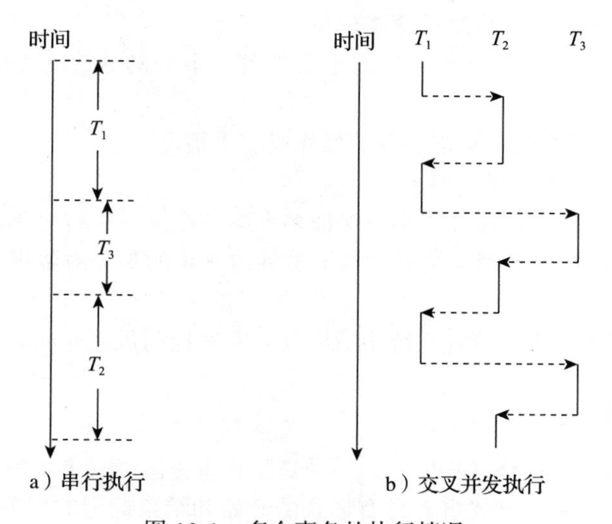

图 10-1　多个事务的执行情况

10.2.1 并发控制概述

数据库中的数据是可以共享的资源，因此会有很多用户同时使用数据库中的数据，也就是说，在多用户系统中，可能同时运行着多个事务，而事务的运行需要时间，并且事务中的操作需要在一定的数据上完成。那么当系统中同时有多个事务运行时，特别是当这些事务使用同一段数据时，彼此之间就有可能产生相互干扰的情况。

上一节提到，事务是并发控制的基本单位，保证事务的 ACID 特性是事务处理的重要任务，而事务的 ACID 特性会因多个事务对数据的并发操作而遭到破坏。为保证事务之间的隔离性和一致性，数据库管理系统应该对并发操作进行正确的调度。

下面我们看一下并发事务之间可能出现的相互干扰情况。

假设有两个飞机订票点 A 和 B，如果 A、B 两个订票点恰巧同时办理同一架航班的飞机订票业务。其操作过程及顺序如下：

1）A 订票点读出航班目前的机票余额数（事务 A），假设为 10 张。

2）B 订票点读出航班目前的机票余额数（事务 B），也为 10 张。

3）A 订票点订出 6 张机票，修改机票余额为 10 − 6 = 4，并将 4 写回到数据库中。

4）B 订票点订出 5 张机票，修改机票余额为 10 − 5 = 5，并将 5 写回到数据库中。

由此可见，这两个事务不能反映出飞机票数不够的情况，而且 B 事务还覆盖了 A 事务对数据的修改，使数据库中的数据不正确。这种情况就称为数据的不一致，这种不一致是由并发操作引起的。在并发操作情况下，会产生数据的不一致，是因为系统对 A、B 两个事务的操作序列的调度是随机的。这种情况在现实当中是不允许发生的，因此，数据库管理系统必须想办法避免出现这种情况，这就是数据库管理系统在并发控制中要解决的问题。

并发操作所带来的数据不一致情况大致可以概括为四种：丢失数据修改、读“脏”数据、不可重复读和产生“幽灵”数据，下面分别介绍。

1. 丢失数据修改

丢失数据修改是指两个事务 T_1 和 T_2 读入同一数据并进行修改，T_2 提交的结果破坏了 T_1 提交的结果，导致 T_1 的修改被 T_2 覆盖掉了。上述飞机订票系统就属于这种情况。丢失数据修改的情况如图 10-2 所示。

时间	事务 T_1	事务 T_2
t_1	读 $A = 16$	
t_2		读 $A = 16$
t_3	修改 $A = A - 1 = 15$ 写回 $A = 15$	
t_4		修改 $A = A - 4 = 12$ 写回 $A = 12$（覆盖了 T_1 对 A 的修改）

图 10-2 丢失数据修改

2. 读“脏”数据

读“脏”数据是指一个事务读了某个失败事务运行过程中的数据，即事务 T_1 修改了某一数据，并将修改结果写回磁盘，然后事务 T_2 读取了同一数据（是 T_1 修改后的结果），但 T_1 后来由于某种原因撤销了它所做的操作，这样被 T_1 修改过的数据又恢复为原来的值，那

么 T_2 读到的值就与数据库中实际的数据值不一致了。这时就说 T_2 读的数据为 T_1 的“脏”数据，或不正确的数据。读“脏”数据的情况如图 10-3 所示。

时间	事务 T_1	事务 T_2
t_1	读 $B = 100$ 修改 $B = B * 2 = 200$ 写回 $B = 200$	
t_2		读 $B = 200$（读入 T_1 的“脏数据”）
t_3	ROLLBACK B 恢复为 100	

图 10-3　读“脏”数据

3. 不可重复读

不可重复读是指事务 T_1 读取数据后，事务 T_2 执行了更新操作，修改了 T_1 读取的数据，T_1 操作完数据后，又重新读取了同样的数据，但这次读完之后，当 T_1 再对这些数据进行相同操作时，所得的结果与前一次不一样。不可重复读的情况如图 10-4 所示。

时间	事务 T_1	事务 T_2
t_1	读 $A = 50$ 读 $B = 100$ 计算 $A + B = 150$	
t_2		读 $B = 100$ 修改 $B = B * 2 = 200$ 写回 $B = 200$
t_3	读 $A = 50$ 读 $B = 200$ 计算 $A + B = 250$ （与前一次统计的值不同）	

图 10-4　不可重复读

4. 产生“幽灵”数据

产生“幽灵”数据实际属于不可重复读的范畴。它是指当事务 T_1 按一定条件从数据库中读取了某些数据记录后，事务 T_2 删除了其中的部分记录，或者在其中添加了部分记录，那么当 T_1 再次按相同条件读取数据时，发现其中莫名其妙地少了（删除）或多了（插入）一些记录。这样的数据对 T_1 来说就是“幽灵”数据或称“幻影”数据。

产生这四种数据不一致现象的主要原因是并发操作破坏了事务的隔离性。并发控制就是要用正确的方法来调度并发操作，使一个事务的执行不受其他事务的干扰，避免造成数据的不一致情况。

10.2.2　并发控制措施

在数据库环境下，进行并发控制的主要方式是使用封锁机制，即加锁（locking）。加锁是一种并行控制技术，用来调整对共享目标（如数据库中共享记录）的并行存取。事务通过向封锁管理程序的系统组成部分发出请求而对记录加锁。

以飞机订票系统为例，当事务 T 要修改订票数时，在读取订票数之前先封锁该数据，然后再对数据进行读取和修改操作。这时其他事务就不能读取和修改订票数，直到事务 T 修改完成并将数据写回数据库，解除对该数据的封锁之后才能由其他事务使用这些数据。

加锁就是限制事务内和事务外对数据的操作。加锁是实现并发控制的一个非常重要的技术。所谓加锁就是事务 T 在对某个数据操作之前，先向系统发出请求，封锁其所要使用的数据。加锁后事务 T 对其要操作的数据具有了一定的控制权，在事务 T 释放它的锁之前，其他事务不能操作这些数据。

具体的控制权由锁的类型决定。基本的锁类型有两种：排他锁（exclusive lock，也称 X 锁或写锁）和共享锁（share lock，也称 S 锁或读锁）。

（1）共享锁

若事务 T 给数据对象 A 加了 S 锁，则事务 T 可以读 A，但不能修改 A，其他事务可以再给 A 加 S 锁，但不能加 X 锁，直到 T 释放了 A 上的 S 锁为止。即对于读操作（检索）来说，可以有多个事务同时获得共享锁，但阻止其他事务对已获得共享锁的数据进行排他封锁。

共享锁的操作基于这样的事实：查询操作并不改变数据库中的数据，而更新操作（插入、删除和修改）才会真正使数据库中的数据发生变化。加锁的真正目的在于防止更新操作带来的使数据不一致的问题，而对查询操作则可放心地并行进行。

（2）排他锁

若事务 T 给数据对象 A 加了 X 锁，则允许 T 读取和修改 A，但不允许其他事务再给 A 加任何类型的锁和进行任何操作。即一旦一个事务获得了对某一数据的排他锁，则任何其他事务均不能对该数据进行任何封锁，其他事务只能进入等待状态，直到第一个事务撤销了对该数据的封锁。

排他锁和共享锁的控制方式可以用图 10-5 所示的相容矩阵来表示。

T_1 \ T_2	X	S	无锁
X	否	否	是
S	否	是	是
无锁	是	是	是

图 10-5　加锁类型的相容矩阵

在图 10-5 中，最左边一列表示事务 T_1 已经获得的数据对象上的锁的类型，最上面一行表示另一个事务 T_2 对同一数据对象发出的加锁请求。T_2 的加锁请求能否被满足在矩阵中分别用“是”和“否”表示，“是”表示事务 T_2 的加锁请求与 T_1 已有的锁兼容，加锁请求可以满足；“否”表示事务 T_2 的加锁请求与 T_1 已有的锁冲突，加锁请求不能满足。

10.2.3　封锁协议

在运用 X 锁和 S 锁给数据对象加锁时，还需要约定一些规则，如何时申请 X 锁或 S 锁、持锁时间、何时释放锁等，这些规则称为封锁协议或加锁协议（locking protocol）。对封锁方式规定不同的规则，就形成了各种不同级别的封锁协议。不同级别的封锁协议所能达到的系统一致性级别是不同的。

1. 一级封锁协议

一级封锁协议：对事务 T 要修改的数据加 X 锁，直到事务结束（包括正常结束和非正常结束）时才释放。

一级封锁协议可以防止丢失修改，并保证事务 T 是可恢复的，如图 10-6 所示。事务 T_1 要对 A 进行修改，因此，它在读 A 之前先对 A 加了 X 锁，当 T_2 要对 A 进行修改时，它也申请给 A 加 X 锁，但由于 A 已经被事务 T_1 加了 X 锁，因此 T_2 的申请被拒绝，只能等待，直到 T_1 释放了对 A 加的 X 锁为止。当 T_2 能够读取 A 时，它所得到的已经是 T_1 更新后的值了。因此，一级封锁协议可以防止丢失修改。

事务 T_1	时间	事务 T_2
请求对 A 加 X 锁，获得	t_1	
读 $A = 16$	t_2	
	t_3	请求对 A 加 X 锁，等待
修改 $A = A-1 = 15$ 写回 $A = 15$	t_4	等待
释放 A 的 X 锁	t_5	等待
	t_6	获得 A 的 X 锁
	t_7	读 $A = 15$
	t_8	修改 $A = A - 4 = 11$ 写回 $A = 11$
	t_9	释放 A 的 X 锁

图 10-6　没有丢失修改

在一级封锁协议中，如果事务 T 只是读数据而不对其进行修改，则不需要加锁，因此，不能保证可重复读和不读“脏”数据。

2. 二级封锁协议

二级封锁协议：一级封锁协议加上事务 T 对要读取的数据加 S 锁，读完后即释放 S 锁。

二级封锁协议除了可以防止丢失修改外，还可以防止读“脏”数据。图 10-7 所示为使用二级封锁协议防止读“脏”数据的情况。

事务 T_1	时间	事务 T_2
请求对 C 加 X 锁，获得	t_1	
读 $C = 50$	t_2	
修改 $C = C * 2 = 100$ 写回 $C = 100$	t_3	
	t_4	请求对 C 加 S 锁，等待
撤销，恢复 C 为 50	t_5	等待
释放 C 的 X 锁	t_6	等待
	t_7	获得 C 的 S 锁
	t_8	读 $C = 50$
	t_9	释放 C 的 S 锁

图 10-7　不读“脏”数据

在图 10-7 中，事务 T_1 要对 C 进行修改，因此，先对 C 加了 X 锁，修改后将值写回数据库中。这时 T_2 要读 C 的值，因此，申请对 C 加 S 锁，由于 T_1 已在 C 上加了 X 锁，因此 T_2 只能等待。当 T_1 由于某种原因撤销了它所做的操作时，C 恢复为原来的值 50，然后 T_1 释放对 C 加的 X 锁，因而 T_2 获得了对 C 的 S 锁。当 T_2 能够读 C 时，C 的值仍然是原来的值，即 T_2 读到的是 50。因此避免了读“脏”数据。

在二级封锁协议中，由于事务 T 读完数据即释放 S 锁，因此，不能保证可重复读数据。

3. 三级封锁协议

三级封锁协议：一级封锁协议加上事务 T 对要读取的数据加 S 锁，并直到事务结束才释放。

三级封锁协议除了可以防止丢失数据修改和不读“脏”数据之外，还进一步防止了不可重复读。图 10-8 所示为使用三级封锁协议可重复读的情况。

事务 T_1	时间	事务 T_2
请求对 A、B 分别加 S 锁，获得	t_1	
读 $A = 50$，$B = 100$ 计算 $A + B = 150$	t_2	
	t_3	请求对 B 加 X 锁，等待
读 $A = 50$，$B = 100$ 计算 $A + B = 150$	t_4	等待
将计算结果写回数据库	t_5	等待
释放 A 的 S 锁，释放 B 的 S 锁	t_6	等待
	t_7	获得 B 的 X 锁
	t_8	读 $B = 100$
	t_9	修改 $B = B * 2 = 200$ 写回 $B = 200$
	t_{10}	释放 B 的 X 锁

图 10-8　可重复读

在图 10-8 中，事务 T_1 要读取 A、B 的值，因此先对 A、B 加了 S 锁，这样其他事务只能再对 A、B 加 S 锁，而不能加 X 锁，即其他事务只能对 A、B 进行读取操作，而不能进行修改操作。因此，当 T_2 为修改 B 而申请对 B 加 X 锁时被拒绝，T_2 只能等待。T_1 为验算再读 A、B 的值，这时读出的值仍然是 A、B 原来的值，因此求和的结果也不会变，即可重复读。直到 T_1 释放了在 A、B 上加的锁，T_2 才能获得对 B 的 X 锁。

三个封锁协议的主要区别在于哪些操作需要申请锁以及何时释放锁。三个级别的封锁协议的总结见表 10-1。

表 10-1　不同级别的封锁协议

封锁协议	X 锁（对写数据）	S 锁（对读数据）	不丢失修改（写）	不读脏数据（读）	可重复读（读）
一级	事务全程加锁	不加	√		
二级	事务全程加锁	事务开始加锁，读完即释放锁	√	√	
三级	事务全程加锁	事务全程加锁	√	√	√

10.2.4　活锁和死锁

和操作系统一样，并发控制的封锁方法可能会引起活锁和死锁等问题。

1. 活锁

如果事务 T_1 封锁了数据 R，事务 T_2 也请求封锁 R，则 T_2 等待数据 R 上的锁的释放。这时又有 T_3 请求封锁数据 R，也进入等待状态。当 T_1 释放了数据 R 上的封锁之后，若系统首先批准了 T_3 对数据 R 的请求，则 T_2 继续等待。然后又有 T_4 请求封锁数据 R。若 T_3 释放了 R 上的锁之后，系统又批准了 T_4 对数据 R 的请求……则 T_2 可能永远在等待，这就是活锁的情形，如图 10-9 所示。

时间	T_1	T_2	T_3	T_4
t_1	对 R 加 X 锁			
t_2	……	申请对 R 加锁		
t_3	……	等待	申请对 R 加 X 锁	
t_4	释放 X 锁	等待	等待	
t_5		等待	获得 R 的 X 锁	申请对 R 加 X 锁
t_6		等待	……	等待
t_7		等待	释放 X 锁	等待
t_8		等待		获得 R 的 X 锁
t_9		等待		……

图 10-9　活锁示意图

避免活锁的简单方法是采用先来先服务的策略。当多个事务请求封锁同一数据对象时，数据库管理系统按先请求先满足的事务排队策略，当数据对象上的锁被释放后，让事务队列中第一个事务获得锁。

2. 死锁

如果事务 T_1 封锁了数据 R_1，T_2 封锁了数据 R_2，然后 T_1 又请求封锁 R_2，由于 T_2 已经封锁了 R_2，因此 T_1 等待 T_2 释放 R_2 上的锁。然后 T_2 又请求封锁 R_1，由于 T_1 已经封锁了 R_1，因此 T_2 也只能等待 T_1 释放 R_1 上的锁。这样就会出现 T_1 等待 T_2 先释放 R_2 上的锁，而 T_2 又等待 T_1 先释放 R_1 上的锁的局面，此时 T_1 和 T_2 都在等待对方先释放锁，因而形成死锁，如图 10-10 所示。

时间	T_1	T_2
t_1	对 R_1 加 X 锁	
t_2	……	对 R_2 加 X 锁
t_3	请求对 R_2 加 X 锁	……
t_4	等待	……
t_5	等待	请求对 R_1 加 X 锁
t_6	等待	等待

图 10-10　死锁示意图

死锁问题在操作系统和一般并行处理中已经有了深入的阐述，这里不做过多解释。目前在数据库中解决死锁问题的方法主要有两类：一类是采取一定的措施来预防死锁的发生；另一类是允许死锁的发生，但采用一定的手段定期诊断系统中有无死锁，若有则将其解除。

3. 预防死锁

在数据库中，两个或多个事务都对一些数据进行了封锁，然后又请求为已被其他事务封锁的数据对象进行加锁，从而会出现循环等待产生死锁的情况。由此可见，预防死锁的发生就是解除产生死锁的条件，通常有如下两种方法。

（1）一次封锁法

每个事务一次将所有要使用的数据全部加锁，否则就不能继续执行。例如，对于图 10-10 所示的死锁例子，如果事务 T_1 将数据对象 R_1 和 R_2 一次全部加锁，则 T_2 在加锁时就只能等待，这样就不会造成 T_1 等待 T_2 释放锁的情况，从而也就不会产生死锁。

一次封锁法的问题是封锁范围过大，降低了系统的并发性。而且，由于数据库中的数据不断变化，使原来可以不加锁的数据，在执行过程中可能变成了被封锁对象，进一步扩大了封锁范围，从而更进一步降低了并发性。

（2）顺序封锁法

预先对数据对象规定一个封锁顺序，所有事务都按这个顺序封锁。这种方法的问题是若封锁对象很多，则随着插入、删除等操作的不断变化，维护这些资源的封锁顺序将很困难，另外事务的封锁请求可随事务的执行而动态变化，因此很难事先确定每个事务的封锁数据及其封锁顺序。

4. 死锁的诊断和解除

数据库管理系统中诊断死锁的方法与操作系统类似，一般使用超时法和事务等待图法。

（1）超时法

如果一个事务的等待时间超过了规定的时限，则认为发生了死锁。超时法的优点是实现起来比较简单，但不足之处也很明显。一是可能产生误判的情况，比如，如果事务因某些原因造成等待时间比较长，超过了规定的等待时限，则系统会误认为发生了死锁。二是若时限设置得比较长，则不能对发生的死锁进行及时的处理。

（2）事务等待图法

事务等待图是一个有向图 $G=(T,U)$。T 为结点的集合，每个结点表示正在运行的事务；U 为边的集合，每条边表示事务等待的情况。若 T_1 等待 T_2，则 T_1 和 T_2 之间划一条有向边，从 T_1 指向 T_2，如图 10-11 所示。

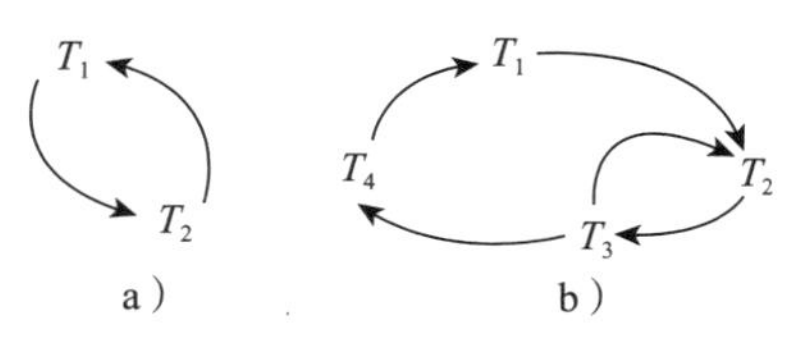

图 10-11　事务等待图法

图 10-11a 表示事务 T_1 等待 T_2，T_2 等待 T_1，因此产生了死锁。图 10-11b 表示事务 T_1 等待 T_2，T_2 等待 T_3，T_3 等待 T_4，T_4 又等待 T_1，因此也产生了死锁。

事务等待图动态地反映了所有事务的等待情况。数据库管理系统中的并发控制子系统周期性地（比如每隔几秒）生成事务的等待图，并进行检测。如果发现图中存在回路，则表示系统中出现了死锁。

数据库管理系统的并发控制子系统一旦检测到系统中产生了死锁，就要设法解除。通常采用的方法是选择一个处理死锁代价最小的事务，将其撤销，释放此事务所持有的全部锁，使其他事务可以继续运行下去。而且，对撤销事务所执行的数据修改操作必须加以恢复。

10.2.5　并发调度的可串行性

数据库管理系统对并发事务中操作的调度是随机的，而不同的调度会产生不同的结果，那么哪个结果是正确的，哪个是不正确的？直观地说，如果多个事务在某个调度下的执行结果与这些事务在某个串行调度下的执行结果相同，那么这个调度就一定是正确的。因为所有事务的串行调度策略一定是正确的调度策略。虽然以不同的顺序串行执行事务可能会产生不同的结果，但都不会将数据库置于不一致的状态，因此都是正确的。

多个事务的并发执行是正确的，当且仅当其结果与按某一顺序的串行执行的结果相同，就称这种调度为可串行化的调度。

可串行性是并发事务正确性的准则，根据这个准则可知，一个给定的并发调度，当且仅当它是可串行化的调度时，才认为是正确的调度。

例如，假设有两个事务，分别包含如下操作：

事务 T_1：读 B；$A = B + 1$；写回 A；

事务 T_2：读 A；$B = A + 1$；写回 B；

假设 A、B 的初值均为 4，则按 $T_1 \rightarrow T_2$ 的顺序执行，其结果为 $A = 5$，$B = 6$；如果按 $T_2 \rightarrow T_1$ 的顺序执行，则其结果为 $A = 6$，$B = 5$。当在并发调度下执行时，如果执行的结果是这两者之一，则认为都是正确的结果。

图 10-12 给出了这两个事务的串行调度策略，图 10-13 给出了两个事务的并发调度策略。

T_1	T_2
对 B 加 S 锁	
读 B=4	
释放 B 的 S 锁	
对 A 加 X 锁	
修改 A=B+1	
写回 A(=5)	
释放 A 的 X 锁	
	对 A 加 S 锁
	读 A=5
	释放 A 的 S 锁
	对 B 加 X 锁
	修改 B=A+1
	写回 B(=6)
	释放 B 的 X 锁

a）串行调度一

T_1	T_2
	对 A 加 S 锁
	读 A=4
	释放 A 的 S 锁
	对 B 加 X 锁
	修改 B=A+1
	写回 B(=5)
	释放 B 的 X 锁
对 B 加 S 锁	
读 B=5	
释放 B 的 S 锁	
对 A 加 X 锁	
修改 A=B+1	
写回 A(=6)	
释放 A 的 X 锁	

b）串行调度二

图 10-12　并发事务的串行调度

T_1	T_2
对 B 加 S 锁	
读 B=4	
	对 A 加 S 锁
	读 A=4
释放 B 的 S 锁	
	释放 A 的 S 锁
对 A 加 X 锁	
修改 A=B+1	
写回 A(=5)	
	对 B 加 X 锁
	修改 B=A
	写回 B(=5)
释放 A 的 X 锁	
	释放 B 的 X 锁

a）不可串行化调度

T_1	T_2
对 B 加 S 锁	
读 B=4	
释放 B 的 S 锁	
A 加 X 锁	
	要对 A 加 S 锁
修改 A=B+1	等待
写回 A(=5)	等待
释放 A 的 X 锁	等待
	读 A=5
	释放 A 的 S 锁
	B 加 X 锁
	修改 B=A+1
	写回 B(=6)
	释放 B 的 X 锁

b）可串行化调度

图 10-13　并发事务的并发调度

为了保证并发操作的正确性，数据库管理系统的并发控制机制必须提供一定的手段来保证调度是可串行化的。

从理论上讲，若在某一事务执行过程中禁止执行其他事务，则这种调度策略一定是可串行化的，但这种方法实际上是不可取的，因为这样不能让用户充分共享数据库资源，降低了事务的并发性。目前的数据库管理系统普遍采用封锁方法来实现并发操作的可串行性，从而保证调度的正确性。

两段锁（Two-Phase Locking，2PL）协议是保证并发调度的可串行性的封锁协议。除此之外还有一些其他的方法，比如乐观方法等来保证调度的正确性。这里只介绍两段锁协议。

10.2.6　两段锁协议

两段锁协议是指所有的事务必须分为两个阶段对数据进行加锁和解锁，具体内容如下：

1）在对任何数据进行读写操作之前，首先要获得对该数据的封锁。

2）在释放一个封锁之后，事务不再申请和获得任何其他封锁。

两段锁的含义是：可以将每个事务分成申请封锁期（开始对数据操作之前）和释放封锁期（结束对数据操作之后），申请封锁期申请要进行的封锁，释放封锁期释放所占有的封锁；在申请封锁期不允许释放任何锁，在释放封锁期不允许申请任何锁。

可以证明，若并发执行的所有事务都遵守两段锁协议，则这些事务的任何并发调度策略都是可串行化的。

事务遵守两段锁协议是可串行化调度的充分条件，而不是必要条件。也就是说，如果并发事务都遵守两段锁协议，则对这些事务的任何并发调度策略都是可串行化的。但若并发事务的某个调度是可串行化的，并不意味着这些事务都遵守两段锁协议。如图 10-14 所示，图 10-14a 遵守两段锁协议，图 10-14b 没有遵守两段锁协议，但它们都是可串行化调度的。

T_1	T_2
对 B 加 S 锁	
对 A 加 X 锁	
	要对 A 加 S 锁
读 B=4	等待
修改 A=B+1	等待
写回 A(=5)	等待
释放 B 的 S 锁	等待
释放 A 的 X 锁	等待
	对 A 加 S 锁
	读 A=5
	对 B 加 X 锁
	修改 B=A+1
	写回 B(=6)
	释放 A 的 S 锁
	释放 B 的 X 锁

a）遵守两段锁协议

T_1	T_2
对 B 加 S 锁	
读 B=4	
释放 B 的 S 锁	
对 A 加 X 锁	
	要对 A 加 S 锁
修改 A=B+1	等待
写回 A(=5)	等待
释放 A 的 X 锁	等待
	读 A=5
	释放 A 的 S 锁
	对 B 加 X 锁
	修改 B=A+1
	写回 B(=6)
	释放 B 的 X 锁

b）不遵守两段锁协议

图 10-14　可串行化调度

本章小结

本章介绍了事务和并发控制的概念。事务在数据库中是非常重要的一个概念，它是保证数据并发控制的基础。事务的特点是事务中的操作是作为一个完整的工作单元，这些操作或者全部成功，或者全部不成功。并发控制指当同时执行多个事务时，为了保证一个事务的执行不受其他事务的干扰所采取的措施。并发控制的主要方法是加锁，根据对数据操作的不同，锁分为共享锁和排他锁两种，当只对数据做读取（查询）操作时，加共享锁；当需要对数据进行修改（增、删、改）操作时，需要加排他锁。在一个数据对象上可以同时存在多个共享锁，但只能同时存在一个排他锁。为了保证并发执行的事务是正确的，一般要求事务遵守两段锁协议，即在一个事务中明显地分为申请封锁期和释放封锁期，它是保证事务实现可串行化调度的充分条件。

对操作相同数据的事务来说，由于一个事务的执行会影响到其他事务的执行（一般是等待），因此，为尽可能保证数据操作的效率，尤其保证并发操作的效率，事务中包含的操作应该尽可能地少，而且最好是只包含修改数据的操作，而将查询数据的操作放置在事务之外。另外需要说明的是，事务所包含的操作是由用户的业务需求决定的，而不是由数据库设计人员随便放置的。

事务的思维导图如图 10-15 所示，并发控制的思维导图如图 10-16 所示。

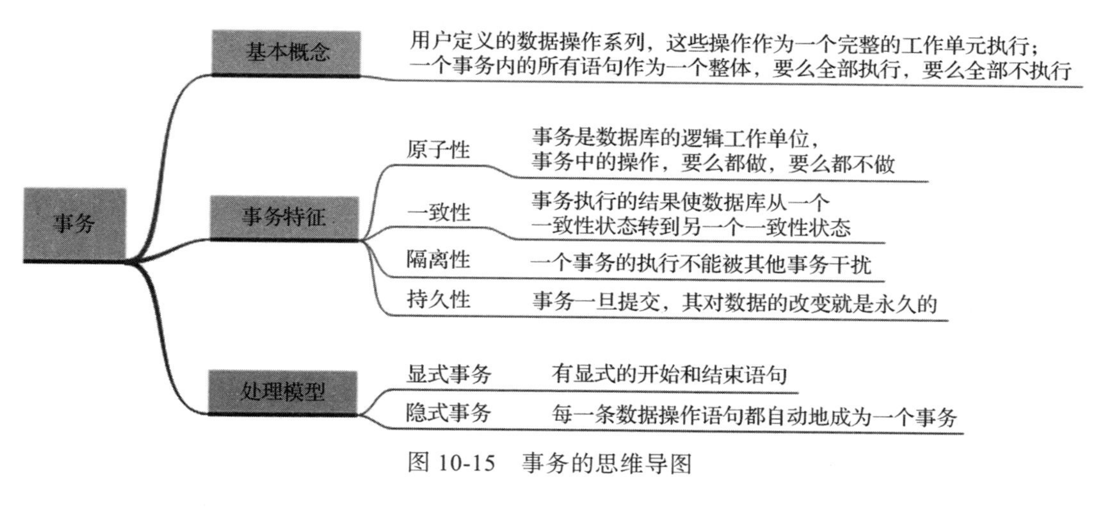

图 10-15　事务的思维导图

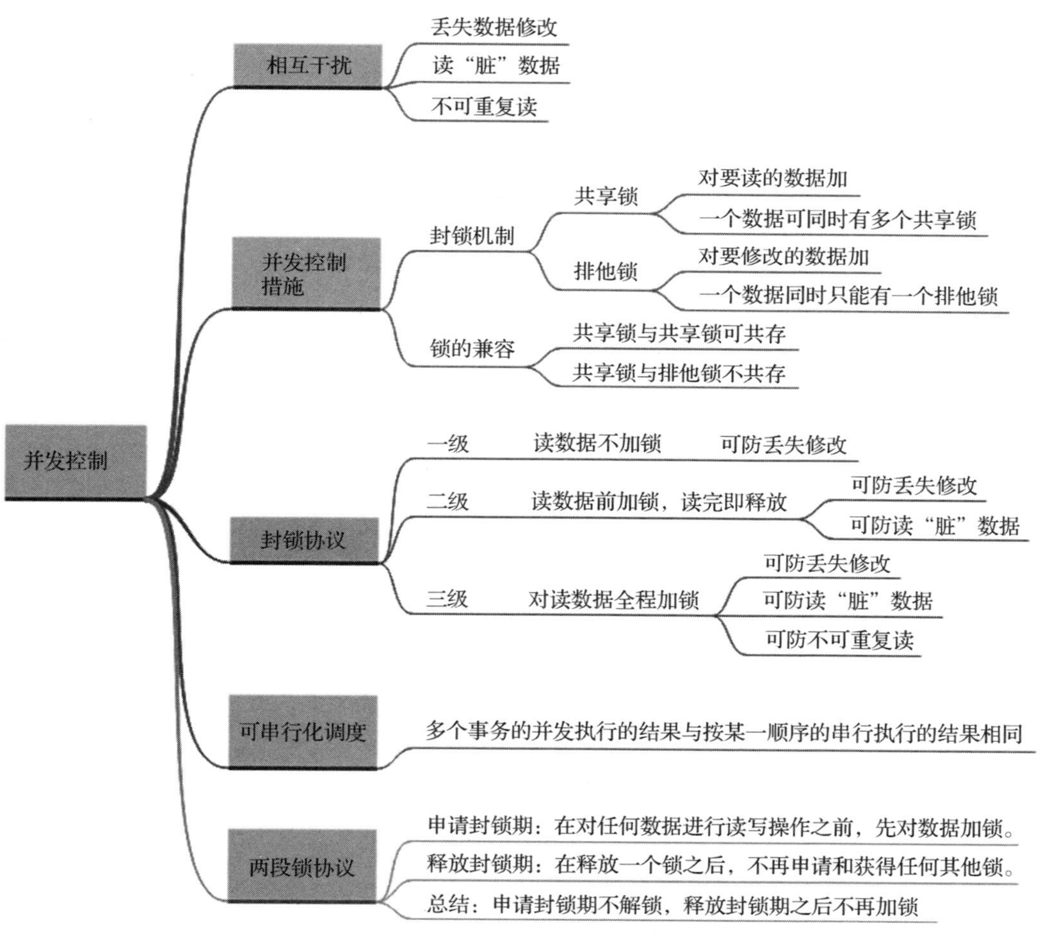

图 10-16　并发控制的思维导图

习题

一、选择题

1. 如果事务 T 获得了数据项 A 的排他锁，则其他事务对 A（　　）。

A. 只能读不能写　　B. 只能写不能读

C. 可以写也可以读　　D. 不能读也不能写

2. 设事务 T_1 和 T_2 执行如图 10-17 所示的并发操作，这种并发操作存在的问题是（　　）。

时间	事务 T_1	事务 T_2
t_1	读 A=100，B=10	
t_2		读 A=100 计算 A=A*2=200 写回 A=200
t_3	计算 A+B=110	
t_4	读 A=200，B=10 再次计算 A+B=210	

图 10-17　并发操作

A. 丢失修改　　B. 不能重复读

C. 读脏数据　　D. 产生幽灵数据

3. 下列不属于事务特征的是（　　）。

A. 完整性　　B. 一致性

C. 隔离性　　D. 原子性

4. 事务一旦提交，其对数据库中数据的修改就是永久的，以后的故障不会对事务的操作结果产生任何影响。这个特性是事务的（　　）。

A. 原子性　　B. 一致性

C. 隔离性　　D. 持久性

5. 在多个事务并发执行时，如果事务 T_1 对数据项 A 的修改覆盖了事务 T_2 对数据项 A 的修改，这种现象称为（　　）。

A. 丢失修改　　B. 读“脏”数据

C. 不可重复读　　D. 数据不一致

6. 若事务 T 对数据项 D 已加了 S 锁，则其他事务对数据项 D（　　）。

A. 可以加 S 锁，但不能加 X 锁

B. 可以加 X 锁，但不能加 S 锁

C. 可以加 S 锁，也可以加 X 锁

D. 不能加任何锁

7. 在数据库管理系统的三级封锁协议中，二级封锁协议的加锁要求是（　　）。

A. 读数据时不加锁，写数据是在事务开始时加 X 锁，事务完成后释放 X 锁

B. 读数据时加 S 锁，读完即释放 S 锁；写数据时加 X 锁，写完即释放 X 锁

C. 读数据时加 S 锁，读完即释放 S 锁；对写数据是在事务开始时加 X 锁，事务完成后释放 X 锁

D. 在事务开始时即对要读、写的数据加锁，等事务结束后再释放全部锁

8. 在数据库管理系统的三级封锁协议中，一级封锁协议能够解决的问题是（　　）。

A. 丢失修改　　B. 不可重复读

C. 读“脏”数据　　D. 死锁

9. 在多个事务并发执行时，如果并发控制措施不好，则可能会造成事务 T_1 读了事务 T_2 的“脏”数据。这里的“脏”数据是指（　　）。

A. T_1 回滚前的数据　　B. T_1 回滚后的数据

C. T_2 回滚前的数据　　D. T_2 回滚后的数据

10. 若系统中存在 4 个等待事务 T_0、T_1、T_2 和 T_3，其中 T_0 正等待被 T_1 锁住的数据项 A_1，T_1 正等待被 T_2 锁住的数据项 A_2，T_2 正等待被 T_3 锁住的数据项 A_3，T_3 正等待被 T_0 锁住的数据项 A_0。则此时系统所处的状态是（　　）。

A. 活锁　　B. 死锁

C. 封锁　　D. 正常

二、简答题

1. 什么是事务？它有哪些特性？每个特性的含义是什么？
2. 什么是调度？它的作用是什么？
3. 什么是并发控制？它的目的是什么？
4. 解释下列概念：

（1）丢失修改

（2）读“脏”数据

（3）不可重复读

5. 什么是两段锁？
6. 什么是可串行化调度？可串行化的目的是什么？
7. 设有三个事务：T_1、T_2 和 T_3，其所包含的操作为：

T_1：$A = A + 2$

T_2：$A = A * 2$

T_3：$A = A - 2$

设 A 的初值为 5，若这三个事务并发执行，则可能的正确调度策略有几种？对每种调度方法 A 最终的结果分别是什么？

第 11 章　安全管理

数据库是当今信息社会中数据存储和处理的重要工具，其安全性对于任何使用数据库的用户来说都是至关重要的。数据库通常存储了大量的数据，这些数据可能是个人信息、商业数据（交易数据、财务信息）或其他机密资料。拥有这些信息资产的组织必须保证这些信息不被外部访问以及内部非授权访问。如果有人未经授权非法侵入了数据库，并窃取了查看和修改数据的权限，将会造成极大的危害，特别是在银行、金融等系统中更是如此。

本章首先介绍数据库安全管理概念，然后讨论如何在 MySQL 8.0 中实现安全控制，包括用户身份的确认和用户操作权限的管理等。

11.1　安全管理概述

数据库安全管理是指采取各种安全措施对数据库及其相关文件和数据进行保护。数据库系统的重要功能之一是确保系统安全，其中的核心和关键是数据安全。数据库管理系统提供了安全控制机制，通过身份验证、数据库用户权限确认等一系列措施来保护数据库中的信息资源，以防止这些资源被破坏和被非法使用。

11.1.1　安全管理目标

在数据库中，对非法活动可采用加密存、取数据的方法控制；对非法操作可使用用户身份验证、限制操作权来控制；对无意的损坏可采用提高系统的可靠性和数据备份等方法来控制。一般来说，数据库的安全管理包括以下几个方面。

1. 防止非法数据访问

这是数据库安全最关键的需求之一。数据库管理系统必须根据用户或应用的授权来检查访问请求，以保证仅允许授权的用户访问数据库。数据库的访问控制要比操作系统中的文件访问控制复杂得多。首先，控制的对象有更细的粒度，如表、记录、属性等；其次，数据库中的数据是语义相关的，所以用户可以不直接访问数据项而间接获取数据。

防止非法访问数据主要通过用户身份验证实现，如果攻击者窃取或以其他方法获得登录凭据，从而获取合法的数据库用户的身份，应该实施实用的身份验证技术和策略。如果可能，最好选择双因素身份验证，如网银转账常用的交易密码和 U 盾，就是双因素身份验证。但双因素身份验证往往成本较高，在普通情况下，应该实施强用户名 / 密码策略（最小长度、字符多样性、复杂性等）。

2. 防止滥用过高权限

当用户（或应用程序）被授予超出了其工作职能所需的数据库访问权限时，这些权限可能会被恶意滥用。

如果数据库管理员不进行细化的访问控制，可能导致用户或用户组被授予超出其特定工作需要的访问权限，从而对数据库数据安全造成威胁。防止滥用过高权限需要针对每一个用户（或用户组）的数据访问需求，授予最合适的权限。

3. 审计记录

自动记录所有敏感的或异常的数据库事务应该是所有数据库的一项基础功能。如果数据库审计策略不足，则使用单位将在很多级别上面临严重风险。为了保证数据库中数据的安全，一般要求数据库管理系统能够将所有数据操作记录下来。这一功能要求系统保留日志文件，安全相关事件可以根据系统设置记录在日志文件中，以便事后调查和分析，追查入侵者或发现系统的安全漏洞，日志是有效的威慑和事后追查、分析工具。

4. 备份数据的安全管理

存放备份数据库的存储介质的安全管理也是数据安全的重要部分，如果备份数据库的存储介质被盗且没有进行加密保护，也会造成数据暴露或泄密，因此为防止备份数据库泄露应对数据库备份进行加密存储。

11.1.2　安全控制模型

在一般的计算机系统中，安全措施是分级设置的。图 11-1 显示了计算机系统中从用户使用数据库应用程序开始一直到访问后台数据库数据，需要经过的安全认证过程。

认证是一种鉴定用户身份的机制。换言之，认证是检验用户实际是否被准许操作数据库。它核实连接到数据库的人（用户）或程序的身份。认证最简单的形式是通过用户名和密码与数据库服务器连接。操作系统和数据库管理系统广泛使用的是基于口令的认证。对于更多的安全模式，特别是在网络环境下，也使用其他的认证模式，如数字签名、数字证书等。

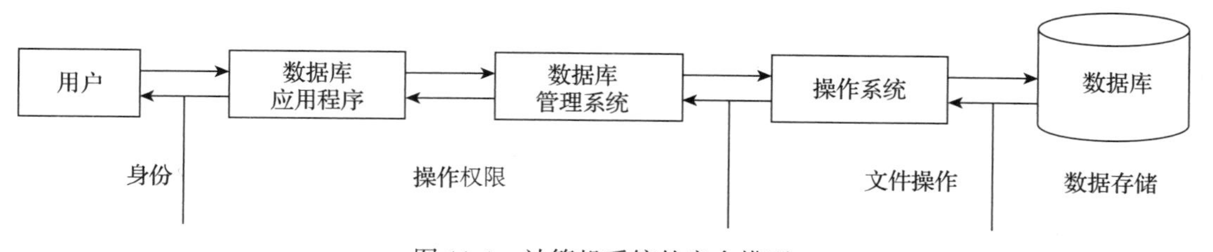

图 11-1　计算机系统的安全模型

用户进入数据库应用系统通常是通过数据库应用程序实现的，这时用户要向数据库应用程序提供其身份（用户名和密码），然后数据库应用程序将用户的身份递交给数据库管理系统进行验证，只有合法的用户才能进入到下一步的操作。对于合法的用户，当其要在数据库中执行某个操作时，数据库管理系统还要验证此用户是否具有执行该操作的权限。如果有操作权限，才执行操作，否则拒绝执行用户的操作。在操作系统一级也可以有自己的保护措施，比如，设置文件的访问权限等。对于存储在磁盘上的数据库文件，还可以进行加密存储，这样即使数据被人窃取，也很难读懂数据。另外，还可以将数据库文件保存多份，当出现意外情况时（如磁盘破损），可以不至于丢失数据。

11.2 数据库访问控制

一个经过计算机系统识别和验证后的用户（合法用户）进入系统后，并不意味着他具有对系统所有资源的访问权限，还需要防止合法用户对系统资源的非法访问（或非授权访问）。访问控制的任务就是要根据一定的原则对合法用户的访问权限进行控制，以决定他可以访问哪些资源以及以什么样的方式访问这些资源。

现在的数据库管理系统通常采用自主存取控制、强制存取控制、基于角色的访问控制等方法来解决数据库安全系统的访问控制问题，有的数据库管理系统只提供 1～2 种方法，有的提供多种。无论采用哪种存取控制方法，需要保护的数据单元或数据对象包括从整个数据库到某个元组的某个部分。

在数据库访问控制中，一般使用“主体”和“客体”来表示参与控制操作的实体。

主体（subject)：访问操作中的主动实体，在数据库环境下一般指用户。

客体（object)：访问操作中的被动实体，在数据库环境下一般指数据库对象，包括表、视图、存储过程等。

11.2.1 自主访问控制

自主访问控制（Discretionary Access Control，DAC）是这样一种访问控制方式：由数据库对象的拥有者自主决定是否将自己拥有的对象的部分或全部访问权限授予其他用户。也就是说，在自主访问控制下，用户可以按照自己的意愿，有选择地与其他用户共享他拥有的数据库对象。

用户权限有两类：数据库权限和对象权限。数据库权限主要是指针对数据库对象的创建、删除、修改的权限，以及对数据库备份等权限。而对象权限主要是指对数据库对象中的数据的操作权限。数据库权限一般由数据库管理员指定，也可以由具有特权的其他用户授予。对象权限一般由数据库对象的所有者授予用户，也可由数据库管理员指定，或者由具有该对象权限的其他用户授权。

矩阵模型利用矩阵表示系统中主体、客体和每个主体对每个客体所拥有权限之间的关系。任何一个访问控制策略最终均可被模型化为访问矩阵形式：一行表示一个主体的能力列表，一列表示一个客体的访问控制列表。每个矩阵元素规定了相应的主体对应于相应的客体被准予的访问许可、实施行为。

如表 11-1 所示，访问控制矩阵 $\boldsymbol{A}$ 规定了主体 S_1、S_2 对客体 O_1 和 O_2 的访问权限，$\boldsymbol{A}[S_1, O_1]$ = 读，表示主体 S_1 对客体 O_1 有读权限；$\boldsymbol{A}[S_1, O_2]$ = 读、写，表示主体 S_1 对客体 O_2 有读和写的权限。“—”表示无权限。

表 11-1 访问控制矩阵 $\boldsymbol{A}$

主体	客体	
	O_1	O_2
S_1	读	读、写
S_2	读、写	—

当主体具有某种访问权，同时又拥有将该权限授予其他用户的权利时，他能够自行决定将其访问权授予其他主体。所谓的自主访问控制是指主体可以自主地将访问权，或访问权的

某个子集授予其他主体。

目前主流的关系型数据库均支持自主访问控制。

11.2.2　强制访问控制

强制访问控制（Mandatory Access Control，MAC）是根据客体的敏感标记和主体的访问标记对客体访问实行限制的一种方法，用于将系统中的信息分密级和类进行管理，以保证每个用户只能访问到那些被标明可以由他访问的信息。在强制访问控制中每一个客体被标以一定的密级，每一个主体也被授予一个许可证级别。对于任意一个客体，只有具有合法许可证的主体才可以存取。

强制访问控制在本质上具有分层的特点，且相对比较严格，这在一些对安全要求很高的数据库应用中是非常必要的。

主体对客体的访问规则如下：

（1）保密性规则

1）仅当主体的许可证级别高于或者等于客体的密级时，该主体才能读取相应的客体。（下读）

2）仅当主体的许可证级别低于或者等于客体的密级时，该主体才能写相应的客体。（上写）

（2）完整性规则

1）仅当主体的许可证级别低于或者等于客体的密级时，该主体才能读取相应的客体。（上读）

2）仅当主体的许可证级别高于或者等于客体的密级时，该主体才能写相应的客体。（下写）

11.3　MySQL 的安全管理

本节以 MySQL 数据库管理系统为例，介绍数据库安全管理的主要过程。

MySQL 实现了一个复杂的访问控制和权限系统，允许创建全面的访问规则来处理客户端操作并有效防止未经授权的客户端访问数据库系统。在 MySQL 中可以创建不同的用户，并授予不同的权限，以保证 MySQL 中数据的安全。

当客户端连接到服务器时，MySQL 访问控制有以下两个阶段。

1）阶段 1：MySQL 服务器根据用户身份标识（主机名 + 用户名组成的账号名称）在 MySQL 的访问权限控制表中查询相关信息，以确定需要接受或拒绝（该用户在控制表中不存在）该用户的连接。如果在控制表中查询到了该用户名，则校验用户提供的账号密码是否正确，如果密码不正确则拒绝连接。

2）阶段 2：用户连接成功之后，MySQL 服务器继续检查用户的访问请求，确定是否有足够的权限来执行。例如，如果用户要执行从数据库表中查询数据行或从数据库中删除表的操作，服务器将验证该用户是否具有该表的 SELECT 权限或数据库的 DROP TABLE 权限，如果无对应权限，则提示报错信息。

MySQL 8.0 提供了角色功能，可以通过对用户赋予角色的方式对用户授权。MySQL 的安全控制主要包括用户管理、权限管理、角色管理等内容，在进行这些管理之前，首先要建立登录账户，权限的管理是以登录账户为基础的。因此下面首先介绍登录管理，然后再介绍用户管理、权限管理和角色管理。

11.3.1　登录管理

用户要实现对数据库的操作，首先要登录到数据库服务器。登录 MySQL 服务器有两种方式，一是命令行方式，这种方式一般用在服务器上安装的 MySQL，但不提供图形界面，需要通过命令行方式登录；二是图形界面方式，MySQL 8.0 提供了 MySQL Workbench 工具，使用该工具可以用图形化的方式登录数据库服务器。

1. 命令行方式登录

命令行方式登录 MySQL 服务器的格式如下：

mysql -h < 主机名 >|< 主机 IP> -u< 用户名 > -p 密码 [-P< 端口号 >] [< 数据库名 >]

各参数说明如下：

1）-h：后面接主机名或者主机 IP。

2）-u：后面接用户名。

3）-p：会提示输入密码。

4）-P：可选项。后面接 MySQL 服务的端口，通过该参数连接到指定的端口。MySQL 服务的默认端口是 3306，不使用该参数时自动连接到 3306 端口。

各参数之间用空格隔开。

数据库名参数指明用户登录后到哪一个数据库中。如果没有该参数，则会直接登录 MySQL 服务器，然后可以使用 USE 语句来选择数据库。

例 11-1　使用命令行方式登录 localhost(本机)，用户名为“root”，密码为“xxxx”，登录后，进入 MyDB 数据库。

```
mysql -hlocalhost -uroot -pxxxx -P3306 MyDB
```

2. 图形界面方式登录

打开 MySQL Workbench 工具，其首页界面如图 11-2 所示。

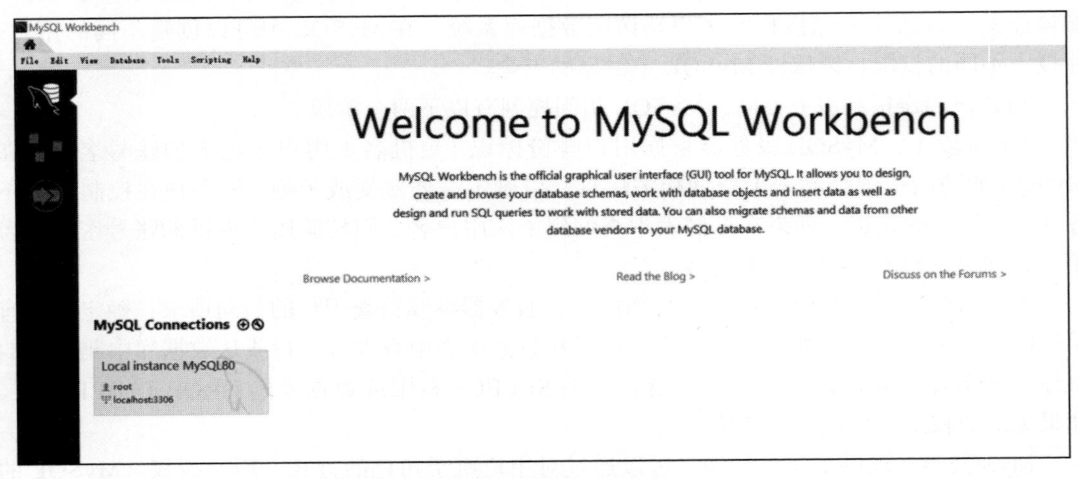

图 11-2　MySQL Workbench 首页界面

单击图 11-2 中“MySQL Connections”后面的“+”按钮，进入连接配置界面，如图 11-3 所示。

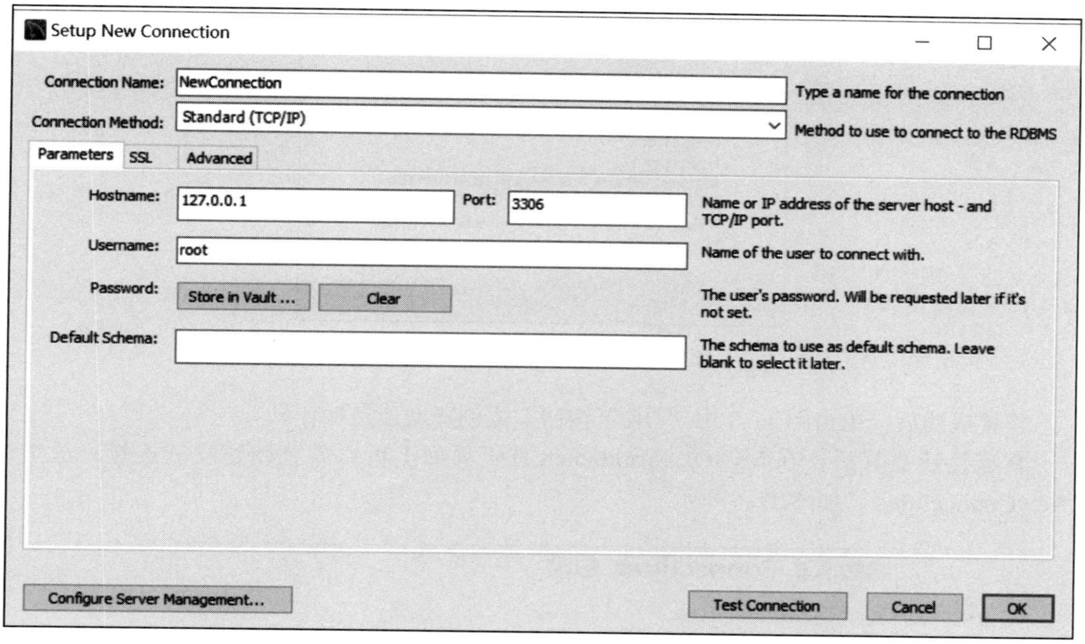

图 11-3　连接配置界面

在图 11-3 所示的界面中，在“Connection Name”后边的文本框中输入新建连接的名字。这里输入的是“NewConnection”。在“Hostname”后的文本框中输入要连接的数据库服务器所在主机名或者主机 IP，如果是连接本机，可以输入“127.0.0.1”或“localhost”。这里用的是连接本机。“Port”后的文本框为数据库服务端口，3306 是 MySQL 服务的默认端口，一般不需要修改。在“Username”后的文本框中输入用户名，root 是系统的默认管理员，具有最高权限，一般在第一次登录时使用，登录后创建新的用户，以后再登录时就可以使用新的用户建立的连接进行登录。“Default Schema”后的文本框填写登录后进入哪个数据库进行操作，此处可以不指定登录后使用的数据库，在登录后再使用“use 数据库名;”语句切换数据库。其余项可以采用默认值。输入完成后，可单击图 11-3 下边的“Test Connection”按钮，测试新建连接是否成功。单击“Test Connection”按钮后将弹出图 11-4 所示的输入密码的对话框。输入密码时，可勾选“Save password in vault”单选按钮保存密码，这样下次可不用输入密码直接登录。

图 11-4　输入登录用户密码的对话框

输入密码后在图 11-4 上单击“OK”按钮，如果连接成功将弹出图 11-5 所示对话框。

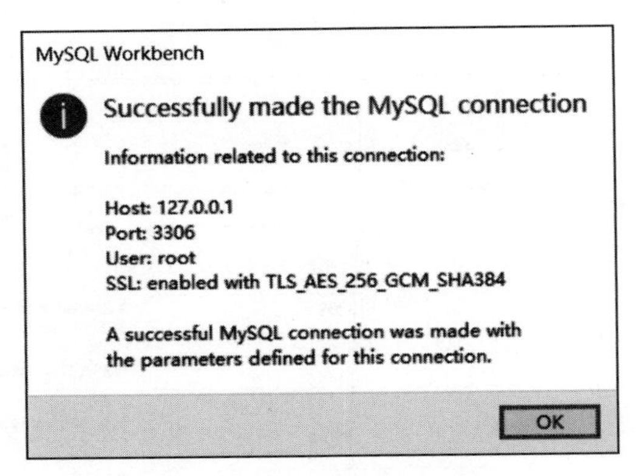

图 11-5　显示连接成功的对话框

连接成功后，单击图 11-3 中“OK”按钮完成创建新连接操作。

新连接建立好后，在 MySQL Workbench 首页界面上可以看到新建立的连接，这里是“NewConnection”，如图 11-6 所示。

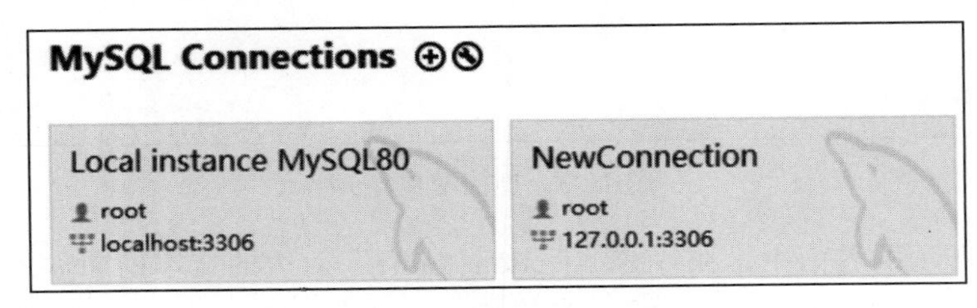

图 11-6　连接配置界面

使用 MySQL Workbench 可以创建多个连接，每个连接是相互独立的，可以各自定义连接参数，如主机、用户等。

11.3.2　用户管理

MySQL 用户主要包括两种：超级管理员和普通用户。超级管理员为 root 用户，具有 MySQL 提供的所有权限，而普通用户的权限取决于该用户被授予的权限。实际开发中很少直接使用 root 用户，因为权限过高，操作不当会给数据带来很大的风险。一般是在数据库管理系统安装后第一次登录系统时使用 root 账号，然后由 root 用户根据需要创建不同权限的用户。

1. 创建用户

创建用户的语句为 CREATE USER，其语法格式如下：

CREATE USER < 用户 > [IDENTIFIED BY ' 密码 ']
　　[,< 用户 > [IDENTIFIED BY ' 密码 ']];

其中，

1）< 用户 >：指定创建用户的账号，格式为：'username'@'hostname'，其中单引号可以省略。这里的 username 为用户名，hostname 为主机名，即用户连接 MySQL 时所用的主机名。如果想让该用户可以从任意远程主机登录 MySQL，则 'hostname' 可以使用通配符

“%”。如果在创建用户时只给出了用户名，而没有指定主机名，则主机名默认为“%”。

2）IDENTIFIED BY '密码'：可选项，可以指定用户登录时需要密码验证，也可以不指定密码验证，这样用户可以直接登录，但不指定密码的方式不安全，不推荐使用。如果指定密码，这里需要使用 IDENTIFIED BY 指定明文密码值。

CREATE USER 语句可以同时创建多个用户。

例 11-2　创建用户名为“testuser1”，只在本机 (localhost) 登录，密码为“123456”的用户。

```
CREATE USER testuser1@localhost IDENTIFIED BY '123456';
```

例 11-3　创建用户名为“testuser2”，只能在 192.168.0.5 主机登录，密码为“123456”的用户。

```
CREATE USER 'testuser2'@'192.168.0.5' IDENTIFIED BY '123456';
```

例 11-4　创建用户名为“testuser3”，可以在所有主机登录，密码为“123456”的用户。

```
CREATE USER 'testuser3'@'%' IDENTIFIED BY '123456';
```

或

```
CREATE USER 'testuser3' IDENTIFIED BY '123456';
```

2. 删除用户

删除用户使用 DROP USER 语句。

在使用 DROP USER 语句删除用户时，操作者必须具有 DROP USER 权限。DROP USER 语句的基本语法形式如下：

```
DROP USER <用户> [,<用户>, … ] ;
```

其中 <用户> 的含义同 CREATE USER 语句。

例 11-5　删除 testuser1@localhost 用户。

```
DROP USER testuser1@localhost;
```

3. 设置当前用户密码

设置当前用户密码有如下两种实现方式。

（1）使用 ALTER USER 语句

ALTER USER 语句的基本语法如下：

```
ALTER USER USER() IDENTIFIED BY '新密码';
```

注意：USER() 函数用于获取当前的登录用户。

（2）使用 SET 语句

SET 语句的具体语法如下：

```
SET PASSWORD = '新密码';
```

11.3.3　权限管理

权限控制主要是出于数据安全的考虑。在数据库管理系统中，权限管理主要包括两个操作：授予权限和收回权限。

权限管理的基本原则如下：

1）只授予能满足用户需要的最小权限，防止用户有意破坏数据库。比如用户只需查询数据，则只需给用户授予要操作数据的 SELECT 权限即可，不要给用户赋予其他权限。

2）创建用户时限制用户的登录主机，一般是限制成指定 IP 或者内网 IP 段。

3）定期对用户及用户权限进行清理，删除不必要的用户或者收回多余的权限。

1. 授予权限

用户是数据库的使用者，通过给用户授予访问数据库中资源的权限，可以控制使用者对数据库的访问，消除安全隐患。

授权语句为 GRANT，语法格式如下：

GRANT 权限 1 [, 权限 2, …, 权限 n] | ALL PRIVILEGES
ON [< 数据库名 >.]< 表名 > | < 数据库名 >.*
TO < 用户 > ;

其中，

1）ALL PRIVILEGES：表示全部操作权限。

2）< 数据库名 >.*：表示数据库中的全部表。

3）如果省略数据库名，表示对当前数据库中的用户进行授权。

MySQL 的权限主要包括：

1）CREATE 和 DROP：具有创建新的数据库和表，或删除已有的数据库和表的权限。

2）SELECT、INSERT、UPDATE 和 DELETE：具有在数据表上查询、插入、更改和删除数据的权限。

3）INDEX：具有创建或删除索引的权限，INDEX 权限适用于已有的表。如果具有表的创建（CREATE）权限，则可以在 CREATE TABLE 语句中定义索引。

4）ALTER TABLE：具有更改表的结构和重新命名表的权限。

5）CREATE ROUTINE：具有创建函数和存储过程的权限。

6）CREATE VIEW：具有创建视图的权限。

7）ALTER ROUTINE：具有更改、删除函数和存储过程的权限。

8）EXECUTE：具有执行存储过程的权限。

例 11-6 授予本机登录用户 testuser1 对“db_borrows”数据库中 books 表的查询权限。

GRANT SELECT ON db_borrows.books TO testuser1@localhost;

例 11-7 限制用户 testuser2 只能从 192.168.0.5 主机登录，并授予该用户对“db_borrows”数据库中的 books 表具有插入和查询权限。

GRANT INSERT, SELECT ON db_borrows.books TO testuser2@192.168.0.5;

在 MySQL 中，如果某用户对某数据库中的所有表具有相同的权限，比如都具有查询权限，则可使用简写的方法表示所有表，方法为：< 数据库名 >.*。

例如，对例 11-6，设要授予本机登录用户 testuser1 对“db_borrows”数据库中的所有表都具有查询权限，则可写为：

GRANT SELECT ON db_borrows.* TO testuser1@localhost;

例 11-8 授予本机登录用户 testuser3 在“db_borrows”数据库中具有创建函数和存储过程的权限。

GRANT CREATE ROUTINE ON db_borrows.* TO testuser3@localhost;

其中，CREATE ROUTINE 为创建函数和存储过程的权限。

例 11-9 授予从 192.168.0.5 主机登录的 testuser2 用户对“db_borrows”数据库中的 students 表具有全部操作权限。

```
GRANT ALL PRIVILEGES ON db_borrows.students
    TO testuser2@192.168.0.5;
```

2. 收回权限

收回权限就是取消已经授予用户的某些权限。收回用户不必要的权限可以在一定程度上保证系统的安全性。MySQL 中使用 REVOKE 语句收回用户的某些权限，该语句的语法格式如下：

```
REVOKE 权限 1 [, 权限 2, …, 权限 n] | ALL PRIVILEGES
ON [< 数据库名 >.]< 表名 > | < 数据库名 >.*
FROM < 用户 > ;
```

其中各参数含义同 GRANT 语句。

例 11-10 收回通过本机登录的 testuser1 用户对“db_borrows”数据库中 books 表的查询权限。

```
REVOKE SELECT ON db_borrows.books FROM testuser1@localhost;
```

例 11-11 收回从 192.168.0.5 主机登录的 testuser2 用户对“db_borrows”数据库中 books 表的插入权限。

```
REVOKE INSERT ON db_borrows.books FROM testuser2@192.168.0.5;
```

例 11-12 收回从 192.168.0.5 主机登录的 testuser2 用户对“db_borrows”数据库中的 students 的全部操作权限。

```
REVOKE ALL PRIVILEGES ON db_borrows.students
    FROM testuser2@192.168.0.5;
```

注意：在授予了用户新的权限之后，需要刷新 MySQL 的权限缓存，使新的权限生效。可以使用以下命令刷新权限：

```
FLUSH PRIVILEGES;
```

已经登录的用户需要重新登录以获取新的权限。

3. 查看权限

（1）查看当前用户权限

查看当前用户权限的语句如下：

```
SHOW GRANTS;
```

或

```
SHOW GRANTS FOR CURRENT_USER;
```

或

```
SHOW GRANTS FOR CURRENT_USER();
```

（2）查看某用户的全部权限

查看某用户的全部权限的语句为：

```
SHOW GRANTS FOR < 用户名 >@< 主机地址 >;
```

11.3.4 角色管理

角色是一组权限的组合，使用角色的目的是使权限管理更加方便。假设有 10 个用户，这些用户为了访问数据库，至少拥有 CREATE TABLE、CREATE VIEW 等权限。如果将这些权限分别授予这些用户，那么需要进行的授权次数是比较多的。但是如果把这些权限事先放在一起，然后作为一个整体授予这些用户，那么每个用户只需一次授权，授权的次数将大大减少，而且用户数越多，需要指定的权限越多，这种授权方式的优越性就越明显。这些事先组合在一起的一组权限就是角色，角色中的权限既可以是数据库权限，也可以是对象权限，还可以是别的角色。

角色是 MySQL 8.0 中引入的新功能。在 MySQL 中，角色是权限的集合，使用角色可以方便管理拥有相同权限的用户。同用户账户一样，可以为角色授予和收回权限，11.3.3 小节中 MySQL 的权限都可以授予角色。用户可以被赋予角色，同时也就被授予了角色包含的权限。

使用角色的过程为：首先在数据库中创建一个角色，这时角色中没有任何权限，然后向角色中添加权限，最后将这个角色授予用户，这个用户就具有了角色中的所有权限。在使用角色的过程中，可以随时向角色中添加权限，也可以随时从角色中删除权限，用户的权限也随之改变。如果要收回用户从角色那里得到的所有权限，只需将角色从用户收回即可。

1. 创建角色

创建角色使用 CREATE ROLE 语句，其语法格式如下：

CREATE ROLE 'role_name'[@'host_name'] [,'role_name'[@'host_name'],…];

与创建用户的语法类似，这里的“ role_name ”为角色名，“ host_name ”为主机名，即用户连接 MySQL 时所用主机的名字。如果想让该角色可以从任意远程主机登录数据库服务器，可以使用通配符“ % ”。如果在创建的过程中，只给出了角色名，而没指定主机名，则主机名默认为“%”。

例 11-13　创建一个本地登录的图书管理员角色，角色名为“manager”。

CREATE ROLE manager@localhost;

例 11-14　创建一个可以从任意主机登录的图书管理员角色，角色名为“manager2”。

CREATE ROLE 'manager2'@'%';

或

CREATE ROLE 'manager2';

2. 给角色授予权限

创建角色之后，这个角色默认是没有任何权限的，需要给角色授权。给角色授权也使用 GRANT 语句，其语法格式为：

GRANT 权限 1 [, 权限 2, …, 权限 n] | ALL PRIVILEGES
ON [< 数据库名 >.]< 表名 > | < 数据库名 >.*
TO ' 角色名 '[@' 主机名 '] ;

例 11-15　给图书管理员 manager 角色授予“db_borrows”数据库中 books 表的查询权限。

GRANT SELECT ON db_borrows.books TO manager@localhost;

3. 给用户赋予角色

角色创建并被授权后，要赋给用户并处于“激活状态”才能发挥作用。给用户赋予角色可使用 GRANT 语句实现，语法格式如下：

GRANT 角色 1[, 角色 2,…] TO 用户 1[, 用户 2,…];

可将多个角色同时赋予多个用户，中间用逗号隔开即可。

例 11-16　给 testuser1 用户赋予 manager@localhost 角色。

GRANT manager@localhost TO testuser1@localhost;

给用户赋予角色后，用户需要激活角色才能真正具有角色的权限。激活用户的角色的方法有以下两种：

（1）默认激活

如果角色已被设为用户的默认角色，则当用户登录时，角色将自动被激活。将角色设为用户的默认角色使用 ALTER USER 语句实现，该语句的语法格式如下：

ALTER USER < 用户 > DEFAULT ROLE < 角色 >;

（2）显式激活

如果角色未被设为用户的默认角色，用户可以在登录后手动激活，方法如下：

SET ROLE < 角色 >;

激活角色后，用户将获得角色的所有权限。

例 11-17　激活登录用户的 manager 角色。

SET ROLE manager@localhost;

4. 撤销用户的角色

撤销用户的角色将使用户不再具有该角色的权限。实现方法是使用 REVOKE 语句，格式如下：

REVOKE< 角色 >FROM< 用户 >;

例 11-18　撤销 testuser1 用户的 manager@localhost 角色。

REVOKE manager@localhost FROM testuser1@localhost;

5. 查看角色权限

给角色授权后，可以通过 SHOW GRANTS 语句查看角色权限的授予情况。

例 11-19　查看 manager 角色的权限。

SHOW GRANTS FOR manager@localhost;

查询结果如图 11-7 所示。

	Grants for manager@localhost
▶	GRANT USAGE ON *.* TO 'manager'@'localhost'
	GRANT SELECT ON '图书借阅'.'books' TO 'manager'@'localhost'

图 11-7　查看 manager 角色权限的结果

图 11-7 中的“GRANT USAGE ON *.* TO 'manager'@'localhost'”表示，只要创建了一个角色，系统就会自动给新角色授予“USAGE”权限，意思是连接登录数据库的权限。

6. 收回角色权限

角色授权后，可以对角色的权限进行维护，比如添加和收回权限。给角色添加权限使用 GRANT 语句，收回角色权限使用 REVOKE 语句。收回角色的权限会影响拥有该角色的账户的权限。收回角色权限的 REVOKE 语句的语法格式如下：

REVOKE 权限 1 [, 权限 2, …, 权限 n] ON [< 数据库名 >.]< 表名 > FROM < 角色 > ;

例 11-20　收回 manager 角色在“db_borrows”数据库中对 books 表的查询权限。

REVOKE SELECT ON db_borrows.books FROM manager@localhost;

7. 删除角色

当人们需要对业务重新整合的时候，可能需要对之前创建的角色进行清理，删除一些不再使用的角色。删除角色使用 DROP ROLE 语句，其语法格式如下：

DROP ROLE 角色 1[, 角色 2, …][@< 主机名 >];

注意，如果删除了角色，则用户也就失去了通过这个角色所获得的所有权限。

例 11-21　删除前边创建的 manager 角色。

DROP ROLE manager@localhost;

本章小结

数据库的安全管理是数据库系统中非常重要的部分，安全管理设置的好坏直接影响数据库中数据的安全。数据库系统管理员必须对数据库权限进行合适的设置。

本章介绍了数据库安全管理概念、MySQL 的安全验证过程以及实现方法。MySQL 将权限的验证过程分为两步：第一步验证用户是否是服务器的合法登录用户；第二步验证用户是否具有适当的操作权限。

可以为用户授予的权限有两种，一种是对数据的操作权，即对数据的查询、插入、删除和更改权限；另一种是创建对象的权限，如创建表、视图、函数和存储过程等数据库对象的权限。

由于数据库中有多个对象和用户，一一授权会比较烦琐，数据库管理系统提供了角色授权的方法，可以将一组权限赋予一个角色，然后将这个角色赋给多个用户，从而简化权限管理。

本章知识的思维导图如图 11-8 所示。

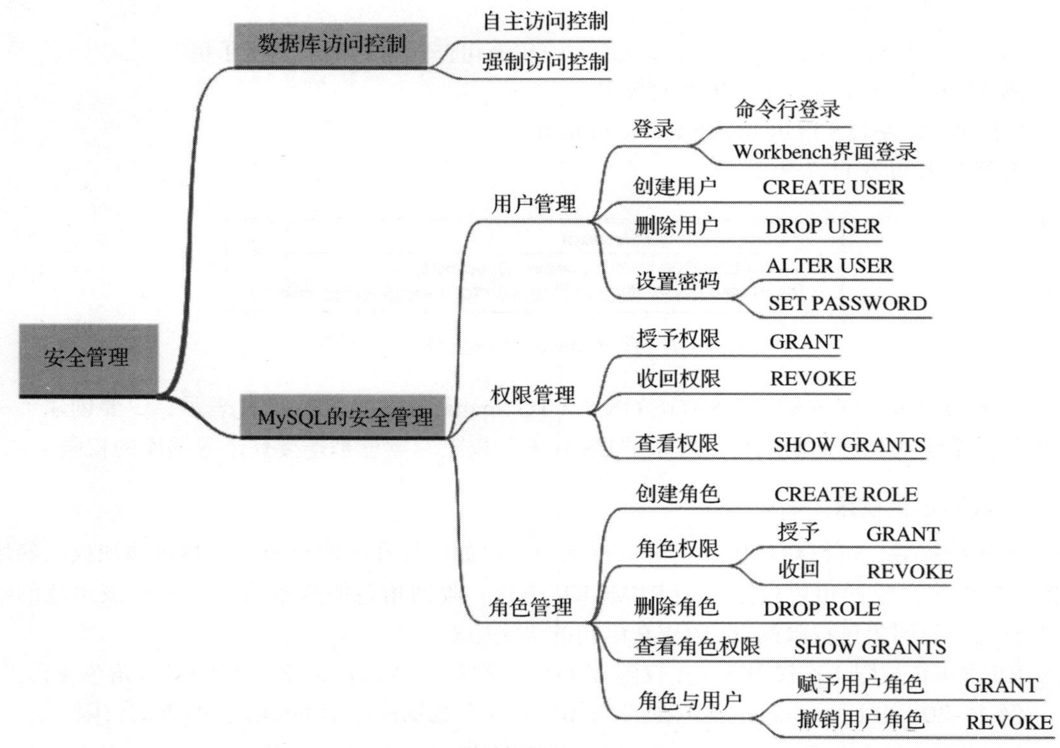

图 11-8　本章知识的思维导图

习题

一、选择题

1. 根据以下访问控制矩阵：

主体	客体	
	O_1	O_2
S_1	读	写
S_2	读、写	—

以下说法错误的是（　　）。

A. S_1 对 O_1 有读的权限，没有写的权限　　B. S_1 对 O_2 有写的权限，没有读的权限

C. S_1 对 O_1 既有读的权限，也有写的权限　　D. S_1 对 O_2 拥有所有权限

2. 在强制访问控制机制中，当主体的许可证级别等于客体的密级时，主体可以对客体进行的操作是（　　）。

A. 仅读取　　B. 仅写入　　C. 读取和写入　　D. 不可操作

3. 以下不属于角色访问控制特点的是（　　）。

A. 为角色授权并对用户授予角色，可以实现一次为多个用户授予多项权限，以减少授权次数

B. 每个用户只能被赋予一种角色

C. 将某角色授予用户，这个用户就具有了角色中的所有权限

D. 如果要收回所有权限，只需将角色从用户收回即可

4. 以下关于数据库安全的说法，正确的是（　　）。

A. root 用户拥有所有权限，因此使用 root 用户登录最安全

B. 为方便用户访问，不必限制用户登录的 IP

C. 为防止密码忘记，最好不要经常更换密码

D. 定期清理不需要的用户，收回权限或者删除用户

5. 若要授予任意主机登录的用户 u1 在 TestDB 数据库 Goods 表上具有查询权限，下列语句正确的是（　　）。

A. GRANT ON TestDB.Goods SELECT TO 'u1';

B. GRANT TO 'u1' SELECT ON TestDB.Goods;

C. GRANT SELECT ON TestDB.Goods TO 'u1'@*;

D. GRANT SELECT ON TestDB.Goods TO 'u1'@'%';

6. 若要收回任意主机登录的用户 u1 在 TestDB 数据库 Goods 表上的查询权限，下列语句正确的是（　　）。

A. REVOKE ON TestDB.Goods SELECT FROM 'u1';

B. REVOKE FROM 'u1' SELECT ON TestDB.Goods;

C. REVOKE SELECT ON TestDB.Goods FROM 'u1';

D. REVOKE SELECT FROM 'u1' ON Goods;

7. 执行授权语句“GRANT INSERT ON TestDB.Student TO testuser1@localhost;”后，下列关于 testuser1 操作权限的说法，正确的是（　　）。

A. 对 TestDB 数据库中 Student 表能够进行插入和查询操作

B. 通过任意 IP 登录都能对 TestDB 数据库中 Student 表进行插入操作

C. 在本机登录能对 TestDB 中所有表进行插入操作

D. 在本机登录能对 TestDB 中的 Student 表进行插入操作

8. 在 MySQL 中创建角色后，数据库管理系统会自动给新角色授予的权限是（　　）。

A. 角色所在数据库的数据查询权限　　B. 全部数据库的数据查询权限
C. 登录数据库服务器的权限　　D. 无任何权限

二、简答题

1. 什么是数据库安全？数据库安全控制的目标是什么？
2. 通常情况下，数据库的权限划分为哪几类？
3. 权限管理包含哪些内容？

三、编写语句题

1. 写出在 MySQL 数据库管理系统中实现下述操作的 SQL 语句。
（1）创建本地登录的用户 user1，密码设置为 x1y2z3。
（2）将用户 user1 密码修改为 a1b2c3。
（3）使用用户 user1 登录数据库服务器。
2. 写出在 MySQL 数据库管理系统中实现下述权限管理的 SQL 语句，设这些被授权的表均在“db_borrows”数据库中。
（1）授予用户 user1 具有 Books 表的插入权和删除权。
（2）授予用户 user1 具有 Students 表的更改权。
（3）收回 user1 对 Books 表的删除权。
（4）授予 user1 具有创建表的权限。
（5）收回用户 user1 创建表的权限
3. 写出在 MySQL 数据库中实现下述角色管理的 SQL 语句。
（1）创建任意主机登录的角色 group1。
（2）为角色 group1 授予“db_borrows”数据库中 Books 表的插入权和删除权。
（3）给用户 user1 赋予 group1 角色。

第 12 章　数据库恢复技术

计算机同其他任何设备一样，都有可能发生故障，包括磁盘故障、电源故障、软件故障、灾害故障、人为破坏等。这些情况一旦发生，就有可能造成数据的丢失。因此，数据库管理系统必须采取必要的措施，以保证即使发生故障，也不会造成数据丢失，或尽可能减少数据的丢失。

数据库恢复作为数据库管理系统必须提供的一种功能，保证了数据库的可靠性，并保证在故障发生时，数据库总是处于一致的状态。这里的可靠性指的是数据库管理系统对各种故障的适应能力，也就是从故障中进行恢复的能力。

本章讨论各种故障的类型以及针对不同类型的故障采用的数据库恢复技术。

12.1　恢复的基本概念

数据库恢复是指当数据库发生故障时，将数据库恢复到正确（一致性）状态的过程。换句话说，它是将数据库恢复到发生系统故障之前最近的一致性状态的过程。故障可能是软、硬件错误引起的系统崩溃，例如存储介质故障，或者是数据库访问程序的逻辑错误等。恢复是将数据库从一个给定状态（通常是不一致的）恢复到先前的一致性状态。

数据库恢复是基于事务的原子性特性。事务是一个完整的工作单元，它所包含的操作必须都被应用，并且产生一个一致的数据库状态。如果因为某种原因，事务中的某个操作不能执行，则必须终止该事务并回滚（撤销）其对数据库的所有修改。因此，事务恢复是在事务终止前撤销事务对数据库的所有修改。

数据库恢复过程通常遵循一个可预测的方案。首先它确定所需恢复的类型和程度。如果整个数据库都需要恢复到一致性状态，则将使用最近的一次处于一致性状态的数据库的备份进行恢复。通过使用事务日志信息，向前回滚备份以恢复所有的后续事务。如果数据库需要恢复，但数据库已提交的部分仍然不稳定，则恢复过程将通过事务日志撤销所有未提交的事务。

恢复机制有两个关键的问题：第一，如何建立备份数据；第二，如何利用备份数据进行恢复。

数据转储（也称为数据库备份）是数据库恢复中采用的基本技术。所谓转储就是数据库管理员定期地将整个数据库复制到辅助存储设备上，比如磁盘、光盘。当数据库遭到破坏后可以利用转储的数据库进行恢复，但这种方法只能将数据库恢复到转储时的状态。如果想恢复到故障发生时的状态，则必须利用转储之后的事务日志，并重新执行日志中的事务。

转储是一项非常耗费资源的活动，因此不能频繁地进行。数据库管理员应该根据实际情况制定合适的转储周期。

转储分为静态转储和动态转储两种。

静态转储是在系统中无运行事务时进行转储操作，即在转储操作开始时数据库处于一致性状态，而在转储期间不允许对数据库进行任何操作。因此，静态转储得到的一定是数据库的一个一致性副本。

静态转储实现起来比较简单，但转储必须要等到正在运行的所有事务结束才能开始，而且在转储时也不允许有新的事务运行，因此，这种转储方式会降低数据库的可用性。

动态转储是不用等待正在运行的事务结束就可以进行，而且在转储过程中也允许运行新的事务，因此转储过程中不会降低数据库的可用性。但不能保证转储结束后的数据库副本是正确的，例如，假设在转储期间把数据 A=100 转储到了磁盘上，但在转储的过程中，有另一个事务将 A 改为了 200，如果对更改后的 A 值没有再进行转储，则数据库转储结束后，数据库副本上的 A（=100）就是过时的数据了。因此，必须把转储期间各事务对数据库的修改操作记录下来，这个保存事务对数据库的修改操作的文件就称为事务日志文件（Log File)。这样就可以利用数据库的备份和日志文件把数据库恢复到某个一致性状态。

转储还可以分为海量转储和增量转储两种。海量转储是每次转储数据库的全部内容，增量转储是指每次只转储数据库中上一次转储之后被修改了的数据。从恢复的角度看，使用海量转储得到的数据库副本进行恢复一般会比较方便，但如果数据量很大，事务处理又比较频繁，则增量转储方式的效率会更高。

海量转储和增量转储可以是动态的，也可以是静态的。

12.2　数据库故障的种类

数据库故障是指导致数据库值出现错误描述状态的情况，影响数据库运行的故障有很多种，有些故障仅影响内存，而有些还影响辅存。数据库系统中可能发生的故障种类很多，大致可以分为如下几类：

1. 事务内部的故障

事务内部的故障有些是可以预料到的，这样的故障可以通过事务程序本身发现。例如，在银行转账事务中，当把一笔金额从 A 账户转到 B 账户时，如果 A 账户中的金额不足，则不能进行转账，否则可以进行转账。对金额的判断就可以在事务的程序代码中进行判断。这种事务内部的故障就是可预期的。

但事务内部的故障有很多是非预期性的，这样的故障就不能由应用程序来处理。例如运算溢出或因并发事务死锁而被撤销的事务等。后边所讨论的事务故障均指这类非预期性的故障。

事务故障意味着事务没有达到预期的终点（COMMIT 或 ROLLBACK)，因此，数据库可能处于不正确的状态。数据库的恢复机制要在不影响其他事务运行的情况下，强行撤销该事务中的全部操作，使得该事务就像没发生过一样。

这类恢复操作称为事务撤销（UNDO)。

2. 系统故障

系统故障是指造成系统停止运转、系统要重启的故障。例如，硬件错误（CPU 故障)、操作系统故障、突然停电等。这样的故障会影响正在运行的所有事务，但不破坏数据库。这时内存中的内容全部丢失，这可能会有两种情况：一种情况是，一些未完成事务的结果可能已经送入物理数据库中，从而造成数据库处于不正确状态；另一种情况是，有些已经提交的事务可能有一部分结果还保留在缓冲区中，尚未写到物理数据库中，这种系统故障会丢失这些事务对数据的修改，也使数据库处于不一致状态。

因此，恢复子系统必须在系统重新启动时撤销所有未完成的事务，并重做所有已提交的事务，以保证将数据库恢复到一致状态。

3. 其他故障

介质故障或由计算机病毒引起的故障或破坏，我们归为其他故障。

介质故障指外存故障，如磁盘损坏等。这类故障会对数据库造成破坏，并影响正在操作的数据库的所有事务。这类故障虽然发生的可能性很小，但破坏性很大。

计算机病毒的破坏性很大，而且极易传播，它也可以对数据库造成毁灭性的破坏。

不管是哪类故障，对数据库的影响有两种可能性：一种是数据库本身的破坏；另一种是数据库没有被破坏，但数据可能不正确（因事务非正常终止）。

数据库恢复就是保证数据库的正确和一致，其原理很简单，就是冗余。即，数据库中任何一部分被破坏的或不正确的数据均可根据存储在系统其他地方的冗余数据来重建。尽管恢复的原理很简单，但实现的技术细节却很复杂。

12.3　数据库恢复的类型

无论出现何种类型的故障，都必须终止或提交事务，以维护数据完整性。事务日志在数据库恢复中起重要的作用，它使数据库在发生故障时能回到一致性状态。事务是数据库系统恢复的基本单元。恢复管理器保证发生故障时事务的原子性和持久性。在从故障中进行恢复的过程中，恢复管理器确保一个事务的所有影响要么都被永久地记录到数据库中，要么都没被记录。

事务的恢复类型有两种：向前恢复和向后恢复。

1. 向前恢复（或重做）

向前恢复（也称为重做，REDO）用于物理损坏情形的恢复过程，例如磁盘损坏、向数据库缓冲区（数据库缓冲区是内存中的一块空间）写入数据时的故障或将缓冲区中的信息传输到磁盘时出现的故障。事务的中间结果被写入数据库缓冲区中，数据在缓冲区和数据库的物理存储之间进行传输。当缓冲区的数据被传输到物理存储器后，更新操作才被认为是永久性的。该传输操作可通过事务的 COMMIT 语句触发，或当缓冲区存满时自动触发。如果在写入缓冲区和传输缓冲数据到物理存储器的过程中发生故障，则恢复管理器必须确定故障发生时执行 WRITE 操作的事务的状态。如果事务已经执行了 COMMIT 语句，则恢复管理器将重做事务的操作从而将事务的更新结果保存到数据库中。向前恢复保证了事务的持久性。

2. 向后恢复（或撤销）

向后恢复（也称为撤销，UNDO）是用于数据库正常操作过程中发生错误时的恢复过程。这种错误可能是人为键入的数据，或是程序异常结束而留下的未完成的数据库修改而引起的。如果在故障发生时事务尚未提交，则将导致数据库的不一致性。因为在这期间，其他程序可能读取并使用了错误的数据。因此恢复管理器必须撤销事务对数据库的所有影响。向后恢复保证了事务的原子性。

向后恢复时，从数据库的当前状态和事务日志的最后一条记录开始，程序按从前向后的顺序读取日志，将数据库中已更新的数据值改为记录在日志中的更新前的值（前像），直至错误发生点。因此，程序按照与事务中的操作执行相反的顺序撤销每一个事务。

3. 介质故障的恢复

当发生介质故障时，磁盘上的物理数据和日志文件均遭到破坏，这是破坏最严重的一种故障。要想从介质故障中恢复数据库，则必须要在故障前对数据库进行定期转储，否则很难恢复。

从介质故障中恢复数据库的方法是首先排除介质故障，例如用新的磁盘更换损坏的磁盘。然后重新安装数据库管理系统，使数据库管理系统能正常运行，最后再利用介质损坏前对数据库已做的转储或利用镜像设备恢复数据库。

12.4 数据库恢复的检查点技术

在利用日志进行数据库恢复时，恢复子系统必须搜索日志，以确定哪些需要重做，哪些需要撤销。一般来说，需要检查所有的日志记录。这样做有两个问题。一是搜索整个日志将耗费大量的时间，二是很多需要重做处理的事务实际上可能已经将它们的更新结果写到了数据库中，而恢复子系统又重新执行了这些操作，同样浪费了大量时间。为了解决这些问题，发展了具有检查点的恢复技术。这种技术在日志文件中增加两个新的记录——检查点（check point）记录和重新开始记录，并让恢复子系统在登记日志文件期间动态地维护日志。

检查点记录的内容包括：

1）建立检查点时刻所有正在执行的事务列表。

2）这些事务最近一个日志记录的地址。

重新开始记录用于记录各个检查点记录在日志文件中的地址。图 12-1 说明了建立检查点 C_i 时对应的日志文件和重新开始文件。

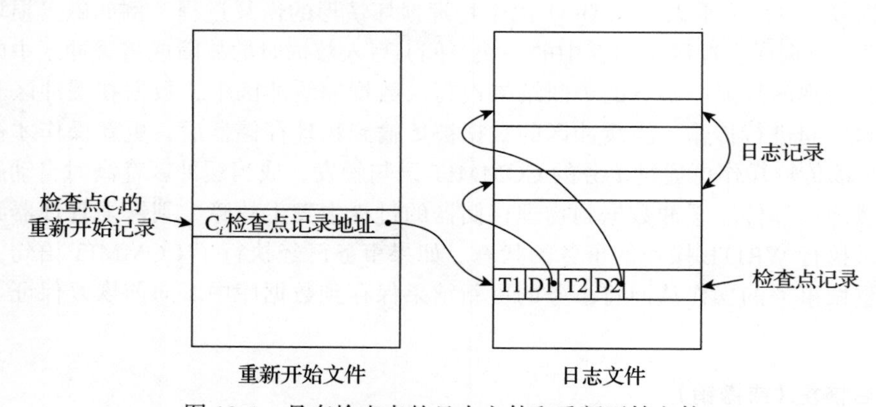

图 12-1 具有检查点的日志文件和重新开始文件

动态维护日志文件的方法是周期性地执行建立检查点和保存数据库状态的操作。具体步骤是：

1）将日志缓冲区中的所有日志记录写到磁盘日志文件上。

2）在日志文件中写入一个检查点记录，该记录包含所有在检查点运行的事务的标识。

3）将数据缓冲区中所有修改过的数据写到磁盘数据库中。

4）将检查点记录在日志文件中的地址写入一个重新开始文件，以便在发生系统故障而重启时可以利用该文件找到日志文件中的检查点记录地址。

恢复子系统可以定期或不定期地建立检查点来保存数据库的状态。检查点可以按照预定的时间间隔建立，如每隔 15min、30min 或 1h 建立一个检查点，也可以按照某种规则建立检查点，比如日志文件每写满一半建立一个检查点。

使用检查点方法可以改善恢复效率。如果事务 T 在某个检查点之前提交，则 T 对数据库所做的修改均已写入数据库，写入时间是在这个检查点建立之前或在这个检查点建立之时。这样，在进行恢复处理时，就没有必要对事务 T 执行重做操作。

在系统出现故障时，恢复子系统将根据事务的不同状态采取不同的恢复策略。

假设使用事务日志进行立即更新，同时考虑图 12-2 所示的事务 T_1、T_2、T_3 和 T_4 的时间线。当系统在 t_f 时刻发生故障时，只需扫描事务日志至最近的一个检查点 t_c，可得到以下结论：

1）事务 T_1 是在检查点之前提交的，因此没有问题，不需要重做。

2）事务 T_2 是在检查点之前开始的，但在故障点时已经完成，因此需要重做。

3）事务 T_3 是在检查点之后开始的，但在故障点时已经完成，因此也需要重做。

4）事务 T_4 也是在检查点之后开始的，而且在故障点时还未完成，因此需要撤销。

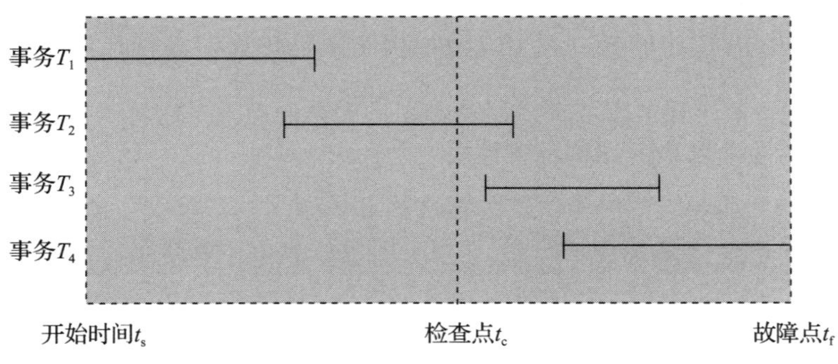

图 12-2　检查点的例子

12.5　MySQL 的备份和恢复方法

数据库备份是指对数据库中的数据和结构进行备份，以便在需要的时候可以恢复和重建数据库。数据库备份是防止数据库中的数据丢失或损坏的一个有效手段。不同的数据库管理系统提供的数据库备份和恢复方式各有不同，这里只介绍 MySQL 提供的一些备份和恢复方法。

根据备份数据的获取方式，MySQL 的数据库备份分为逻辑备份和物理备份。

1. 逻辑备份

逻辑备份将数据库中的数据以 SQL 语句的方式导出成文件的形式。在需要恢复数据时，通过使用相关的命令将备份文件中的 SQL 语句提取出来重新在数据库中执行一遍，从而达到恢复数据的目的。

逻辑备份具有简单、易操作等特点，可以在数据库数据量不大（一般是 20GB 之内）的情况下使用。如果数据量比较大（超过 20GB），则这种备份方式的速度比较慢，一定程度上还会影响数据库本身的性能。

2. 物理备份

物理备份就是利用命令（如 cp、tar、scp 等）直接将数据库的数据文件复制一份或多份，分别存放到其他地方，以达到备份的目的。

这种备份方式，由于在备份时数据库还会存在数据写入的情况，一定程度上会造成数据丢失的可能性。在进行数据恢复时，需要注意新安装的数据的目录路径、版本、配置等与原数据要保持高度一致，否则同样也会有问题。

所以，这种物理备份方式，常常需要在停机状态下进行，一般对实际生产中的数据库不太可取。此方式比较适用于数据库物理迁移，在这种场景下的物理备份方式比较高效率。

12.5.1　MySQL 数据库备份

下面介绍在 MySQL 环境下实现备份和恢复的方法，MySQL 数据库一般采用逻辑备份。

mysqldump 是 MySQL 自带的逻辑备份工具，它的备份原理是通过相关协议连接到 MySQL 数据库，将需要备份的数据查询出来，然后将查询出的数据转换成对应的 INSERT 语句。当需要还原这些数据时，只需执行这些 INSERT 语句。所以有的资料也将这种备份方式称为 INSERT 备份。本小节中只介绍用命令行方式进行数据备份和还原，MySQL Workbench 以及其他第三方工具也提供了图形化界面进行备份和恢复，这里就不做介绍了。

1. 备份数据库中全部表的结构及表数据

备份数据库中全部表的结构及表数据的命令如下：

mysqldump [--host=< 数据库主机名 >] -u < 用户名 > -p < 数据库名 > > < 备份文件名 >

其中，

1）< 用户名 >：是用于连接数据库的用户名。

2）< 数据库名 >：是要备份的数据库的名称。

3）< 备份文件名 >：是保存备份内容的文件名，可以自行指定。

4）--host=< 数据库主机名 >：是要备份的数据库所在的主机名。如果是备份本机数据，可以省略。

输入命令后，按 <Enter> 键并按系统要求输入密码，即可开始进行备份。

注意，备份数据库需要用户具有 process 权限，可以通过如下授权语句进行授权：

GRANT PROCESS ON *.* TO < 用户名 >;

例 12-1　设本地登录用户 testuser 具有备份数据权限，用此用户将“db_borrows”数据库备份到 e:\bak 文件夹，备份文件名为“books20230808.sql”。

mysqldump -u testuser -p db_borrows > e:\bak\books20230808.sql

图 12-3 显示了备份文件 books20230808.sql 的内容，从中可以看到备份内容包括了建表语句（CREATE TABLE）和插入数据语句（INSERT INTO）。

```
DROP TABLE IF EXISTS `books`;
CREATE TABLE `books` (
  `ISBN` char(13) NOT NULL,
  `bname` varchar(45) DEFAULT NULL,
  `category` char(2) DEFAULT NULL,
  `press` varchar(45) DEFAULT NULL,
  `pub_date` date DEFAULT NULL,
  `price` decimal(6,2) DEFAULT NULL,
  `quantity` int DEFAULT NULL,
  `state` varchar(45) DEFAULT '正常',
  PRIMARY KEY (`ISBN`)
) ENGINE=InnoDB DEFAULT CHARSET=utf8mb3;


LOCK TABLES `books` WRITE;
INSERT INTO `books` VALUES
 ('9787100119160','古汉语常用字字典','H','商务印书馆','1992-09-01',39.90,5,'即将下架')
 ,('9787100158602','牛津高阶英汉双解词典','H','商务印书馆','1988-05-01',169.00,0,'已下架')
 ,('9787111641247','深入理解Java虚拟机','TP','机械工业出版社','1987-01-01',129.00,5,'已下架')
 ,('9787111650812','金融通识','F','机械工业出版社','1995-01-01',49.00,5,'即将下架')
 ,('9787111658283','人工智能基础','TP','机械工业出版社','2020-11-01',59.00,5,'正常')
 ,('9787111694021','Spring Boot从入门到实战','TP','机械工业出版社','2021-08-11',76.30,10,'正常')
 ,('9787115546081','Python编程 从入门到实践','TP','人民邮电出版社','2020-09-30',69.80,15,'正常')
 ,('9787302505945','零基础入门学习C语言','TP','清华大学出版社','2019-05-01',79.00,20,'正常')
 ,('9787302563839','数据分析思维','TP','清华大学出版社','2020-11-01',99.00,5,'正常')
 ,('9787304103415','我的最后一本发音书','H','商务印书馆','2021-02-01',48.00,5,'正常')
 ,('9787541154256','人间词话','I','四川文艺出版社','2019-06-01',39.80,5,'正常')
 ,('9787541164019','契诃夫短篇小说选','I','四川文艺出版社','2022-08-01',39.80,5,'正常');
UNLOCK TABLES;
```

图 12-3　备份文件示例

2. 备份指定的数据库表结构及表数据

备份指定的数据库表结构及表数据的命令为：

mysqldump -u <用户名> -p <密码> <数据库名> <表名 1> [<表名 2> <表名 3> …]
　> <备份文件名>

注意：数据库名后边的表名列表，各表之间用空格分隔。

例 12-2　设本地登录用户 testuser 具有备份数据权限，用此用户将“db_borrows”数据库的 students 表和 books 表备份到 e:\bak 文件夹，文件名为“books20230808_1.sql”。

mysqldump -u testuser -p db_borrows students books
　> e:\bak\books20230808_1.sql

12.5.2　MySQL 数据库恢复

1. 使用备份文件恢复数据表结构和数据

使用备份文件恢复数据表结构和数据的命令为：

mysql -u <用户名> -p <数据库表名> < <备份文件名>

注意：上述命令的作用是让数据库管理系统执行备份文件中的所有语句，将数据完全恢复到备份时的状态。使用 mysql 命令恢复数据库的用户需要有 super 权限。

例 12-3　利用例 12-2 备份的 e:\bak\books20230808.sql 文件，恢复“db_borrows”数据库。按顺序完成如下操作：

1）查看 students 表包含的数据。

SELECT * FROM students;

执行结果如图 12-4 所示。

2）删除 students 表的全部数据。

DELETE FROM students;

此时再次查看 students 表中的数据，结果如图 12-5 所示。

3）利用备份文件 e:\bak\books20230808.sql，通过 mysql 命令恢复“db_borrows”数据库。

mysql -u root -p db_borrows < e:\bak\books20230808.sql

恢复完成后，再次查看 students 表中的数据，结果与删除前的数据一样（同图 12-4 所示数据）。

sid	sname	gender	college	email
202101001	李勇	男	信息管理	liyong@comp.com
202101002	刘晨	男	计算机	liuchen@comp.com
202101003	王敏	女	计算机	wangmin@comp.com
202101004	张小红	女	计算机	zxhong@comp.com
202101005	王立东	男	计算机	wldong@comp.com
202102001	张海	男	经济管理	zhanghai@econ.com
202102002	刘琳	女	经济管理	liulin@econ.com
202102003	张珊珊	女	经济管理	zshshan@econ.com
202102004	王大力	男	经济管理	wdli@econ.com
202102005	钱小萍	女	经济管理	qxping@econ.com

图 12-4　删除 students 表数据前的情况

sid	sname	gender	college	email
NULL	NULL	NULL	NULL	NULL

图 12-5　删除 students 表数据后的情况

2. 使用 source 语句恢复数据库

登录 MySQL 服务器后，可以通过 source 语句从备份文件恢复数据库。source 语句的使用方法如下：

source < 备份文件名 >;

例 12-4　利用例 12-2 备份的 e:\bak\books20230808.sql 文件，恢复“db_borrows”数据库。按顺序完成如下操作：

1）删除“db_borrows”数据库中的 students 表。

DROP TABLE students;

2）利用备份文件 e:\bak\books20230808.sql，通过 source 语句恢复数据库。

source e:\bak\books20230808.sql

恢复完成后，再次查看“db_borrows”数据库中所包含的表，可看到 students 表及表中数据均已被恢复出来。

本章小结

本章介绍了数据库恢复的基本概念和故障种类，恢复机制的关键问题就是建立备份数据以及利用备份数据进行恢复。数据库出现一般故障后，可以采用向前恢复和向后恢复的原则，使数据库恢复到一致性状态。数据库恢复技术主要介绍了检查点技术。

本章最后简单介绍了在 MySQL 中实现数据库的备份和恢复方法，介绍了中小型关系型数据库如何建立备份数据以及如何利用备份数据进行恢复。

本章知识的思维导图如图 12-6 所示。

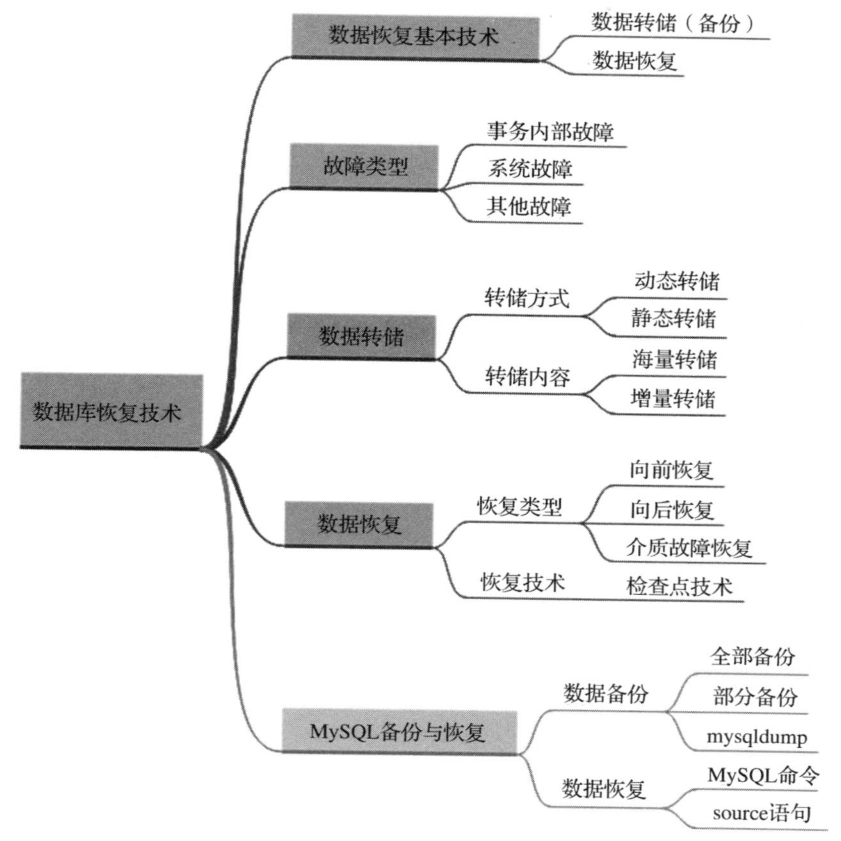

图 12-6　本章知识的思维导图

习题

一、选择题

1. 下列关于数据库静态转储的说法，正确的是（　　）。
   A. 静态转储期间允许用户操作数据库
   B. 在有事务运行期间可以进行静态转储
   C. 静态转储期间允许用户查询数据
   D. 静态转储方式会降低数据库的可用性
2. 下列关于数据库动态转储的说法，正确的是（　　）。
   A. 动态转储期间允许用户操作数据库
   B. 在有事务运行期间不允许进行动态转储
   C. 动态转储期间仅允许用户查询数据
   D. 动态转储一定是海量转储方式
3. 若系统在运行过程中，由于磁盘损坏，使存储在外存上的数据部分损失，这种情况称为（　　）。
   A. 事务故障　　　　B. 系统故障
   C. 介质故障　　　　D. 运行故障

4. 图 12-7 所示为一组事务的执行情况，其中双向箭头分别表示事务的开始和提交的时间。

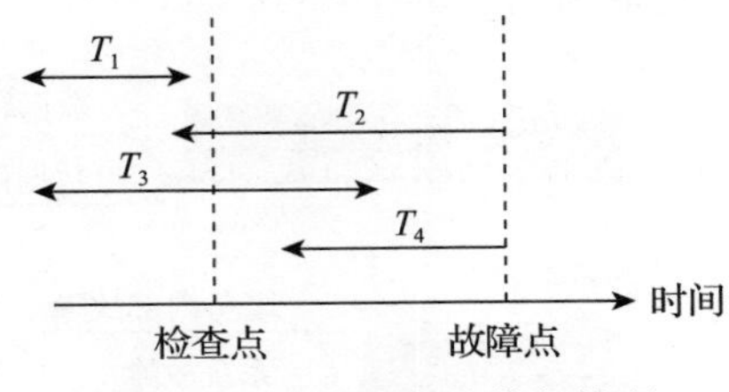

图 12-7　一组事务的执行情况

系统重启后，需要重做的事务是（　　）。

A. 仅 T_1

B. 仅 T_2 和 T_4

C. 仅 T_1 和 T_3

D. 仅 T_4

5. MySQL 数据库的 mysqldump 工具是将备份的数据转换成下列哪个语句（　　）。

A. SELECT

B. CREATE

C. INSERT

D. UPDATE

二、简答题

1. 数据库环境中的事务故障类型有哪些？
2. 什么是数据库恢复？向前恢复和向后恢复的含义是什么？
3. 系统故障和介质故障的区别是什么？
4. 在系统故障发生时，如何恢复正在运行的事务已经完成的部分修改？
5. 什么是检查点？当发生系统故障时，如何在恢复操作中使用检查点信息？

第 13 章　国产数据库

在当前的国际环境下，从信息安全方面考虑，国家提出“信创”，即信息技术应用创新，也就是在芯片、服务器、操作系统、数据库等领域实现国产化替代。数据库是典型的基础软件之一，关键行业信息系统使用国产数据库是信息安全的重要屏障，在这样的背景下，发展国产数据库是大势所趋。

本章将介绍国产数据库研发的必要性、国产数据库的起步、发展和展望。

13.1　国产数据库研发的必要性

数据库技术起源于美国，20 世纪 60 年代是数据库的萌芽阶段，由于计算机管理数据的规模越来越大，应用范围越来越广泛，同时多种应用共享数据集合的要求也越来越强烈，出现了统一管理数据的专门软件——数据库管理系统。第一个提供数据独立存储、支持多个应用同时访问共享数据的数据库产品是 IDS（Integrate Data Store）系统，该系统在 1963 年开始投入运行。20 世纪 70—80 年代是数据库的快速发展阶段，这个阶段的关系数据库理论趋于成熟。1974 年，IBM 公司 San Jose（圣何塞）研究所成功开发了 System R，它被认为是第一个关系型数据库管理系统。到 20 世纪 90 年代，数据库进入成熟阶段，事务处理理论（ACID）的出现保证了数据库的完整性和一致性。大量成熟的关系型数据库管理系统（如 Oracle、SQL Server、IBM DB2 等）以及一些开源的数据库管理系统（如 MySQL、PostgreSQL 等）在市场上也占有了一席之地。

我国数据库技术研究起步于 20 世纪 70 年代，主要以学习国外的先进技术、模仿开发原型系统为主。相当长的一段时间内，国内一直被国外数据库产品垄断。2001 年我国正式加入世界贸易组织，拥抱全球化，“造不如买”成为当时的主流观点。

数据事关国计民生。社会运转的每个时刻都会产生大量数据，而海量数据的存储、管理和使用都离不开数据库。国内部分行业的核心数据库，尤其是金融和电信行业，在一段时间内曾被一些国外产品牢牢把持。国内很多企业曾为数据库付出过高昂的代价，比如 2008 年，中国联通收到了美国数据库企业甲骨文（Oracle）6000 万元的“罚款”通知。当时，甲骨文是中国联通的数据库供应商，后者的计费、结算、缴费等核心业务都搭载在甲骨文数据库上。按照甲骨文的售卖方式，除了购买软件时按服务器数量支付一次性费用，每年还需要缴纳约 22% 的技术服务费，一旦采购新版本的软件，还得额外付费。中国联通认为这笔费用并不合理，所以一直没有缴纳。后来，中国联通需要采购甲骨文的新产品时，对方提出必须先结清欠下的服务费，这也就是所谓“罚款”的来源。最终，中国联通不得不缴纳了罚款。从这件事我们不难看出，“没得选”是甲骨文在中国市场大赚特赚的重要因素。中国企业采用国外数据库，除了价格上付出了代价，还要承担国外断货、信息泄露等风险。数据库无法国产化，就意味着我们没有任何隐私。

多年来，IT国际巨头一直垄断国内的信息基础设施，威胁国内信息安全的事件也不断发生，倪光南院士等国内行业专家长期呼吁并推动核心技术实现自主可控。发展信创的目标是解决国家信息安全的本质问题，将信息基础设施变成我们自己可掌控、可研究、可发展、可生产的。信创是国家战略，也是当今形势下国内经济发展的新动能。打破基础软件“卡脖子”问题，规避国外断货、信息泄露等风险刻不容缓。数据库管理系统是典型的基础软件之一，是制约我国科技发展的35项核心技术之一。

全面数字化的时代，银行、政府、电信、医疗等关键行业的运作，都离不开业务核心数据库的支撑，关键行业信息系统使用国产数据库是信息安全的重要屏障，关键核心产业完成数据库的国产替代，可以保障国家政治、经济发展的信息安全。由此可见国产数据库替代刻不容缓。

国产数据库一直努力打破国外技术垄断，国产数据库已经开始了对金融、政务等领域核心系统的替换。从安全角度出发的国产化行动，给了国产数据库在实际场景下的实战机会，推动了国产数据库产品的迭代、发展，增强了国产数据库从业者的信心。从2009年至今的十几年时间，国产数据库已被证明完全可以满足关键核心业务的要求。

13.2　国产数据库的起步

我国数据库技术的研究始于1977年，比美国晚了近15年。老一辈科研工作者不畏艰辛，以非凡的毅力和智慧，攻克一个个技术难关，为国产数据库的诞生和发展奠定了基础。

13.2.1　20世纪70年代

20世纪70年代我国数据库研究可以概括为“引”。1976年中国人民大学萨师煊教授将数据库概念引入国内。1977年11月，以萨师煊为代表的老一辈科学家、教育家以一种强烈的责任心和敏锐的学术洞察力，意识到新兴数据库技术的潜在价值，在安徽黄山组织了一次小范围的数据库技术研讨会，拉开了我国数据库研究的序幕。虽然参会人员只有50余位，但这次会议就像一点星星之火，开始在中国的土地上闪烁着数据库的点点光芒。

黄山会议上，中国计算机学会软件专业委员会决定下设成立数据库学组，虽然仅仅是一个三级学科组织，但它却迈出了对于中国数据库而言具有里程碑意义的一步。正是这个数据库学组的成立，被视为国产数据库研究的起源。黄山会议召开后，萨师煊教授率先在国内开设数据库课程，对我国数据库的研究和普及起到了启蒙作用。

13.2.2　20世纪80年代

20世纪80年代我国数据库研究可以概括为“学”。外国专家来华讲学，中国专家出国进修。从1982年起，中国计算机学会每年举办一次数据库学术会议。1987年王珊老师创办了中国人民大学数据与知识工程研究所，这个研究所的创办具有划时代意义。1988年华中科技大学数据库与多媒体技术研究所，成功研发了我国第一个自主版权的国产数据库管理系统原型CRDS。

13.2.3　20世纪90年代

20世纪90年代国产数据库研究可以概括为“赶”。在这一阶段，依托国家攻关项目、

863 高技术项目、国家自然科学基金等，国产数据库研究努力追赶国际水平。

1990 年，东软集团完成了 OpenBASE 1.0 的开发，并于 12 月 27 日通过冶金工业部科学技术司组织的技术鉴定。OpenBASE 是我国第一个具有自主版权的商业化数据库管理系统。

1992 年，华中理工大学（现华中科技大学）达梦数据库研究所成立。

1993 年，中国航天科技集团开始开展数据库研发。

1996 年，东软集团正式推出产品 OpenBASE 3.0，标志着我国具有自主版权的数据库系统软件产品正式走向市场。

1997 年，东软集团开发出了基于 Internet/Intranet 多媒体综合信息服务体系结构及其支撑平台的 OpenBASE，同时入选国家“863（国家高技术研究发展）计划”重大目标产品。

1998 年，东软 OpenBASE 成功进入核心业务领域（医院管理）。

1999 年，以王珊教授为代表，中国人民大学最早一批在国内开展数据库教学、科研、开发的专家，创立了我国第一家数据库公司——人大金仓。

13.3 国产数据库的发展

进入 21 世纪，国产数据库发展的主要特点可以概括为“创”，即科技创新、开发自主的数据库管理系统。国产数据库市场呈现出“百花齐放”的状态。

13.3.1 科技创新、开发自主的数据库管理系统

21 世纪初，国内在技术上虽然取得了一些进展，也有信息化的客观需求，但由于具有购买意愿的大多是对产品稳定性要求极高的关键行业国企，并且对已经在使用国外数据库产品的企业，如果要使用国产数据库，有个迁移的问题，迁移包括兼容性和风险评估、可行性验证、业务改造、业务测试、割接演练、迁移执行、业务验证、正式割接和护航保障等多个步骤，迁移的风险也是很大的，这使得很多企业对数据库迁移工作望而却步。因此，很多国产数据库产品度过了研发阶段，就停留在了产业化的前夕，迟迟无法迈出下一步。

2002 年，甲骨文公司斥资在深圳建立了大陆的第一个研发中心。随着发展规模的不断扩大，甲骨文公司开始在北京、上海、苏州等城市展开布局，仅仅几年的时间，甲骨文公司就占据了整个中国市场。甲骨文仅在北京的研发中心，员工一度接近 2000 人。这种大规模的研究团队，需要雄厚的资金支持。由于市场占有率高，利润率高，甲骨文能够保障其研发，并不断扩大规模。而国内的很多软件公司，由于起步晚、订单数量少，研发团队难以通过利润反哺技术开发，产品迭代无从谈起。面对国外强大的竞争者，国产数据库研发面临很多困难，但我国的企业和研发人员克服种种困难，刻苦攻关，体现了大国工匠精神。

在 20 世纪 90 年代，我国开始涌现出第一批产品。随着技术进步和市场需求的推动，国产数据库逐步取得了一定的发展成果。在过去的几十年里，国产数据库在性能、稳定性和功能上有了明显的提升。目前国产数据库中市场占有率较高的有阿里巴巴的 OceanBase 和 PolarDB、人大金仓的 KingbaseES、华为的 openGauss、南大通用的 GBase、武汉达梦的达梦数据库等。下面以金仓数据库为例，介绍国产数据库的发展历史。

KingbaseES 数据库是人大金仓自主研发的一个通用关系型数据库产品，该产品融合了人大金仓在数据库领域几十年的产品研发和企业级应用经验，产品支持严格的 ACID 特性，结合多核架构的超凡性能，健全完善的安全标准以及完备的高可用方案，并提供可覆盖迁

移、开发及运维管理全使用周期的智能便捷工具，可满足各行业用户多种场景的数据处理需求。目前，KingbaseES 产品的最新版本是 KingbaseES V8.6，产品的发展历程如下。

1. 起步阶段（KingbaseES V1）

1999 年，北京人大金仓信息技术股份有限公司由中国人民大学及一批最早在国内开展数据库教学、科研和开发的专家正式创立。成立后，产研结合将人民大学的科研项目产品化，推出自主可控的大型通用关系型数据库 KingbaseES V1。

2. 积累阶段（KingbaseES V3、V4）

经过 KingbaseES V1 到 V3 之间的版本升级迭代后，2004 年推出了 KingbaseES V4。KingbaseES V4 是国内第一个体系完整、功能完备、产品化程序高的数据库管理系统，完整支持 SQL92 入门级标准要求，符合 ODBC（开放数据库互连）、JDBC（Java 数据库互连）标准，支持基本的应用开发并提供系统管理工具。

3. 成长阶段 (KingbaseES V5、V6）

2004—2008 年，完成了 KingbaseES V4 到 V6 之间的版本升级迭代，正式推出了 KingbaseES V6。该版本的数据库管理系统改为多线程架构体系，支持中文字符集和存储管理，并支持 Oracle 专有的 SQL、PLSQL、OCI 等开发接口，同时还支持基本高可用方案，提供逻辑备份和物理备份功能。KingbaseES V6 的产品安全能力得到全面提升。

4. 发展阶段 (KingbaseES V7）

2011 年，全面推出 KingbaseES V7 产品。该产品全面支持国产 CPU、操作系统、中间件等基础软件平台，支持智能查询优化器、缓冲区管理、异步 I/O、数据分区、列存储等多种性能优化手段。在安全特性方面增加了三权分立、自主访问控制和强制访问控制、数据库审计等功能，同时提供了多种备份方案、日志复制组件等高可靠技术，支持读写分离集群架构。

5. 引领阶段 (KingbaseES V8）

2018 年，金仓数据库正式推出 KingbaseES V8.2 版本。该版本新增了抽象数据类型、动态 SQL 和快速加载等功能，实现了控制文件多路复用以及多同步备机支持，支持读写分离负载均衡技术和自动故障检测与切换。

2020 年，金仓数据库升级为 KingbaseES V8.3 版本。该版本将数据库管理系统改成多进程架构体系，并支持闪回技术、全局临时表、层次查询和表空间限额等技术。

2021 年，KingbaseES V8.6 进入市场，这也是目前金仓数据库面向市场的最新版本。该版本新增了行压缩、实时入侵检测、完整性检查、自治事务等功能，并支持远程增量备份还原、服务进程绑核以及原子之类优化等技术。

除了 KingbaseES 关系型数据库产品外，金仓数据库还推出了分析型数据库 Kingbase AnalyticsDB、分布式关系型数据库 KSOne、异构同步软件 KingbaseES FlySync 等产品，满足各行业用户多种场景的数据处理需求。同时还研发出各种利于用户使用的客户端工具，如数据库开发工具 KStudio、数据库迁移工具 kdts-plus 以及数据库监控工具 KMonitor 等。

目前，金仓 KingbaseES 数据库仍处于高速发展阶段，更多高级功能、深度兼容性和性能优化等技术还在持续升级中。

在基础软件领域，没有任何一款产品的设计者能够预判可能会遇到的所有场景和需求，提前考虑到所有的问题。真实的情况是总是会遇到问题，再针对问题设计出合理的解决方案。既要考虑短期的成本和难度，又要考虑长期的发展。因此，做数据库产品是一个缓慢的、持续的过程，需要在千行百业的实践中通过不断地迭代去累积产品的能力，同时在迭代的过程中，还要保持产品的稳定和易维护，这样才能使产品在一个"正循环"的体系中不断正向演进。

13.3.2　国产数据库市场的主要分类

国产数据库市场参与者众多，主要分为四类。

1. 学院派

我国数据库发展最初源于国家的引导、支持和扶植，在这一阶段，我国数据库的研发始于高校和科研院所，直至今日，源自高等院校的几大数据库公司仍然是国产数据库的重要参与力量。其中包括人大金仓、武汉达梦、天津南大通用、中国航天科技集团的神舟通用等。

人大金仓是以王珊教授为代表，中国人民大学最早一批在国内开展数据库教学、科研、开发的专家创立的我国第一家数据库公司。曾先后承担国家"863 计划"、电子发展基金、信息安全专项、国家重点研发计划、"核高基"等重大课题研究。核心产品金仓数据库管理系统 KingbaseES 是具备先进水平的大型通用数据库。2018 年人大金仓申报的"数据库管理系统核心技术的创新与金仓数据库产业化"项目荣获国家科学技术进步二等奖，截至 2022 年 10 月底，人大金仓是数据库领域唯一获得国家级奖项的企业。人大金仓具有国内先进的数据库产品、服务及解决方案体系，广泛服务于电子政务、国防军工、能源、金融、电信等 60 余个重点行业和关键领域，累计装机部署超百万套。人大金仓的客户案例非常多，包括诸如国家电网在内的能源、银行、保险、证券、军工、运营商等多个行业。

达梦公司成立于 2000 年，其创始人冯裕才先生来自华中科技大学。经过 20 多年的发展，达梦已经打造了非常完整的产品线，提供各类数据库软件及集群软件、云计算与大数据等一系列数据库产品及相关技术服务，致力于成为国际顶尖的全栈数据产品及解决方案提供商。达梦的客户案例非常多，涉及金融、能源、交通、政法、电信、政务等多个行业。

天津南大通用成立于 2004 年，是南开大学下属的天津南开创元信息技术有限公司的控股子公司。公司坚持自主创新，产品的核心技术及底层代码自主可控，构建了覆盖数据管理全生命周期，包括分析型、事务型、分布式事务型、云原生数据仓库等全技术栈的数据产品体系及服务解决方案。南大通用自主研发的 GBase 系列数据库产品及服务范围覆盖全国 32 个省级行政区域。为金融、电信、政务、能源、交通、国防军工等百余个行业上万家用户提供产品和服务，并远销美国、巴西、墨西哥等 30 余个国家及地区。

神舟通用隶属于中国航天科技集团，获得了国家"核高基"科技重大专项重点支持，是"核高基"专项的牵头承担单位。公司核心产品主要包括神通关系型数据库、神通 KSTORE 海量数据管理系统、神通商业智能套件等系列产品研发和市场销售。基于产品组合，可形成支持交易处理、MPP（大规模并行处理）数据库集群、数据分析与处理等方案，可满足多种应用场景需求。神舟通用的产品通过了国家保密局涉密信息系统、公安部等保四级等安全评测和认证。客户主要覆盖政府、电信、能源、国防和军工等领域。

2. 互联网派

随着近年互联网和开源技术的蓬勃发展，互联网企业以高度的热情参与到了数据库的研发中来。不管是自主研发，还是借助开源，互联网解决了自身应用的问题，并且依托云平台，展开了云数据库的应用推广。其中，阿里巴巴的 OceanBase、PolarDB，腾讯的 TDSQL，都占据了一定的市场。

OceanBase 始创于 2010 年，是阿里巴巴和蚂蚁集团完全自主研发的企业级原生分布式数据库。它的诞生与当时中国移动互联网爆发式增长的背景有关——2009 年天猫“双 11”开始举办，电商发力，每年成交额呈指数级增长，支撑用户抢购的交易系统也面临越来越严峻的压力。如何应对海量的数据处理问题，OceanBase 选择了完全自研之路。自 2020 年成立北京奥星贝斯科技有限公司并开始独立商业化运作以来，OceanBase 从 18 个客户到现在数量破千，发展迅猛，已助力 1000 多家行业客户实现数字化升级，涵盖金融、政务、能源、运营商、交通、互联网等海内外企业，其中 30% 客户将其应用于核心系统。

PolarDB 是阿里云自研的下一代关系型分布式数据库，100% 兼容 MySQL，之前使用 MySQL 的应用程序不需要修改一行代码，即可使用 PolarDB，有助于国产化替换。

TDSQL 是腾讯云自研企业级分布式数据库，旗下涵盖金融级分布式、云原生、分析型等多引擎融合的完整数据库产品体系，提供业界领先的金融级高可用、计算存储分离、数据仓库、企业级安全等能力，同时具备智能运维平台、Serverless 版本等完善的产品服务体系。截至 2021 年，目前腾讯云的数据库已经拥有超过 50 万客户，服务 1000 多家政府客户和 2000 多家金融客户，每天支撑数十亿笔的交易量，同时广泛覆盖游戏、电商、移动互联网、云开发等泛互联网业务场景，助力新零售、教育、SaaS、广告等超过 4000 家行业客户进行数字化升级。

3. 企业派

近些年头部科技企业也参与到了数据库核心攻关中，其中包括华为、中兴、浪潮等，华为在 2019 年推出了 GaussDB，中兴推出了 GoldenDB，浪潮则是推出了 K-DB。头部科技企业的介入，让数据库和商业市场运作彻底消除了隔阂，迎来了加速奔跑的时代。

GaussDB 实现了两大突破：一是核心代码，100% 自主研发；二是 GaussDB 是国内首个软硬协同、全栈自主的数据库，即可以实现从芯片、服务器、存储、网络到操作系统、数据库的全栈迁移及替换。

GoldenDB 数据库是中兴通讯开发的一种高性能、高可用性的关系型数据库管理系统。它采用了先进的分布式架构和优化的数据存储引擎，能够提供快速、可靠和安全的数据存储和访问服务，成功通过金融、运营商行业现网多年严苛考验，服务超百家重点行业用户。

2022 年 4 月，邮储银行的新一代个人业务分布式核心系统成功上线，建成全球最大的银行分布式新核心系统。该系统基于鲲鹏硬件底座、openGauss 开源数据库与 GaussDB 分布式云数据库，是中国银行业金融科技关键技术可控的重大实践。2022 年 10 月，邮储银行迎来结息大考。过去耗时 140 分钟的任务，新核心系统仅用 25 分钟完成，性能、效率大幅提升，充分验证了中国数据库在安全可控上的承载能力。

4. 创业派

数据库领域生机勃发的另外一支力量是新兴的独立数据库创业企业，技术创业者和资本的结合，在新时代催生了一系列的新兴数据库企业，包括巨杉、PingCAP、偶数、星环、柏睿数据、星瑞格、易鲸捷等。

广州巨杉软件专注于构建半结构化和非结构化数据底座技术。其 SequoiaDB 的技术特性，对于未来 AI 应用的发展至关重要，它有效填补了传统关系型数据库的技术缺陷，为 AI 应用提供了强大的支持。目前已在超过 100 家大型银行及金融机构的生产业务中上线应用，应用范围包括实时数据湖、多模数据湖等，已广泛应用于金融、证券、保险、政府、能源、电信、交通等领域，企业用户总数超过 1000 家。

PingCAP 成立于 2015 年，是一家企业级开源分布式数据库厂商，由 PingCAP 创立的企业级分布式关系型数据库 TiDB，是一款定位于在线事务处理 / 在线分析处理的融合型数据库产品，实现了一键水平伸缩，强一致性的多副本数据安全、分布式事务、实时 OLAP（联机分析处理）等重要特性。同时兼容 MySQL 协议和生态，迁移便捷，运维成本极低。

易鲸捷公司成立于 2015 年，核心产品是全球最早推出的下一代融合型分布式数据库，相较于传统数据库，易鲸捷数据库的实时分析特性与分布式架构更能支撑 5G 时代的物联网、人工智能、智能制造、区块链等新兴技术对于实时海量数据的融合管理需求。

截至 2023 年 6 月，中国共计有 150 家数据库产品提供商，数据库产品数量为 238 款。在 2023 年 12 月的墨天轮中国数据库流行度排行榜上的前十名如图 13-1 所示。

排行	上月	半年前	名称	模型	数据处理	部署方式	商业模式	专利	论文	案例	资质	书籍	岗位	得分
1	1	1	OceanBase	关系型	HP			151	26	26	9	0	0	728.70
2	2	↑↑↑ 7	PolarDB	关系型	HP			592	70	10	10	0	0	613.03
3	3	3	openGauss	关系型	TP			573	11	16	8	0	0	565.07
4	4	↓↓ 2	TiDB	关系型	HP			40	54	18	6	0	0	546.32
5	↑↑ 7	5	人大金仓	关系型	TP AP			333	0	12	9	0	0	535.71
6	↓ 5	6	GaussDB	关系型	HP			630	14	9	7	0	0	484.57
7	↑ 8	↑ 8	GBASE	关系型	AP TP			191	1	46	9	0	0	473.20
8	↓↓ 6	↓↓↓ 4	达梦数据库	关系型	TP			518	0	8	8	0	0	466.01
9	↑ 10	↑↑↑ 13	GoldenDB	关系型	HP			581	26	38	7	0	0	279.51
10	↓ 9	↑ 11	AntDB	关系型	HP			71	1	20	6	0	0	274.53

图 13-1　2023 年 12 月墨天轮中国数据库流行度排行榜 TOP10

13.4　国产数据库展望

当前，在国产化政策的持续推动下，我国数据库行业市场前景广阔，行业规模大增，国产数据库份额持续提升。

从政策方面来看，近些年国家出台了众多支持国产数据库的发展政策，尤其是随着国际形势的变化，国产化趋势愈发明显。“十四五”规划提出要培育壮大人工智能、大数据、区块链等新兴数字产业。在 2022 年 8 月国资委（国务院国有资产监督管理委员会）召开的中央企业关键核心技术攻关大会上，也强调要加大原创技术投入，聚焦“卡脖子”问题取得更多突破性成果。国产数据库的机会在这样的大背景下诞生了。

数据库作为具有较高技术壁垒的基础软件，是信创工程中需要突破的关键一环。从国产替代进程来看，国产数据库正在从省市级政府向乡县级下沉，同时向金融、电信等重点行业辐射。替换逻辑则是从办公、邮件等边缘系统，逐渐向账务、调度等核心业务系统渗透。随着信创进程逐渐向行业端推进，国内数据库厂商将摆脱对政府订单的依赖，打开广阔的行业市场空间。有数据显示，近年来随着国内数据库研发和技术持续发展渗透，国产数据库渗透率持续走高，截至 2022 年，我国数据库国产化率达 21.3%，未来国产数据库的市场份额会进一步增大。

巨大的市场需求，对国产数据库厂商是机遇也是挑战。

在当前的大数据时代，数据量爆炸式增长，数据存储结构也越来越灵活多样，日益变革的新兴业务需求使数据库及应用系统的存在形式愈发丰富，这些变化均对数据库的各类能力不断提出挑战，推动数据库技术不断向着模型拓展、架构解耦的方向演进，与云计算、人工智能、区块链、隐私计算、新型硬件等技术取长补短、不断融合。同时国产数据库厂商不仅在技术、产品和服务上精益求精，在行业标准上也有望突破。"一流的企业做标准"，在数据库行业，行业的事实标准是由国外的先进企业制定的，国产数据库产品多在遵从国外数据库制定的标准。为什么不脱离国外的标准，自建新的标准体系呢？在数据库领域，事实标准本质上是国外数据库企业在解决客户问题时形成的解决方案，这些解决方案经过长期的验证打磨逐渐成为最佳实践，进而在软件开发商和用户的认知上达成共识，成为成本最低、效果最好的优选路径。因此标准是各种试错和总结之后形成的最优路径共识。如果要超越对手，就需要先学习对手，走一条跟跑、并跑、最终领跑的道路。跟跑，在产品功能上兼容并蓄，学习国外各种数据库已经形成的最佳实践，减少试错的时间和成本，快速缩短与国外产品的差距。并跑，在国外数据库也未触及的数字化新场景和新领域中探索解决问题的最佳实践，进而形成产品能力和事实标准。领跑，最终探索和构建满足数字化要求的新能力，最终形成"新标准"。

本章小结

全面数字化时代离不开数据库的支撑，关键行业信息系统使用国产数据库是信息安全的重要屏障，关键核心产业完成数据库的国产替代，可以保障国家政治、经济发展的信息安全。由此可见发展国产数据库是大势所趋。

我国数据库技术的研究始于 1977 年，20 世纪 70、80、90 年代我国数据库研究可以概括为"引""学""赶"，分别是将数据库概念引入我国、学习国外先进知识经验、努力追赶国际水平。我国最早的一批数据库管理系统诞生于 20 世纪 90 年代。

进入 21 世纪，国产数据库发展的主要特点可以概括为"创"，即科技创新、开发自主的数据库管理系统。本章以人大金仓 KingbaseES 数据库为例，介绍国产数据库的发展历史。本章还从"学院派""互联网派""企业派"和"创业派"来介绍有代表性的国产数据库。

最后是对国产数据库的展望，国产数据库不仅是在技术、产品和服务上精益求精，在行业标准上也有望突破。

附录　上机实验

第 4 章　基本表的定义

下列实验均可使用 MySQL Workbench 工具实现，也可选择其他实验平台实现。

1. 用图形化方法创建符合如下条件的数据库：db_students。

2. 选用已建立的“db_students”，写出创建满足表 1～表 4 所列条件的表的 SQL 语句，并执行所写代码。（注：“说明”部分只为便于列名理解，不作为表定义内容。）

表 1　Student 表结构

列名	说明	数据类型	约束
Sno	学号	CHAR(9)	主键
Sname	姓名	VARCHAR(20)	非空
Ssex	性别	CHAR(2)	取值范围为 { 男，女 }
Sage	年龄	TINYINT	取值范围为 15～45
Sdept	所在系	VARCHAR(30)	默认值为“计算机系”
Sid	身份证号	CHAR(18)	取值不重
Sdate	入学日期	DATE	默认为系统当前日期

表 2　Course 表结构

列名	说明	数据类型	约束
Cno	课程号	CHAR(10)	主键
Cname	课程名	VARCHAR(30)	非空
Credit	学分	INT	取值大于 0
Semester	学期	SMALLINT	

表 3　SC 表结构

列名	说明	数据类型	约束
Sno	学号	VARCHAR(9)	主键，引用 Student 表的外键
Cno	课程号	VARCHAR(10)	主键，引用 Course 表的外键
Grade	成绩	SMALLINT	取值范围为 0～100

表 4 Teacher 表结构

列名	说明	数据类型	约束
Tno	教师号	CHAR(8)	非空
Tname	教师名	VARCHAR(20)	非空
Salary	工资	DECIMAL(5,2)	

3. 写出实现如下功能的 SQL 语句，并执行所写代码，查看执行结果。

（1）在 Teacher 表中添加一个职称列，列名为：Title，类型为 VARCHAR(10)。

（2）为 Teacher 表中的 Title 列增加取值范围约束，取值范围为 { 教授，副教授，讲师 }。

（3）将 Course 表中 Credit 列的类型改为 TINYINT。

（4）删除 Student 表中的 Sid 和 Sdate 列。

（5）为 Teacher 表添加主键约束，其主键为 Tno。

第 5 章　数据操作语句

下列实验均可使用 MySQL Workbench 工具实现，也可选择其他实验平台实现。

首先在已创建的“db_students”中创建表 5～表 7 所示的 Student 表、Course 表和 SC 表，并插入表 8～表 10 所示数据，然后编写实现如下操作的 SQL 语句，执行所写的语句，并查看执行结果。

表 5 Student 表结构

列名	说明	数据类型	约束
Sno	学号	CHAR(9)	主键
Sname	姓名	VARCHAR(20)	非空
Ssex	性别	CHAR(2)	
Sage	年龄	TINYINT	
Sdept	所在系	VARCHAR(30)	

表 6 Course 表结构

列名	说明	数据类型	约束
Cno	课程号	CHAR(6)	主键
Cname	课程名	VARCHAR(30)	非空
Credit	学分	TINYINT	
Semester	学期	TINYINT	

表 7 SC 表结构

列名	说明	数据类型	约束
Sno	学号	CHAR(9)	主键，引用 Student 表的外键
Cno	课程号	CHAR(6)	主键，引用 Course 表的外键
Grade	成绩	TINYINT	

表 8 Student 表数据

Sno	Sname	Ssex	Sage	Sdept
202311101	李勇	男	21	计算机系
202311102	刘晨	男	20	计算机系
202311103	王敏	女	20	计算机系
202311104	张小红	女	19	计算机系
202321101	张立	男	20	信息管理系
202321102	吴宾	女	19	信息管理系
202321103	张海	男	20	信息管理系
202331101	钱小平	女	21	通信工程系
202331102	王大力	男	20	通信工程系
202331103	张姗姗	女	19	通信工程系

表 9 Course 表数据

Cno	Cname	Credit	Semester
C001	高等数学	4	1
C002	大学英语	3	1
C003	大学英语	3	2
C004	计算机文化学	2	2
C005	Java	2	3
C006	数据库基础	4	5
C007	数据结构	4	4
C008	计算机网络	4	4

表 10 SC 表数据

Sno	Cno	Grade
202311101	C001	96
202311101	C002	80
202311101	C003	84
202311101	C005	62
202311102	C001	92
202311102	C002	90
202311102	C004	84
202321102	C001	76
202321102	C004	85
202321102	C005	73
202321102	C007	NULL
202321103	C001	50
202321103	C004	80
202331101	C001	50

（续）

Sno	Cno	Grade
202331101	C004	80
202331102	C007	NULL
202331103	C004	78
202331103	C005	65
202331103	C007	NULL

1. 查询 SC 表中的全部数据。

2. 查询计算机系学生的姓名和年龄。

3. 查询成绩在 70～80 分的学生的学号、课程号和成绩。

4. 查询计算机系年龄在 18～20 岁的男生姓名和年龄。

5. 查询 C001 课程的最高分。

6. 查询计算机系学生的最大年龄和最小年龄。

7. 统计每个系的学生人数，列出系名和人数。

8. 统计每门课程的选课人数和最高成绩，列出课程号、选课人数和最高成绩。

9. 统计每个学生的选课门数和考试总成绩，并按选课门数升序显示结果。

10. 列出总成绩超过 200 分的学生的学号和总成绩。

11. 查询选了 C002 课程的学生姓名和所在系。

12. 查询考试成绩 80 分以上的学生姓名、课程号和成绩，结果按成绩降序排列。

13. 查询与“Java”课程在同一学期开设的课程的课程名和开课学期。

14. 查询与李勇年龄相同的学生的姓名、所在系和年龄。

15. 查询没有学生选的课程的课程号和课程名。

16. 查询每个学生的选课情况，包括未选课的学生，列出学生的学号、姓名、选的课程号。

17. 查询计算机系没选课的学生姓名。

18. 查询计算机系年龄最大的三个学生的姓名和年龄。

19. 列出“Java”课程考试成绩最高的前三名学生的学号、姓名、所在系和 Java 成绩。

20. 查询选课门数最多的前两位学生，列出学号和选课门数。

21. 查询计算机系学生姓名、年龄和年龄情况，其中年龄情况为：如果年龄小于 18 岁，则显示“偏小”；如果年龄在 18～22 岁之间，则显示“合适”；如果年龄大于 22 岁，则显示“偏大”。

22. 统计每门课程的选课人数，包括有人选的课程和没人选的课程，列出课程号、选课人数及选课情况，其中选课情况为：如果此门课程的选课人数大于或等于 60，则显示“人多”；如果选课人数在 30～59 之间，则显示“一般”；如果选课人数在 1～29 之间，则显示“人少”；如果此门课程没有人选，则显示“无人选”。

23. 查询计算机系选了“Java”课程的学生姓名、所在系和考试成绩，并将结果保存到新表 Java_Grade 中。

24. 统计每个系的女生人数，并将结果保存到新表 Girls 中。

25. 用子查询实现如下查询：

（1）查询选了 C001 课程的学生姓名和所在系。

（2）查询通信工程系成绩 80 分以上的学生的学号和姓名。

（3）查询计算机系考试成绩最高的学生的姓名。

（4）查询年龄最大的男生的姓名、所在系和年龄。

26. 查询 C001 课程的考试成绩高于该课程平均成绩的学生的学号和该门课成绩。

27. 查询计算机系学生考试成绩高于计算机系学生平均成绩的学生的姓名、考试的课程名和考试成绩。

28. 查询“Java”课程考试成绩高于“Java”平均成绩的学生姓名和“Java”成绩。

29. 查询没选“Java”课程的学生的姓名和所在系。

30. 查询每个系考试成绩最高的学生，列出系名、学生姓名和考试成绩。

31. 统计选课人数次数最多的课程名、开课学期和选课人数。

32. 查询学生姓名、所在系和选课门数。

33. 查询学生姓名、所在系和考试平均成绩。查询结果按系排序，同一系的学生按平均成绩降序排序。

34. 创建一个新表，表名为“test”，其结构为（COL1，COL 2，COL 3），其中，

COL1：整型，允许空值。

COL2：普通编码定长字符型，长度为 10，不允许空值。

COL3：普通编码定长字符型，长度为 10，允许空值。

试写出按行插入如下数据的语句（空白处表示是空值）。

COL1	COL2	COL3
	B1	
1	B2	C2
2	B3	

35. 将 C001 课程的考试成绩加 10 分。

36. 将计算机系所有学生的“计算机文化学”的考试成绩加 10 分。

37. 修改“Java”课程的考试成绩，修改规则为：如果是通信工程系的学生，则增加 10 分；如果是信息管理系的学生则增加 5 分，其他系的学生不加分。

38. 删除考试成绩小于 50 分的学生的选课记录。

39. 删除计算机系“Java”课程考试成绩不及格学生的“Java”选课记录。

40. 删除“Java”课程考试成绩最低的学生的“Java”修课记录。

41. 删除没人选的课程的基本信息。

第 6 章 索引和视图

下列实验均可使用 MySQL Workbench 工具实现，也可选择其他实验平台实现。

利用第 4 章上机实验创建的“db_students”数据库中的 Student 表、Course 表和 SC 表，完成下列实验。

1. 写出实现下列操作的 SQL 语句，并执行所写代码。

（1）在 Course 表上为 Cname 列建立一个唯一索引，索引名为 IdxCname。

（2）在 Student 表上为 Sname 列建立一个普通索引，索引名为 IdxSname。

（3）在 Student 表上为 Sage 和 Sdept 建立一个组合的多列索引，索引名为 IdxSageSdept。

（4）删除 Cname 列建立的 IdxCname 索引；删除 Sname 列上建立的 IdxSname 索引；删除 Sage 和 Sdept 列上建立的 IdxSageSdept 索引。

2. 写出创建满足下述要求的视图的 SQL 语句，并执行所写代码。

（1）查询学生的学号、姓名、所在系、课程号、课程名、课程学分。

（2）查询学生的学号、姓名、选修的课程名和考试成绩。

（3）统计每个学生的选课门数，要求列出学生学号和选课门数。

（4）统计每个学生的修课总学分，要求列出学生学号和总学分。

3. 利用第 2 题建立的视图，完成如下查询。

（1）查询考试成绩大于或等于 90 分的学生的姓名、课程名和成绩。

（2）查询选课门数超过 3 门的学生的学号和选课门数。

（3）查询计算机系选课门数超过 3 门的学生的姓名和选课门数。

（4）查询修课总学分超过 10 分的学生的学号、姓名、所在系和修课总学分。

（5）查询年龄大于或等于 20 岁的学生中，修课总学分超过 10 分的学生的姓名、年龄、所在系和修课总学分。

4. 修改第 2 题（4）定义的视图，使其统计每个学生的学号、平均成绩以及总的选课门数。

第 7 章　SQL 扩展编程

下列实验均可使用 MySQL Workbench 工具实现，也可选择其他实验平台实现。

利用第 4 章上机实验创建的“db_students”数据库中的 Student 表、Course 表和 SC 表，完成下列实验。

1. 创建满足如下要求的存储过程。

（1）查询指定年龄的学生姓名、所在系和年龄。其中年龄为输入参数，如果输入的年龄不在 15～30 岁之间，则输出“年龄错误”提示。

（2）查询指定系的学生的考试平均成绩。所在系为输入参数，考试平均成绩用输出参数返回。并写出利用该存储过程查询“信息管理系”学生的考试平均成绩的 SQL 语句。

（3）删除指定学生的指定课程的修课记录，其中学号、课程号为输入参数。

（4）修改指定课程的开课学期。输入参数为课程号和修改后的开课学期。

2. 创建满足如下要求的函数。

（1）查询指定学生已经得到的修课总学分（考试及格的课程才能拿到学分），学号为输入参数，总学分为函数返回结果。并写出利用此函数查询学号为“202311101”的学生姓名、所修的课程名、课程学分、考试成绩以及拿到的总学分的 SQL 语句。

（2）查询指定系在指定课程（课程号）的考试平均成绩。系名和课程号为输入参数，平均成绩为输出参数。并写出利用此函数查询“计算机系”在“ C001”课程的考试平均成绩的 SQL 语句。

（3）查询某学生的某门课程的成绩等级，其中学号和课程号为输入参数，成绩等级为输出参数。成绩等级定义为：90～100 分为优秀，80～89 分为良好，70～79 分为中等，

60～69 分为及格，小于 60 分为不及格。并在 Select 语句中调用函数。

3. 创建满足如下要求的后触发型触发器。

（1）限制学生的考试成绩必须在 0～100 分之间。

（2）限制不能删除成绩不及格的选课记录。

（3）限制每个学期开设的课程总学分不能超过 20。

（4）限制每个学生每学期选的课程不能超过 5 门。

第 9 章　数据库设计

1. 完成一个数据库应用系统设计，需完成如下工作：

（1）写出所设计的应用系统的需求分析文档，文档中需表明业务需求、数据约束、数据之间的关联关系等。

（2）根据需求分析文档绘制该系统的 ER 图，标明每个实体的标识属性，并标明实体间联系的种类和属性，并对最终的 ER 图进行必要的优化（如果能优化的话）。

（3）将所绘制的 ER 图转换为符合第三范式要求的关系表，标明各表的主键、外键以及完整性约束。

（4）设计必要的视图，聚合一些常用的统计信息。

（5）设计必要的触发器，实现复杂的约束。

（6）根据查询条件和要求设计必要的索引。

2. 对所设计系统的要求如下：

（1）ER 图至少包含 4 个实体。

（2）至少设计 4 张表，4 张表需覆盖主键约束、外键约束、检查约束、唯一值约束。

（3）至少设计 2 个视图。

（4）至少设计 1 个触发器。

（5）至少设计 1 个索引。

3. 写出全部建立数据库对象的 SQL 语句。

第 11 章　安全管理

下列实验均可使用 MySQL Workbench 工具实现，也可选择其他实验平台实现。

利用第 4 章上机实验创建的“db_students”数据库中的 Student 表、Course 表和 SC 表，完成下列实验。

1. 用 SQL 语句创建用户：user1、user2 和 user3。

2. 用 user1 登录“db_students”数据库，执行下述语句，能否成功？为什么？

```
SELECT * FROM Course;
```

3. 执行合适的授权语句，授予 user1 具有对 Course 表的查询权限，授予 user2 具有对 Course 表的插入权限。

4. 用 user2 登录“db_students”数据库，执行下述语句，能否成功？为什么？

```
INSERT INTO Course VALUES('C1001',' 数据库基础 ',4,5);
```

再执行下述语句，能否成功？为什么？

SELECT * FROM Course;

5. 用 user1 登录“db_students”数据库，再次执行下述语句：

SELECT * FROM Course;

这次能否成功？但如果执行下述语句：

INSERT INTO Course VALUES('C103', ' 软件工程 ', 4, 5);

能否成功？为什么？

6. 用 user3 登录“db_students”数据库，执行下述语句，能否成功？为什么？

```
CREATE TABLE NewTable(
    C1 int,
    C2 CHAR(4));
```

7. 授予 user3 在“db_students”数据库中具有创建表的权限，再用 user3 登录“db_students”数据库，执行第 6 题中的语句，能否成功？为什么？

8. 创建角色 group1。

9. 为角色 group1 授予 Student 表的插入权和删除权。

10. 给用户 user1 赋予 group1 角色。

11. 用 user1 登录“db_students”数据库，执行下述语句，能否成功？为什么？

SELECT * FROM Student ;

DELETE from student WHERE Sno = '202311101';

12. 撤销用户 user1 的 group1 角色，再次执行第 11 题的语句，能否成功？为什么？

第 12 章　数据库恢复技术

下列实验均可使用 MySQL Workbench 工具实现，也可选择其他实验平台实现。

利用第 4 章上机实验创建的“db_students”数据库中的 Student 表、Course 表和 SC 表，完成下列实验。

1. 不停止运行“db_students”数据库，将 SC 表、Course 表的数据备份到一个文件中。
2. 删除 SC 表，并删除 Course 表中的数据。
3. 用导出的备份文件恢复“db_students”数据库中的 SC 表、Course 表。
4. 查看 SC 表、Course 表是否恢复成功。

参考文献

[1] 何玉洁 . 数据库系统教程［M］. 2 版 . 北京：人民邮电出版社，2015.

[2] 王珊，萨师煊 . 数据库系统概论［M］. 5 版 . 北京：高等教育出版社，2014.

[3] 亚伯拉罕 · 西尔伯沙茨 . 数据库系统概念：第 6 版［M］. 杨冬青，李红燕，唐世渭，等译 . 北京：机械工业出版社，2012.

[4] 大数据技术标准推进委员会 . 数据库发展研究报告：2023 年［R］. 北京：大数据技术标准推进委员会，2023.

[5] 墨天轮行业分析研究中心 . 中国数据库行业分析报告［R/OL］.（2023-12-26）［2024-1-20］. https://www.modb.pro/doc/123131.

推荐阅读

计算机系统导论

作者：袁春风,余子濠 编著

ISBN：978-7-111-73093-4 定价：79.00元

计算机算法基础 第2版

作者：[美] 沈孝钧 著

ISBN：978-7-111-74659-1 定价：79.00元

操作系统设计与实现：基于LoongArch架构

作者：周庆国 杨虎斌 刘刚 陈玉聪 张福新 著

ISBN：978-7-111-74668-3 定价：59.00元

计算机网络 第3版

作者：蔡开裕 陈颖文 蔡志平 周寰 编著

ISBN：978-7-111-74992-9 定价：79.00元

数据库技术及应用

作者：林育蓓 汤德佑 汤娜 编著

ISBN：978-7-111-75254-7 定价：79.00元

数据库原理与应用教程 第5版

作者：何玉洁 编著

ISBN：978-7-111-73349-2 定价：69.00元

推荐阅读

新型数据库系统：原理、架构与实践

作者：金培权 赵旭剑 编著 书号：978-7-111-74903-5 定价：89.00元

内容简介：

本书重点介绍当前数据库领域中出现的各类新型数据库系统的概念、基础理论、关键技术以及典型应用。在理论方面，本书除了介绍各类新型数据库系统中基本的理论和原理之外，还侧重对这些理论的研究背景和动机进行讨论，使读者能够了解新型数据库系统在设计上的先进性，并通过与成熟的关系数据库技术的对比，明确新型数据库技术的应用方向以及存在的局限性。在应用方面，本书将侧重与实际应用相结合，通过实际的应用示例介绍各类新型数据库系统在实际应用中的使用方法和流程，使读者能够真正做到学以致用。

本书可以为数据库、大数据等领域的科研人员和IT从业者提供前沿的技术视角及相关理论、方法与技术支撑，也可作为相关专业高年级本科生和研究生课程教材。

主要特点：

前沿性：本书内容以新型数据库技术为主，紧扣当前数据库领域的发展前沿，使读者能够充分了解国际上新型数据库技术的最新进展。

基础性：本书重点介绍各类新型数据库系统的基本概念与基本原理，以及系统内核的基本实现技术。内容设计上由浅入深，脉络清晰，层次合理。

系统性：本书内容涵盖了当前主流的新型数据库技术，不仅对各个方向的相关理论和方法进行了介绍，也给出了系统运行示例，使读者能够对主流的新型数据库系统及应用形成较为系统的知识框架。

分布式数据库系统：大数据时代新型数据库技术 第3版

作者：于戈 申德荣 等编著 书号：978-7-111-72470-4 定价：99.00元

内容简介：

本书是作者在长期的数据库教学和科研基础上，面向大数据应用的新需求，结合已有分布式数据库系统的经典理论和技术，跟踪分布式数据库系统的新发展和新技术编写而成的。全书强调理论和实际相结合，研究与产业相融合，注重介绍我国分布式数据库技术发展。书中详细介绍了通用数据库产品Oracle应用案例及具有代表性的大数据库系统：HBase、Spanner和OceanBase。本书特别关注国产数据库系统，除OceanBase之外，还介绍了PolarDB和TiDB。在分布式数据库技术最新进展方面，本书介绍了区块链技术、AI赋能技术，以及大数据管理技术新方向。

推荐阅读

软件工程概论（第3版）

作者：郑人杰 马素霞 等编著

ISBN：978-7-111-64257-2 定价：59.00元

软件工程案例教程：软件项目开发实践（第4版）

作者：韩万江 姜立新 编著

ISBN：978-7-111-72266-3 定价：69.00元

软件工程原理与实践

作者：沈备军 万成城 陈昊鹏 陈雨亭 编著

ISBN：978-7-111-73944-9 定价：79.00元

软件项目管理案例教程（第4版）

作者：韩万江 姜立新 编著

ISBN：978-7-111-62920-7 定价：69.00元

软件需求工程

作者：梁正平 毋国庆 袁梦霆 李勇华 编著

ISBN：978-7-111-66947-0 定价：59.00元

嵌入式软件自动化测试

作者：黄松 洪宇 郑长友 朱卫星 编著

ISBN：978-7-111-71128-5 定价：69.00元